21世纪普通高校计算机
公共课程系列教材

大学计算机
（混合教学版）

◎ 陈 刚 主编
向 华 李支成 吴开诚 朱晓燕 邹秀斌 沈 宁 朱家成 副主编

清华大学出版社
北京

内 容 简 介

本教材是线上线下混合教学模式的"大学计算机基础"课程的配套教材,教材提供每章的教学时间点、教学计划、教学目标、教学要求和教学细节内容。

学生可按照教材指导,自行在配套 MOOC 或 SPOCS 平台自主学习,线上自主完成配套作业和实验。教师可根据教学进度安排在线下课堂按章节进行学习效果考评,通过汇聚本阶段学生线上学习数据和线下考评数据,可以实现对学生分层评价,并提出个性化学习要求。

本教材内容适合以应用型为主要目标的普通高等学校本科学生学习。

本教材配套有学生学习平台资源,线上虚拟仿真实验平台以及教师教学计算机综合平台。本教材每章节后配套基础难度的测试。

本书封面贴有清华大学出版社防伪标签,无标签者不得销售。
版权所有,侵权必究。举报: 010-62782989, beiqinquan@tup.tsinghua.edu.cn。

图书在版编目(CIP)数据

大学计算机: 混合教学版/陈刚主编. —北京: 清华大学出版社, 2021.9(2025.1重印)
21 世纪普通高校计算机公共课程系列教材
ISBN 978-7-302-58877-1

Ⅰ.①大… Ⅱ.①陈… Ⅲ.①电子计算机-高等学校-教材 Ⅳ.①TP3

中国版本图书馆 CIP 数据核字(2021)第 159571 号

责任编辑: 贾 斌
封面设计: 刘 键
责任校对: 李建庄
责任印制: 杨 艳

出版发行: 清华大学出版社
网　　址: https://www.tup.com.cn, https://www.wqxuetang.com
地　　址: 北京清华大学学研大厦 A 座　　邮　编: 100084
社 总 机: 010-83470000　　邮　购: 010-62786544
投稿与读者服务: 010-62776969, c-service@tup.tsinghua.edu.cn
质量反馈: 010-62772015, zhiliang@tup.tsinghua.edu.cn
课件下载: https://www.tup.com.cn, 010-83470236

印 装 者: 大厂回族自治县彩虹印刷有限公司
经　　销: 全国新华书店
开　　本: 185mm×260mm　　印 张: 25.25　　字　数: 616 千字
版　　次: 2021 年 9 月第 1 版　　印　次: 2025 年 1 月第 6 次印刷
印　　数: 16501~18000
定　　价: 69.00 元

产品编号: 090043-01

前　　言

本教材是江汉大学"大学计算机基础"课程的配套教材，江汉大学《大学计算机基础》课程在 2019 年 11 月被教育部认定为首批国家级一流本科课程（线上线下混合式一流课程，编号 623）。

江汉大学是一所以应用型为主要目标的综合性普通高等学校，是湖北省双一流学科建设学校。"大学计算机基础"是全校一年级新生必修的通识教育课程，以培养学生计算思维，提升学生计算机应用能力为目标。通过学习，学生能掌握计算机基本知识和基本原理，具备使用计算机分析、解决本专业相关问题的基本能力；熟练运用 Office 高效处理信息的能力；使用计算机和网络沟通交流、表达思想、传播信息的能力。学完"大学计算机基础"课程后，学生应掌握后续"程序设计基础"课程需要的基本理论，具有结合自身专业自主规划大学期间所需计算机课程的能力。

本教材主要目标是支持混合教学。在混合教学中，线上教学是在 MOOC 或 SPOCS 平台构建的视频、习题、参考资料等教学资源，供学生自主学习，学生是线上学习的主体，可以个性化地合理安排碎片时间利用各种工具自主学习。线下课堂教学的主体是教师，但是教师的课堂职责发生了巨大变化，教师的主要注意力从讲授知识转变为关注学生的学习，即进行督学和导学，同时教师能真正关注教学质量和课程目标的达成度。

江汉大学"大学计算机基础"课程在混合教学模式实践中，通过计算机辅助系统构建了三大平台：

- 提供不同目标层次学生自主学习内容的教学资源平台。
- 虚实结合的自主智能实验平台。
- 支持全自动评价和数据分析的教学用计算机综合平台。

通过对线上、线下学生学习过程和教师教学过程进行全程数字化记录和教学数据集成，汇聚成课程的混合教学大数据中心，运用督学导学系统提供的数据分析模型形成学生个性化评价，评价结果通过系统及时反馈学生，同时提供实时数据支持教师线下为不同的学生提供不同的学习路径。教学流程推荐如图所示。

本教材按照教学实践规律，将课程内容规划为 8 章，每章按配套视频规划基础、进阶、高阶三层次内容，视频后测可以检测学生学习状况。每个章节规划了学习时长，提出了学习目标。本教材配套有每个章节的单元测试题库以及每章对应的虚拟仿真实验。

教材由江汉大学人工智能学院计算中心教学团队中长期任教的教师参与编写，具体分工如下：第 1 章陈刚（朱家成完成部分），第 2 章李支成，第 3 章沈宁，第 4 章吴开诚，第 5 章向华，第 6 章邹秀斌，第 7 章李支成，第 8 章朱晓燕。

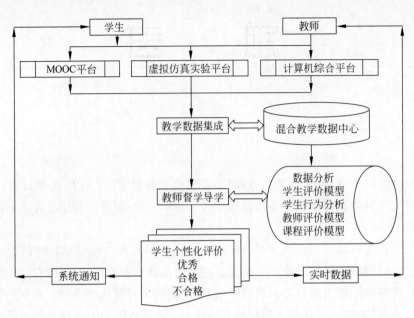

限于成书时间仓促以及作者水平，教材中难免有疏漏之处，请各位同行不吝赐教。谢谢。

作 者

2021 年 6 月

《大学计算机》(混合教学版)
教材使用说明

一、教材体系介绍

大学计算机基础课程是通识教育课程,以培养学生计算思维和信息素养为导向,为学生提供计算机知识、能力、素质方面教育。

本教材面向应用型为主的本科新生,注重学生实际计算机技能培养,同时导入计算机核心理论,以基础、进阶、高阶内容体系架构引导学生进入由动手能力转化为计算机学习能力。教材包括计算机基础理论、计算机基本操作、计算机专业理论三部分,每个部分包括基础、进阶、高阶内容,其中基础和进阶内容必学,高阶内容选学。

本教材与配套 MOOC 平台的课程视频等线上教学资源构成统一的混合教学资源平台,混合教学中,学生利用线上教学资源平台进行自主学习,教师使用线下督学平台管控教学,可以解决课程教学同质化、学时紧张等传统教学存在的问题。

计算机基础理论部分:要求学生掌握计算机的基本概念、计算机系统组成和工作原理,掌握计算机网络、计算机安全的基本理论知识。

计算机基本操作部分:要求学生掌握操作系统的基本概念,在 Windows 中对计算机资源进行管理的方法,熟练掌握 Word 文档处理、Excel 表格处理、PowerPoint 演示文稿制作的基本方法,能熟练使用各种应用软件完成专业学习中的文档、报告处理和基本数据分析。

计算机专业理论:包括多媒体技术、数据结构、数据库概论、软件工程等计算机专业基础理论知识。

二、教材教学形式推荐

学生在各章指定的时间内根据教材规划内容和要求,自主在 MOOC 教学平台完成本章视频学习和相应后测习题,自主完成对应实训教材要求和虚拟仿真平台实验,自主完成教师要求的其他章节作业和测试。学生必须完成教学内容中的基础和进阶学习内容,根据学习情况、学习兴趣和专业需求自选完成高阶学习内容。

建议课程采用分层混合教学方法,经实践证明,目前最佳教学组织方式为,每周 2 次课。第 1 次课全体学生必须到课堂上课。第 2 次课根据学生的每周学习情况,将学生分为达标组和未达标组,达标组学生可以第 2 次课不到课堂,在线完成教师布置的线上任务,最大限度地调动学生的学习积极性。未达标组学生第 2 次课必须到课堂,在教师的指导和监督下学习。

教师通过线下课堂和线上课堂对学生进行引导和监督,组织线上、线下学习活动。

线下课堂是学生完成自主学习后,教师在线下课堂组织本章测试,同时布置下一单元教学任务。课后,综合每位学生的自主学习数据、线下课堂数据,给出分层评价。

线上课堂教师通过直播等方式分析教学数据,讲解课程的重难点和共性问题,帮助学生解决学习中的各种个性化问题。

合格以上的同学,自主选择完成高阶学习目标,并继续下一章学习。不合格的同学,必须继续参加线上课堂学习,完成教师指定学习内容。如在学习周期内仍不能合格,则本章考评为不合格。

本方法在江汉大学经过实践,取得较好效果。大学计算机基础课程在 2019 年 11 月被教育部认定为首批国家级一流本科课程(线上线下混合式一流课程,编号 623)。

三、课程 48 学时教学计划参考

周次	课次	教学安排 教学内容	教学形式	备注
第 1 周	第 1 次	课程介绍 布置计算机概述学习内容	线下课堂	
	第 2 次	计算机概述导学 熟悉三个教学平台	线下课堂	
第 2 周	第 1 次	计算机概述单元测试 布置计算机软硬件学习内容	线下课堂	学生分层
	第 2 次	计算机概述单元督学 计算机软硬件导学	线上课堂	不达标学生到教室现场督学
第 3 周	第 1 次	计算机软硬件单元测试 布置计算机操作系统学习内容	线下课堂	学生分层
	第 2 次	计算机软硬件单元督学 计算机操作系统导学	线上课堂	不达标学生到教室现场督学
第 4 周	第 1 次	计算机操作系统单元测试 布置 Word 学习内容	线下课堂	学生分层
	第 2 次	计算机操作系统单元督学 Word 文档操作导学	线上课堂	不达标学生到教室现场督学
第 5 周	第 1 次	Word 文档操作督学 Word 排版导学	线上课堂	
	第 2 次	Word 排版督学 Word 图形表格导学	线上课堂	
第 6 周	第 1 次	Word 单元测试 Word 高阶导学	线下课堂	学生分层
	第 2 次	Word 单元督学 布置 Excel 学习内容	线上课堂	不达标学生到教室现场督学
第 7 周	第 1 次	Excel 基本操作导学	线上课堂	
	第 2 次	Excel 基本操作督学 Excel 公式与函数导学	线上课堂	
第 8 周	第 1 次	Excel 公式与函数督学 Excel 数据管理导学	线上课堂	
	第 2 次	Excel 数据管理督学 Excel 高阶导学	线上课堂	
第 9 周	第 1 次	Excel 单元测试 布置 PowerPoint 学习内容	线下课堂	学生分层
	第 2 次	Excel 单元督学 PowerPoint 导学	线上课堂	不达标学生到教室现场督学

续表

周次	课次	教学安排		备 注
		教学内容	教学形式	
第10周	第1次	PowerPoint 单元测试 布置计算机网络与安全学习内容	线下课堂	学生分层
	第2次	PowerPoint 督学 计算机网络与安全导学	线上课堂	不达标学生到教室现场督学
第11周	第1次	计算机网络与安全单元测试 布置计算机专业理论学习内容	线下课堂	学生分层
	第2次	计算机网络与安全督学 计算机专业理论导学	线下课堂	
第12周	第1次	计算机专业理论单元测试	线下课堂	学生分层
	第2次	计算机专业理论督学 课程总结与复习	线下课堂	

四、教学规范

课前	(1) 分析学情,根据学情和专业特点进行教学设计。 ① 提炼需要讲解的习题和重要知识点等教学内容。 ② 围绕教学内容设计教学活动,例如讨论、提问、分组 PBL 等。 ③ 在教学平台准备好课堂上需要完成的作业和测试题。 ④ 在教学平台准备好课下的基本学习任务和高阶学习任务。 基本学习任务: • 视频任务点 • 实验 • 作业 • 线上小测试 高阶学习任务: • 视频选看内容 • 高阶练习题 (2) 鼓励教师设计、采用创新的教学活动。
课中	(1) 根据教学设计完成习题和重要知识点等教学内容的讲解,并实施对应的教学活动。(线下课堂) (2) 在阶段测试节点进行测试。(线下课堂) (3) 导入阶段测试成绩,公示评价标准及不同层次学生的学习路径(学习内容、习题)。(线下课堂) (4) 向学生布置说明下一步课下学习目标和学习任务(包含基本学习任务和高阶学习任务)。 (5) 结合考评数据进行个性化指导。(线上课堂)
课后	(1) 数据分析,对学生分层。 (2) 发布督学通知,跟踪学生学习情况。 (3) 线上答疑。 (4) 总结教学情况,完善教学资源。

目 录

第1章 计算机基础理论 ·· 1
  1.1 计算机的概念 ·· 2
  1.2 计算机发展史 ·· 3
    1.2.1 现代计算机的产生 ···································· 4
    1.2.2 现代计算机的发展 ···································· 4
    1.2.3 计算机在我国的发展 ·································· 6
  1.3 计算机功能 ·· 7
    1.3.1 计算机的应用领域 ···································· 7
    1.3.2 计算机的分类 ·· 9
  1.4 数制 ··· 11
    1.4.1 数制的概念 ··· 11
    1.4.2 二进制、十进制、八进制、十六进制及其转换 ············· 12
    1.4.3 二进制运算 ··· 15
  1.5 数据单位与数值数据的表示 ····································· 17
    1.5.1 数据单位 ··· 17
    1.5.2 数值在计算机中的表示 ······························· 18
  1.6 西文字符在计算机中的表示 ····································· 20
  1.7 汉字的表示 ·· 22
  1.8 计算机数据录入 ·· 26
    1.8.1 键盘和指法 ··· 26
    1.8.2 英文字符输入 ······································· 28
    1.8.3 中文字符输入 ······································· 29

第2章 计算机系统 ·· 32
  2.1 计算机系统组成 ·· 33
  2.2 中央处理器(CPU) ·· 35
  2.3 内存 ··· 37
  2.4 外存储器 ··· 40
  2.5 输入/输出设备 ··· 42
  2.6 总线与接口 ·· 45

2.7 计算机软件系统 ·· 47
2.8 程序和程序设计 ·· 50
2.9 软件的安装 ·· 53
 2.9.1 硬盘分区与高级格式化 ··· 53
 2.9.2 操作系统安装举例 ·· 55
 2.9.3 Microsoft Office 2016 安装 ·· 57
 2.9.4 Microsoft Visual Studio 2010 安装 ································ 59

第 3 章 计算机操作系统 ·· 62

3.1 操作系统概述 ·· 63
 3.1.1 操作系统的定义 ··· 63
 3.1.2 操作系统的观点 ··· 64
 3.1.3 Windows 10 操作系统的功能特色 ·································· 65
3.2 Windows 10 操作系统的基础操作 ··· 69
 3.2.1 桌面和窗口 ··· 69
 3.2.2 开始菜单 ·· 72
 3.2.3 系统设置和管理 ··· 75
 3.2.4 应用程序管理 ·· 80
 3.2.5 附件程序 ·· 85
3.3 文件管理 ·· 89
 3.3.1 文件和文件系统的基本概念 ··· 89
 3.3.2 文件和文件夹的基本操作 ·· 94
 3.3.3 回收站的管理 ·· 101

第 4 章 Word 文档处理 ··· 103

4.1 文档的基本概念 ·· 105
 4.1.1 Word 界面 ·· 105
 4.1.2 Word 视图 ·· 106
 4.1.3 新建文档 ·· 109
 4.1.4 打开文档 ·· 109
 4.1.5 保存文档 ·· 112
 4.1.6 保护文档 ·· 113
4.2 文档的基本编辑 ·· 114
 4.2.1 文本录入 ·· 114
 4.2.2 选定文本 ·· 115
 4.2.3 移动、复制和删除文本 ··· 115
 4.2.4 查找和替换 ··· 115
4.3 字符格式的设置 ·· 117
 4.3.1 设置字体和字号 ··· 117

4.3.2　设置字体颜色 ··· 118
　　4.3.3　设置字符间距、缩放和位置 ··· 119
　　4.3.4　设置字形和效果 ·· 119
4.4　段落格式的设置 ·· 120
　　4.4.1　段落对齐、缩进和间距 ·· 120
　　4.4.2　边框和底纹 ·· 122
　　4.4.3　项目符号和编号 ·· 122
　　4.4.4　格式刷 ··· 123
4.5　页面设置 ··· 124
　　4.5.1　页面格式设置 ··· 124
　　4.5.2　首字下沉和分栏 ·· 125
　　4.5.3　页眉和页脚 ·· 125
　　4.5.4　水印和页面背景 ·· 127
　　4.5.5　打印文档 ·· 127
4.6　表格设置 ··· 128
　　4.6.1　创建表格 ·· 128
　　4.6.2　编辑表格 ·· 129
　　4.6.3　修饰表格 ·· 131
　　4.6.4　表格与文本的相互转换 ·· 132
　　4.6.5　Excel 图表 ·· 133
4.7　图片和形状 ·· 135
　　4.7.1　图片设置 ·· 135
　　4.7.2　SmartArt 图形的设置 ·· 141
　　4.7.3　形状 ··· 142
　　4.7.4　艺术字和文本框 ·· 143
4.8　长文档管理 ·· 144
　　4.8.1　样式管理 ·· 144
　　4.8.2　多级列表 ·· 145
　　4.8.3　长文档目录 ·· 146
　　4.8.4　长文档封面 ·· 146
4.9　邮件合并 ··· 147
4.10　技巧提升 ··· 148
　　4.10.1　文档修订 ·· 148
　　4.10.2　Word 插件 ·· 148
　　4.10.3　在线协作文档 ·· 149

第 5 章　Excel 表格处理 ·· 153
5.1　表格基本概念 ·· 155
　　5.1.1　工作簿、工作表与单元格 ··· 155

5.1.2　工作簿基本操作 ………………………………………………… 157
　　　5.1.3　工作表操作 ……………………………………………………… 158
　5.2　数据的基本编辑 …………………………………………………………… 160
　　　5.2.1　数字格式 ………………………………………………………… 160
　　　5.2.2　输入数据 ………………………………………………………… 162
　　　5.2.3　填充数据 ………………………………………………………… 164
　　　5.2.4　数据验证 ………………………………………………………… 166
　5.3　设置表格格式 ……………………………………………………………… 167
　　　5.3.1　设置单元格格式 ………………………………………………… 167
　　　5.3.2　套用表格格式 …………………………………………………… 170
　　　5.3.3　条件格式 ………………………………………………………… 172
　　　5.3.4　页面设置 ………………………………………………………… 174
　5.4　编辑表格 …………………………………………………………………… 175
　　　5.4.1　查找与替换 ……………………………………………………… 176
　　　5.4.2　插入、删除与清除 ……………………………………………… 177
　　　5.4.3　单元格移动、复制与选择性粘贴 ……………………………… 178
　5.5　公式与函数 ………………………………………………………………… 179
　　　5.5.1　公式的基本概念 ………………………………………………… 179
　　　5.5.2　公式的输入与编辑 ……………………………………………… 181
　　　5.5.3　单元格引用方式 ………………………………………………… 182
　　　5.5.4　常用函数 ………………………………………………………… 183
　　　5.5.5　数学和三角函数 ………………………………………………… 187
　　　5.5.6　文本函数 ………………………………………………………… 188
　　　5.5.7　日期函数与时间函数 …………………………………………… 190
　　　5.5.8　逻辑函数 ………………………………………………………… 191
　　　5.5.9　统计函数 ………………………………………………………… 193
　　　5.5.10　查找和引用函数 ………………………………………………… 195
　　　5.5.11　函数嵌套 ………………………………………………………… 198
　5.6　图表 ………………………………………………………………………… 199
　　　5.6.1　插入图表 ………………………………………………………… 199
　　　5.6.2　编辑图表 ………………………………………………………… 202
　5.7　数据管理与分析 …………………………………………………………… 203
　　　5.7.1　排序 ……………………………………………………………… 204
　　　5.7.2　筛选和高级筛选 ………………………………………………… 205
　　　5.7.3　分类汇总 ………………………………………………………… 208
　　　5.7.4　数据透视表与数据透视图 ……………………………………… 210

第 6 章　PowerPoint 演示文稿制作 …………………………………………… 216
　6.1　PowerPoint 概述 …………………………………………………………… 217

6.2 幻灯片设计 ·········· 219
6.2.1 关于幻灯片 ·········· 219
6.2.2 主题 ·········· 219
6.2.3 幻灯片母版 ·········· 220
6.2.4 幻灯片版式 ·········· 223
6.3 PowerPoint 模板 ·········· 224
6.3.1 PowerPoint 模板 ·········· 224
6.3.2 模板位置 ·········· 225
6.3.3 应用 PowerPoint 模板 ·········· 226
6.3.4 将幻灯片设计（主题）另存为模板 ·········· 226
6.3.5 使用新模板 ·········· 226
6.4 幻灯片操作 ·········· 227
6.4.1 添加幻灯片 ·········· 227
6.4.2 删除幻灯片 ·········· 227
6.4.3 复制幻灯片 ·········· 227
6.4.4 更改幻灯片大小 ·········· 227
6.4.5 将 PowerPoint 幻灯片组织成节 ·········· 227
6.5 编辑幻灯片内容 ·········· 228
6.5.1 编辑文本、图片和形状、图表、艺术字 ·········· 229
6.5.2 插入 Excel 图表和表格 ·········· 230
6.5.3 插入音频文件 ·········· 231
6.5.4 插入视频文件操作 ·········· 232
6.5.5 设置超级链接 ·········· 233
6.6 动画 ·········· 234
6.6.1 在演示文稿中向文本、图片和形状等对象添加动画 ·········· 234
6.6.2 管理动画和效果 ·········· 234
6.6.3 向已分组的对象添加动画 ·········· 234
6.6.4 动作路径动画 ·········· 234
6.7 幻灯片切换 ·········· 236
6.8 幻灯片放映 ·········· 237
6.8.1 设置放映方式 ·········· 237
6.8.2 设置自运行的演示文稿 ·········· 238
6.8.3 排练和记录幻灯片计时 ·········· 238

第7章 网络与安全 ·········· 240
7.1 计算机网络基本概念 ·········· 242
7.1.1 计算机网络的定义与发展 ·········· 242
7.1.2 计算机网络的功能 ·········· 245
7.2 网络协议与体系结构 ·········· 247

7.2.1　网络协议 …………………………………………………… 247
　　7.2.2　网络体系结构 ………………………………………………… 247
　　7.2.3　ISO/OSI 模型 ………………………………………………… 248
　　7.2.4　TCP/IP 模型 …………………………………………………… 249
7.3　网络分类和结构 ……………………………………………………… 250
　　7.3.1　计算机网络的分类 …………………………………………… 250
　　7.3.2　局域网构成 …………………………………………………… 252
7.4　数据通信基础 ………………………………………………………… 255
　　7.4.1　数据通信概述 ………………………………………………… 255
　　7.4.2　数据传输方式 ………………………………………………… 256
　　7.4.3　数据交换技术 ………………………………………………… 258
7.5　网络传输介质和设备 ………………………………………………… 259
　　7.5.1　网络传输介质 ………………………………………………… 260
　　7.5.2　网络设备 ……………………………………………………… 261
7.6　无线网络技术 ………………………………………………………… 264
　　7.6.1　无线网络概述 ………………………………………………… 264
　　7.6.2　无线个域网 …………………………………………………… 265
　　7.6.3　无线局域网 …………………………………………………… 266
　　7.6.4　无线城域网 …………………………………………………… 268
　　7.6.5　无线广域网 …………………………………………………… 268
7.7　Internet 基础知识 …………………………………………………… 270
　　7.7.1　Internet 简介 ………………………………………………… 270
　　7.7.2　Internet 的产生与发展 ……………………………………… 270
　　7.7.3　Internet 在中国的发展 ……………………………………… 271
7.8　IP 地址和域名 ………………………………………………………… 272
　　7.8.1　IP 地址 ………………………………………………………… 272
　　7.8.2　域名 …………………………………………………………… 274
　　7.8.3　IPv6 协议 ……………………………………………………… 276
7.9　Internet 的接入 ……………………………………………………… 278
　　7.9.1　拨号接入 ……………………………………………………… 278
　　7.9.2　ADSL 方式接入 ……………………………………………… 278
　　7.9.3　局域网接入 …………………………………………………… 279
　　7.9.4　无线接入 ……………………………………………………… 279
7.10　Internet 的应用 ……………………………………………………… 280
　　7.10.1　网络检测和连接测试 ………………………………………… 280
　　7.10.2　WWW 服务 …………………………………………………… 282
　　7.10.3　电子邮件 ……………………………………………………… 285
　　7.10.4　搜索引擎 ……………………………………………………… 285
　　7.10.5　文件传输协议 FTP …………………………………………… 286

		7.10.6 云服务和互联网+简介	288
7.11	计算机安全概述		291
	7.11.1	计算机安全面临的威胁	291
	7.11.2	影响计算机安全的主要问题	291
	7.11.3	黑客与计算机犯罪	293
7.12	计算机病毒		294
	7.12.1	计算机病毒的发展历史	294
	7.12.2	计算机病毒的本质与特点	295
	7.12.3	计算机病毒的分类	296
	7.12.4	计算机病毒的防治	298
7.13	操作系统安全技术		299
	7.13.1	操作系统的安全机制	299
	7.13.2	Windows 10 系统安全设置	300
7.14	网络安全技术		306
	7.14.1	数据加密技术	306
	7.14.2	防火墙技术	308
	7.14.3	入侵检测技术	308
	7.14.4	虚拟专用网技术	309
	7.14.5	电子邮件安全	310
	7.14.6	备份与恢复	311

第8章 计算机专业理论简介 313

8.1	多媒体技术		314
	8.1.1	多媒体基础知识	314
	8.1.2	音频处理技术	318
	8.1.3	图形图像处理技术	324
	8.1.4	动画制作技术	330
	8.1.5	视频处理技术	333
8.2	数据结构和算法		336
	8.2.1	数据结构的基本概念	337
	8.2.2	算法	339
	8.2.3	基本的数据结构——线性表	342
	8.2.4	非线性的数据结构——树与二叉树	347
	8.2.5	数据处理——查找技术	350
	8.2.6	数据处理——排序技术	351
8.3	数据库原理		357
	8.3.1	数据库概述	357
	8.3.2	数据模型	360
	8.3.3	关系数据库	363

8.4 软件工程基础 …………………………………………………………… 367
　　8.4.1 概述 ………………………………………………………………… 367
　　8.4.2 软件项目管理 ……………………………………………………… 369
　　8.4.3 软件生命周期及模型 ……………………………………………… 370
　　8.4.4 结构化的开发方法 ………………………………………………… 374
　　8.4.5 面向对象开发方法 ………………………………………………… 384

第1章 计算机基础理论

本章任务

教学时间：学习1周，督学1周
教学目标
    知识目标：
- 理解计算机的工作原理和冯·诺依曼思想。
- 理解数制的概念，掌握二进制、十进制、八进制、十六进制的转换方法。
- 理解计算机中数值、字符、汉字的表示方法。

    能力目标：
- 能快速输入中英文字符，使用软键盘输入特殊符号。
- 掌握线上学习平台、综合平台、虚拟仿真平台的使用方法。
- 掌握利用学习平台和其他沟通工具与教师和同学线上线下沟通的方法。

    单元测试题型：

选择题		填空题		判断题	
题量	分值	题量	分值	题量	分值
40	40	20	40	20	20

测试时间：40分钟
教学内容概要
1.1 计算机的概念与发展（基础）
- 计算机的定义
- 计算机的产生和发展阶段
- 冯·诺依曼结构计算机

1.2 计算机基本功能和分类（基础）
- 计算机基本功能
- 计算机的分类

1.3 数制与数制转换（本章重点，难点）
- 数制的概念（基础）
- 二进制与十进制、八进制、十六进制的转换（进阶）

- 二进制的计算规则(高阶)
1.4 数据单位(本章重点)
- bit、Byte、KB、MB、GB、TB 含义及转换(基础)
1.5 普通数值在计算机中的表示(进阶)
- 定点整数用 8 位二进制的表示(进阶)
- 浮点数的表示方法(高阶)
1.6 西文字符在计算机中的表示(本章重点)
- ASCII 码的概念(基础)
- ASCII 码的表示(进阶)
1.7 汉字在计算机中的表示(本章重点,难点)
- 国标码、机内码、字形码、字模、字库、输入码、区位码的概念(进阶)
- 国标码与机内码的转换(进阶)
- 字模的存储(进阶)
1.8 数据录入方法
- 键盘与指法(基础)
- 英文字符输入(基础)
- 中文字符输入(基础)

1.1 计算机的概念

视频名称	计算机的概念	二维码
主讲教师	陈刚	
视频地址		

从远古结绳记事到唐代的算盘,从欧洲中世纪的加法器、分析机到现代电子计算机,人类的计算工具已经发生了深刻变革。以电子驱动和存储控制为主要特征的现代计算机,作为电子信息处理工具,逐步成为人类社会各个领域不可缺少的一部分。现代社会对人们的计算机能力和计算机素养也提出了更高的要求。

在中国,对各种计算工具的研究一直没有停止过,从最早的"屈指可数",到商代的算筹,唐代的算盘。中国在古代的计算工具中曾经处于领先地位。

西方则从中世纪文艺复兴开始,研制机械式的计算工具,先后出现了计算尺、加法器和差分机等。并在此基础上终于产生了以电子驱动的现代计算机。

1946 年,美籍匈牙利科学家冯·诺依曼(John von Neumann)与美国莫尔学院的一个科研小组合作,提出了一种通用电子数字计算机方案 EDVAC(Electronic Discrete Variable Automatic Computer),提出了著名的冯·诺依曼结构计算机,其硬件的基本结构如图 1.1 所示。

冯·诺依曼结构计算机具有两大基本特征:一是采用"二进制"(Binary)代码表示数据和指令,即所有进入计算机的数据和命令都用二进制表示出来;二是采取"程序存储"

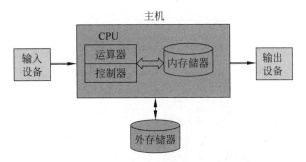

图 1.1　冯·诺依曼结构计算机硬件基本组成

(Program Storage)的概念,即按照事先存储的程序,自动、高速地对数据进行输入、计算处理、输出和存储的系统,这一原理奠定了现代数字计算机的基础。

冯·诺依曼结构计算机工作时,先通过输入设备将要执行的命令和数据用二进制代码的形式存储到外存储器中,然后通过内存和 CPU 进行数据交换处理,最后,将处理的结果通过输出设备显示出来。

虽然计算机技术的发展日新月异,计算机的硬件材料也不断更新换代,但是,到现在为止,世界上绝大多数计算机仍然采用这种结构。

 计算机的概念后测习题

(1) 至今电子数字式计算机都属于冯·诺依曼式的,这是由于它们都建立在冯·诺依曼提出的_____的核心思想基础上。

　　A. 二进制　　　　　　　　　　B. 程序顺序存储与执行
　　C. 采用大规模集成电路　　　　D. 计算机分五部分

(2) 如果要在计算机上使用 QQ 聊天工具,应该先_____。

　　A. 双击 QQ 图标　　　　　　　B. 在计算机上查找 QQ 程序
　　C. 在 Windows 菜单中单击 QQ 图标　　D. 下载并安装 QQ 程序

(3) 所有进入计算机的程序和数据都是用_____数据表示的。

　　A. 二进制　　B. 八进制　　C. 十进制　　D. 十六进制

(4) 以下不属于计算机的设备是_____。

　　A. 扫地机器人　　　　　　　　B. 真正的变形金刚
　　C. 新能源汽车　　　　　　　　D. 智能手机

1.2　计算机发展史

视频名称	计算机发展史	二维码
主讲教师	陈刚	
视频地址		

1.2.1 现代计算机的产生

一般认为,世界上第一台现代意义上的电子计算机产生于1946年2月,美国宾夕法尼亚大学为了军事目的而研制了ENIAC(Electronic Numerical Integrator And Calculator),如图1.2所示。它占地167m^2,重30吨,使用18800只电子管,1500多个继电器,功率150kW。它的运算速度仅为每秒5000次加法运算,如果用现在的标准,这简直比蜗牛还慢,但在当时是很了不起的成就。

1.2.2 现代计算机的发展

现代计算机以计算机物理器件的变革作为标志,可以划分为以下几个阶段:

1. 第一代(1946—1958年)

电子管计算机时代。计算机的主要逻辑元件是电子管,主存储器先采用延迟线,后采用磁鼓、磁芯,外存储器使用磁带;完全采用

图1.2 ENIAC的部分场景

机器语言和汇编语言编写程序,还没有软件的概念。这个时期计算机的特点是:体积庞大、运算速度低(一般每秒几千次到几万次)、成本高、可靠性差、内存容量小。

这个时期的计算机主要用于科学计算工作。其代表机型有ENIAC、IBM650(小型机)、IBM709(大型机)等。

2. 第二代(1959—1964年)

晶体管计算机时代。采用晶体管作为计算机的主要逻辑元件,主存储器采用磁芯,外存储器使用磁带和磁盘;引入了中断等一系列现代计算机硬件技术,大大提高了系统处理能力和输入输出能力。软件方面出现了FORTRAN、COBOL、ALGOL等一系列高级程序设计语言及其编译程序,将计算机从少数专业人员手中"解放"出来,成为广大科技人员都能够使用的工具,推进了计算机的普及与应用,计算机的应用扩展到了数据处理、自动控制等方面。操作系统和子程序库也是在这一时期出现的。

这一时期计算机的运行速度已提高到每秒几十万次,体积也大大减小,可靠性和内存容量也有较大的提高。这个时期典型的计算机有IBM公司生产的IBM7090、7094计算机等。

3. 第三代(1965—1970年)

集成电路(Integrated Circuit,IC)计算机时代。在这一时期,中、小规模集成电路替代了分立元件,半导体存储器替代了磁芯存储器;软件方面则广泛引入了功能完备的现代操作系统,同时还提供了大量的面向用户的应用程序。计算机的运行速度也提高到每秒几百万次,可靠性和存储容量进一步提高;出现了种类繁多的外部设备;计算机和通信密切结合起来,诞生了Internet的前身——ARPANET;计算机应用扩展到数据处理、事务管理、工业控制等领域。典型的第三代计算机有IBM公司的IBM-360和370系列,DEC的PDP-8和PDP-11系列以及VAX系列计算机等。这些类型的计算机由于价格低、性能好、适用

面广,因而在计算机的应用中曾经发挥了重要的作用。

4. 第四代(1971年延续至今)

大规模和超大规模集成电路计算机时代。这一时期的计算机主要采用大规模和超大规模集成电路,硬件技术和软件技术都有了巨大的发展。这一时期计算机的发展还具有以下特征。

(1) 计算机硬件继续以摩尔定律所预言的速度持续发展,历经三十余年而不衰。摩尔定律即CPU的速度等性能指标每18个月翻一番,而价格不变甚至下降,如图1.3所示。实际上,除了CPU外,内存储器、外存储器这两种部件也在以接近摩尔定律的速度发展。目前,计算机的运行速度已经达到每秒十亿次到亿亿次,内外存容量也都已经达到GB数量级。

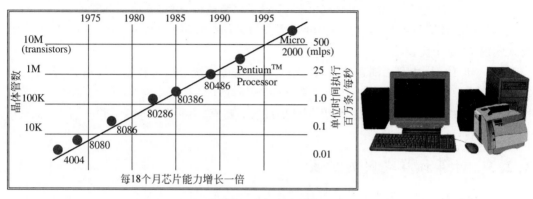

图1.3 摩尔定律与微机

(2) 计算机科学及其各个分支日趋完善和成熟。在体系结构方面进一步发展了并行处理、多机系统、分布式计算机系统和计算机网络系统。在软件方面,操作系统不断发展和完善,同时发展了数据库管理系统、通信软件、分布式操作系统以及软件工程标准等。

(3) 计算机的类型除小型、中型、大型机外,开始向巨型机和微型机(个人计算机)两个方面发展。

微型计算机的诞生是超大规模集成电路应用的直接结果。超大规模集成电路技术的发展使得在一个芯片上能够包含几十万甚至几百万个晶体管元件。1975年,第一台商业化的微型计算机 MITS Altair8800(牛郎星)问世,它使用了Intel公司的8080微处理器芯片。不过,当时的微型计算机并未形成主流,仅仅是面向计算机业余爱好者而已。1977年Apple公司成立,并先后成功地开发了Apple-I和Apple-II型的微型计算机系统,使得Apple公司在当时成为微型计算机市场的主导力量之一。1980年,IBM公司开始研制个人计算机——PC。1981年,使用Intel的微处理器芯片和Microsoft的操作系统的IBM PC问世。此后,微机便雨后春笋般蓬勃发展起来。

(4) 计算机的发展进入了计算机网络时代。在这一时期,包括远程网、局域网、城域网在内的各种计算机网络如百花齐放,先后发展起来,并形成了今天几乎覆盖全世界每一个角落的Internet。Internet为计算机文化的最终形成与传播创造了最后的条件。

5. 第五代计算机

目前人们使用的计算机都属于第四代计算机,而新一代计算机即第五代计算机正处在设想和研制阶段。从20世纪80年代开始,日本、美国以及欧洲共同体都相继开展了第五代计算机的研究。第五代计算机的研究目标是试图突破冯·诺依曼式的计算机结构的体系结构,使得计算机能够具有像人那样的思维、推理和判断能力。也就是说,新一代计算机将由处理数据信息为主,转向处理知识信息为主,如获取知识、表达知识、存储知识及应用知识等,并有推理、联想和学习等人类智能方面的能力,能帮助人类开拓未知的领域和获取新的知识。新一代计算机包括超导计算机、量子计算机、光子计算机、生物计算机、神经网络计算机等。

目前,量子计算机取得了令人鼓舞的成就。"量子优越性"是指量子计算机一旦在某个问题上的计算能力超过了最强的传统计算机,就证明了量子计算机的优越性,跨过了未来多方面超越传统计算机的门槛。

2019年9月,美国谷歌公司研制出53个量子比特的计算机"悬铃木"(Sycamore),对一个数学问题的计算只需200s,而2019年世界最快的超级计算机"顶峰"(Summit)需要2天,首次实现了"量子优越性"。

2020年12月,中科大潘建伟团队与中科院上海微系统与信息技术研究所、国家并行计算机工程技术研究中心合作,成功构建76个光子的量子计算原型机"九章"。对经典数学算法高斯玻色取样的计算速度,比2020年世界最快的超算"富岳"(Fugaku)快一百万亿倍,第二次实现了"量子优越性"。

1.2.3 计算机在我国的发展

计算机在我国的发展也是日新月异。尤其是在巨型机研制方面走在世界的前列。

中国科学院于1990年成立了国家智能计算机研究开发中心并启动研制曙光计算机。在863计划支持下,中国科学院计算所国家智能计算机研究开发中心先后研制成功曙光一号多处理机、曙光1000大规模并行机、曙光1000A、曙光2000-Ⅰ、曙光2000-Ⅱ和曙光3000机群结构超级服务器。同时在"九五"攻关计划支持下先后推出了曙光Internet服务器、曙光高可用服务器、曙光NT机群系统和曙光安全服务器。曙光计算机的体系结构从对称式多处理机(SMP)到大规模并行机(MPP)再发展到机群结构(Cluster)。于2001年发布的曙光3000由70个节点(280个处理机)构成,内存总容量168GB,磁盘总容量3.6TB(提交给用户将扩大到6TB),峰值计算速度每秒4032亿次,实际浮点运算速度接近每秒3000亿次。目前曙光计算机的速度已超过每秒万亿次。

1983年,位于湖南长沙的国防科技大学研制成功"银河-Ⅰ"巨型计算机,运行速度达每秒一亿次。1992年,国防科技大学计算机研究所研制的巨型计算机"银河-Ⅱ"通过鉴定,该机运行速度为每秒10亿次。而"银河-Ⅲ"巨型计算机的运行速度达到每秒130亿次,其系统的综合技术已达到当时国际先进水平,填补了我国通用巨型计算机的空白,标志我国计算机的研制技术进入了世界先进行列。2009年10月29日,国防科技大学为国家超级计算天津中心研制的业务主机"天河一号"研制成功,其峰值性能达到每秒1206万亿次,成为我国首台千万亿次计算机。采用自主研发的银河麒麟操作系统,名列当年的国际超级计算机TOP 500排行榜世界第五位、亚洲第一位的排名,并使中国成为继美国之后世界上第二个能够研制千万亿次超级计算机的国家。2010年,"天河一号"曾在全球TOP 500超级大型计算机排行榜中排名第一,但在2011年被日本最新研发的超级计算机"京"超越了。到了2012年,美国的"泰坦"又超越了日本的"京"。

"天河二号"(TH-2)是由国防科学技术大学研制的超级计算机系统,以峰值计算速度每秒5.49亿亿次、持续计算速度每秒3.39亿亿次双精度浮点运算的优异性能位居榜首,成为全球最快超级计算机。2014年11月17日公布的全球超级计算机500强榜单中,中国"天河二号"以比第二名美国"泰坦"快近一倍的速度连续第四次获得冠军。2015年11月16日,全球超级计算机500强榜单在美国公布,"天河二号"超级计算机以每秒33.86千万亿次连续第六度称雄。

神威太湖之光(Sunway TaihuLight)在2016年6月以每秒9.3亿亿次双精度浮点运算成为当年世界排名首位的超算,值得一提的是,神威太湖之光是首次采用中国自主CPU建设的超级计算机。

到2020年,世界前十名的超算中,中国神威太湖之光排名第四位,天河二号排名第六位。

 计算机发展史后测习题

(1) 世界上第一台真正意义上的计算机是_____。
  A. EDVAC   B. ENIAC   C. MARK   D. IBM

(2) 第四代计算机使用的CPU材料是_____。
  A. 二极管   B. 晶体管   C. 电子管   D. 芯片

(3) 摩尔定律一般是指_____。
  A. 集成电路芯片上所集成的电路的数目,每隔18个月就翻一番
  B. 微处理器的性能每隔18个月提高一倍,而价格下降一半
  C. 用一美元所能买到的计算机性能,每隔18个月翻两倍
  D. CPU价格每18个月上涨1倍

(4) 微型计算机出现在计算机发展的第_____代。
  A. 1   B. 2   C. 3   D. 4

1.3 计算机功能

视频名称	计算机功能	二维码
主讲教师	陈刚	
视频地址		

计算机的诞生起源于数值计算,所以当时人们称之为"计算机"。但随着计算机科学与技术的发展,计算机应用也发展到各种非数值计算领域,包括文字、语音、符号、图形、图像等各种信息的处理。现代计算机作为一种通用的信息处理工具,已渗透到人类社会生活的各个方面,而且正在不断地改变着人们的工作、学习和生活方式,推动着社会的发展。

1.3.1 计算机的应用领域

按照应用领域,计算机的应用可以归纳为以下几方面:科学计算、数据(信息)处理、自

动控制、计算机辅助工程、人工智能、娱乐和游戏等。

1. 科学计算

科学计算即数值计算。科学计算的特点是计算量大，数值范围广。计算机最开始是为解决科学研究和工程设计中遇到的大量数学问题的数值计算而研制的计算工具。计算能力强，计算速度快是它的看家本领。虽然今天计算机的应用已经发展到各个不同的领域，科学计算依然是最能体现计算机强大功能的最主要的领域之一。例如，人造卫星轨迹的计算，房屋抗震强度的计算，火箭、宇宙飞船的研究设计等都离不开计算机的精确计算。而类似天气预报这一类高度复杂且数据量极大的计算仍然是只有巨型计算机才能胜任的工作。

2. 数据处理（信息处理）

这是现代计算机应用最广泛的领域。数据处理的特点是数据输入输出量大，计算相对简单。数据处理就是对数据进行收集、存储、分类、排序、计算、统计、制表、传输等操作，如人事管理、库存管理、财务管理、图书资料管理、商业数据交流、情报检索、经济管理等。信息处理是现代化管理的基础，已成为当代计算机的主要任务。据统计，全世界计算机用于数据处理的工作量占全部计算机应用的 80% 以上。用于信息处理的计算机系统包括各种管理信息系统（MIS）、资源规划系统（MRP）和电子信息交换系统（EDI）等。

3. 自动控制

自动控制是指对现场数据进行实时采集、检测、处理和判断，对生产过程或机器设备进行自动调节的过程。过程控制的特点是具有良好的实时性和高可靠性。自动控制在计算机问世以前就已经存在，计算机的出现则使得它如虎添翼，由相对粗糙的模拟控制转向以精确的数字控制为主。目前计算机控制被广泛用于钢铁、石油化工、医药等生产领域中，无人驾驶飞机、导弹、人造卫星和宇宙飞船等飞行器的控制，也是靠计算机实现的。

4. 计算机辅助工程

计算机辅助工程指计算机在人们进行的某项工作中起一定的辅助作用，它不是完全由人来完成，也不是像自动控制那样完全由计算机来完成。计算机辅助工程包括的范围很广，目前主要有以下几种。

(1) 计算机辅助设计（Computer Aided Design，CAD），指借助计算机的帮助来完成各种设计工作。

(2) 计算机辅助教学（Computer Aided Instruction，CAI），指用计算机辅助进行课堂教学或实验教学。

(3) 计算机辅助制造（Computer Aided Manufacturing，CAM），指用计算机来辅助生产过程和产品开发。

(4) 计算机辅助测试（Computer Aided Test，CAT），指借助计算机的帮助进行复杂的测试工作。

5. 人工智能

人工智能（Artificial Intelligence，AI）是指用计算机来模拟人类的某些智力行为。它是计算机应用中极有前途极有诱惑力的一个领域，也是发展最为艰难的一个领域。相对于它的目标来说，人工智能目前还处于初级阶段。

机器人是计算机人工智能的典型例子，目前已经发展到第三代。第三代机器人具有感知和理解周围环境，使用语言、推理、规划和操纵工具的技能，能模仿人完成某些动作。机器人不怕疲劳,精确度高,适应力强,现已开始用于搬运、喷漆、焊接、装配等工作中。机器人还能代替人在危险工作中进行繁重的劳动,如在有放射线、污染有毒、高温、低温、高压、水下等环境中工作。

6. 其他应用领域

随着电子技术特别是通信和计算机技术的发展,人们已经有能力把文本、音频、视频、动画、图形和图像等各种"媒体"综合起来,构成一种全新的概念——"多媒体"(Multimedia)。多媒体的应用以很快的步伐在医疗、教育、商业、银行、保险、行政管理、军事、工业、广播电视和出版等领域出现。

多媒体技术的不断发展,使得计算机能够以图像和声音的形式向人们提供一种"虚拟现实"。利用"虚拟现实"环境可以在计算机上模拟训练汽车驾驶员和飞机驾驶员,模拟拍摄科学幻想电影片。实践证明,计算机模拟不仅成本低,而且模拟效果好,很容易实现逼真的被模拟环境。

多媒体技术的不断发展也使得计算机游戏从简单的纸牌、棋类等游戏发展到带有故事情节和复杂动画画面的视频与音频相结合的游戏。现在,人们可以在计算机上观看影视节目,可以播放歌曲和音乐。许多影视节目、歌曲和音乐也可以从计算机网络上下载,供人们免费或有偿地欣赏。

需要注意的是:计算机游戏是一把双刃剑。一方面,它具有很强的趣味性,可以激发人们使用计算机的兴趣,锻炼人的注意力、手眼脑协调能力以及使用鼠标和键盘的能力。另一方面,它也容易使人沉溺于游戏之中,长期下去,会对人的身体和精神都造成极大的伤害。所以,我们不提倡中、小学生玩计算机游戏。即使是大学生,也应当把主要的精力放在学习专业知识上,防止沉溺于计算机游戏之中而荒废了学业。

1.3.2 计算机的分类

计算机的分类一般有两种方法,一种是按计算机的功能可分为专用计算机和通用计算机。专用计算机配有解决特定问题的软件和硬件,适用于某一特殊的应用领域,如智能仪表、生产过程控制、军事装备的自动控制等,因此专用计算机在特定用途下最有效,但功能单一。通用计算机功能齐全、通用性强,具有广泛的用途和使用范围,可以应用于科学计算、数据处理和过程控制等,但其效率相对专用机要低一些,目前所说的计算机一般都是指的通用计算机。

另一种是按计算机的综合性能指标(运算速度、存储容量、输入输出能力、规模大小、软件配置)可将计算机分为以下几类。

(1) **巨型机**(**Super computer**):也称超级计算机,是指超大型的计算机。巨型机的主要特征是采用大规模并行处理体系结构,使其运算速度快、存储容量大、有极强的运算处理能力。巨型计算机主要应用于复杂的科学计算和军事、科研、气象、石油勘探等专门的领域。

(2) **大型机**(**Main-frame**):它的基本特征是有很强的综合处理能力,它的运算速度和存储容量次于巨型机,并具有较大的存储容量以及较好的通用性,但价格比较昂贵。大型机主要用于计算中心和计算机网络中,通常被用来作为银行、铁路等大型应用系统中的计算机网络的主机使用。

(3) **小型机**(**Minicomputer**):该类计算机的运算速度和存储容量略低于大/中型计算

机,规模较小、结构简单、操作简便、维护容易、成本较低。小型计算机的主要特征是与终端和各种外部设备连接比较容易,适合作为联机系统的主机,所以它主要用于科学计算、数据处理,还用于生产过程的自动控制以及数据采集、分析计算等。

(4) **微型机(Microcomputer)**:也称个人计算机(PC)。微型计算机分台式机和便携机两大类。便携机体积小、重量轻、便于外出使用。便携机即笔记本,其性能与台式机相当,但价格高出一倍左右。微型计算机采用微处理器,半导体存储器和输入输出接口组装而成,以其体积小、灵活性好、价格便宜、使用方便、可靠性强等优势遍及社会各领域,成为大众化的工具。如果把这种微型计算机制作在一块印刷线路板上,则称其为单板机。如果在一块芯片中包含了微处理器、存储器和接口等微型计算机的最基本的配置,则这种芯片称为单片机。

(5) **掌上计算机(PDA)**:也称个人数字助理。PDA 与传统的 PC、笔记本计算机有较大区别,虽然其工作原理一样,但处理器不同,不能直接兼容。软件方面功能也简单得多。但由于其方便的携带功能而得到大家的青睐。

(6) **工作站(Workstation)**:它是配有大容量主存,具有高速运算能力和很强的图形处理功能以及较强的网络通信能力的一种高档微型计算机。工作站是为了某种特殊用途由高性能的微型计算机系统、输入输出设备以及专用软件组成。例如,图形工作站包括高性能的主机、扫描仪、绘图仪、数字化仪、高精度的屏幕显示器、其他通用的输入输出设备以及图形处理软件,它具有很强的对图形进行输入、处理、输出和存储的能力,在工程设计以及多媒体信息处理中有广泛的应用。

(7) **服务器(Server)**:它是一种在网络环境下为多个用户提供服务的共享设备,例如各个网站的 Web 服务器、网络中心的 E-mail 服务器等。

计算机功能后测习题

(1) 许多企事业单位现在都使用计算机计算、管理职工工资,这属于计算机的_____应用领域。

  A. 科学计算   B. 数据处理   C. 过程控制   D. 辅助工程

(2) 微型计算机的发展以_____技术的发展为主要标志。

  A. 操作系统   B. 微处理器   C. 磁盘   D. 软件

(3) 不属于数据处理的计算机应用是_____。

  A. 管理信息系统   B. 办公自动化
  C. 实时控制   D. 决策支持系统

(4) 过程控制的特点是_____。

  A. 计算量大,数值范围广   B. 数据输入输出量大,计算相对简单
  C. 进行大量的图形交互操作   D. 具有良好的实时性和高可靠性

(5) 我国著名数学家吴文俊院士应用计算机进行几何定理的证明,该应用属于计算机应用领域中的_____。

  A. 科学计算   B. 数据处理
  C. 人工智能   D. 辅助工程

(6) 计算机重要应用之一就是计算机辅助工程,其中 CAM 指_____。
   A. 计算机辅助设计   B. 计算机辅助测试
   C. 计算机辅助教学   D. 计算机辅助制造

1.4 数　　制

视频名称	数制	二维码
主讲教师	陈刚	
视频地址		

1.4.1 数制的概念

数制也称计数制度,是指用一组固定的符号和统一的规则来表示数值的方法。

一般情况下,人们习惯于用十进制来表示数,即用 0、1、2、3、4、5、6、7、8、9 这十个符号来表达数。这是因为人类有十个手指,而我们的祖先,乃至我们自己,学会计数是从数手指开始的,正所谓"屈指可数"。

然而,一般电子存储元件只有两种状态,可以说计算机只有两个手指,只能用两个手指来计数或者运算。也就是说,计算机是使用二进制来进行计数和运算的。对人来说,用十进制比用二进制方便得多,因为二进制既不习惯也不便于书写与记忆;但对计算机来说,则是用二进制比用十进制方便得多。因为二进制数可以直接与电子元件对应,适用于数字电路设计、自动控制及逻辑运算等。

实际上,采用哪种计数制度,完全取决于人的习惯与方便,比如现实生活中,时间的表示目前基本上采用六十进制计时,但在秒以下依然采用十进制。不管用哪种计数制度都可以用来计数。例如十进制的 10,也可以用二进制的 1010 表示,还可以用八进制的 12 表示,或者是十六进制的 A。也就是说,计数制度可以有无数种,我们只是根据需要选择一种来使用。

在日常生活中,我们通常采用十进制,但是计算机中采用了二进制,由于二进制位数较长,这时可以用八进制和十六进制来表现二进制,因为它们可以很方便地跟二进制进行转换。

如果我们用 0、1、2、3、4、5、6、7 这八个符号通过进位来表示任意数,则称为八进制。用 0、1、2、3、4、5、6、7、8、9、A、B、C、D、E、F 这十六个符号通过进位来表示任意数,称为十六进制,其中 A 表示十进制的 10,B 表示 11,C 表示 12,D 表示 13,E 表示 14,F 表示 15。在表述数制的时候,通常采用如下方法。

在数字的后面,用特定字母表示该数的进制。二进制 B、十进制 D(可省略)、八进制 Q 或 O、十六进制 H,如 16、10000B、20Q、10H。

另外,也可以用 ( )$_{基数}$ 的形式表示不同进制的数,如 $(16)_{10}$、$(10000)_2$、$(20)_8$、$(10)_{16}$。

从本质上讲,计算机不过是一个复杂的电子装置,是由数以万计的电子元件组成的,目前一台微机所含的电子元件数达几千万到上亿个。然而,一个可用于存储数据的电子元件只有两种状态:高电压和低电压。存储数据时,可以用高电压状态代表数字 1,用低电压状态代表数字 0。进一步，我们可以用若干个这样的电子元件组合在一起来表示更大的数。例如，可以用 2 个元件的组合表示 0、1、2、3 这 4 个数，这 4 个数可以定义如下：

元件 1 状态	元件 2 状态	数值（二进制）	数值（十进制）
低	低	00	0
低	高	01	1
高	低	10	2
高	高	11	3

上面的例子，说明了两个事实。其一，元件组合所表示的数的个数或大小，是与元件组合的状态个数一致的。因为 N 个元件的组合有 2^N 个状态，所以，一个由 N 个元件组合构成的存储器，所能存储的数的范围可达到 2^N-1。其二，元件的个数就是用二进制表示的数值的位数。某个元件就对应着某个相应的二进制位。因此，下面的讨论只需就二进制数和二进制位进行。

表 1.1 列出了十进制的 0~16 在几种常用数制下的表示方法。

表 1.1 常用数制对照

十进制 D	二进制 B	八进制 Q	十六进制 H
0	0	0	0
1	1	1	1
2	10	2	2
3	11	3	3
4	100	4	4
5	101	5	5
6	110	6	6
7	111	7	7
8	1000	10	8
9	1001	11	9
10	1010	12	A
11	1011	13	B
12	1100	14	C
13	1101	15	D
14	1110	16	E
15	1111	17	F
16	10000	20	10

1.4.2 二进制、十进制、八进制、十六进制及其转换

1. 进位计数制

任何一个数 M 都可以用下面的形式表示及换算。

$$\begin{aligned} M &= (a_r a_{r-1} \cdots a_2 a_1 a_0 . b_1 b_2 \cdots b_{p-1} b_p)_N \\ &= a_r N^r + a_{r-1} N^{r-1} + \cdots + a_2 N^2 + a_1 N^1 + a_0 + b_1 N^{-1} + b_2 N^{-2} + \cdots + \\ & \quad b_{p-1} N^{-(p-1)} + b_p N^{-p} \end{aligned} \quad (1)$$

式中 a_i、b_j 均为非负整数，N 为正整数；$i=0,1,\cdots,r$；$j=1,2,\cdots,p$。并且
$$0 \leqslant a_i \leqslant N-1; \quad 0 \leqslant b_j \leqslant N-1;$$

式(1)中包括基数、数位和位权三个要素。基数是该数制计数时所使用的数码符号的个数，是最基本的要素；数位是指数码符号在一个数中所处的位置；位权是某一数位的大小的单位。比如十进制数的基数是 10，其百位数所处的数位是 2，其位权就是 10^2。一般情况下，对于 N 进制数，整数部分第 i 位的位权为 N^i，而小数部分第 j 位的位权为 N^{-j}。例如，

$$(203.2)_{10} = 2 \times 10^2 + 0 \times 10^1 + 3 \times 10^0 + 2 \times 10^{-1}$$
$$= 2 \times 100 + 0 \times 10 + 3 \times 1 + 2 \times 0.1$$

而

$$(1111.1)_2 = 1 \times 2^3 + 1 \times 2^2 + 1 \times 2^1 + 1 \times 2^0 + 1 \times 2^{-1} = 15.5$$

注意：整数部分的数位从低位向高位数，从 0 开始数起；小数部分的数位从高位起向低位，从 1 开始数起。此外，在不至于产生混淆时，可以不注明数的进制，如上例所示。

2. 不同进制数之间的转换

理论上，应用式(1)就可以进行任何两种数制间的转换，转换时只须将式(1)中的每一个数用目标数制的数来表示，并且按目标数制的计算法则进行计算出式(1)右端的和就可以了。但实际上，除了人们本来就已经熟悉的十进制计算法则外，人们很难也没有必要再去掌握其他进制的计算法则。所以，只有当目标进制为十进制时，人们才直接使用式(1)进行转换。在其他情况下，则采用更容易使用的方法(从根本上说，这些方法也是由式(1)导出的)。特别是对计算机而言，常常需要进行的就只有十进制、二进制、十六进制几种数制间的转换。用计算机处理十进制数时，一般先把它转换成二进制数，以便计算机处理。然后反过来，将二进制的计算结果转换成十进制，以符合人们的习惯。下面介绍这些方法。

1) 十进制数与其他进制数的转换

十进制与二进制、八进制、十六进制间转换的基本方法是将整数部分的转换与小数部分的转换分开进行。

(1) **十进制整数转换成二进制整数**："除 2 取余法"。"除 2 取余法"就是把被转换的十进制整数除以 2，得到初商及余数；然后，再用初商除以 2，得到次商及余数；继续这个过程，直到商为 0。然后将所得的余数，从最后取起(从下往上)，所得结果就是这个数的二进制表示。

例如，将十进制整数 $(23)_{10}$ 转换成二进制整数的过程如下：

2	23	1
2	11	1
2	5	1
2	2	0
2	1	1
	0	

其中，初商及各次商依次为 11、5、2、1、0；余数依次为 1、1、1、0、1。于是得到 $(23)_{10} = (10111)_2$。

(2) **十进制整数转换成八进制整数**："除 8 取余法"。"除 8 取余法"与"除 2 取余法"相似，将被转换的十进制整数及各次商反复地除以 8，直到商为 0。然后将所得的余数从最后

取起(从下往上),所得结果就是这个数的十六进制表示。

例如,$(13)_{10}=(15)_8$ 是这样得来的:

```
8 | 13   5
8 |  1   1
     0
```

(3) **十进制整数转换成十六进制整数:"除 16 取余法"**。同理,$(21)_{10}=(15)_{16}$ 是这样得来的:

```
16 | 21   5
16 |  1   1
      0
```

(4) **十进制小数转换成二进制小数:"乘 2 取整法"**。"乘 2 取整法"是将十进制及其各次积的小数部分连续乘以 2,从上往下选取各次积的整数部分,直到小数部分为 0 或满足精度要求为止。

例如,将十进制小数 $(0.6875)_{10}$ 转换成二进制小数的过程如下:

```
      0.6875
    ×      2
    ─────────
      1.3750    整数部分=1
      0.3750
    ×      2
    ─────────
      0.7500    整数部分=0
    ×      2
    ─────────
      1.5000    整数部分=1
      0.5000
    ×      2
    ─────────
      1.0       整数部分=1
```

将每次所得的整数部分按从上往下的顺序写出,得

$$(0.6875)_{10}=(0.1011)_2$$

(5) **十进制小数转换成八进制小数:"乘 8 取整法"**。"乘 8 取整法"与"乘 2 取整法"相似,即将十进制及其各次积的小数部分连续乘以 8,从上往下选取各次积的整数部分,直到小数部分为 0 或满足精度要求为止。

例如,$(0.75)_{10}=(0.6)_8$ 是这样得来的:

```
      0.75
    ×    8
    ───────
      6.0       取整数 6
```

(6) **十进制小数转换成十六进制小数:"乘 16 取整法"**。同理,$(0.6875)_{10}=(0.B)_{16}$ 是这样得来的:

$$\begin{array}{r} 0.6875 \\ \times\quad 16 \\ \hline 11.0 \end{array}$$ 取整数 11,即十六进制 B

值得注意的是,在大多数情况下,十进制小数转成二进制、十六进制时,会出现不能穷尽的问题,这时,应根据所需的精度,取小数点后若干位。

(7) **二进制数转换成十进制数**:按位展开法。按位展开法即是按式(1)将其右端和式中所有的数用十进制数表示并计算出结果。例如,

$(10110011.101)_2 = 1\times2^7+0\times2^6+1\times2^5+1\times2^4+0\times2^3+0\times2^2+1\times2^1+1\times2^0+$
$\qquad\qquad 1\times2^{-1}+0\times2^{-2}+1\times2^{-3}=128+32+16+2+1+0.5+0.125$
$\qquad\qquad =(179.625)_{10}$

$(A5.C)_{16}=10\times16^1+5\times16^0+12\times16^{-1}$

2) 二进制数与八进制、十六进制之间的转换

由于八进制数的每一位正好对应二进制数的 3 位,十六进制数的每一位正好对应二进制数的 4 位,所以二进制数与八进制、十六进制之间的转换特别便捷。

具体方法是,二进制数转换为八进制时,将二进制数从小数点开始,整数部分从右向左 3 位一组,小数部分从左向右 3 位一组,不足 3 位用 0 补足,每组对应一位八进制数。二进制数转换为十六进制时,将二进制数从小数点开始,整数部分从右向左 4 位一组,小数部分从左向右 4 位一组,不足 4 位用 0 补足,每组对应一位十六进制数。

例如,$(111010111.100101)_2$ 转换为八进制和十六进制数

因为 111 010 111 . 100 101
   7 2 7 . 4 5

所以 $(111010111.100101)_2=(727.45)_8$

因为 0001 1101 0111 . 1001 0100
   1 D 7 . 9 4

所以 $(111010111.100101)_2=(1D7.94)_{16}$

反之,十六进制数转换成二进制数时,以小数点为界,向左或向右每一位十六进制数用相应的 4 位二进制数取代,然后将其连在一起即可。

例如:$(A6F0.0B)_{16}$ 转换为二进制

因为   A   6   F   0 . 0   B
     1010 0110 1111 0000 . 0000 1011

所以 $(A6F0.0B)_{16}=(1010011011110000.00001011)_2$

1.4.3 二进制运算

二进制数与十进制数一样可以进行运算,二进制数的运算包括算术运算和逻辑运算,本节简要介绍其运算规则。

1. 算术运算

算术运算包括加、减、乘、除,其规则与十进制一样,只是逢 2 进 1。

加运算:
$$0+0=0$$

$$1+0=0+1=1$$
$$1+1=10$$

例如，
$$1001+1101=10110$$

减运算：
$$0-0=1-1=0$$
$$1-0=1$$
$$0-1=1（借位）$$

例如，
$$1101-1011=0010$$

乘运算：
$$0\times0=0$$
$$0\times1=1\times0=0$$
$$1\times1=1$$

例如，
$$1101\times1010=10000010$$

除运算：
$$0\div0=0$$
$$0\div1=0$$
$$1\div1=1$$

例如，

$111011\div1011=101$（值得注意的是，往往需要取近似值）

2. 逻辑运算

逻辑运算就是真假值的运算，主要包括逻辑与(and)、逻辑或(or)、逻辑非(not)。
逻辑与运算的规则是：两个都为1才为1，否则为0。例如：
$$1101 \text{ and } 1001=1001$$
逻辑或运算的规则是：两个数只要一个为1则为1，否则为0。例如：
$$1101 \text{ or } 1001=1101$$
逻辑非运算只对一个数运算，取数的相反值。例如：
$$\text{not } 1101=0010$$

数制后测习题

(1) 在计算机中采用二进制，是因为_____。
　　A. 可降低硬件成本　　　　　　　　B. 两个状态的系统具有稳定性
　　C. 二进制的运算法则简单　　　　　D. 上述三个原因
(2) 有关二进制的论述，下面_____是错误的。
　　A. 二进制数只有0和1两个数码
　　B. 二进制运算逢二进一

C. 二进制数各位上的值分别对应十进制为 1,2,4,…
D. 二进制数由二位数组成

（3）在进位计数制中，当某一位的值达到某个固定量时，就要向高位产生进位。这个固定量就是该种进位计数制的_____。
A. 阶码　　　　　　B. 尾数　　　　　　C. 原码　　　　　　D. 基数

（4）在一个无符号二进制整数的右边添加一个0，则新形成的数是原数的_____倍。
A. 2　　　　　　　B. 8　　　　　　　C. 10　　　　　　　D. 16

（5）10100001010.111B 的十六进制表示是_____。
A. A12.4H　　　　B. 50A.EH　　　　C. 2412.EH　　　　D. 2412.7H

（6）将十进制数234转换成二进制数是_____。
A. 11101011　　　B. 11010111　　　C. 11101010　　　D. 11010110

（7）十进制数1385转换成十六制数为_____。
A. 568　　　　　　B. 569　　　　　　C. D85　　　　　　D. D55

（8）有一个数152，它与十六进制数6A相等，那么该数是一个_____。
A. 二进制数　　　　B. 八进制数　　　　C. 十进制数　　　　D. 四进制数

（9）6位的二进制无符号整数，其最大值是十进制数_____。
A. 31　　　　　　　B. 32　　　　　　　C. 63　　　　　　　D. 64

（10）与二进制小数0.1B等值的十六进制小数为_____H。
A. 0.2　　　　　　B. 0.4　　　　　　C. 0.8　　　　　　D. 0.16

（11）在下列不同进制的四个数中，最小的一个数是_____。
A. 十六进制数175　　　　　　　　　B. 二进制数10101101
C. 十进制数175　　　　　　　　　　D. 八进制数175

（12）100H 相当于2的_____次方。
A. 5　　　　　　　B. 8　　　　　　　C. 10　　　　　　　D. 16

（13）与十六进制数BB等值的八进制数是_____。
A. 187　　　　　　B. 273　　　　　　C. 563　　　　　　D. 566

1.5　数据单位与数值数据的表示

视频名称	数值数据的表示	二维码
主讲教师	陈刚	
视频地址		

1.5.1　数据单位

在计算机中，所有的数据和程序都是以二进制表示的，一个0或者一个1称为一个二进制位(bit)，即一个比特，这是计算机中最小的数据单位。8bit 为一个 Byte，即1字节。计算机中处理数据的时候通常是按字节或者字节的倍数来进行，因此 Byte 是计算机中存储量或数据量计算的基本单位。

另外,存储量或数据量常用计量单位还有 KB、MB、GB 和 TB,其关系如下:

$$1KB=1024B=2^{10} Byte$$
$$1MB=1024KB=2^{20} Byte$$
$$1GB=1024MB=2^{30} Byte$$
$$1TB=1024GB=2^{40} Byte$$

在大数据时代,存储容量越来越大,后面还有 PB、EB、ZB、YB、BB、NB、DB 等计量单位,都被设定成了上一个单位乘以 2 的 10 次方。

必须指出的是,一个存储单元中的数据代表什么含义,完全是人为的规定。所以,同样一个 Byte 的内容,既可能表示一个整数,也可能表示一个字符,也可能是其他的含义。正因为如此,任何类型的任何数据都可以用二进制数表示,都可以用计算机存储和处理。

1.5.2 数值在计算机中的表示

一般的数在计算机中可以使用定点数和浮点数两种表示方法。定点数用于表示整数和纯小数。浮点数用于表示带小数的数。本节简介定点整数和浮点数的表示方法,其他内容请参考相应计算机课程的教材。

1. 定点整数的表示

定点整数的表示首先可以分为无符号数和有符号数。

如果使用的数值没有负数,就可以使用无符号数据表示。无符号的数就是全部二进制位都用来表示数,比如用 8bit 来表示,无符号的数的表示范围就是 00000000B~11111111B,即十进制的 0~255。

有符号的数就是带正负号的数,这时二进制位的最高位用于表示正负号,用 0 表示正,用 1 表示负,小数点默认在二进制位的最右边。如果用 8bit 表示,则取值范围为 +1111111B~ -1111111B,即十进制的 -127~+127。

例如:

(+50)D 表述为 (00110010)B

(-50)D 表述为 (10110010)B

这就是原码。但是实际计算机运算时是用机器数,机器数就是数在内存中的实际表示。定点整数的机器数是用补码来表示的,如表 1.2 所示。

表 1.2　原码反码补码的转换

	+50	-50	说　　明
原码	00110010	10110010	正数的原码、反码、补码相同
反码	00110010	11001101	负数的反码是除符号位外各位取反
补码	00110010	11001110	负数的补码是反码+1

(+50)+(-50)=00110010B+11001110B=0

另外,为了方便进行十进制和二进制的转换,还有一种 BCD 码,即将 1 个十进制位用 4 个二进制位表述。如 50D=0101 0000B。

2. 浮点数的存储

浮点数就是带小数的数,又称为实型数据,是按照科学计数法的形式存储的。国际标准化组织 IEEE 754 标准规定了浮点数的表示方法如下。

首先,将一个浮点数分成三部分。

| S | Exponent | Mantissa |

然后进行浮点数的规格化,就是要求科学计数法各部分采用规范化的指数形式表示,IEEE 754 标准统一规定为:

$$x = (-1)^s \times (1.M) \times 2^e$$

S:浮点数的正负号,实际表示正数为 0,负数为 1。

Exponent(e):科学计数法的指数部分,又称阶码。指数部分通常采用一个无符号的正整数来表示,但是实际指数有正有负,如果专门拿出第一位来表示正负又会造成不必要的浪费。因此采用了阶码的移码形式,移码(Exponential Bias)与指数相加,就能保证结果总是一个非负数。

Mantissa(M):规格化的尾数。尾数域的最高有效位为 1,称为浮点数的规格化,否则,以修改阶码同时左右移动小数点位置的办法,使其成为规格化数的形式。注意,实际存储的有效数字尾数(Fraction)时,因为规格化的浮点数的尾数域最左位总是 1,所以这一位不予存储,而默认为隐藏在小数点的左边。

根据需要表示浮点数的长度,可以使用三种精度的浮点数,各个部分二进制位数分布和各种精度的移码如图 1.4 所示。

精度	符号	阶/指数	尾数	总位数
单精度	1	8	23	32
双精度	1	11	52	64
长双精度	1	15	64	80

精度	M(阶/指数位数)	移码	二进制表示
单精度	8	127	0111 1111
双精度	11	1023	011 1111 1111
长双精度	15	16383	011 1111 1111 1111

图 1.4　IEEE 754 规定的各种浮点数格式

例如,求浮点数 110.011(B) 的 32 位单精度机器数。

首先,进行规格化处理。

$110.011(B) = 1.10011 \times 2^{+10}$

得到

S:0B

e:0000 0010B+0111 1111B=1000 0001B(2+127=129)

M:100 1100 0000 0000 0000 0000B

如图 1.5 所示。

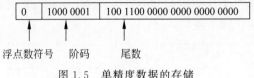

图 1.5 单精度数据的存储

思考：

(1) 如何将浮点数还原为十进制？

(1) 如果还原会不会跟原来的十进制浮点数一样？

数据单位与数值数据表示后测习题

(1) 计算机中处理数据的最小单位是_____。

    A. 位　　　　　　B. 字节　　　　　　C. 字长　　　　　　D. 字

(2) 反映计算机存储容量的基本单位是_____。

    A. 位　　　　　　B. 字节　　　　　　C. 字长　　　　　　D. 字

(3) 在计算机中，存储容量为 5MB，指的是_____字节。

    A. 5×1000×1000　　　　　　　　B. 5×1000×1024

    C. 5×1024×1000　　　　　　　　D. 5×1024×1024

(4) 20MB 容量是 512KB 的_____倍。

    A. 20　　　　　　B. 40　　　　　　C. 80　　　　　　D. 100

(5) 整数 33D 的补码用 8 位二进制可以表示为_____。

    A. 00100001　　B. 01011110　　C. 01011111　　D. 10100001

(6) 整数 −65D，在计算机中用 8 位二进制表示为_____。

    A. 01000001　　　　　　　　　　B. 11000001

    C. 10111110　　　　　　　　　　D. 10111111

1.6　西文字符在计算机中的表示

视频名称	西文字符的表示	二维码
主讲教师	陈刚	
视频地址		

    在计算机中所有的信息都必须以二进制数来表示，字符也不例外。当我们按键盘上的某个键时，键盘上的硬件电路就会产生一个与之对应的二进制数并传送给主机。至于这个二进制数代表什么含义，完全是人为规定的。计算机总是按照程序的需要，依据给定的编码规则，将这个二进制数转换为程序所期望的类型的数据。西文字符只是其中的一种类型。

    这里所谓编码规则，就是二进制数与某种指定类型数据的对照表或转换规则。目前计算机中普遍采用 ASCII 码进行二进制数与西文字符的转换。

ASCII 码的全称是美国信息交换标准代码(American Standard Code for Information Interchange)。标准 ASCII 码用 7 个二进制位来表示 1 个字符,从 $(0000000)_2$ 到 $(1111111)_2$,一共可以表示 128 个字符,其中通用控制字符 33 个,其他为可从键盘输入并可显示或打印的阿拉伯数字、大小写英文字母,以及一些常用标点符号和运算符号。

标准 ASCII 码表如表 1.3 所示。

表 1.3　ASCII 字符与编码对照

ASCII 字符		高位				d6　d5　d4				
			000	001	010	011	100	101	110	111
低位			0	1	2	3	4	5	6	7
	0000	0	NUL	DLE	SP	0	@	P	`	p
	0001	1	SOH	DC1	!	1	A	Q	a	q
	0010	2	STX	DC2	"	2	B	R	b	r
	0011	3	ETX	DC3	#	3	C	S	c	s
	0100	4	EOT	DC4	$	4	D	T	d	t
	0101	5	ENQ	NAK	%	5	E	U	e	u
d3	0110	6	ACK	SYN	&	6	F	V	f	v
d2	0111	7	BEL	ETB	,	7	G	W	g	w
d1	1000	8	BS	CAN	(	8	H	X	h	x
d0	1001	9	HT	EM	)	9	I	Y	i	y
	1010	10	LF	SUB	*	:	J	Z	j	z
	1011	11	VT	ESC	+	;	K	[	k	{
	1100	12	FF	FS	`	<	L	\	l	|
	1101	13	CR	GS	-	=	M	]	m	}
	1110	14	SO	RS	.	>	N	↑	n	~
	1111	15	SI	US	/	?	O	↓	o	DEL

使用时,将每个字符的高位和低位串接起来合成一个 7 位二进制数即为这个数的 ASCII 码。例如字符 a 的 ASCII 码高位为 110,低位为 0001,合起来为 1100001B,对应十进制的 97。即小写字母 a 的 ASCII 码为二进制数 1100001 或十进制数 97。

但是在计算机中,基本数据单位是 1B,一般用 8bit 来表示 1 个字符。8bit 最多可表示 256 种不同的符号。所以,IBM 公司率先对 ASCII 码进行了扩展,规定一个字节的最高位为 0 时表示标准的 ASCII 码,最高位为 1 时则表示 ASCII 码扩展的部分,包括希腊字母、图形符号等。

注意: 在常用字符的 ASCII 码值中由小到大依次为:空格、数字字符、大写字母、小写字母。其中数字与大小写字母的编码有着特殊的性能,这些性能可用于运算电路设计及程序设计中。

思考:

(1) ASCII 码的数字字符,如字符'0',与数值 0 的机器码是一样的吗?分别是什么?

(2) 如何将键盘输入的一个任意小写(或大写)字符转换为对应的大写(或小写)字符?

西文字符表示后测习题

(1) 已知英文字母 a 的 ASCII 码值是 61H,那么字母 d 的 ASCII 码值为_____。
    A. 34H   B. 54H   C. 24H   D. 64H

(2) 按对应的 ASCII 码值来比较,_____。
    A. "a"比"b"大   B. "f"比"Q"大   C. 空格比逗号大   D. "H"比"R"大

(3) 英文字符"A"与汉字状态下全角的数字符号"7",它们的代码的值_____。
    A. 前者大   B. 不可比   C. 一样大   D. 后者大

(4) 在七位 ASCII 码中,除了表示数字、英文大小写字母外,还有_____个符号。
    A. 63   B. 66   C. 80   D. 32

(5) 字符 5 和 7 的 ASCII 码的二进制数分别是_____。
    A. 1100101 和 1100111   B. 10100011 和 0111011
    C. 1000101 和 1100011   D. 0110101 和 0110111

1.7 汉字的表示

视频名称	汉字的表示	二维码
主讲教师	陈刚	
视频地址		

    由于计算机是美国人发明并且最初是以数值计算为目的的,所以当初并没有考虑到汉字信息的表示与处理问题。随着计算机的应用扩展到信息处理领域,汉字信息的表示与处理问题才被提到议事日程上来。经过近 50 年的发展,目前汉字信息的表示与处理已经相当成熟了。

    由于汉字的个数比西文字符多得多,因而汉字的表示、输入、输出、处理也复杂得多。

    首先,每一个汉字字符需要一个唯一的二进制数表示,由于常用汉字即多达数千,所要求二进制数的个数也要至少一样多。这意味着编码的长度大于一字节。为了方便处理,通常使用两个字节长度的编码,即用两个字节表示一个汉字。在中国大陆一般使用《信息交换用汉字编码字符集》(GB 2312—1980),简称汉字国标码,在港台地区则一般使用 BIG5 编码。

    其次,为了能用普通键盘输入汉字,需要有以普通键盘为基础的汉字输入编码,即我们常说的汉字输入码。迄今为止,人们已发明了数百种汉字输入码,目前常用的有智能全拼、五笔字型等。

    再次,汉字的显示和打印也复杂得多。对于西文字符,用一个称之为字形发生器的集成电路就可以实现字符的显示或打印。汉字的显示和打印则一般需要用显示或打印图形的方式用软件实现,需要用到通常所说的汉字字库,即汉字输出码。对于不同的字体字形,其输出码也是不同的。所以,在一台计算机中,一般有几个乃至几十个汉字字库。

    在计算机中,以机内码为核心,建立各种输入码、输出码与机内码的转换关系,便可实现汉字信息的输入、处理、输出。

1. 汉字国标码

1980年我国颁布了《信息交换用汉字编码字符集·基本集》,代号为(GB 2312—1980),是国家规定的用于汉字信息处理使用的代码依据,这种编码称为国标码。在国标码的字符集中共收录了6763个常用汉字和682个非汉字字符(图形、符号),其中一级汉字3755个,以汉语拼音为序排列,二级汉字3008个,以偏旁部首进行排列。

国标GB 2312—1980规定,所有的国标汉字与符号组成一个94×94的矩阵,在此方阵中,每一行称为一个"区"(区号为01~94),每一列称为一个"位"(位号为01~94),组成了一个94×94的汉字字符集,每一个汉字或符号都有一个唯一的区号位号,称该字符的区位码。

国标码与区位码存在如下关系:

$$国标码 = 区位码 + 2020H$$

可以使用区位码输入汉字。当你无法用其他方法输入某个存在于国标码中的汉字或字符时,区位码是最后的选择,并且一定可行。使用区位码方法输入汉字时,一般要先在区位码表中查出该汉字对应的编码,然后再输入。

值得注意的是,随着国际的交流与合作的扩大,信息处理应用对字符集提出了多文种、大字量、多用途的要求。1993年,国际标准化组织发布了ISO/IEC 10646-1《信息技术通用多八位编码字符集第一部分体系结构与基本多文种平面》。我国等同采用此标准制定了GB 13000.1—1993。该标准采用了全新的多文种编码体系,收录了中、日、韩20902个汉字,是编码体系未来发展方向。此外,为了解决我国当前应用的迫切需要,我国于2000年颁布了国家标准GB 18030—2000《信息交换用汉字编码字符集基本集的扩充》,它是我国继GB 2312—1980和GB 13000—1993之后最重要的汉字编码标准,是未来我国计算机系统必须遵循的基础性标准之一。GB 18030收录了27484个汉字,总编码空间超过150万个码位,为解决人名、地名用字问题提供了方案,为汉字研究、古籍整理等领域提供了统一的信息平台基础。

2. 汉字机内码

国标码GB 2312不能直接在计算机中使用,因为它没有考虑与基本的信息交换代码ASCII码的冲突。比如"大"的国标码是3473H,与字符组合"4S"ASCII码相同。因此如果在计算机中直接使用国标码将产生二义性。好在标准ASCII码只使用了一个字节的低7位,因此可用每个字节的最高位来作为区分ASCII码和汉字编码的标志。于是产生了将国标码中每个字节的最高位置"1"表示汉字编码并区别于ASCII码的方案,即人们常说的机内码。机内码是真正的计算机内部用来存储和处理汉字信息的代码。

机内码与国标码GB 2312存在如下对应关系:

$$机内码 = 国标码 + 8080H$$

例如,"大"字的机内码 = 3473H + 8080H = B4F3H。

3. 汉字字形码

所谓汉字字形码实际上就是用来将汉字显示到屏幕上或打印到纸上所需要的图形数据。

由于无论显示屏还是打印机都是由成方阵形式排列的像素点构成的图形来呈现字符和图形图像的,所以,最简单的汉字字形码就是能够呈现该汉字的点阵数据。例如,"大"字的字形可以表示为图1.6所示的点阵表示。图1.6中,每个方格是一个点,在最简单的情况下,可用一个bit表示一个点,1表示黑,0表示白。这样,如图1.6所示的8×8点阵的"大"字可用8字节的二进制数据:

00010000
00010000
11111111
00010000
00101000
00100100
01000010
10000001

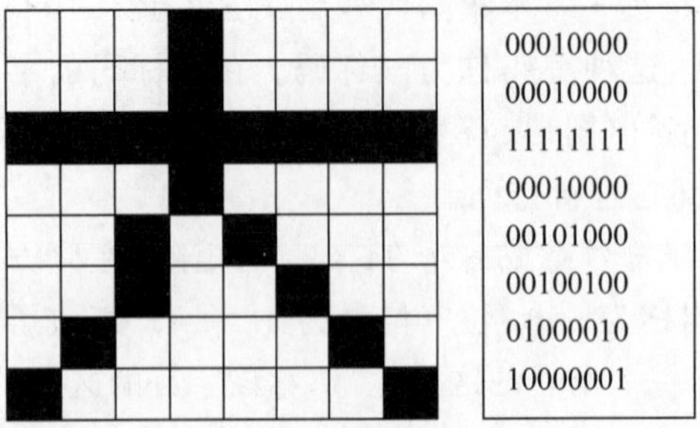

图1.6 字模演示

或者十六进制数据 EFEF 00EF D7DB BD7E 表示。

这样一个汉字字形数据块称为一个汉字字模。所有汉字字模的集合,称为字形信息库,简称字库。不同的字体(如宋体、仿宋、楷体、黑体等)对应着不同的字库。在输出汉字时,计算机要先到字库中找到它的字模,然后再把字形送去输出。

字库通常可分为点阵字库和矢量字库两种。点阵字库的构成与输出方法简单,但占用空间大,例如一个普通的24×24点阵字模就需要72字节存放。而且,点阵字模的缩放困难且容易变形。所以,不同大小的点阵字形往往就要有不同的字库,进一步加大了对宝贵的存储空间的需求。因此人们越来越倾向于采用矢量字库,特别是在使用图形界面的计算机中。矢量字库是以"矢量"——有方向的线段为基础来描述汉字字形,具有节省存储空间、可自由缩放等优点。

4. 汉字输入码

将汉字通过键盘输入计算机采用的代码称为汉字输入码。

汉字输入码非常多,归纳起来有如下几种:

- **流水码**,即顺序编码,如国标码、区位码。流水码的基本特点是一字一码,没有重码;但是很难记忆,一般仅作为用其他输入法遭遇困难时的一种补充手段,例如使用拼音码或五笔字形码时碰到要输入特殊的标点符号或图形符号,或者要自己造一个字库中没有收入甚至连字典中都没有的字或者符号。
- **音码**,即根据汉字的发音编码。流行的有智能全拼,微软拼音等。音码易学易记,适合于一般大众学习使用。拼音码的缺点是重码多,而且码字长,即为输入一个字所需的击键次数多,而且要求发音比较准确。但智能全拼、微软拼音等音码方案通过词组输入、不完全拼音、联想等手段,已经使得拼音码的这些缺点在很大程度上得到了克服,使之成为最受欢迎的汉字输入码。
- **形码**,根据汉字的字形编码。最流行最成功的当数五笔字型了。五笔字型的最大优点是重码极少,从而可以实现汉字输入的"盲打",获得很高的汉字输入速度。而且编码方案较为科学合理,一般人只要花上一段时间,就能掌握得较好。
- **混合码**,即汉字的发音和字形结合起来编码,如自然码等。混合码的编码方案也很多,但真正成功的几乎没有。这也许是使用混合码时,又要想字形又要想拼音,并不实用。

5. 汉字的输入过程

综合以上编码,一个汉字从输入到输出的过程如图 1.7 所示。

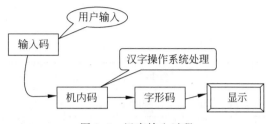

图 1.7　汉字输入过程

在此过程中,可以发现对普通用户来说只需掌握某种汉字输入码对汉字进行选择就可以了,其他过程都是由计算机的汉字操作系统来自动实现的。

汉字的表示后测习题

(1) 中文标点符号",″在计算机中是用_____个二进制位表示的。
　　A. 1　　　　B. 2　　　　C. 8　　　　D. 16

(2) 全角状态下,一个英文字符在屏幕上的宽度占_____ASCII 字符。
　　A. 1　　　　B. 2　　　　C. 8　　　　D. 16

(3) 在计算机内部用机内码而不用国标码表示汉字的原因是_____。
　　A. 有些汉字的国标码不唯一,而机内码唯一
　　B. 国标码是国家标准,而机内码是国际标准
　　C. 为了和英文字符的 ASCII 编码区别
　　D. 机内码比国标码容易表示

(4) 800 个 24×24 点阵汉字字模需要的存储容量为_____。
　　A. 7.04KB　　　　　　　　　　B. 56.25KB
　　C. 7200B　　　　　　　　　　D. 450KB

(5) 某汉字的机内码为 C6D8H,则其对应的国标码为_____。
　　A. 6C8DH　　B. 5668H　　C. 1668H　　D. 4658H

(6) 用汉语拼音输入"武汉"两个汉字,所占用的字节数是_____。
　　A. 2　　　　B. 4　　　　C. 8　　　　D. 16

(7) 用户输入汉字时,计算机首先将汉字的输入码转换为_____。
　　A. 国标码　　B. 机内码　　C. 字形码　　D. 区位码

(8) 若表示字符的连续 2 字节(不是在内存中)为 31H 和 41H,则_____。
　　A. 一定是 1 个汉字的国标码
　　B. 一定不是 1 个汉字的国标码
　　C. 一定是 2 个西文字符的 ASCII 码
　　D. 可能是 2 个西文字符 ASCII 码,也可能是 1 个汉字的国标码

(9) 汉字必须转换成_____才能在显示器上显示。
　　A. 国标码　　B. 机内码　　C. 字形码　　D. 区位码

1.8 计算机数据录入

1.8.1 键盘和指法

视频名称	键盘和指法	二维码
主讲教师	朱家成	
视频地址		

计算机数据录入的主要工具是键盘,有了键盘就要学习如何使用键盘,所以计算机数据录入的第一步是了解键盘与指法。

随着个人计算机的普及,大部分普通人应该都接触过键盘,当然根据按键的不同,功能的不同,有各种各样的键盘,这里介绍的是最普通的键盘,也就是大家平时常用的台式机独立键盘。本节将介绍键盘的构成、键盘操作与指法以及指法训练。

首先是键盘的构成,如图1.8所示为一个普通的键盘,可以看到文中用不同的颜色已经将键盘不同的分区标识出来了,有主键区、编辑区、数字键区,也就是常说的小键盘以及最上面的功能键区。

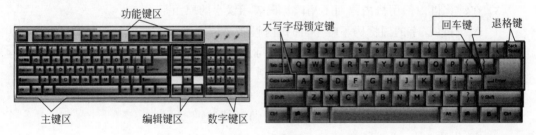

图1.8 键盘

以下将介绍主键区的基本组成和主键区上各基本键的功能与作用。图1.8展示的就是主键区,也是键盘上最大的一块键区。图中可以看到有中间区域的英文字母键、数字键、常用标点符号键、功能键以及辅助键。某些特殊符号和数字是放到一起的,如可以看到数字"1"和"!"是一起的,数字"5"和"%"是一起的,这些一个键表示两个信息的叫组合键,实现双键值功能,通常把组合键排在键位上部的字符叫上档字符,一般是通过Shift辅助键来完成输入。

刚说到Shift辅助键,还有Ctrl、Alt、Caps Lock键也是常用辅助键,主要是和其他键一起来完成某种操作,如Ctrl+C表示复制。除此之外还有Backspace、Space、Enter等功能键来实现例如删除、空格以及换行等功能。

可以注意一下,在英文字母键中字母f与字母j键上面是有两个小突起,设计这个小突起有什么作用呢,这就要涉及接下来要讲的键盘操作姿势与指法。

首先是键盘操作姿势,有以下几个基本要领:
(1) 坐姿要笔直且自然放松,双肩不要耸起;
(2) 座椅高度合适,上臂自然下垂,两肘与放置键盘桌面平齐;

(3) 手腕要悬空,要以手指动作带动手腕,协调移动。

最后手指要落在基准键上,在敲键时,除敲键的手指伸向键位,其他手指随手的起落保持原状,而上一部分提到的 f 与 j 键的突起就是为了便于快速定位基准键。

所以我们定位了 f,j 键之后,左右食指固定在这两个键上,除大拇指其他手指顺序排开就能确定八个基准键,如图 1.9 所示。

图 1.9 指法坐姿

确定基准键之后就是确定手指的分工,如图 1.10 所示,我们用不同的颜色表示了不同手指的按键分工,左手的小指、无名指、中指和食指分别负责敲基准键"a,s,d,f"以及对应的其他键,右手的小指、无名指、中指和食指分别负责敲基准键";l,k,j"以及对应的区域其他字符。空格键由大拇指控制,至于是左手还是右手就看个人习惯了。

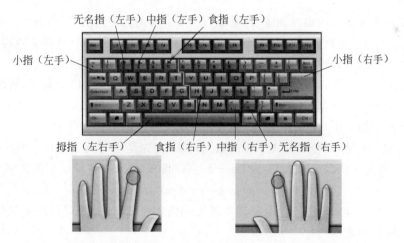

图 1.10 指法要点

上面我们讲了键盘的操作姿势与指法,要想熟练完成键盘的输入,还需要进行一定时间的指法训练,我们总结了以下几个要点,便于大家学习。

(1) 敲键后,手指应立即缩回到各手指对应的基准键上方,这是为了便于操作者正确、熟练地掌握基准键与各手指负责的范围键之间的距离,以后熟悉了,可以不用每次都回到基准键,各手指按照需要敲键。

(2) 开始练习的时候,养成不看键盘的习惯,也就是盲打,有错及时校正,时间长了便能记住每个键位。

(3) 两只手的小指敲键的准确性都较差,所以要加强小指的训练。

(4) 针对自己训练中容易出错的键,应加强反复练习。

 键盘与指法后测习题

(1) 默认情况下,大拇指在指法中负责敲_____键。
  A. asdf   B. jkl;   C. Space   D. Alt

(2) Backspace 键一般是由哪个手指控制?(　　)
  A. 左手小指   B. 右手小指   C. 左手无名指   D. 右手食指

1.8.2　英文字符输入

视频名称	英文字符输入实际操作	二维码
主讲教师	朱家成	
视频地址		

  在 1.8.1 节学习了键盘与指法之后,就可以开始进行英文字符的输入训练了。在进行英文字符输入实际操作之前,要启动"记事本"或"写字板"或 Microsoft Word 等文字编辑软件(本文示例采用的是记事本文字编辑工具)。在文本输入之前确保任务栏上的输入法图标是英文状态。

  首先是对英文字母的输入训练,包括小写英文字母与大写英文字母,进行小写输入的时候,要确保 Caps Lock 键处于小写状态,也就是键盘指示灯中第二个灯是未点亮状态,确认好这些准备工作之后,开始输入小写英文字母从第一个小写的 a 到最后一个字母 z,可以多输几遍保证熟练性。在每次输入的时候,若有输错的地方,可用退格键删除,每输入一行可以按 Enter 键换行。接着进行大写输入训练,这时要确保 Caps Lock 键处于大写状态,也就是键盘指示灯中第二个灯是点亮状态,同样从字母 a 依次敲击到字母 z。

  输入完英文字母,接着是英文字符的输入训练,首先是小写英文字符,和输入小写英文字母一样,同样先确认键盘输入 Caps Lock 是小写状态,输入一些指定的英文字母:

      china computer home application information

  每输入一个字母后敲击一个空格键即可完成输入过程。同理,可以按照同样的方式进行大写英文字母的输入:

      CHINA COMPUTER HOME APPLICATION INFORMATION

  在 1.8.1 节中,我们学习了如何输入小写英文字符与大写英文字符,但有时候进行英文字符输入时,只需要短暂由小写切换到大写,也就是键盘的 Caps Lock 键还是锁定在小写状态,这时候就需要使用 Shift 组合键来输入了,需要输入大写字母时,只需要按住 Shift 键,再按相应的字母键即可,如输入

      aaAA bbBB ccCC ddDD iiII llLL hhHH

以及

      The People's Republic Of China,Beijing

在这些字符中输入大写字母时,按住相应的键加 Shift 键即可。还有输入在第一讲中提到的上档字符组合键的时候,或输入一些组合标点符号键的时候也是需要 Shift 键来共同完成输入。如直接敲击键盘可输入

1 2 3 4 5 6 7 8 9 0

加按住 Shift 键则可以输入

! @ # $ %

标点符号也是类似的,直接可以输入",; / ",按住 Shift 键则可以输入"< : ?"等,还有其他的类似标点符号输入。

在键盘与指法章节里,我们知道可以用字母键上面一排数字键输入数字,但这样输入数字键较慢,在不需要输入其他字符只需要输入数字的时候,就可以利用键盘最右边区域的数字键盘区来完成输入了,首先确保数码锁定 NumLock 指示灯是亮的,也就是第一个指示灯,一般是用右手中指放在最中心的基准键 5 上,然后顺势按照习惯放下其他手指,就可以输入多个数字了。

学习了以上输入技巧之后,最后我们可以来完成综合输入,首先是汉语拼音输入训练,接着可以输入一些英文句子。

 英文字符输入后测习题

(1) 按下 CapsLock 键后,_____。
    A. 只能输入大写字符　　　　　　B. 只能输入小写字符
    C. 不能输入小写字符　　　　　　D. 大小写都可以输入

(2) Backspace 键和 Del 键描述正确的是_____。
    A. Backspace 删除光标右边的字符
    B. Del 键删除光标左边的字符
    C. Backspace 和 Del 都可以删除选定的字符
    D. Backspace 和 Del 键都由右手食指控制

1.8.3　中文字符输入

视频名称	中文字符输入	二维码
主讲教师	朱家成	
视频地址		

在学习了英文字符输入训练之后,接着要学习的是中文字符输入训练,中文字符输入训练,也要启动"记事本"或"写字板"或 Microsoft Word 等文字编辑软件,在文本输入之前确保任务栏上的输入法图标是中文输入状态。

首先是汉字输入法的设置,有两种设置方式,一种是鼠标操作设置,另一种是快捷键操作设置。首先介绍鼠标操作,单击任务栏上的输入法图标,在出现的菜单中选择相应的输入法即可。通过快捷键有两种类型,第一种是中英文输入法的切换,切换的方式是按住 Ctrl 键

和 Space 空格键,就能实现本机最常用的中文输入法和英文输入法的切换,因为中文输入法比较多,可以将自己最习惯的输入法调成默认的中文输入法。当然如果需要将本机中安装的所有输入法轮回切换,则可以按 Ctrl 键和 Shift 键来实现这个功能。

输入法设置完成之后就可以开始进行中文字符输入练习了,首先选择搜狗拼音输入法,练习常用汉字的输入,本文示例的输入还是在记事本中,首先输入单字,使用拼音输入"结(jie)""市(shi)""常(chang)""帝(di)""抓(zhua)""元(yuan)";输入完单字可以输入双音节词,可以使用全拼,也可以使用简拼、混拼等方法,如"管理"这个词可用 guanli、guanl、gli、gl 来实现输入。

现在可以用同样的方法输入多音节词,方法和刚才讲的双音节类似,我们可以使用 jsj 来输入"计算机"。值得注意的是,不管是多音节词还是双音节词,进行简拼的时候如果两个相邻的字符可以组成复合声母时,要用"'"隔开,如直接输入时候,要将 s 和 h 用"'"隔开。此外,大写状态的时候是不能输入汉字的,最后要注意键盘全角与半角的区别。进行了上述练习之后,将输入连贯起来就可以进行句子的输入了。

完成汉字的输入练习之后,还可以练习中文符号的输入,首先是常用标点符号输入,我们用搜狗输入法输入"。,;:?!……——''|:《》{}"等常用标点符号。如果需要输入一些特殊符号,则可以打开输入法图标上软键盘设置图标进行输入设置。

要使用特殊符号软键盘,可以右击任意一种汉字输入法的软键盘图标,这时将弹出特殊符号选择菜单,可以选择不同的特殊符号,如图 1.11 所示。汉字特殊符号在日常工作中非常有用,请仔细学习。

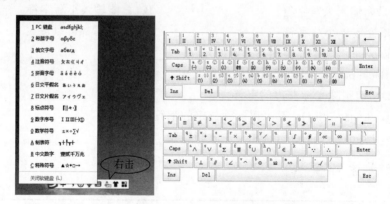

图 1.11　搜狗拼音汉字特殊字符软键盘

中文字符输入后测习题

(1) 要在各种汉字输入法之间切换,可以使用组合键_____。

  A. Ctrl+Space   B. Shift+Space

  C. Ctrl+.   D. Ctrl+Shift

(2) 关于汉字全角半角的描述错误的是_____。

  A. 输入的汉字是一样的

  B. 输入的中英文标点符号是一样的

C. 输入的数字字符是一样的

D. 输入的英文字符是不一样的

(3) 若要录入汉字特殊字符,可以用特殊字符软键盘,在所有输入法中都可以打开特殊字符软键盘的方法是_____。

A. 单击输入法的软键盘图标,选择特殊字符

B. 右击输入法软键盘图标,选择特殊字符

C. 双击输入法软键盘图标,选择特殊字符

D. 单击输入法的软键盘图标,选择软键盘

第 2 章 计算机系统

 **本章任务**

教学时间：学习 1 周,督学 1 周
教学目标
    知识目标：
- 理解计算机软硬件的概念。
- 理解计算机硬件组成结构。
- 掌握 CPU 的基本组成及性能指标。
- 掌握存储器的分类,存储单元的概念、内存的构成和内存地址、外存分类。
- 了解 I/O 设备概念,常用 I/O 设备性能指标。
- 了解总线、接口概念和分类。
- 掌握系统软件和应用软件的概念。
- 理解系统软件、应用软件的分类。
- 了解机器语言、汇编语言和高级语言及其关系。
- 了解高级语言的编译方式和解释方式。

    能力目标：
- 能根据需求选择合适的计算机配置。
- 了解操作系统的安装过程。
- 能根据需要安装常用应用软件。

    单元测试题型：

选择题		填空题		判断题		汉字题	
题量	分值	题量	分值	题量	分值	题量	分值
20	20	10	20	10	10	2	50

测试时间：40 分钟
教学内容概要
2.1 计算机系统组成
    • 硬件和软件的概念及关系(基础)
    • 硬件的组成,5 大部分(基础)

- 计算机体系结构和计算机实现(进阶)
2.2 中央处理器(CPU)(本章重难点)
- CPU的构成、各部分的功能与主要参数指标(基础)
2.3 内存(本章重难点)
- 内存的特性和分类(基础)
- 内存的构成、内存地址计算(进阶)
2.4 外存储器
- 外存的特性和类型(基础)
- 磁盘的存储原理和容量计算(进阶)
2.5 输入/输出设备
- I/O设备的类型,显示器和显示卡,常用I/O设备性能指标(进阶)
2.6 总线与接口
- 总线和接口的作用和类型(进阶)
2.7 计算机软件系统
- 系统软件和应用软件(基础)
2.8 程序和程序设计
- 机器语言、汇编语言和高级语言的关系(基础)
- 源程序、目标程序和编译(进阶)
- 高级语言的编译系统和高级语言应用程序的关系(进阶)
- 数据库系统(进阶)
2.9 软件的安装
- 硬盘的分区与高级格式化(基础)
- Windows系统的安装(基础)
- Office的安装(进阶)
- Visual Studio的安装(进阶)

2.1 计算机系统组成

视频名称	计算机系统组成	二维码
主讲教师	李支成	
视频地址		

　　计算机系统由硬件系统和软件系统两大部分组成。硬件系统是构成计算机系统的各种物理设备的总称,它是计算机工作的物质基础;软件系统是在硬件基础上运行、管理和维护计算机的各类程序、数据和文档的总称。与硬件相似,各种软件之间也有相互依赖的关系,构成了软件系统。通常把不安装任何软件的计算机称为"裸机"。图2.1是一般计算机系统组成。

　　硬件系统是整个计算机系统的基础,它决定了这个计算机系统可能实现的功能以及可能达到的性能指标。但能否实现这些功能以及能否达到这些性能指标,还要看是否有相应

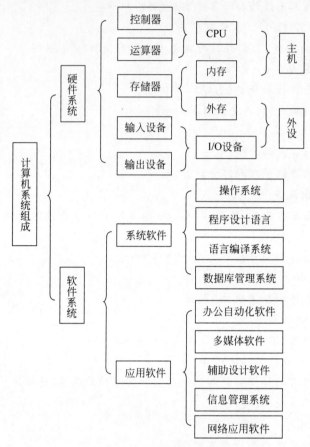

图 2.1 计算机系统组成

的软件支持以及软件的执行效率。

为了理解计算机硬件,就要了解计算机体系机构、计算机组成和计算机实现这 3 个不同的概念。它们各自有不同的含义,但是又有着密切的联系。计算机体系结构(Computer Architecture)通常是指程序设计人员所见到的计算机系统的属性,是硬件子系统的结构概念及其功能特性。计算机组成(Computer Organization)是指如何实现计算机体系结构所体现的属性,它包含了许多对程序员来说是透明的硬件细节。例如,许多计算机制造商向用户提供一系列的体系结构相同的计算机,而它们的组成可能会有一些区别。此外,一种计算机的体系结构可能维持很多年,但计算机的组成却会随着计算机技术的发展不断变化。计算机实现(Computer Implementation)是指计算机组成的物理实现,就是把完成逻辑设计的计算机组成方案转换为真实的计算机。随着时间和技术的进步,这些含意也会有所改变,在某些情况下,有时也无须特意地去区分计算机体系机构和计算机组成的不同含义。

现代计算机硬件系统都遵循冯·诺依曼体系结构。冯·诺依曼计算机硬件体系结构由五个基本部件组成:控制器、运算器、存储器、输入设备和输出设备。图 2.2 是计算机硬件系统组成结构图。硬件系统由冯·诺依曼计算机体系结构的五大部件组成。在计算机体系结构的物理实现时,硬件系统由 CPU、内存、外存、输入输出设备组成。CPU 中集成了运算器和控制器,存储器分为内存储器和外存储器。

软件系统包括系统软件和应用软件两大类。应用软件是直接供用户使用,完成用户需要的某些功能的软件,例如办公自动化软件中的 Office 系列软件。系统软件负责系统资源的管理和调配,向应用软件提供一些公共的服务。在系统软件中,最重要的是操作系统,它是所有其他软件运行的基础。Windows 就是微机上使用的一种操作系统。一个应用软件要在某台计算机上正常运行,还需要它与该计算机上安装的操作系统兼容。

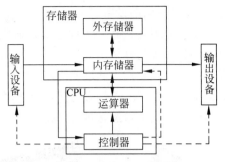

图 2.2　计算机硬件系统

光有硬件的计算机(裸机)并不能实现计算机的功能。硬件好比电视机,软件好比电视节目。比如买了一台电视机,如果收不到任何节目,那么这台电视机是毫无用处的。当然,有节目,没有电视机,也只能望洋兴叹。硬件系统和软件系统互相依存、互相配合,计算机系统才能发挥其正常功能和高性能。

 计算机系统组成后测习题

(1) 有关计算机硬件和软件的关系,下列表述正确的是_____。

　　A. 没有硬件,软件也能起作用

　　B. 没有硬件的支持,软件谈不上实际的意义

　　C. 硬件只能通过软件起作用

　　D. 在正常的计算机系统里,硬件和软件应该是一个有机的统一的整体

(2) 目前我们使用的计算机基本是冯·诺依曼体系结构的,该类计算机硬件系统包含五大部件是_____。

　　A. 输入/输出设备、运算器、控制器、内/外存储器、电源设备

　　B. 输入设备、运算器、控制器、存储器、输出设备

　　C. CPU、RAM、ROM、I/O 设备、电源设备

　　D. 主机、键盘、显示器、磁盘驱动器、打印机

2.2　中央处理器(CPU)

视频名称	CPU	二维码
主讲教师	李支成	
视频地址		

不同类型的计算机在硬件组成上有一些区别。例如,大型计算机往往安装在成排的大型机柜中,网络服务器往往不需要显示器。在日常使用中最多的是微型计算机。台式微机主要由主机箱、显示器、键盘和鼠标这几大部分组成。

打开主机箱,通常会看到电源、主板、中央处理器(CPU)、内存、硬盘、光驱、显卡等各式

各样、功能不同的设备。

中央处理器(CPU)也称为微处理器,它是计算机系统中最重要的一个部件。主要功能是控制计算机的操作和处理数据,是计算机的运算和控制核心。CPU 由运算器、控制器、寄存器以及实现它们之间联系的 CPU 总线组成。运算器负责算术运算和逻辑运算。算术运算即加、减、乘、除、模等普通运算。逻辑运算指逻辑值之间的运算,如与、或、非、异或等。运算器的核心是算术逻辑单元(ALU)。控制器负责协调并控制计算机及各部件执行程序的指令序列,基本功能是读取指令、解释指令和执行指令。寄存器是运算器为完成控制器请求的任务所使用的、临时存储指令、地址、数据和计算结果的小型存储区域;CPU 总线提供三者之间的通信服务。CPU 是计算机的核心部件,CPU 的性能很大程度上决定着计算机的性能。CPU 的外观如图 2.3 所示。

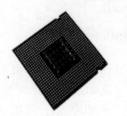

图 2.3 CPU 外观

在 CPU 技术和市场上,Intel 公司和 AMD 公司占据市场主导地位,其他的厂商还有 IBM 公司、ARM 公司等。中国自主研发的龙芯系列 CPU 发展也很快,主要应用在工业生产领域。

CPU 的技术参数是评价其性能的有效指标,主要参数如下。

(1) 字长。CPU 的处理字长是指 CPU 在一个指令周期内一次所能处理的二进制数据的位数。比如,如果 CPU 字长为 32 位,那么执行一条加法指令便可以进行两个 32 位长度的整数的加法运算。CPU 的字长越长,一次处理的数据就越多,速度就越快。CPU 字长有 16 位、32 位、64 位等,目前绝大部分微机采用 64 位的 CPU。64 位 CPU 的处理速度比 32 位的处理速度要快。由于 x86 系列的 CPU 是向下兼容的,因此 32 位的软件可以在 64 位机的 CPU 上运行。

(2) 主频。CPU 的工作节拍受主时钟的控制,主时钟每隔一定的时间间隔发出一个脉冲信号,CPU 根据这个信号来执行指令,主时钟的频率称为主频。所以主频也称为 CPU 的时钟频率,单位是赫兹(Hz),表示了 CPU 每秒执行指令的数量。主频基本决定了 CPU 的运算、处理数据的速度。显然,主频越高,速度越快。目前流行的 CPU 的主频均已达 GHz 数量级。

(3) 指令集。指令集是指能被计算机识别并执行的二进制代码的集合,不同的 CPU 支持不同的指令集,因此指令数量和类型有差别。指令集反映了 CPU 中直接用硬件实现的运算功能。比如指令集的多媒体指令,使得早先需要用一段程序完成的多媒体数据处理任务,只用一条多媒体指令就可以完成。而纯硬件的处理总是要比软件处理快得多。所以,由指令集所反映的硬件功能的增强也对宏观上 CPU 速度的提高有很大影响。不过一般用户不太容易由指令集来判断 CPU 的速度和性能。

(4) 高速缓存。高速缓存也称为高速缓冲存储器(Cache),它是为解决高速 CPU 和低速内存之间矛盾而采取的技术措施。缓存大小也是 CPU 的重要指标之一,分为 L1 Cache (一级缓存)和 L2 Cache(二级缓存)。

(5) 多核。多核处理器是指在一枚处理器中集成两个或多个完整的计算引擎(内核),此时处理器能支持系统总线上的多个处理器,由总线控制器提供所有总线控制信号和命令信号。多核 CPU 带来了更强的并行处理能力,大大提高计算机系统的性能。当前大多数 CPU 都采用多核技术,其中双核、四核、六核占了大部分。例如 Intel 公司的 Intel 酷睿 i7 系列的 990X 版本为六核心,单个核心主频达到 3.73GHz,一级缓存 6×64KB,二级缓存 6×256KB。CPU 的超线程技术利用特殊字符的硬件指令,把两个逻辑内核模拟成物理芯片,让单个处理器能使用线程级并行计算,从而兼容多线程并行计算,使运行性能提高。

2004 年以前,CPU 技术的重点在于提升 CPU 的工作频率。近年来,CPU 的发展技术方向转向了多核 CPU、低功耗 CPU、嵌入式 CPU 等方向。

中央处理器后测习题

(1) 计算机主机是由 CPU 与_____构成的。

  A. 控制器   B. 运算器

  C. 输入、输出设备   D. 内存储器

(2) CPU Intel I7-10700KF 3.8GHz 性能指标中所指的 3.8GHz 所代表的含义是_____。

  A. CPU 序号   B. 硬盘大小   C. CPU 速率   D. 时钟频率

(3) "64 位微机"中的 64 指的是_____。

  A. 微机型号   B. 机器字长   C. 内存容量   D. 存储单位

2.3 内 存

视频名称	内存	二维码
主讲教师	李支成	
视频地址		

内存又称为"主存储器",用于存放计算机进行数据处理所必需的各类数据以及指示计算机工作的程序。首先,程序必须存在内存中才能由 CPU 执行;其次,供 CPU 处理的数据和结果绝大部分也取自内存,或首先存放在内存中。内存外观如图 2.4 所示。

(a) 台式机内存条

(b) 笔记本内存条

图 2.4 内存条

内存的基本特性之一是其存取速度与 CPU 处理速度相当,这也是内存与外存及其他外设的基本区别所在。因此内存选用存取速度快的材料制造。内存的类型可分为 RAM 和 ROM 两大类,如表 2.1 所示。

表 2.1 内存储器分类

分 类	常 用 类 型
随机存取存储器(RAM)	(1) 动态 RAM(Dynamic RAM,DRAM) (2) 静态 RAM(Static RAM,SRAM)
只读存储器(ROM)	(1) 掩膜 ROM (2) (一次)可编程只读存储器(Programmable ROM,PROM) (3) 可擦除可编程只读存储器(Erasable PROM,EPROM) (4) 电可擦除可编程只读存储器(Electrically EPROM,EEPROM) (5) 闪存(Flash Memory)

1. 随机存取存储器

随机存取存储器(Random Access Memory,RAM)表示既可以从中读取数据,也可以写入数据。"随机存取"是指存储器任何单元中的信息的存取时间和其所在位置无关,它是相对于"顺序存取"而言的,对顺序存取的存储器来说,必须按顺序访问各单元。

RAM 的主要特点是存储器的信息会随着计算机的断电而自然消失。不能断电,一旦断电,其中存放的数据将全部丢失。因此,RAM 是计算机处理数据的临时存储工作区。RAM 的存取速度通常比 ROM 快得多,按照信息存储的方式分为动态随机存储器(DRAM)和静态随机存储器(SRAM)。随着制造技术和工艺的进步,出现了不同材料和访问速度的 RAM 型号,包括 DDR2、DDR3、DDR4 等。RAM 在内存中占绝大部分,一般所说的内存就是专指 RAM 而言。

RAM 在实际存储的时候被分成多个等长的存储单元,在微机中一般按照字节存储,即按字节来分存储单元。比如,如果有内存 1KB,则被分为 1024 个存储单元。每个存储单元将被赋予一个内存地址。如果内存地址编号从 0D 开始,则最后一个单元的地址为 1023D,用十六进制数表示为 3FFH。

计算机中可能达到的内存容量取决于计算机中 CPU 的地址线(称为地址总线)的位数。例如 32 位地址总线计算机的内存容量最大可达 4GB(2^{32}),64 位地址总线计算机的内存量最大可达到 2^{64} 二进制位。

2. 只读存储器

只读存储器(Read Only Memory,ROM)是指只能读出而不能随意写入信息的存储器。计算机断电后,ROM 中的数据不会丢失。当计算机重新被加电后,其中的信息保持不变。ROM 通常用于存放专用或者固定不变的系统程序和数据。ROM 有很多种,主要分为掩膜 ROM、一次可编程只读存储器(Programmable ROM,PROM)、可擦除可编程只读存储器(Erasable PROM,EPROM)、电可擦除可编程只读存储器(Electrically EPROM,EEPROM)、闪存(Flash Memory)等。

PROM 是可编程的只读存储器,可根据需要把不需要变更的程序和数据烧制在芯片中,但只能写入一次。EPROM 是可擦除可编程只读存储器,其存储的内容可以通过紫外线擦除器擦除,并可重新写入新的内容。EEPROM 是用电可擦除可编程只读存储器,在擦除和编程方面更加方便。近年来出现了闪存(Flash Memory),它具有 EEPROM 的特点,但它能在字节水平上进行删除和重写,而不是擦写整个芯片。因此,闪存比 EEPROM 的更新速度快。

在计算机发展的初期,一个程序在运行前,必须全部装入内存。所以具有大于程序的内存是当时程序运行的必备条件。现代计算机系统已经不再需要将准备运行或正在运行的程序全部装入内存,具有大于程序的内存不再是程序运行的必备条件。不过,现代计算机系统中,具有足够大的内存对保证系统有足够快的运行速度却是必要的。因为 CPU 只能从内存中读取程序指令这一基本原则并未改变。当用一个较小的内存运行一个较大的程序时,CPU 需要不时地停下来,等待在内存与外存间交换一个程序块或者数据块。程序越大,内存越小,这种交换就会越频繁,对程序运行速度的影响就越严重;内存太小时,甚至会导致程序乃至系统不能正常运行。例如,对于运行 32 位的 Windows 10 的微机最低需要 1GB 内存,运行 64 位的 Windows 10 的微机最低需要 2GB。

内存后测习题

(1) ROM 中的信息是_____。
 A. 生产厂家预先写入的
 B. 计算机工作时随机写入的
 C. 防止计算机病毒侵入所使用的
 D. 专门用于计算机开机时自检用的

(2) 计算机 RAM 比外存_____。
 A. 存储容量大   B. 存取速度快
 C. 便宜   D. 不便宜但能存储更多的信息

(3) SRAM 是_____。
 A. 静态随机存储器   B. 静态只读存储器
 C. 动态随机存储器   D. 动态只读存储器

(4) 微机内的存储的地址是以_____编址的。
 A. 二进制位   B. 字长
 C. 字节   D. 微处理器的型号

(5) 在内存储器中,存放一个 ASCII 字符占_____。
 A. 一个字   B. 一个字长
 C. 一字节   D. 一个 bit

(6) 地址从 5ABH 到 9ABH 的一段内存共有(十进制)_____字节。
 A. 1024   B. 1025
 C. 1000   D. 256

(7) 设某微机内存容量为 1MB,若从 0H 开始编址,则最后一个地址值为_____。
 A. 10000H   B. 1048576H
 C. 100000H   D. FFFFFH

(8) 对存储器按字节进行编址,若某存储器芯片共有 10 根地址线,则该存储器芯片的存储容量为_____。
 A. 1KB   B. 2KB
 C. 4KB   D. 8KB

2.4 外存储器

视频名称	外存储器	二维码
主讲教师	李支成	
视频地址		

外存储器简称外存或辅存,目前主要有硬盘、软盘、光盘、闪盘等。外存的主要功能是长期保存大量的数据。例如操作系统平时就保存在硬盘中。

如图 2.5 所示,CPU 可以直接从内存中读取数据,但是不能直接从硬盘中读取数据。CPU 如果要读取硬盘中的数据,必须首先把硬盘中的数据加载到内存中,然后再从内存中读取数据。CPU 往硬盘中写入数据时,也是首先把数据放入到内存中,然后数据从内存写入到硬盘。

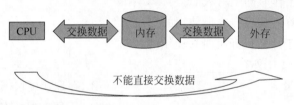

图 2.5 内存、外存和 CPU 的数据交换

1. 硬磁盘存储器(Hard Disk)

硬磁盘存储器,简称硬盘。外存中最重要的是硬盘,外观如图 2.6 所示。硬盘对于计算机性能的影响虽然没有 CPU 和内存大,但对于用户能否较为方便地使用计算机却影响很大。因为用户需要将大量的程序安装在硬盘上才能方便地实现各种应用。如果硬盘不够大,用户就不得不经常卸掉一些软件而安装上另一些软件。如果硬盘太小,就会导致某些软件根本无法安装。另外,一般操作系统及某些软件也要求硬盘有足够的空间,当硬盘剩余空间过小时,也会影响程序和系统的运行速度。存储容量是衡量硬盘性能的重要指标,现在的硬盘容量已达到 TB 级别。

图 2.6 硬盘外观

硬盘通常由重叠的一组盘片构成,每个盘面都被划分为数目相等的磁道,并从外缘的"0"开始编号,具有相同编号的磁道形成一个圆柱,称之为磁盘的柱面。磁盘的柱面数与一个盘面上的磁道数是相等的。硬盘的盘片由磁道、扇区和盘面组成,如图 2.7 所示。每个盘

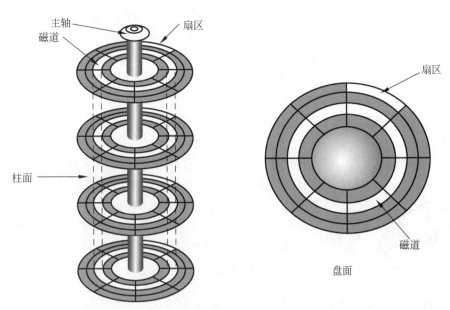

图 2.7　硬盘的柱面、磁道和扇区

片的存储容量计算公式为

$$磁盘容量 = 盘面数 \times 磁道数 \times 扇区数 \times 每扇区字节数$$

硬盘采用"温彻斯特"技术，其内部由很多盘片堆叠而成。这种硬盘拥有几个同轴的金属盘片，盘片上涂着磁性材料。它们和可以移动的磁头共同密封在一个盒子里面，磁头被固定在一个能沿盘片径向运动的臂上，与盘片保持一个非常近的距离在盘片中间"飞行"，磁头能从旋转的盘片上读出磁信号的变化，继而获得存储的信息。

转速是硬盘内电机主轴的旋转速度，即硬盘盘片在一分钟内所能完成的最大转速（转/分钟）。当前硬盘转速主要分为 5400rpm 和 7200rpm/min，7200rpm/min 的硬盘内部传输速度更快。硬盘的缓存是硬盘控制器上的一块内存芯片，具有极快的存取速度，它是硬盘内存存储和外部接口之间的缓冲。缓存的大小和速度也是直接影响硬盘传输速度的重要因素。当前硬盘的缓存有 16M、64M 等不同的容量。

硬盘接口按尺寸分为 5.25 英寸、3.5 英寸、2.5 英寸。2.5 英寸的硬盘主要用于笔记本和可移动硬盘。按照接口分类，包括 IDE 接口硬盘（ATA）、串行接口硬盘（SATA）、SCSI 接口硬盘、USB 接口硬盘等。

值得注意的是，硬盘在使用前必须进行格式化才能正确使用，格式化是指对磁盘或磁盘中的分区（partition）进行初始化的一种操作，这种操作通常会导致现有的磁盘或分区中所有的文件被清除。格式化包括低级格式化（low-level format）和高级格式化（high-level format）。低级格式化就是将空白的磁盘划分出柱面和磁道，再将磁道划分为若干个扇区，低级格式化是一种损耗性操作，其对硬盘寿命有一定的负面影响。高级格式化用于清除硬盘上的数据、生成引导区信息、初始化 FAT 表、标注逻辑坏道等。一般重装系统时都是执行高级格式化。

2. 固态硬盘

近年来，固态硬盘也越来越受欢迎。固态硬盘（Solid State Drive）是用固态电子存储芯片阵列而制成的硬盘,由控制单元和存储单元(Flash 芯片、DRAM 芯片)组成。固态硬盘在接口的规范和定义、功能及使用方法上与普通硬盘的完全相同,在产品外形和尺寸上也完全与普通硬盘一致。常见的固态硬盘是基于闪存的固态硬盘,采用 Flash 芯片作为存储介质。固态硬盘具有读写快、质量轻、能耗低以及体积小等特点,同时其劣势也较为明显,如寿命限制、售价高等。固态硬盘采用闪存作为存储介质,寻道时间几乎为 0。持续写入的速度非常惊人,固态硬盘持续读写速度超过了 500Mbps。

3. 优盘

优盘是一种通过 USB 接口,采用快闪存储器的可移动存储设备,又称为"闪盘""U 盘",如图 2.8 所示。U 盘是目前使用最广泛的移动存储设备。它是一个 USB 接口的微型高容量移动存储设备,可以通过 USB 接口与计算机连接,实现即插即用。U 盘内部的 Flash(闪存)芯片是存储数据的实体,其特点是断电后数据不会丢失,能长期保存。

图 2.8 优盘

外存储器后测习题

(1) 硬盘上的扇区标志在_____时建立。
  A. 低级格式化 B. 高级格式化 C. 存入数据 D. 建立分区

(2) 磁盘处于写保护状态时,其中的数据_____。
  A. 不能读出,不能删改   B. 可以读出,不能删改
  C. 不能读出,可以删改   D. 可以读出,可以删改

2.5 输入/输出设备

视频名称	输入输出设备	二维码
主讲教师	李支成	
视频地址		

输入/输出设备简称 I/O(Input/Output)设备,通过接口电路连接到总线上,实现与主机系统数据的输入/输出。与 CPU 和内存相比,I/O 设备的速度要慢得多;即使与硬盘相比,一般 I/O 设备的速度也要慢得多。当 CPU 与 I/O 设备间交换数据时,就像一个壮小伙牵着一个 80 岁的小脚老太太跑步,想快也快不了。I/O 设备利用中断技术来解决和 CPU 速度的不匹配问题。

随着计算机网络和多媒体应用的发展,人们常用的 I/O 设备越来越多,I/O 设备对于计算机应用水平的提高越来越重要。目前微机上常用的输入设备有键盘、鼠标器、扫描仪等,输出设备有显示器、打印机、绘图仪等,此外还有各种网络设备。

1. 鼠标

鼠标(Mouse)与键盘一样,是微机上一种常用的输入设备,多用于图形界面,它在软件

的支持下,控制显示屏上光标移动位置,并通过鼠标器上的按钮向计算机发出输入命令,或完成某种特殊的操作。

常用的鼠标器有机械式和光电式两类。机械鼠底部有一个滚动的橡胶球,可在普通桌面上使用。滚动球通过平面上的滚动把位置的移动变换成计算机可以理解的信号,传给计算机处理后,即可完成光标的同步移动。光电鼠有一个光电探测器,早期的光电鼠要在专门的反光板上移动才能使用。反光板上有精细的网格作为坐标、鼠标的外壳底部装着一个光电检测器,当鼠标滑过时,光电检测根据移动的网格数转换成相应的电信号,传给计算机来完成光标的同步移动。现在大部分鼠标都属于光电型鼠标。鼠标器可以通过计算机中通用的 PS/2、USB 接口或蓝牙接口与主机相连接。

2. 显示器与显示卡

显示器也称监视器,是微机上最常用的输出设备。显示卡是显示器与系统总线的接口部件。根据制造材料的不同,可分为阴极射线管显示器(CRT)、等离子显示器 PDP、液晶显示器 LCD/LED 等。现在主流的显示器为液晶显示器,如图 2.9 所示。

图 2.9 显示器和显示卡

LCD 显示器和 LED 显示器都是液晶显示器,优点是机身薄、占地小、辐射小,给人以一种健康产品的形象。但液晶显示屏不一定可以保护到眼睛,这需要看各人使用计算机的习惯。

LCD 液晶显示器的工作原理是,在显示器内部有很多液晶粒子,它们有规律地排列成一定的形状,并且它们的每一面的颜色都不同,分为红色、绿色、蓝色。这三原色能还原成任意的其他颜色,当显示器收到计算机的显示数据的时候会控制每个液晶粒子转动到不同颜色的面,来组合成不同的颜色和图像。

LED 液晶显示器中 LED 就是 Light Emitting Diode,发光二极管的英文缩写。它是一种通过控制半导体发光二极管的显示方式来显示各种信息的显示屏幕。LED 显示器集微电子技术、计算机技术、信息处理于一体,以其色彩鲜艳、动态范围广、亮度高、寿命长、工作稳定可靠等优点,成为最具优势的新一代显示媒体。

液晶显示器的可视角度左右对称,而上下则不一定对称。如果可视角度为左右 80°,表示在始于屏幕法线 80°的位置时可以清晰地看见屏幕图像。但是,由于人的视力范围不同,如果没有站在最佳的可视角度内,所看到的颜色和亮度将会有误差。市场上,大部分液晶显示器的可视角度都在 160°左右。而随着科技的发展,有些厂商就开发出各种广视角技术,试图改善液晶显示器的视角特性。

显示器是用光栅来显示输出内容的,光栅的像素越小越好。光栅的像素越小,光栅的密度就越高;光栅的密度越高,分辨率就越高,即单位面积的像素越多;分辨率越高,显示的字符或图形也就越清晰、细腻。一般用像素点之间的距离来衡量显示器的性能,如.25 表示像素点之间的距离是 0.25mm。像素点之间的距离决定了显示器所能达到的最大分辨率。例如,14 英寸 LCD 的可视面积为 285.7mm×214.3mm,它的最大分辨率为 1024×768,那么计算点距=可视宽度/水平像素(或者可视高度/垂直像素)。常用的分辨率有 1024×768、1280×1024、1600×900、1920×1080 等。估算一下可知,一台 14 英寸的.25 显示器的最大分辨率可达到 1024×768。显示器所能达到的最大分辨率还受到显卡的制约。

显卡(Video card,Graphics card)全称显示接口卡,又称显示适配器,是计算机最基本配置、最重要的配件之一。显卡作为计算机主机里的一个重要组成部分,是计算机进行数模信号转换的设备,承担输出显示图形的任务。显卡接在计算机主板上,它将计算机的数字信号转换成模拟信号让显示器显示出来,同时显卡还有图像处理能力,可协助 CPU 工作,提高整体的运行速度。对于从事专业图形设计的人来说,显卡非常重要。显卡图形芯片供应商主要包括 AMD(超微半导体)和 Nvidia(英伟达)两家。

显卡现在主要分为核芯显卡和独立显卡。核芯显卡是 Intel 产品新一代图形处理核心,和以往的显卡设计不同,Intel 凭借其在处理器制程上的先进工艺以及新的架构设计,将图形核心整合在 CPU 上。智能处理器架构这种设计上的整合大大缩减了 CPU、图形核心、内存及内存控制器间的数据周转时间,有效提升处理效能并大幅降低芯片组整体功耗,有助于缩小核心组件的尺寸,为笔记本、一体机等产品的设计提供了更大选择空间。核芯显卡的主要优点是低功耗和高性能,能够完全满足普通用户的需求。

独立显卡是指将显示芯片、显存及其相关电路单独做在一块电路板上,自成一体而作为一块独立的板卡存在,它需占用主板的扩展插槽(PCI-E)。独立显卡的优点:单独安装有显存,一般不占用系统内存,在技术上也较集成显卡先进得多,但性能肯定不差于集成显卡,容易进行显卡的硬件升级。

显卡的处理器称为图形处理器(GPU),它是显卡的"心脏",与 CPU 类似,只不过 GPU 是专为执行复杂的数学和几何计算而设计的,这些计算是图形渲染所必需的。某些最快速的 GPU 集成的晶体管数甚至超过了普通 CPU。有了 GPU,CPU 就从图形处理的任务中解放出来,可以执行其他更多的系统任务,这样可以大大提高计算机的整体性能。

3. 打印机

打印机是微机中仅次于显示器的输出设备。打印机的种类很多,按工作原理可粗分为击打式打印机和非击打式打印机。常用击打式打印机有针式打印机;非击打式打印机有喷墨打印机和激光打印机等,如图 2.10 所示。

针式打印机的打印头由若干根打印针和驱动电磁铁组成。打印时使相应的针头击打色带,使其在纸面上留下以墨水点阵构成的图形或字符。目前使用较多的是 24 针打印机。针式打印机的主要特点是价格便宜,使用寿命长,耗材便宜。但打印速度较慢,打印质量不及喷墨打印机和激光打印机,且噪音较大。

喷墨打印机是直接将墨水喷到纸上来实现打印。喷墨打印机价格低廉、打印效果较好,较受用户欢迎,但喷墨打印机使用的纸张要求较高,墨盒消耗较快。

图 2.10　打印机和扫描仪

激光打印机是激光技术和电子照相技术的复合产物。激光打印机的技术来源于复印机,但复印机的光源是用灯光,而激光打印机用的是激光。由于激光光束能聚焦成很细的光点,因此,激光打印机能输出分辨率很高且色彩很好的图形。激光打印机具有速度快、分辨率高、无噪音等优点,但价格稍高。

通常用分辨率和打印速度来衡量打印机的一般性能。打印机的分辨率用 dpi 表示;dpi 指每英寸所含的点数,点数越多效果越好。打印速度的单位有 CPS、LPM、PPM 等。CPS 即每秒打印的字符数;LPM 即每分钟打印的行数;PPM 是每分钟打印的页数。

4. 声音设备

目前微机上常见的声音设备包括声卡、音箱、话筒、耳麦(耳机与麦克风的组合)等。声卡通常是内置于计算机内部的硬件接口卡,用于声音的输入和输出控制。现在的声卡大多数都集成在主板上,独立声卡使用较少。话筒、音箱、耳麦等连接到声卡接口上,负责声音的输入输出。

外存储器后测习题

(1) 同一个显示器上,下列几种情况,同一点阵的字符在分辨率为_____时看起来最大。

　　A. 640×480　　　　　　　　　　B. 1024×768
　　C. 1280×1024　　　　　　　　　D. 1920×1280

(2) 在微机中,VGA 的含义是_____。

　　A. 微机的型号　　　　　　　　　B. 键盘的型号
　　C. 显示标准　　　　　　　　　　D. 显示器型号

2.6　总线与接口

视频名称	总线与接口	二维码
主讲教师	李支成	
视频地址		

计算机硬件的五大部分不是孤立的,它们由总线与接口电路连接起来。正是因为有了各种标准的总线和接口,各种不同的计算机部件才得以方便地组装或连接在一起。总线是由多条并行电路组成的信息交换通道。包括负责 CPU 内部信息交换的内部总线和负责 CPU 与其他部件之间信息交换的系统总线。正是有了总线这个连接 CPU、存储器、输入/输出设备传递信息的公用通道,计算机的各个部件通过相应的接口电路与总线相连接,才形成了一体的计算机硬件系统。按功能可分为传送数据的数据总线(Data Bus,DB),传送地址信息的地址总线(Address Bus,AB),以及传输控制信号的控制总线(Control Bus,CB)等。

总线也有工作频率和字长等方面的规定,总线的字长一般称为总线宽度。因为内部总线总是与 CPU 的字长和主频一致的,所以我们一般所说的总线就是指系统总线。系统总线决定了 CPU 与其他部件之间连接的基本方式和所能达到的性能。

在计算机的发展中,CPU 的处理能力迅速提升,总线屡屡成为性能的瓶颈,使得人们不得不改造总线。总线技术不断更新,从 PC/XT 到 ISA、MCA、EISA、VESA 总线,发展到 PCI、PCI-E 总线,还有 AGP、USB、IEEE 1394 等接口。

图 2.11 主板外观

主板又叫主机板(Mainboard),是维系 CPU 和外部设备之间协同工作的重要部件,是支撑并连接主机内其他部件的一个平台,也是微机系统中最大的一块电路板,外观如图 2.11 所示。

主板功能主要有两个:一是提供安装 CPU、内存和各种功能卡的插座,部分主板甚至将一些功能卡的功能集成在主板上。二是为各种常用外部设备,例如,键盘、鼠标、打印机、外部存储器提供接口。不同型号的微机主板结构是不完全一样的。

1. 芯片组

对于主板而言,芯片组几乎决定了主板的功能,进而影响到整个微型计算机系统性能的发挥,它是主板的灵魂。主板芯片组分为南桥和北桥:北桥芯片是主板芯片组中起主导作用的最重要的组成部分,也称为主桥,它负责与 CPU 的联系并控制内存等设备。南桥芯片也是主板芯片组的重要组成部分,一般在主板上离 CPU 插槽较远,这种布局是考虑到它所连接的 I/O 总线较多,离处理器远一点有利于布线,它负责 I/O 总线之间的通信。

2. 扩展槽

微型计算机中一般提供的接口有标准接口和扩展槽。主板上的插槽有很多类型,大体上可以划分为 CPU 插槽、内存插槽、显卡插槽、硬盘接口等。扩展槽用来连接一些其他扩展功能板卡的接口(也称为适配器)。适配器是为了驱动某种外设而设计的控制电路,一般做成电路板形式的适配器称为"插卡""扩展卡"或"适配卡",插在主板的扩展槽内,通过总线与 CPU 相连。适配器的种类主要有显示卡、存储器扩展卡、声卡、网卡、视频卡、多功能卡等。

3. 标准接口

接口是计算机与 I/O 设备通信的桥梁,它在计算机与 I/O 设备之间起着数据传递、转换与控制的作用。由于计算机同外部设备的工作方式、工作速度、信号类型等都不相同,必须通过接口电路的变换作用，使两者匹配起来。由于计算机的应用越来越广泛，要求与计算机接口的外部设备越来越多，数据传输过程也越来越复杂，微机接口本身已不是一些逻辑电路的简单组合，而是采用硬件与软件相结合的方法，而接口技术是硬件与软件的综合技术。

在微型计算机中常见接口一般有键盘接口、鼠标接口、并行接口、串行接口、USB 接口等。USB 是一种新型通用接口标准，用于将 USB 接口的外围设备连接到主机，实现两者之间数据传输的外部总线结构，是一种灵活的总线接口。USB 是一个外部总线标准，用于规范微型计算机与外部设备的连接和通信。主板的接口如图 2.12 所示。

图 2.12　主板的接口

4. BIOS 和 CMOS

BIOS 是一组存储在闪存中的软件，固化在主板上的 BIOS 芯片上，主要作用使负责对基本 I/O 系统进行管理。它保存着计算机最重要的基本输入/输出程序、系统设置、开机后自检程序和系统自启动程序。CMOS（Complementary Metal-Oxide-Semiconductor），是主板上的一块芯片，用来保存当前系统的硬件配置和用户对某些参数的设定。CMOS 可由主板的电池供电，即使系统掉电，信息也不会丢失。

 外存储器后测习题

（1）在微机系统中，I/O 接口位于_____之间。
　　A. 主机和总线　　　　　　　　　B. 主机和 I/O 设备
　　C. 总线和 I/O 设备　　　　　　　D. CPU 和内存储器
（2）微型计算机中使用的鼠标器可以连接在_____接口上。
　　A. LPT　　　　B. IDE　　　　C. USB　　　　D. AGP

2.7　计算机软件系统

视频名称	计算机软件系统	二维码
主讲教师	李支成	
视频地址		

整个计算机系统呈现出一种层次结构。硬件是整个计算机系统的基础，光有硬件的计算机称为裸机。硬件之上是软件系统。计算机软件系统本身亦具有层次结构，并分成许多

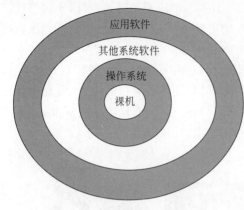

图 2.13　软件系统结构

模块。它们合理分工，各司其职。有的负责系统的管理，协调系统各个模块的运行；有的负责为软件开发提供支持；更多的则是提供一般用户所需功能的应用软件，而且它们的运行次序有些是不能更改的，如图 2.13 所示。

软件按照应用分为两种：系统软件和应用软件。

系统软件是能为其他软件提供支持的软件，这种软件的主要作用是支持其他的软件正常运行，称为系统软件。常用的系统软件包括操作系统、高级语言编译系统和数据库管理系统。

应用软件就是一个最终应用程序，它不为别的软件使用提供支持。例如本教材将要学习的 Word、Excel、PowerPoint 等。

另外，根据前面学习的硬件知识可以知道，所有的软件如果要使用，必须先存入外存，然后与内存进行数据交换，才能被 CPU 处理。因此，要学好软件，应该从学习软件用途、用法、软件运行的过程（即软硬件之间的数据交换）几个方面开始。由于软件的更新非常快，只有学习把握方法，才能适应软件的不断更新，这是计算机学习能力的具体体现。

本小节介绍最重要的几种软件的作用以及安装事项。

操作系统（Operating System，OS）是直接在硬件基础上运行的最底层的系统软件。在一般的计算机中，当打开计算机电源时，计算机将自动运行操作系统软件，建立其他软件运行和用户操作的基础。可以说，正常情况下，在整个运行期间，计算机都是处于操作系统控制之中的。否则计算机将陷于混乱或瘫痪。

操作系统的功能可以概括为两大方面。

（1）管理计算机中所有的硬件和软件资源，为其他软件的运行提供条件。

任何一个有实际意义的程序，运行时都不可避免地要用到 CPU、内存、外存、输入设备和输出设备，如果要由每个程序员直接编写如何使用这些资源的程序，任何程序员都将不堪重负。因为在现代计算机中，哪怕是从键盘上输入一个数或者在屏幕上显示一个字符，如果直接在硬件的基础上编写程序加以实现，也是相当复杂的工作。即使程序员们都有能力完成这个工作，由于现代计算机系统为了提高系统的效率，大多采用并发运行多个程序的工作模式，要想让这些直接以硬件为基础编写的程序同时运行而不发生混乱，也是天方夜谭。所以，现代计算机系统都使用操作系统将硬件与其他软件隔离起来，或者说将硬件与程序员隔离起来，使得程序员面对的是所谓"操作系统虚拟机"。在这种虚拟机中，硬件全都只是一些概念上的逻辑设备，程序员在使用这些设备时，只须使用操作系统提供的"虚拟指令"——专业术语中称为"系统调用"。比如可以用一条虚拟指令从键盘上输入一个数，而用另一条虚拟指令在屏幕上显示一个字符。至于在这一过程中要用到那些硬件资源以及具体的实现步骤，程序员都不必关心过问。程序运行时，也是按照同样的模式，程序执行一条从键盘上输入一个数的虚拟指令时，操作系统则执行操作系统中的从键盘上输入一个数的实际的程序段；程序执行一条在屏幕上显示一个字符的虚拟指令时，操作系统则执行操作系统中的在屏幕上显示一个字符的另一个程序段。另一方面,当多个程序并发运行时,操作系统负责合理地为这些程序分配调度各种资源,保证系统不会发生混乱,并且保持尽可能高的效率。这一工作也是极其重要极其复杂的。

(2)向用户提供操作界面。基本的操作界面有图形界面和文本界面两大类。

在文本界面中,用户使用"命令行命令"操纵计算机,如图 2.14 所示。所谓命令行命令即操作系统设定的一些单词或字符串,用户可在键盘上输入某个命令指示计算机(实际上是操作系统)执行某项功能或程序。命令后一般要输入相应的参数。例如,输入"dir *.*"表示显示当前文件夹下的所有内容。其中,dir 是 DOS 操作系统的命令;*.* 是通配符,表示所有文件。早期的操作系统都使用文本界面,如 DOS、UNIX 等。

在图形界面中,增加了用图形来形象地表示各种命令的手段。用户可用鼠标单击图形来发布命令,操纵计算机,如图 2.15 所示。显然,图形界面对普通用户更加方便,因为它不需要记忆那些晦涩难懂的带有五花八门的参数的命令行命令,只要会使用鼠标,就可以自由操纵计算机,实现你想做的事情。所以我们今天所见到的微机几乎是清一色的图形界面,并且基本上是 Windows。但是你知道吗?施乐公司和苹果公司才是图形界面操作系统的先驱。

图 2.14 文本

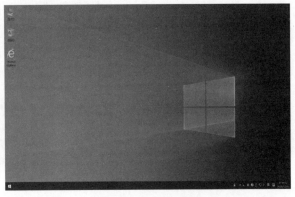

图 2.15 图形界面

文本界面的优点是它只占用很少的系统资源,且程序简单、处理速度快。即使是在系统资源已经十分充足的今天,你仍然可以在许多只由专业人员操纵的路由器、服务器等重要的网络设备上看到文本界面的身影。许多专业人员也更喜欢比图形按钮更变化万千的命令行命令。实际上,即使在 Windows 中,有些功能也只有用命令行命令才能实现。

 计算机软件系统后测习题

(1)系统软件与应用软件的关系是_____。
    A. 前者以后者为基础   B. 后者以前者为基础
    C. 互为基础   D. 互不为基础

(2)系统软件中最基础的是_____。
    A. 操作系统   B. 文字处理系统
    C. 语言处理系统   D. 数据库管理系统

(3) 以下各项中不属于应用软件的是_____。
　　A. 文字处理程序　　B. 编译程序　　　C. CAD 软件　　　D. MIS
(4) 下列描述中不正确的是_____。
　　A. 打印机是输出设备
　　B. 硬磁盘是外部存储器
　　C. 操作系统能管理和调度计算机的软、硬件资源
　　D. Windows 10 是应用软件

2.8　程序和程序设计

视频名称	程序与程序设计	二维码
主讲教师	李支成	
视频地址		

软件是计算机的灵魂；软件的主体是程序。对计算机而言，程序是实现某个宏观功能或某项宏观操作的计算机指令集合；对程序员而言，程序是实现某个功能的具体步骤的描述。整个程序设计语言体系可以用图 2.16 来表示。

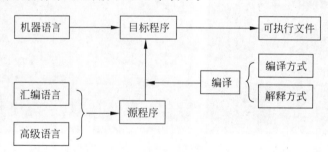

图 2.16　程序设计语言

1) 机器语言(Machine Language)

描述就需要语言，指令集合是 CPU 的语言，计算机所能理解执行的是由指令集合构成的程序，称为机器语言程序。程序员当然可以用机器语言来编写程序，计算机诞生之初，人们就是这样做的。然而，机器语言无论学习、记忆、阅读和书写都非常困难，不但一般用户无法使用，即使专业技术人员也很难使用。为了提高编写程序的效率，并使它最终转变成能够由计算机执行的机器语言程序，人们发明了汇编语言、高级语言及相应的汇编程序、编译程序。它们是面向程序开发的，均属于系统软件的范畴。

2) 汇编语言(Assemble Language)

将每个机器指令用与其一一对应的助记符号表示，称为汇编语言。例如，用 ADD 表示加法指令，用 A、B 表示存储数据的寄存器，则 ADD A,B 可表示将寄存器 A 与寄存器 B 中的数据相加，并将结果存放到寄存器 A。

用汇编语言编写的程序需要翻译成机器语言程序才能被计算机执行。这一工作可以手

工完成,但效率很低,且容易出错。所以目前一般用称为"汇编程序"的程序进行翻译,并将这一过程称为汇编(因为其中还包括一些超出翻译的专业性工作)。

汇编语言虽然比机器语言容易记忆得多,但仍然远离自然语言,用其编制程序依然相当困难。而且汇编语言中往往有相当部分因机器而异,导致程序的可移植性差。

虽然一般人不喜欢,我们也不提倡一般人使用汇编语言。但汇编语言在许多场合下是高级语言所不能代替的,例如操作系统最为核心的部分和硬件设备的底层控制部分。此外,汇编语言可在最大程度上达到程序短小精干,运行速度快,这也是高级语言所不及的。

3) 高级语言(High Level Language)

汇编语言和机器语言都称为低级语言。高级语言则是一种比较接近自然语言和数学表达式的计算机程序设计语言。普通用户也可以不太费劲地掌握用高级语言编制程序,而且它独立于计算机,可移植性好。

用高级语言编写的程序称为源程序。计算机也不能识别和执行用高级语言编写的源程序,必须翻译成机器语言程序。这个过程是由这种高级语言的编译程序实现的。通常有编译和解释执行两种方式。编译方式是将先源程序文件整个编译成机器语言程序(称为目标程序文件)保存在外存中,然后可在任何时候运行该目标程序文件。解释方式是将源程序逐句翻译,翻译一句执行一句,边翻译边执行,不产生目标程序文件。

目前常用的高级语言程序有 Basic、C/C++、Java、Python、R 等。Basic 语言是一种简单易学的计算机高级语言。尤其是 Visual Basic 语言,具有很强的可视化设计功能,给用户在 Windows 环境下开发软件带来了方便,是很受大众欢迎的多媒体编程语言。C 语言与 C++ 语言是一种功能很强且具有很高灵活性的高级语言,它兼有高级语言和低级语言的优点,特别适合于系统软件的开发,在各种应用程序的开发中,使用也非常广泛。Java 语言是为了适应计算机网络的发展而产生的一种新型高级语言,它简单、安全、可移植性强,特别适合于编写网络应用程序。

4) 算法的概念

算法是计算机为解决某一问题所采取的方法和步骤。

使用计算机解决某个问题,必须先确定解题的具体步骤,即确定算法,将问题分解为若干计算机可以顺序执行的基本操作,然后才能编写程序。对同一个问题也可以采用不同的算法。

一般来说用计算机解题时应该选择步骤较少,相对简单的算法。

例如:将任意整数 a,b 按照从小到大的次序输出。

要用计算机解决这个问题需要经过如下步骤:

第一步,定义变量 a,b,并给它们赋值。

第二步,如果 a 大于 b,输出 a,b。

第三步,如果 a 小于 b,输出 b,a。

算法必须通过不同的程序设计语言表现出来。

数据库管理系统(Database Management System, DBMS)的作用是管理数据库并提供信息系统软件开发与运行的基础平台。数据库是指按一定结构存储数据的数据文件,就像一张张十分规则的会计表格,因而可以进行规范化的处理。数据库管理系统就是提供对数据库进行规范化设计、存储、计算、统计、查询等操作的系统软件。利用数据库管理系统,可以十分方便地构造数据库,开发信息系统。信息系统是以数据库为基础的应用系统,比如档案管理系统、财务系统、图书资料管理系统、仓库管理系统、人事管理系统等。目前微机系统中常用的数据库管理系统有 Access、Visual FoxPro、MySQL、Oracle 等。近几年蓬勃发展起来的云数据库技术是新的发展方向。

DB,即数据库,不同的 DBMS 管理的 DB 存储格式是不同的。DBA,即数据库管理员,负责系统的维护和开发。由硬件、OS、DBMS、DB 和 DBA 共同组成的系统称为数据库系统 DBS,如图 2.17 所示。

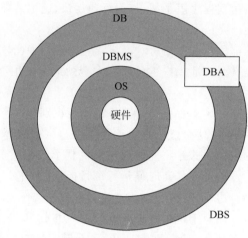

图 2.17　数据库系统 DBS

 程序和程序设计后测习题

(1) 计算机能直接识别和执行的语言是_____。

　　A. 机器语言　　　　B. 高级语言　　　　C. 汇编语言　　　　D. 数据库语言

(2) 一般说来,计算机指令的集合称为_____。

　　A. 机器语言　　　　B. 高级语言　　　　C. 汇编语言　　　　D. 程序语言

(3) 汇编语言源程序需经_____翻译成目标程序。

　　A. 汇编监控程序　　　　　　　　　　　B. 汇编编译程序

　　C. 汇编链接程序　　　　　　　　　　　D. 机器语言程序

(4) 某用户正在用 C 语言编写的程序称为_____。

　　A. 目标程序　　　　B. 源程序　　　　C. 编译程序　　　　D. 解释程序

(5) 编译方式是使用编译程序把源程序编译成机器代码的目标程序,并形成_____保留。

　　A. 源程序　　　　B. 目标程序文件　　　　C. 机器程序　　　　D. 汇编程序

(6) 下面的四个叙述中,只有一个是正确的。它是_____。

　　A. 系统软件就是买来的软件

　　B. 外存上的程序可以直接进入 CPU 运行

　　C. 用机器语言编写的程序可以由计算机直接执行

　　D. 说一台计算机配了 C 语言,就是说它一开机就可以用 C 语言

（7）有关算法描述不正确的是_____。
　　A. 算法就是计算机解题的思路和方法
　　B. 算法可以用人类的语言来描述
　　C. 算法和数学解题的方法一样
　　D. 算法是编写程序的基础
（8）Office 2016 包括软件 Access，用于数据库管理，这种软件属于_____。
　　A. DB　　　　　　B. DBS　　　　　　C. DBMS　　　　　　D. DBA
（9）使用 Access 开发的学生管理系统是一种_____。
　　A. 系统软件　　　B. 应用软件　　　C. 高级语言　　　D. 操作系统

2.9　软件的安装

视频名称	软件的安装	二维码
主讲教师	李支成	
视频地址		

2.9.1　硬盘分区与高级格式化

刚买的新硬盘在使用前首先需要进行分区，然后进行高级格式化，才能使用。如果对已有数据的硬盘进行分区，也必须重新格式化，而且原来的数据将全部丢失。分区的基本思想是把一块或多块硬盘分成多个逻辑区域，方便数据的存取和管理，如图 2.18 所示。

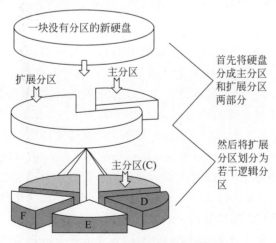

图 2.18　硬盘分区过程

对硬盘分区的软件很多，常用的有 DOS 下的文本界面的 Fdisk 和图形界面的 DiskGenius 等。使用 DiskGenius 软件对硬盘进行分区的界面如图 2.19 所示。

将硬盘分成多个区域后，每个分区就被分配一个唯一的盘符，表述为 C:、D:、E:。注意硬盘盘符一般是从 C:开始。另外，还要设置其中的某一个区域为主活动分区，通常设置 C:为主

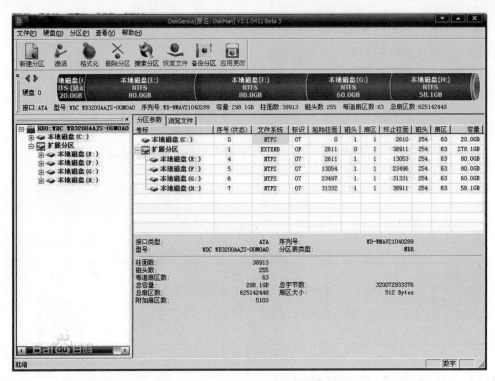

图 2.19 DiskGenius 软件运行界面

分区,操作系统和系统软件一般安装在这个分区中,而一般把数据文件放到其他的分区中。

在实际分区中,应注意主分区大小的设置,一方面它要能存放所有的系统软件,另一方面,因为计算机病毒通常感染系统软件的特点,所以主分区容易被攻击,重新格式化的可能性也大。

值得注意的是,在 Windows 系统中高级格式化后的磁盘有 2 种存储格式,即 FAT32 和 NTFS 格式。FAT 是一种供 MS-DOS 及其他 Windows 操作系统对文件进行组织与管理的文件管理系统。系统对分区进行格式化时创建,将本分区中与文件相关的信息存储在 FAT 中,以供文件存取。FAT 文件系统的特点在于文件分配表(FAT),这是一个真正的表,它位于卷的最"顶端"。FAT 文件系统中分区最大为 2GB。

FAT32 从 FAT 发展而来,与 FAT 相比,FAT32 能够支持更小的簇以及更大的磁盘容量,FAT32 最大支持 2TB 的驱动器(但是 Microsoft Windows 中仅能支持最大为 32GB 的 FAT32 分区),从而能够在 FAT32 卷上更为高效地分配磁盘空间。

NTFS 文件系统是新发展起来的比 FAT 更安全、可靠的高级文件系统。NTFS 通过标准事务日志功能与恢复技术确保卷的一致性。如果系统出现故障,NTFS 能够使用日志文件与检查点信息来恢复文件系统的一致性。NTFS 还能提供诸如文件与文件夹权限、加密、磁盘配额以及压缩之类的高级特性。大于 32G 的分区应该使用 NTFS 格式化,但是 NTFS 只能用于 Windows 2000 以上的 Windows 版本中。

如果要将 FAT 格式转为 NTFS 格式,可以用 convert 命令或者在 Windows 系统中进行格式化。格式化以后,磁盘就被分成磁道和扇区,同时检查出整个磁盘上有无带缺陷的磁道,对坏道加注标记,建立目录区和文件分配表。其中 0 磁道非常重要,一旦损坏,则整个磁盘就不能使用了。

2.9.2 操作系统安装举例

分区完成后就需要将操作系统安装到活动分区中。下面以安装 Windows 10 为例介绍安装方法。

(1) 需要准备的软件。

① 准备好 Windows 10 安装介质的 U 盘。

② 产品密匙,即安装序列号。

③ 各种驱动程序。尤其是主板、显卡、声卡、网络设备等提供的驱动程序。

(2) 安装步骤。

设置从 U 盘启动,如图 2.20 所示。

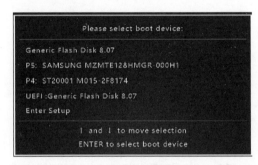

图 2.20 U 盘启动

"要安装的语言"是安装 Window 10 最开始的界面,如图 2.21 所示。一般不用更改设置,直接单击画面右下角的"下一步"按钮开始安装。

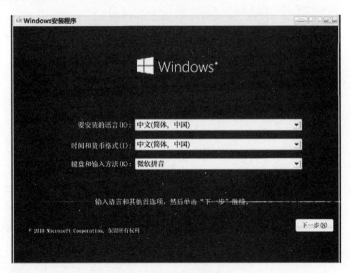

图 2.21 选择语言界面

在图 2.22 密匙界面中输入安装序列号。

下一步是询问"您想进行何种类型的安装?",请单击"自定义:仅安装 Windows(高级)"继续安装,如图 2.23 所示。

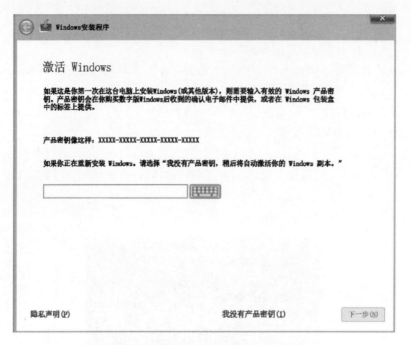

图 2.22 密匙界面

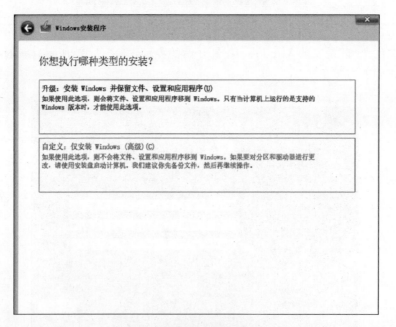

图 2.23 安装类型选择界面

下一步是"您想将 Windows 安装在哪里？"。在此步骤中将选择目标磁盘或分区，如图 2.24 所示。在具有单个空硬盘驱动器的计算机上只需单击"下一步"按钮执行默认安装。

在选择安装程序的目标位置之后，安装程序将继续执行"复制 Windows 文件"步骤，如图 2.25 所示。在 4 个步骤全部完成后，将自动重新启动。

图 2.24　选择自定义安装界面

图 2.25　复制 Windows 文件

2.9.3　Microsoft Office 2016 安装

微软公司的 Office 2016 是常用的办公套装软件,主体包括文字处理软件 Word、电子表格软件 Excel、幻灯片软件 PowerPoint、数据库管理系统软件 Access 等;Office 2016 安装前需要先安装好 Windows 操作系统。下面以 Office 2016 为例,详细介绍安装过程。

将 Office 2016 安装光盘放入光驱,安装程序会自动运行。如果是从硬盘安装,可进入安装目录,找到 setup.exe 运行后也可启动安装程序。

勾选"我接受协议条款"单击下一步,弹出如图 2.26 所示对话框。因为本机安装过 Office 系列的早期版本,所以出现了"升级"按钮。"升级"和"自定义"中,选择"自定义"可以对

图 2.26　选择所需的安装

Office 组件进行选择。

在图 2.26 界面中,选择需要安装的 Office 组件后,单击"升级"按钮。

在图 2.27 中自定义选择安装哪些模块。单击"升级"按钮复制文件后,安装完成。

图 2.27　选择安装程序模块

2.9.4　Microsoft Visual Studio 2010 安装

Visual Studio 2010 是一套完整的开发工具,用于生成 ASP.NET Web 应用程序、XML Web Services、桌面应用程序和移动应用程序。Visual Basic、Visual C♯ 和 Visual C++ 都使用相同的集成开发环境(IDE),这样就能够进行工具共享,并能够轻松地创建混合语言解决方案。

运行 setup.exe 文件,打开如图 2.28 所示安装界面。

图 2.28　安装界面

在图 2.29 中选中"我已阅读并接受许可条款",单击"下一步"按钮。

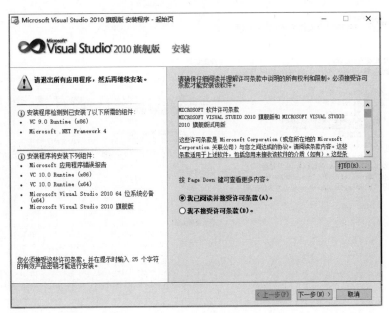

图 2.29　许可条款界面

在图 2.30 界面中,安装功能选择"自定义",可以修改软件安装路径。

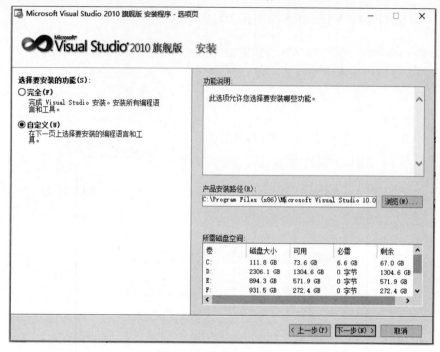

图 2.30 安装路径界面

在图 2.31 界面中,在左侧列表中选择需要安装的功能,节省安装时间和硬盘空间。然后单击"安装"按钮,进入自动安装组件界面,如图 2.32 所示,最后安装完成。

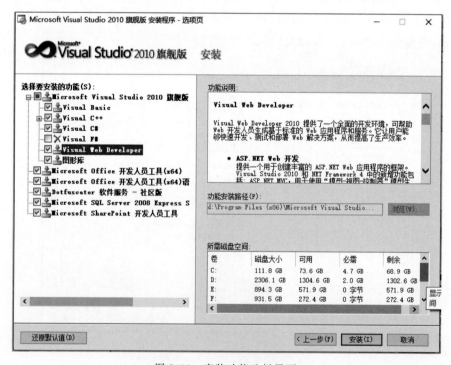

图 2.31 安装功能选择界面

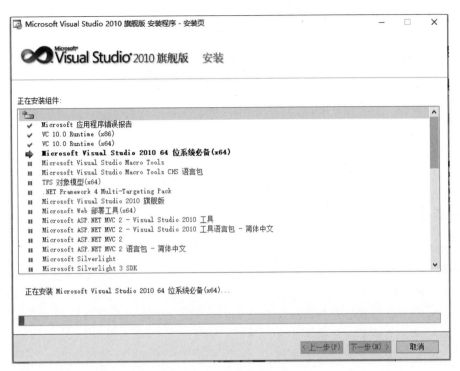

图 2.32　安装组件界面

软件的安装后测习题

（1）设某微机中有且仅有一个硬盘，分为两个区，则其盘符分别为_____。
　　A. A:与B:　　　B. A:与C:　　　C. C:与D:　　　D. B:与C:

（2）某微机带有一个软驱、一个硬盘和一个光驱，其中硬盘分为四个逻辑磁盘。在默认状态下，光驱的盘符为_____。
　　A. A:　　　　　B. C:　　　　　C. E:　　　　　D. G:

（3）磁盘格式化后，第_____磁道最重要，一旦损坏，该盘就不能使用了。
　　A. 40　　　　　B. 1　　　　　C. 0　　　　　D. 39

（4）在格式化磁盘时，系统在磁盘上建立一个目录区和_____。
　　A. 查询表　　　B. 文件结构表　C. 文件列表　　D. 文件分配表

（5）安装某种软件，是指将这种软件程序存储到指定的_____中。
　　A. 内存　　　　B. 硬盘　　　　C. CPU　　　　D. 程序

（6）Visual C++是 Visual Studio 中的重要部分，要使用 VC++，则要先运行_____。
　　A. Word　　　　B. Access　　　C. Windows　　　D. DOS

第 3 章　计算机操作系统

 本章任务

教学时间：学习 1 周，督学 1 周
教学目标
　　知识目标：
- 掌握操作系统的作用和分类。
- 掌握文件管理的基本原理。
- 了解内存管理的基本原理。
- 了解应用程序管理的基本原理。

　　能力目标：
- 熟练掌握 Windows 基本操作方法。
- 能熟练使用 Windows 资源管理器管理文件。
- 能熟练使用 Windows 附件中的各种工具。
- 了解 Windows 应用程序管理的基本方法。
- 了解 Windows 系统管理和设置的基本方法。

　　单元测试题型：

选择题		填空题		判断题		文件操作	
题量	分值	题量	分值	题量	分值	题量	分值
20	20	10	20	10	10	5	50

测试时间：40 分钟
教学内容概要
3.1　操作系统概述
- 操作系统的定义（基础）
- 操作系统的观点（基础）
- Windows 操作系统的功能特色（进阶）

3.2　Windows 操作系统
- 桌面和窗口（基础）
- 开始菜单（基础）

- 系统设置和管理(高阶)
- 应用程序管理(进阶)
- 附件程序(基础)

3.3 文件管理
- 文件的概念(基础)
- 文件系统的概念(进阶)
- 文件管理工作原理(高阶)
- 文件系统结构和路径(基础)
- 文件和文件夹的基本操作(基础)
- 回收站的管理(基础)

3.1 操作系统概述

视频名称	操作系统概述	二维码
主讲教师	沈宁	
视频地址		

3.1.1 操作系统的定义

在前面章节里我们已经接触了操作系统这个概念，对操作系统有了初步的印象以后，我们希望得到它的确切的定义。归纳起来，操作系统有如下几个特点。

(1) 操作系统是程序的集合。从形式上讲，操作系统只不过是存放在计算机中的程序。这些程序一部分存放在内存中，一部分存放在硬盘上，中央处理机在适当的时候调用这些程序，以实现所需要的功能。

(2) 操作系统管理和控制系统资源。计算机的硬件、软件、数据等都需要操作系统的管理。操作系统通过许多的数据结构，对系统的信息进行记录，根据不同的系统要求，对系统数据进行修改，达到对资源进行控制的目的。

(3) 操作系统提供了方便用户使用计算机的用户界面，是用户跟计算机之间的接口。

(4) 操作系统优化系统功能的实现。由于系统中配备了大量的硬件、软件，因而它们可以实现各种各样的功能，这些功能之间必然免不了发生冲突，导致系统性能的下降。操作系统要使计算机的资源得到最大限度的利用，使系统处于良好的运行状态，还要采用最优的实现功能的方式。

(5) 操作系统协调计算机的各种动作。计算机的运行实际上是各种硬件的同时动作，是许多动态过程的组合，通过操作系统的介入，使各种动作和动态过程达到完美的配合和协调，以最终对用户提出的要求反馈满意的结果。如果没有操作系统的协调和指挥，计算机就会处于瘫痪状态，更谈不上完成用户所提出的任务。

因此可以定义操作系统为：对计算机系统资源进行直接控制和管理，协调计算机的各种动作，为用户提供便于操作的人机界面，存在于计算机软件系统最底层核心位置的程序的集合。

3.1.2 操作系统的观点

不同个人使用操作系统有不同的观点,普通用户使用操作系统关注的是系统界面和方便性,专业用户关注系统是否可操控,操作系统设计者关注系统结构是否合理,系统是否易于修改和升级,还有些老用户希望保持过去的使用习惯,为了满足所有用户,操作系统实际上有一个大的设计架构,所以在学习具体的操作系统时,我们不得不从各个侧面来了解和使用操作系统,以便最终对该系统有一个总体认识。

(1) 资源管理观点。资源管理观点是将计算机系统内的所有硬件、软件、数据等看作资源,操作系统的任务就是对这些资源进行分配、释放、相互配合、信息记录和信息修改。资源是静态的,而操作系统是动态的,动态的管理者不断地调整资源的分配与释放,最后实现用户所要求的各种功能。通过单击桌面上的"此电脑"可以看到资源情况(见图 3.1)。

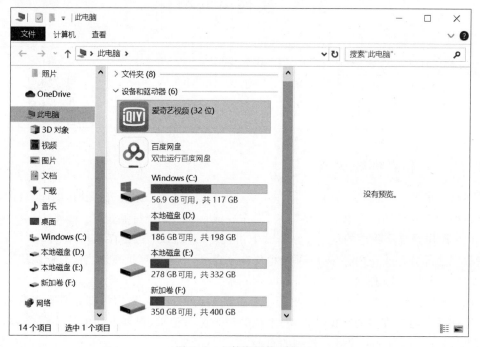

图 3.1 文件资源管理器

(2) 用户管理观点。用户管理观点将系统中的所有行为都看作对任务的执行,任务是用户提交的需要实现的具体的功能,系统中存在着不同用户的许多任务,操作系统就是要对任务的产生、执行、停止进行安排。图 3.2 是用户打开的任务。

图 3.2 任务栏上正在运行的任务

(3) 进程管理观点。进程管理观点认为系统中存在着大量的动态行为:处理机在执行着程序,存储器和硬盘之间数据被不断地换出、换进,设备上数据在流动,用户在不停地命令计算机做事。这一切动态的行为都是以叫作进程的形式存在着,操作系统对进程进行管理,管理进程的建立、运行、撤销等。图 3.3 为系统当前进程。

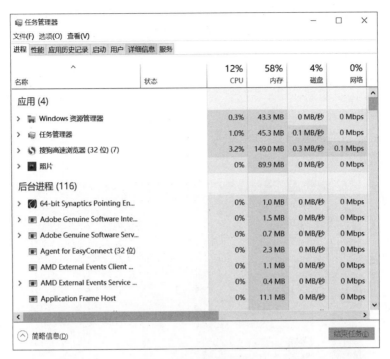

图 3.3　系统中的进程

（4）数据管理观点。数据管理观点认为计算机的所有资源都是以数据的形式存在的，因此数据的存在代表着各种资源的存在，各种软件和硬件都有自己对应的数据，不同用户有其对应的权限，操作系统需要管理数据的存放位置并按照用户的需要对数据进行修改。图 3.4 为注册表数据。

图 3.4　注册表

3.1.3　Windows 10 操作系统的功能特色

Windows 操作系统自 1985 年发布开始，已经走过几十年的历程。Windows 10 是 2015 年

7月29日推出的一款新一代操作系统。Windows 10操作系统在不断更新中,对Windows 7和Windows 8操作系统的优势加以融合,为用户带来了更好的视觉感受和使用体验。

(1)"开始"菜单理性回归。"开始"菜单是Windows操作系统的经典功能,用户已经习惯使用"开始"菜单去访问相关功能和程序选项,但是在Windows 8操作系统中没有"开始"菜单。Windows 10又重新使用了"开始"菜单。Windows 10中的"开始"菜单已经与以前操作系统中的"开始"菜单有本质的不同。左半部分是最新打开的程序列表和其他内容,右侧增加了Modern风格的区域,为标志性的动态磁贴,将传统风格与新的现代风格结合在一起,如图3.5所示。

图3.5　Windows 10的"开始"菜单

(2)个人智能助理-Cortana(小娜)。在Windows 10中,增加了个人智能助手Cortana(小娜)。它能够了解用户的喜好和习惯,帮助用户进行日程安排、回答问题、查找文件和信息等,还可以记录用户的行为和使用习惯,实现人机交互,如图3.6所示。

(3)Ribbon管理界面。Windows 10采用了Office 2010的Ribbon界面。虽然Ribbon界面是对传统级联菜单的颠覆,但随着Ribbon界面被广泛使用,其简洁性和易用性也逐渐凸显,并得到用户的认可。图3.7为文件资源管理器的Ribbon界面。Ribbon界面具备以下优点。

- 所有功能及命令集中分组存放,不需查找级联菜单。
- 功能以图标的形式显示。
- 使用文件资源管理器的功能更加简便,减少单击鼠标次数。
- 部分文件格式和应用程序有独立的选项标签页。
- 显示以往被隐藏很深的命令。
- 将最常用的命令放置在最显眼、最合理的位置。

图 3.6　Cortana

图 3.7　文件资源管理器

- 保留了传统资源管理器的一些优秀级联菜单选项。

（4）全新的 Edge 浏览器。Windows 10 提供了一种新的上网方式——Microsoft Edge，如图 3.8 所示。它是完全脱离了 IE 的浏览器，虽然尚未发展成熟，但的确带来了诸多的便捷功能，比如用户可以更方便地浏览网页、阅读、分享、做笔记等。

图 3.8　Edge 浏览器

(5) 全新的多重桌面功能。多重桌面是一项全新的功能。使用者可以新增多个桌面，依据不同的作业环境需求，将开启的程序放在不同的桌面上，并可以随意轻松切换。这就是 Windows 10 的虚拟桌面，如图 3.9 所示。

图 3.9 虚拟的多桌面

(6) 通知中心。在 Windows 10 操作系统中提供了通知中心功能，可以显示信息、更新内容、电子邮件和日历等推送信息，用户可以方便地查看来自不同应用程序的通知。在任务栏中，单击"通知" 图标，即可打开通知栏，如图 3.10 所示。

图 3.10 通知中心

操作系统概述后测习题

（1）Windows 是一种操作系统，它可以_____计算机所有硬件资源和软件资源。
  A. 运行   B. 启动   C. 控制和管理   D. 输入和输出

（2）在所列出的：1. 图书管理系统，2. Linux，3. UNIX，4. WPS，5. Windows，6. Office，六个软件中，属于操作系统软件的有_____。
  A. 1、2、3、5   B. 2、3、5   C. 1、2、3   D. 4、6

3.2　Windows 10 操作系统的基础操作

3.2.1　桌面和窗口

视频名称	桌面和窗口	二维码
主讲教师	沈宁	
视频地址		

  桌面是一直陪伴用户的老朋友了。它是 Windows 完成启动后呈现在用户面前的整个计算机屏幕界面。

  Windows 10 的桌面跟 Windows 8 相比，摒弃了"开始屏幕"模式，继承了 Windows 7 操作系统，开机直接进入桌面。

  进入 Windows 10 以后，首先会看到桌面，桌面由桌面图标、位于底部的任务栏组成。

1. 桌面图标

  桌面图标是代表各种文件、文件夹和应用程序的在桌面上排列的小图片。用鼠标双击这些图标，可以打开文件或应用程序。初装 Windows 10 系统，桌面上只有"回收站"和 Microsoft Edge 两个桌面图标，如图 3.11 所示。

图 3.11　Windows 10 桌面

2. 任务栏

任务栏是位于屏幕底部的水平长条。与桌面不同的是,桌面可以被打开的窗口覆盖,而任务栏几乎始终可见。它有以下几个主要部分。

(1)"开始"按钮:用来打开"开始"菜单。"开始"菜单中有计算机的程序、设置、应用等重要的选项。

(2)搜索框:在 Windows 10 中,搜索框和 Cortana 高度集成,如图 3.12 所示,在搜索框中可以直接输入关键词或打开"开始"菜单输入关键词,它可以从互联网上搜索用户想要的信息,可以搜索相关的程序、资料、网页等。

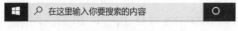

图 3.12 任务栏上的搜索框

(3)任务视图:任务视图是 Windows 10 特有功能,用户可以在不同的视图中开展不同的工作,完全不受彼此的影响,这种功能叫作虚拟桌面。使用虚拟桌面,操作系统可以有多个传统的桌面环境,突破了传统桌面的使用限制。尤其在打开窗口较多的情况下,可以将不同的窗口放置于不同的桌面环境中。单击任务视图的图标即可打开虚拟桌面,如图 3.13 所示。单击"新建桌面"选项的"+",可以创建多个虚拟桌面。每个虚拟桌面上可放置不同的程序,打开不同的窗口,让界面更加简洁,方便用户操作。

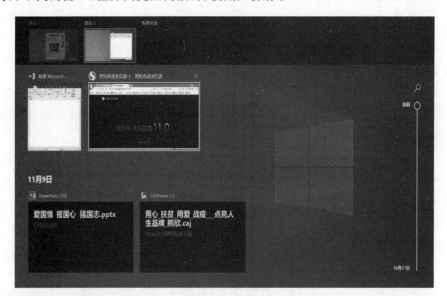

图 3.13 虚拟桌面

(4)快速启动区:用户可以将常用的程序或最近使用的文档固定到任务栏的快速启动区中,如图 3.14 所示。

(5)通知区域:通知区域的图标代表已经在计算机后台运行的若干任务。当通知区域内容过多,一些长时间不需要调整的程序或设置将自动隐藏。固定显示的是"时间和日期""输入法"以及通知中心。通知中心会弹出系统的重要信息,单击通知中心的按钮,可查看新通知的内容并打开操作中心的界面,如图 3.15 所示。

图 3.14 固定到快速启动区的程序和文档　　　图 3.15 操作中心

3. 窗口

窗口操作是 Windows 操作系统的最基本特征之一,是人与计算机对话的重要手段。

在 Windows 10 操作系统中,窗口代表正在被操作的文档或者正在运行的程序。每个窗口负责显示显示处理某一类信息。

窗口的大小可以自由调整,也可以被最大化充斥整个桌面或者最小化至任务栏上。如果需要移动窗口到屏幕上的某个位置,可用鼠标单击窗口的标题栏,然后拖动窗口至合适位置再释放鼠标。

当用户开了多个窗口时,可将窗口按照"层叠模式"或者"堆叠模式"进行放置。"层叠模式"指多个窗口相互堆叠并相互错位,便于直观查看窗口的标题。"堆叠模式"是将多个窗口进行缩小平铺,互不遮挡,窗口的数量越多,缩放的比例就越小。

如果打开了多个窗口,当前窗口(或活动窗口)只有一个。如果需要处理某个窗口,首先要将该窗口置于桌面最前端,即把它变成活动窗口。根据需要,用户在各个窗口之前进行切换操作,窗口切换就是指定活动窗口。

不同的窗口的内容各不相同,但所有窗口都有一些共同点,大多数窗口都有相同的基本部分。Windows 7 以前的操作系统的窗口界面采用传统的级联菜单来管理。而 Windows 10 引入了 Office 2010 中的 Ribbon 管理界面。Ribbon 界面是一种以皮肤及标签页为结构的用户界面。所有的命令都在功能区内,功能区类似于仪表板设计。Ribbon 界面把命令组织成一种"标签",每一种标签页包含了同类型的命令,如图 3.16 所示。根据操作对象的不同,Ribbon 界面会显示不同的功能标签页。

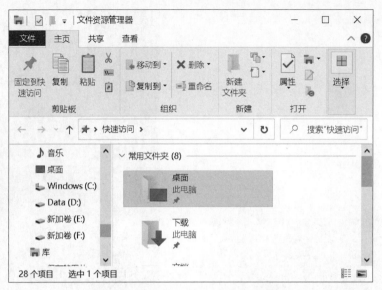

图 3.16 文件资源管理器的主页标签页

桌面和窗口后测习题

(1) Windows 把整个屏幕看作_____。

    A. 工作空间   B. 窗口   C. 对话框   D. 桌面

(2) 在 Windows 中,打开了 3 个应用程序窗口,其中活动窗口有_____个。

    A. 0   B. 1   C. 2   D. 3

(3) 关于任务栏的描述正确的是_____。

    A. 既可以改变位置,又可以改变大小,还能够被隐藏

    B. 只能改变位置,而不能改变大小,也不能被隐藏

    C. 可以改变位置和大小,不能被隐藏

    D. 不能改变位置和大小,也不能被隐藏

(4) 在 Windows 操作系统中,为移动窗口的位置,用鼠标拖动的对象是_____。

    A. 菜单栏   B. 窗口边框   C. 窗口边角   D. 标题栏

3.2.2 开始菜单

视频名称	开始菜单	二维码
主讲教师	沈宁	
视频地址		

Windows 8 操作系统用"开始"屏幕替代了经典的"开始"菜单。在 Windows 10 操作系统中,"开始"菜单重新回归。最新的开始菜单也发生了一些变化。单击桌面左下角的

Windows 图标或按下 Windows 徽标键即可打开"开始"菜单，如图 3.17 所示。"开始"菜单左侧依次为常用的应用程序列表以及按照字母索引排序的应用列表，左下角为用户账户头像、图片及文档按钮、Modern 设置以及开关机快捷选项，右侧则为"开始"屏幕，可将应用程序固定在其中。

图 3.17 "开始"菜单

1. "开始"菜单的左侧区域

"开始"菜单的左侧的主体为应用程序列表。用户可以看到系统中所有的应用程序。所有的应用程序是按数字(0～9)、字母(A～Z)的顺序升序排列。单击排序字母可以显示排序索引，如图 3.18 所示。通过索引可以快速查找应用程序。

"开始"菜单左下方的列表包含了用户、文档、图标、设置及电源按钮。

用户：显示登录的当前账户的名称。单击对应图标可以锁定、注销、更改账户设置。

文档、图片：这两个按钮分别对应"此电脑"下的"文档"文件夹和"图片"文件夹。

设置：单击"设置"按钮可以打开"设置"窗口。

电源按钮：包括睡眠、关机、重启 3 个选项。

2. 动态磁贴

右侧的"开始"屏幕中的图像方块被称为磁贴或动态磁贴，其功能类似于快捷方式，不同的是，磁贴中的信息是活动的，显示最新的信息。例如 Windows 10 操作系统自带的 Modern 邮件应用，会自动在动态磁贴上滚动显示邮件简要信息，而不打开应用。

可以将应用列表中的程序固定到"开始"屏幕中变成磁贴，如图 3.19 所示。拖动"开始"屏幕中的磁贴，可将其移动至"开始"屏幕中的任意位置或分组中。右击磁贴，在弹出的快捷菜单中显示可对该磁贴进行的操作，有"从开始屏幕取消固定""调整大小""卸载""固定到任务栏""关闭动态磁贴"等选项，如图 3.20 所示。

图 3.18　应用列表中按字母排序的索引界面

图 3.19　将应用程序添加到"开始"屏幕

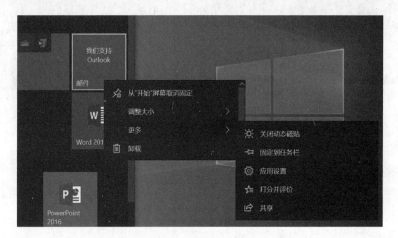
图 3.20　磁贴快捷菜单

 开始菜单后测习题

(1) 要打开 Windows 10 开始菜单，可以_____。
　　A. 右击任务栏上的 ⊞ 图标　　　　　B. Alt＋Tab
　　C. 单击任务栏上的 ⊞ 图标　　　　　D. Alt＋F4

(2) 在 Windows 10 中，不能打开运行命令对话框的方法是_____。
　　A. 单击任务栏上的 ⊞ 图标，选择"运行"
　　B. 右击任务栏上的 ⊞ 图标，选择"运行"
　　C. 按组合键 Win＋R
　　D. 在任务栏的搜索框中输入"运行"并按回车键

3.2.3 系统设置和管理

视频名称	系统设置和管理	二维码
主讲教师	沈宁	
视频地址		

1. 控制面板与设置

许多老用户都知道,控制面板是计算机的控制中心。而 Windows 发展到 Windows 10,跨平台成为 Windows 发展的趋势。为了配合手机、平板电脑等触屏设备,Windows 10 引入了 Windows 8 中的"Windows 设置",如图 3.21 所示。

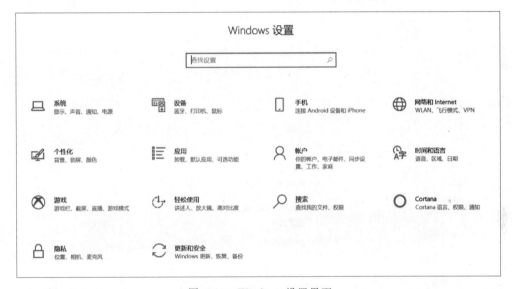

图 3.21　Windows 设置界面

"Windows 设置"虽然也是控制计算机的工具,但在功能上不能完全取代控制面板,控制面板的功能更加详细,所以在 Windows 10 中既有"Windows 设置"又有控制面板。

对比两者的设置选项,"Windows 设置"易于操作,显示方式简单直接,适合于触屏设备。控制面板更全面和细致,适合在计算机中使用。

在 Windows 10 中,打开"Windows 设置"很容易,单击"开始"按钮,在弹出的"开始"菜单的左下侧可以看到设置选项。控制面板的位置相对隐蔽些,在开始菜单中选择"Windows 系统"选项,在下拉列表中可以看到控制面板,控制面板的界面如图 3.22 所示。

2. 计算机的显示设置

显示属性包括显示器分辨率、文本大小、显示器亮度等方面。右击桌面,在快捷菜单中选择"显示设置"选项,弹出"设置-显示"面板,进入显示设置界面,如图 3.23 所示。

屏幕分辨率指的是屏幕上像素在宽和高上的分布,一般用像素数来表示,如 1024×768 表示屏幕横向由 1024 像素组成,纵向由 768 像素组成。分辨率越高,项目清晰度越高。同时屏幕上的项目越小,屏幕可以容纳的项目越多。分辨率越低,在屏幕上显示的项目越少,

图 3.22 控制面板

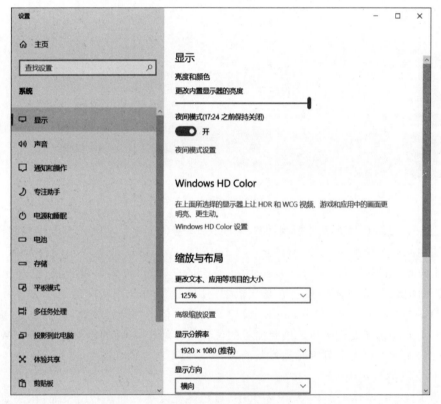

图 3.23 显示设置界面

但尺寸越大。

单击"显示分辨率"下拉列表框,选择所需的分辨率,然后单击"应用"按钮。系统会问用户是否保留显示设置,单击"保留更改"使用新的分辨率,单击"恢复"回到以前的分辨率。如果将监视器设置为它不支持的屏幕分辨率,那么该屏幕在几秒钟内将变为黑色,监视器则还原至原始分辨率。

单击"更改文本、应用等项目的大小",可以选择合适的比例,从而调整文字和图标的大小。

除了可用显示器自带的按键调整亮度以外,也可拖动"更改内置显示器的亮度"下面的滑块来调整。还可以设置"夜间模式",减少屏幕蓝光,保护眼睛,提高睡眠质量。

3. 个性化设置

计算机的主题、颜色、桌面背景、锁屏等属性都可以按照用户的需求来设置。右击桌面空白区并选择个性化,打开个性化设置窗口,如图 3.24 所示。

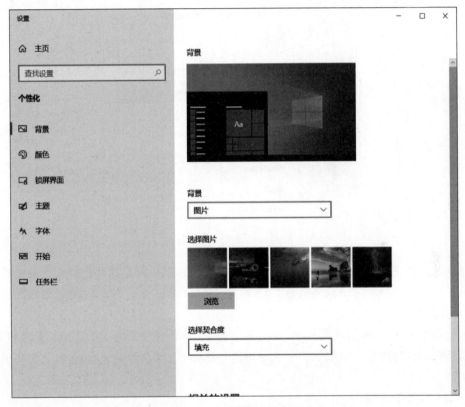

图 3.24　个性化设置窗口

1) 背景

默认情况下,个性化的设置窗口中会显示"背景"设置界面。在此界面中,用户可设置桌面背景的样式。可选择用图片、纯色、幻灯片放映 3 种背景效果。

2) 锁屏界面

锁屏界面就是注销当前账户、锁定账户、屏幕保护时显示的界面。

选择个性化设置窗口的"锁屏界面",弹出设置窗口,如图 3.25 所示。

可选择图片,设置用于锁屏的背景。

单击"屏幕超时设置",显示"电脑和睡眠",可以设置经过多长时间不操作,计算机屏幕和计算机系统自动关闭和进入睡眠。

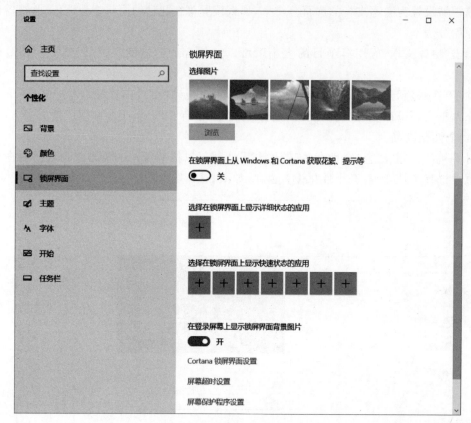

图 3.25 锁屏界面设置窗口

屏幕保护程序是在指定时间内没有使用鼠标、键盘或触屏时,出现在屏幕上的图片或动画。单击"屏幕保护程序"下拉列表,选择要使用的屏幕保护程序并输入"等待时间"。

3) 主题

主题是指 Windows 的视觉外观,包括桌面背景、屏幕保护程序、窗口边框颜色和声音、图标和鼠标指针等内容。可以从多个主题中进行选择,还可以在 Windows 网站上联机查找更多主题。

4) 自定义"开始"菜单

通过个性化设置窗口的"开始",可以设置在"开始"菜单中是否显示应用列表、是否显示最常用的应用、是否显示最近添加的应用。

5) 自定义任务栏

通过个性化设置窗口的"任务栏",可以设置任务栏的属性。如果希望在操作时自动隐藏任务栏可以打开"锁定任务栏"开关;如果希望任务栏不被拖动或调整则可以打开"自动隐藏任务栏"开关。

4. 账户设置:本地账户和 Microsoft 账户

Windows 10 操作系统提供两种类型账户用以登录操作系统,分别是本地账户和 Microsoft 账户。在操作系统安装设置阶段会提示使用何种账户登录计算机,默认使用 Microsoft 账户登录操作系统,同时也提供注册 Microsoft 账户连接,前提是计算机要连接到互联网。在无网络连接的情况下只能使用本地账户来登录操作系统,单击"脱机账户"选项,即可创建本地账户登录操作系统。

使用 Microsoft 账户,可以登录并使用任何 Microsoft 应用程序或服务,例如 Outlook、OneDrive 或 Office 等产品。用户可以使用免费云存储备份自动的所有重要数据和文件,并使自己的常用内容保持更新和同步。

要想使用 Microsoft 账户,需要在设备上注册和登录 Microsoft 账户。创建 Microsoft 账户,可以通过两种途径来注册,一是通过浏览器访问 http://account.microsoft.com/进行注册,二是通过 Windows 10 操作系统中的 Microsoft 账户注册链接进行注册。注册并登录成功后的界面如图 3.26 所示。用户可以在"账户"选项下设置或更改账户密码,更改登录模式。

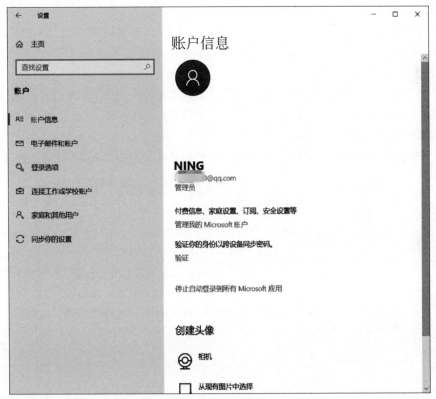

图 3.26　账户设置

 系统设置和管理后测习题

(1) 在同一个显示器上,某图标在屏幕的分辨率为_____时看起来最大。
　　A. 1024×768　　　　　　　　　　B. 640×480
　　C. 1920×1280　　　　　　　　　D. 1280×1024

(2) Windows 中可以通过"设置"面板或者_____查看并更改基本的系统设置。
　　A. 控制面板　　　　　　　　　　B. 开始菜单
　　C. 任务栏　　　　　　　　　　　D. 文件资源管理器

3.2.4 应用程序管理

视频名称	应用程序管理	二维码
主讲教师	沈宁	
视频地址		

在计算机上做的几乎每一件事都需要使用程序。例如,如果想要绘图,则需要使用画图程序。若要写信,需使用字处理程序。若要浏览 Internet,需使用称为 Web 浏览器的程序。在 Windows 上可以使用的程序有数千种。

1. 程序的打开与保存的原理和流程

计算机主存需要与外部存储器之间交换信息,为什么要交换呢? 因为 CPU 不能够直接访问外存的数据。为了运行外存上的程序,第一个步骤就是将外存程序及数据调入内存,该行为被称为"打开"。

对于用户来说,要打开一个程序就是单击它,使它成为一个窗口,我们可以通过各种形式找到要打开的程序,如桌面图标、开始菜单、搜索、资源管理器等。我们以记事本为例来说明打开以后的各项管理。

单击"开始"→"Windows 附件"→"记事本"便可以打开记事本程序,见图 3.27。

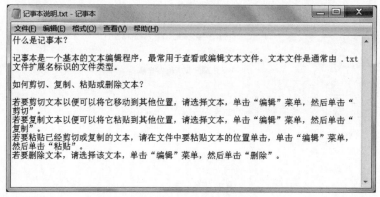

图 3.27 记事本

打开文件后,就可以输入文字等数据,使用该文件窗口的菜单命令来修改内容,修改完毕以后需要保存。

处理文档时,所有添加和更改的内容都暂时存储在计算机的随机存取内存(RAM)中。在 RAM 中存储的信息都是临时性的,只要关闭计算机或断电,将擦除 RAM 中的所有信息。保存文档能够对文档命名并将其永久存储在计算机的硬盘上。以此方式,文档得以保留,即使关闭计算机,也可以在以后再次打开它。

单击记事本菜单"文件"→"保存",便可以使新添加和修改的内容覆盖外部存储器上该文件所在内容。

几乎所有程序都带有自己的内置"帮助"系统,为用户解答有关程序工作方面的疑惑。可以通过按 F1 键访问程序的帮助系统。在几乎所有程序中,此功能键将打开"帮助"。

查看桌面上的任务栏,许多打开的任务处于后台,如果需要快速切换到某个任务,可以使用 Alt+Tab 组合键,产生如图 3.28 所示的切换视图,用户可以选择要切换的程序。

图 3.28 快速任务切换

2. 文件关联与快捷方式

1) 文件关联

我们单击的桌面或其他位置的图标,其实有两种类型,一种是应用程序,另一种是文档文件。要打开应用程序,选择并双击即可,双击同样可以打开文档文件。

但是文档文件自己是不能够打开自己的,它需要一个应用程序来帮忙,在应用程序安装的时候,一般都关联了它能够打开的文档文件。当文件关联不恰当或者系统默认关联的应用程序不是我们希望的程序时,就需要为文档文件重新指定可以打开它的应用程序。比如,系统默认用记事本打开文本文件(文件的扩展名为.txt),而我们希望在 Word 环境下打开它,即可重新为.txt 格式的文件关联打开程序。

右击要更改的某文本文件,单击"打开方式"寻找新的应用程序来打开文档,然后单击"选择其他应用"进入应用程序选择,此处我们选择"Word 2016",为了将来每次打开此类程序都无须再次设置,可选中"始终使用此应用打开"复选框。如果仅希望这一次使用此软件程序打开该文件,则清除"始终使用此应用打开"复选框并单击"确定",见图 3.29。

2) 快捷方式

快捷方式是指向计算机上某个对象(可以是计算机中的文件及文件夹)的链接。用户可以创建快捷方式,然后将其放置在方便的位置,以便可以方便地访问快捷方式链接到的对象。图 3.30 显示了原始文件和快捷方式的区别。

图 3.29 文件关联的设定

图 3.30 快捷方式

如图 3.30 所示四个图标,左边图标是原始文件,右边图标左下角有一个向右上的箭头,代表快捷方式。操作快捷方式几乎等同于操作原始文件,比如双击原始文件或者该文件的快捷方式都是打开原始文件,一个是直接打开,另一个是通过链接找到原始文件打开。

（1）创建快捷方式。先找到需要设置快捷方式的对象并选定,右击打开该对象的可操作菜单,单击"创建快捷方式"。新的快捷方式将出现在原始项目所在的位置上。

（2）创建桌面快捷方式。也可以直接将快捷方式放置到桌面上,此时要在右键菜单里单击"发送到"→"桌面快捷方式",桌面上将产生一个新的带有箭头的快捷方式图标。

在桌面上创建快捷方式可以避免直接追踪到要访问对象所在地,因此我们习惯将经常访问的对象的快捷方式放置到桌面上。

（3）删除快捷方式。右击要删除的快捷方式,单击"删除",然后在删除提醒下单击"是"。删除快捷方式只是删除了指向文件实体的链接,原始文件本身并不受影响,因此设置快捷方式可以使原始文件不被误删除。

（4）开始菜单中的快捷方式。当我们需要打开某个应用程序时,最原始的办法是从"开始"菜单找到需要的文件图标使其运行。其实开始菜单下的所有图标都是快捷方式,用来指向对应的原始文件,所以有的人想用删除开始菜单中程序名称的形式来删除软件,往往达不到目的,原因就在于他删除的不是原始文件。

3. 安装和卸载应用程序

应用程序指为完成某项或多项特定工作的计算机程序,它可以和用户进行交互,具有可视的用户界面。

安装应用程序时,需要先找到该应用程序的安装文件所在位置,双击打开安装文件（文件名通常为 Setup.exe 或 Install.exe）,按照安装向导的提示操作,指定程序在磁盘的安装位置,设置好基本参数就能完成安装了。

若程序是正常安装的,那么在"开始"菜单的对应程序组里通常有对应的卸载程序,可以执行该卸载程序进行卸载操作。

系统也提供了卸载功能。传统的卸载方式是通过控制面板来操作的,控制面板的"程序"视图中列出了系统已经安装的程序列表,选择要卸载的程序,单击工具栏上的"卸载"按钮即可。若用户习惯了手机、平板设备的使用方式,可以单击开始"菜单"中的设置按钮,选择 Windows 设置界面中的"应用"选项,选择要卸载的程序进行卸载,这种卸载方式类似于触屏设备上 App 应用的卸载。

很多第三方软件比如 360 软件管家等也都提供了卸载功能。

4. 任务管理器

有的同学在计算机使用一段时间后,感觉计算机卡,内存不够用,总以为是计算机配置不够高。其实情况可能不是这样,让我们先来看看"任务管理器"。

右击任务栏上的空白区域打开快捷菜单,然后单击"任务管理器",开启过程如图 3.31

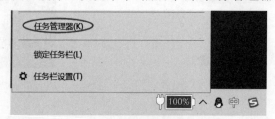

图 3.31 启动任务管理器

所示。或者按 Ctrl＋Alt＋Del 组合键,选择"任务管理器"或者通过按组合键 Ctrl＋Shift＋Del 直接打开任务管理器。

任务管理器开启后如图 3.32 所示。

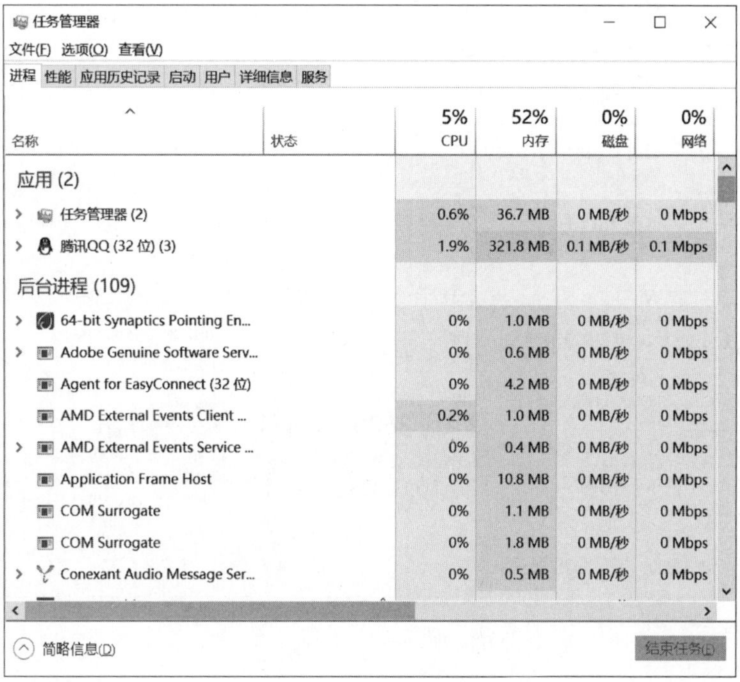

图 3.32　任务管理器

任务管理器的菜单栏下有进程、性能、应用历史记录、启动、用户、详细信息、服务。

- 进程：任务管理器默认显示的是进程选项卡,其中显示了当前正在运行的应用程序和后台运行的进程,右侧是程序对应的 CPU、内存、磁盘和网络的占用率。单击"详细信息"选项卡可查看有关该进程的详细信息。

我们可以在任务管理器上直接对任务进行处理,用"结束任务"来结束某个选定的任务。如果发现某个进程过多占用 CPU 时间和内存容量,而该进程名又比较可疑(此处针对熟悉系统进程的同学),你可以选定该进程,然后"结束任务",如果操作正确的话,你说不定结束的是一个病毒文件或者引起死锁的文件。如果某程序一直处于未响应的状态,则一样可以通过"结束任务"按钮来关闭该程序。

- 性能：该选项卡显示的是系统各类资源占用情况,左侧是资源列表,右侧是该系统资源的占用情况的详细参数,如图 3.33 所示。
- 应用历史记录：显示一段时间以来用户使用资源的情况,用户也可以随时删除使用情况历史记录。
- 启动：可以设置计算机启动时哪些程序随计算机一起启动。如果想关闭某程序在开机时启动,可以选中后,单击"禁用"按钮。
- 用户：显示计算机中所有用户的资源占用率。
- 服务：显示当前所有运行的服务。

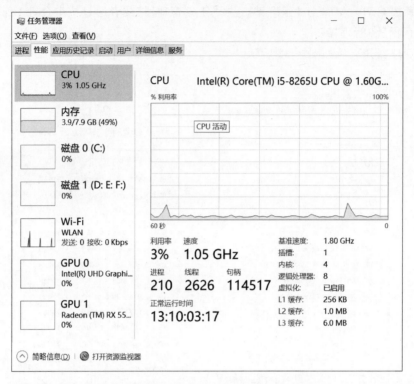

图 3.33 性能

 应用程序管理后测习题

(1) 双击某个文件时,如果 Windows 系统不知道使用哪个程序打开该文件,应该通过_____对话框来设置。

    A. 打开方式   B. 运行   C. 帮助   D. 打开

(2) 要卸载一个应用程序,错误的做法是_____。

    A. 启动控制面板的卸载命令

    B. 运行该应用程序所在路径下的对应卸载程序

    C. 启动 360 软件管家的卸载功能

    D. 直接删除该应用程序所在的文件夹

(3) Windows 中,应用软件安装程序的文件名一般是_____。

    A. setup.exe   B. load.bat

    C. install.bat   D. win.exe

(4) 小王不小心删除了"开始"菜单列表中的某个程序图标,意味着_____。

    A. 该应用程序和图标一起被删除

    B. 只删除了图标,对应的应用程序被保留

    C. 该应用程序连同其图标一起被隐藏

    D. 只删除了应用程序,对应的图标被隐藏

(5) 用"创建快捷方式"创建的图标＿＿＿＿。
    A. 只能是程序文件　　　　　　　B. 可以是任何文件或文件夹
    C. 只能是单个文件　　　　　　　D. 只能是程序文件和文档文件

3.2.5 附件程序

视频名称	附件程序	二维码
主讲教师	沈宁	
视频地址		

    Windows 将许多实用工具的快捷方式都集中到被称为附件的文件夹，单击"开始"菜单，定位到"Windows 附件"，将展开附件提供的所有功能，如图 3.34 所示。
    下面我们来熟悉一些常用附件。

1. 记事本

    记事本的称谓说明它是用来记录一些事情的工具，因此它只能处理纯文本内容。用记事本处理后保存的文件格式为.txt 格式文件。使用记事本可单击"开始"→"Windows 附件"→"记事本"来新建一个文件，或者直接单击某个.txt 文件图标来打开该文件。

    1) 编辑

    可以通过菜单对文件内容进行"编辑"（见图 3.35），执行以下操作之一：

图 3.34　Windows 附件

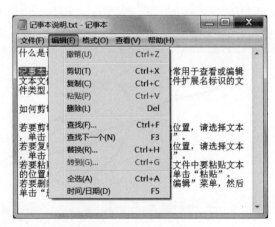

图 3.35　记事本编辑

    若要剪切文本以便可以将它移动到其他位置，先选择文本，单击"编辑"菜单，然后单击"剪切"。

若要复制文本以便可以将它粘贴到其他位置,先选择文本,单击"编辑"菜单,然后单击"复制"。

若要粘贴已经剪切或复制的文本,在文件中要粘贴文本的位置单击,单击"编辑"菜单,然后单击"粘贴"。

若要删除文本,选择该文本,单击"编辑"菜单,然后单击"删除"。

若要撤销上次操作,单击"编辑"菜单,然后单击"撤销"。

在编辑菜单的每一项右边,是该项目所对应的快捷键,这些快捷键可以在不打开编辑菜单的情况下直接使用,因此更方便。重要的快捷键如下:

- Ctrl+A 选择窗口中的所有项目;
- Ctrl+C 复制选择的项目;
- Ctrl+X 剪切选择的项目;
- Ctrl+V 粘贴选择的项目;
- Ctrl+Z 撤销操作。

2)格式

使用"格式"菜单可以调整文本在记事本中的显示字体字号或者是否换行显示。

另外,已经处理好的文本可以用"文件"菜单中的"保存"或"另存为"保存,也可以"打印"该文本(仅打印文字本身,不包含格式)。

2. 画图

"画图"是 Windows 中的一项功能,可用于在空白绘图区域或在现有图片上创建绘图。"画图"程序虽然无法与专业的图像处理软件相媲美,但是它界面简洁、操作简单,适合用户进行简单的图像处理应用。在"画图"中使用的很多工具都可以在"功能区"中找到,"功能区"位于"画图"窗口的顶部。图 3.36 显示了"画图"中的"功能区"和其他部分区域。

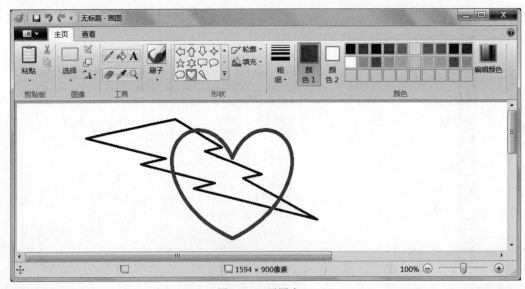

图 3.36 画图窗口

1)绘制线条

可以在"画图"中使用多个不同的工具绘制线条。可以使用"铅笔"工具绘制细的、任意形状的直线或曲线；单击"刷子"工具下拉列表可以选择不同艺术刷,绘制具有不同外观和纹理的线条；使用"直线"工具选择线条的粗细来绘制直线。使用"曲线"工具可绘制平滑曲线。

2）绘制其他形状

可以使用"画图"在图片中添加其他形状。已有的形状除了传统的矩形、椭圆、三角形和箭头之外,还包括一些有趣的特殊形状,如心形、闪电形或标注等。还可以使用"多边形"工具自定义形状。

绘制形状时先单击需要绘制的已有形状,在需要绘制的工作区拖动指针,然后选择该形状更改其外观,如指定"边框"、修改"尺寸"、线条"颜色"、"填充"颜色等。

3）添加文本或消息

使用"文本"工具可以在图片中输入文本。先拖动指针确定文本区域,再在"文本"选项卡的"字体"组中单击字体、大小和样式,在"颜色"组中,单击用于文本的颜色,然后输入要添加的文本。

4）选择并编辑对象

如果希望对图片的某一部分进行更改。为此,需要先"选择"图片中要更改的部分,然后进行编辑。可以进行的更改包括调整对象大小、移动或复制对象、旋转对象（见图 3.37）或裁剪图片等。几个基本操作如剪切、复制、粘贴、撤销等操作之快捷键与记事本所用快捷键一致。使用"重新调整大小"功能可调整整个图像、图片中某个对象或某部分的大小；还可以扭曲图片中的某个对象,使之看起来呈倾斜状态。

图 3.37　选择及编辑

5）其他工具

使用"橡皮擦"工具可以擦除图片中的区域；若要改变绘图区域大小,可拖动绘图区域边缘上其中一个白色小框来调整；也可以通过输入特定尺寸来调整绘图区域大小,单击"画图"→"属性",在"宽度"和"高度"框中,输入新的宽度和高度值,然后单击"确定"。

最后要记得经常保存自己的图片,以免意外丢失。图片默认的保存格式为.png,还可选择保真度100%的不压缩格式.bmp或者文件比较小的压缩格式.jpg。

如果想将自己的图片用作计算机的桌面背景,右击该图片图标,在弹出的快捷方式上单击"设置为桌面背景"。

3. 剪贴板

为了实现信息的复制或者移动,我们需要将从一个地方获取的数据(文本、图像、音频、视频文件等)暂存在内存的一个区域上,再将该信息粘贴到另一个位置上去。这个暂存数据的内存区域就是剪贴板。前期应用程序中"剪切"或"复制"就是将数据导入剪贴板,如果执行了多次"剪切"或"复制"操作,剪贴板里保存的是最近一次操作的内容。"粘贴"就是将数据从剪贴板导出放置到某个指定位置。剪贴板不可见,因此即使使用它来复制和粘贴信息,在执行操作时却不会看到剪贴板,但剪贴板的存在给数据复制和迁移带来很大好处。

(1) 在文件之间复制信息。下面我们将文件"记事本说明.txt"中的选中内容复制到文件"无标题.txt"中(见图3.38)。

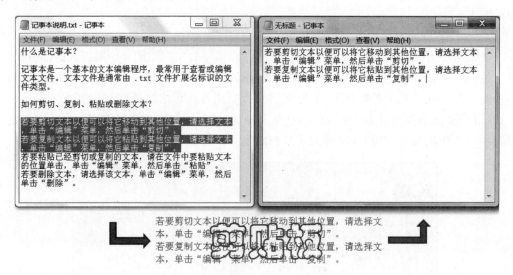

图 3.38 使用剪贴板在文件之间复制信息

(2) 截取屏幕。如果要将屏幕复制到剪贴板,可使用键盘键 PrtSc。按下该键,当时的屏幕图像会被完全复制到剪贴板中,我们可以试一试将截取的屏幕"粘贴"到"画图"工具创建的文件中,进行进一步的处理。

(3) 截取活动窗口。如果只需要截取当前窗口的图像,可以使用 Alt+PrtSc 组合键,此时截取的就是活动窗口的图像。再次参见图3.38,上面的记事本窗口就是采用本办法截取的,当截取后又粘贴到"画图"文件中,并用画图功能进行了处理。

4. 截图工具

虽然键盘键 PrtSc 能截图,但是它只能截取整个屏幕,或是配合 Alt 键截取整个活动窗口。如果要截取其他种类的图片,就得使用各种截图软件。不少软件带有截图功能,例如 QQ 等,Windows 也提供了截图工具,单击"开始"→"Windows 附件"→"截图工具",即可启动截图程序,如图3.39所示。

截图流程为首先选择合适的截图模式,然后单击"新建"按钮,根据选择的截图模式拖动选择或是单击选择截图区域,然后在截图工具的编辑模式窗口中可以修改截取的图片,并保存图片。

共有 4 种不同的截图模式。

(1) 任意格式截图：随意拖动鼠标在屏幕上划出要截取的区域，鼠标移动的轨迹会画出一条红线。

(2) 矩形截图：拖动鼠标，鼠标指针变成十字形，随着指针的移动，屏幕上会出现一个红色的矩形框，框内的区域即为截取的区域。

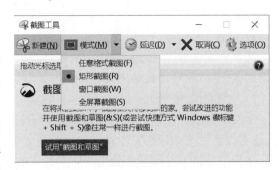

图 3.39　截图工具

(3) 窗口截图：鼠标移动到某窗口，单击该窗口即完成截图操作。

(4) 全屏幕截图：选择这种模式后，单击"新建"按钮时，截图工具会立刻完成截图操作，进入图片编辑模式。

截图完毕后，默认情况下，该图片被复制到系统的剪贴板里，可以在其他文档中直接使用粘贴命令，就可以将截图粘贴到该文档中了。

如果要修改截图，可以直接在截图工具的编辑模式窗口中使用红笔、荧光笔、橡皮等工具进行修改。如果还要进行裁剪、调整大小、备注文字等更复杂的修改，那就必须借助其他图片编辑工具，比如用画图工具进行处理，打开"画图"，单击"粘贴"命令，即可将截图粘贴进来，然后进行编辑，最后单击"保存"按钮将编辑后的截图保存下来。

附件程序后测习题

(1) 在 Windows 中，"画图"程序默认的文件类型是_____。
  A. bmp 格式 B. jpg 格式 C. png 格式 D. gif 格式
(2) 将当前活动窗口截图，复制到剪贴板中使用的组合键是_____+printscreen。
  A. Alt B. Ctrl C. Shift D. F1
(3) Windows 的剪贴板是开辟在计算机_____上的一块区域。
  A. 缓存 B. 外存 C. 硬盘 D. RAM
(4) 在 Windows 中，若在某一文档中连续进行了多次剪切操作，当关闭该文档后，剪贴板中存放的剪切内容是_____操作的内容。
  A. 第一次 B. 第二次 C. 最后一次 D. 都不对

3.3　文 件 管 理

3.3.1　文件和文件系统的基本概念

视频名称	文件和文件系统的基本概念	二维码
主讲教师	沈宁	
视频地址		

1. 文件

文件的含义很广,一篇文章、一张表格、一封电子邮件、一个程序、黑客编写的病毒等都可以构成文件,到底什么是文件呢?

1) 文件的定义

文件是一组有符号名的相关联元素的有序序列。由于构成文件的基本单位可以是字符,也可以是记录,因此,文件有下面的两个定义:

文件是一组具有符号名的相关联字符流的集合。

文件是一组具有符号名的相关联记录的集合。

操作系统把文件视为由字符流构成,可以简化管理。此时文件的基本单位是单个字符,字符之间只有顺序关系而没有结构上的联系。

但在数据管理方面,遇到的一些基本处理单位不能只用单个字符的。例如,对学校进行管理时,学生是基本单位,描述学生时应该包括学号、姓名、年龄、所在系别班级等数据项。我们把一组相关数据项的集合称为记录,现在,一个学生就是一个记录。

2) 文件名

文件名是一个用来标识文件的有限长度的字符串。

有了文件名就能区分不同的文件,还可以通过文件名来对文件进行管理。应用中的操作系统对文件的命名是有规定的。

DOS 和 Windows 中的文件名都采用"文件名. 扩展名"的形式,但 DOS 的文件全名最多 11 个字符,即"8.3"格式,Windows 支持长文件名,具体规则如下。

(1) 允许文件或者文件夹名称不得超过 255 个字符。

(2) 文件名除了开头之外任何地方都可以使用空格。

(3) 文件名中不能有下列符号: ? \ / * " " < > |。

(4) 文件名中可以包含多个间隔符,如"FILE1. is a picture. 001"。

(5) 文件名不区分大小写。

Windows 10 中的扩展名默认是隐藏的,可以通过设置让扩展名也显示出来。过扩展名可用来识别该文件的类型。例如,. bat 表示批处理文件,. txt 表示文本文件,. zip 表示压缩文件,. bmp 表示图像文件等。

文件名包含的字符可以是英文字符、数字及下画线、空格、汉字等,如"Hello_520 武汉"。有两个特殊的符号"*""?",它们叫通配符,用来模糊搜索文件。"*"可以代替零个、单个或多个字符序列;"?"可代替一个字符。

3) Windows 常见的文件类型

常见的文件类型有如下几类,如表 3.1 所示。

表 3.1 常见的文件类型

文件类型	常用扩展名	功能
可执行文件	exe、com	可运行的机器语言程序
目标文件	obj	已编译的、尚未链接的机器语言
源代码文件	c、java	各种语言的源代码
文本文件	txt	由 ASCII 码字符组成的纯文本文件

续表

文件类型	常用扩展名	功　　能
声音文件	wav、mp3	由各种声音采集及处理软件产生的文件
图像文件	bmp、jpg、gif、png	以不同的格式存储着图片的信息
压缩文件	rar、zip	相关文件组成的一个文件,用于存储

2. 文件系统和文件管理的基本原理

文件系统是操作系统(比如 Windows、Linux)管理和存储文件的软件机构,也是操作系统与驱动器之间的接口,当操作系统请求从磁盘里读取一个文件时,会请求相应的文件系统打开文件。如果没有文件系统,操作系统就不知道怎么读取硬盘上的文件。

文件系统实际上是一种存储和组织计算机数据的方式,使数据的存取和查找变得简单容易。文件系统使用操作系统中的逻辑概念"文件"和"树形目录"来替代硬盘等物理存储设备中的扇区等存储单位,用户使用文件系统来保存数据。用户不用关心数据实际保存在硬盘的哪个扇区,只需要记住该文件的所属目录和文件名即可查找该文件。如果把一块硬盘比作一个块空地,文件系统就是建造在空地上的房屋,文件就是房屋中的房间。用户要找某房间(文件),通过所属楼层(目录)及房间门牌号(文件名)来定位。

磁盘文件存储管理的最小单位叫作"簇",一个文件通常存放在一个或多个簇里,簇(cluster)的本意就是"一群""一组",即一组扇区(一个磁道可以分割成若干大小相等的圆弧,叫扇区)的意思。因为扇区的单位太小,因此把它捆在一起,组成一个更大的单位更方便进行灵活管理。簇的大小通常是可以变化的,是由操作系统在所谓"(高级)格式化"时规定的,因此管理也更加灵活。簇是操作系统所使用的逻辑概念,而非磁盘的物理特性。

为了更好地管理磁盘空间和更高效地从硬盘读取数据,操作系统规定一个簇中只能放置一个文件的内容,因此文件所占用的空间,只能是簇的整数倍;如果文件实际大小小于一簇,它也要占一簇的空间。如果文件实际大小大于一簇,根据逻辑推算,那么该文件就要占两个簇的空间。所以,一般情况下文件所占空间要略大于文件的实际大小,只有在少数情况下,即文件的实际大小恰好是簇的整数倍时,文件的实际大小才会与所占空间完全一致。

一个簇只能容纳一个文件占用,即使这个文件只有 0 字节,也决不允许两个文件或两个以上的文件共用一个簇,不然会造成数据混乱。

刚买回来的硬盘并没有文件系统,必须使用分区工具等对其进行分区并格式化后才会有管理文件的系统。Windows 上常见的磁盘文件系统类型有 FAT、exFAT、NTFS。

FAT(File Allocation Table),直译为文件分配表,顾名思义,就是用来记录文件所在位置的表格。在今天,FAT 已经不是 Windows 操作系统的主流文件系统了,但是在软盘、闪存(U 盘),以及很多嵌入式设备上还是很常见的,现在最通用的 FAT 文件系统是 FAT32,可支持的最大文件不超过 4GB,最大文件数量 268435437,分区最大容量 8TBB,可以在多种操作系统中读写。

exFAT(Extended File Allocation Table)又叫 FAT64,从名字上看,它是 FAT 文件系统的扩展。exFAT 是专门为闪存设计的文件系统,单个文件突破了 4GB 的限制。exFAT 在 Windows、Linux、Mac 系统上都可以读写。

NTFS(New Technology File System)文件系统是自 Windows NT 操作系统之后所有

基于 NT 内核的 Windows 操作系统所使用的标准文件系统。Windows 7 之后的操作系统都必须安装在使用 NTFS 文件系统的分区中。

NTFS 有如下特点。

（1）NTFS 可以支持的分区（如果采用动态磁盘则称为卷）大小可以达到 2TB。而 Windows 以前系统所支持的 FAT32 支持分区的大小最大为 32GB。

（2）NTFS 是一个可恢复的文件系统。在 NTFS 分区上用户很少需要运行磁盘修复程序。NTFS 通过使用标准的事务处理日志和恢复技术来保证分区的一致性。发生系统失败事件时，NTFS 使用日志文件和检查点信息自动恢复文件系统的一致性。

（3）NTFS 支持对分区、文件夹和文件的压缩。任何基于 Windows 的应用程序对 NTFS 分区上的压缩文件进行读写时不需要事先由其他程序进行解压缩，当对文件进行读取时，文件将自动进行解压缩；文件关闭或保存时会自动对文件进行压缩。

（4）NTFS 采用了更小的簇，可以更有效率地管理磁盘空间。

（5）在 NTFS 分区上，可以为共享资源、文件夹以及文件设置访问许可权限。许可的设置包括两方面的内容：一是允许哪些组或用户对文件夹、文件和共享资源进行访问；二是获得访问许可的组或用户可以进行什么级别的访问。访问许可权限的设置不但适用于本地计算机的用户，同样也应用于通过网络的共享文件夹对文件进行访问的网络用户。

对于普通用户来说，访问文件系统是通过"此电脑"或者"文件资源管理器"来进行的。可以通过单击"开始"菜单的"Windows 管理工具"→"此电脑"来打开计算机，或者单击任务栏上的"文件资源管理器"来打开资源管理器。打开后可以发现，两者实际上是一回事。

3. 文件系统结构和路径

文件夹是一个文件容器。每个文件都存储在文件夹或"子文件夹"（文件夹中的文件夹）中。可以通过单击文件资源管理器的导航窗格中的"此电脑"逐步进入不同层面的文件夹，如图 3.40 所示，直到每一个文件或项目。从"此电脑"文件夹中，可以访问各个位置，例如硬盘、CD 或 DVD 驱动器以及可移动媒体。还可以访问可能连接到计算机的其他设备，如外部硬盘驱动器和 USB 闪存驱动器。

Windows 的文件系统被组织成一个树形结构，所有文件夹和文件组合在一起，构成了一个树形层次结构，称为文件夹树，如图 3.41 所示。树的顶部是单独的磁盘或其他存储设备，称为"根"。所有的子文件夹和文件都存放在根下，其中子文件夹中又可包含其他子文件夹，这样层层嵌套。最底层的文件有时被称为树叶，而子文件夹则是树枝节点。

如何表示一个文件在结构中的位置呢？我们使用路径来表示。文件和文件夹的路径表示文件或文件夹所在的位置，每个文件都有自己存放的位置。以如图 3.41 所示的 Word 文件"老张的文件"为例，其路径为"E:\desk\文档备份\老张的文件.docx"，"E:"表示该文件存放在硬盘的 E 盘分区下，"\"是上一级文件夹与下一级文件夹的连接符号。"\desk\文档备份"表示此文件在当前盘符下的文件夹 desk 下的子文件夹"文档备份"里。"老张的文件.docx"是文件全名，"老张的文件"是文件的文件名，.docx 是文件的扩展名，代表该文件为 Word 文件。

树形结构具有很多优点，如层次清楚，便于组织和管理；解决了文件重名问题，每个文件在文件系统中由其路径名唯一确定。

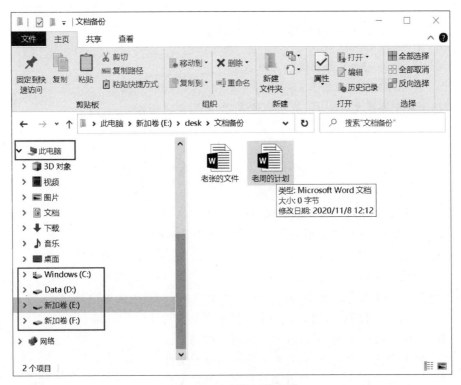

图 3.40 文件资源管理器

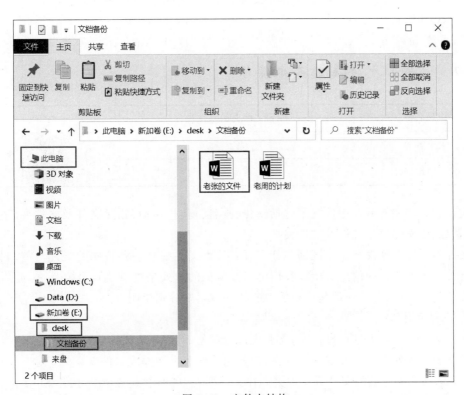

图 3.41 文件夹结构

文件和文件系统的基本概念后测习题

(1) 在 Windows 中,下列正确的文件名是_____。
    A. A＜＞B.exe   B. het＊.c   C. abc ef.txt   D. A?c.docx

(2) 在搜索文件或文件夹时,若用户输入"?.＊",则将搜索_____。
    A. 所有扩展名中含有＊的文件   B. 所有文件
    C. 所有含有＊的文件   D. 文件名为 1 个字符的所有文件

(3) 若用户在窗口的搜索框里输入"＊.mp3",则将搜索_____。
    A. 所有扩展名中含有＊的文件   B. 所有 mp3 格式文件
    C. 所有主文件名含有＊的 mp3 格式文件   D. 所有文件

(4) 在 Windows"文件资源管理器"窗口中,右部显示的内容是_____。
    A. 所有未打开的文件夹   B. 系统的树形文件夹结构
    C. 当前打开的磁盘或文件夹的内容   D. 所有已打开的文件夹

(5) 在 Windows 操作系统中,关于文件和文件夹,下列错误的说法是_____。
    A. 在同一文件夹下,可以有两个不同名称的文件
    B. 在同一文件夹下,可以有两个相同名称的文件
    C. 在不同文件夹下,可以有两个不同名称的文件
    D. 在不同文件夹下,可以有两个相同名称的文件

(6) 文件 test.txt 放在 K 盘的 user 文件夹下,该文件完整的路径名是_____。
    A. K:\user   B. K:\test.txt
    C. \user\test.txt   D. K:\user\test.txt

3.3.2 文件和文件夹的基本操作

视频名称	文件和文件夹的基本操作	二维码
主讲教师	沈宁	
视频地址		

    文件和文件夹的基本操作主要包括新建、改名、复制、移动、删除文件及文件夹,还包括查找、隐藏、压缩和解压文件及文件夹。

    文件和文件夹到底有什么区别?其实可以认为文件夹是一种特殊的文件类型,它的内容是有关一系列文件的信息。所以我们可以按相似的方式来处理文件及文件夹,此后如果只提文件,表示对二者的处理是一样的,如果不一样,则分别说明。

1. 选择文件

    在对文件和文件夹进行操作时,需要先选择对象,然后才能操作。

    如果一次要处理多个文件或文件夹,需要先选择多个文件或文件夹。

    (1) 选择一组连续的文件或文件夹。在文件列表中,先单击第一项,按住 Shift 键,然后单击最后一项。

(2) 选择相邻的多个文件或文件夹。拖动鼠标指针，在要包括的所有项目外围画一个框来进行选择。为了以后使用方便，将此方法取名为框选。

(3) 选择不连续的文件或文件夹。按住 Ctrl 键，然后单击要选择的每个项目，在被选过的项目上再次单击，可退选。

(4) 选择窗口中的所有文件或文件夹。单击"主页"选项卡下的"全部选择"按钮，也可以使用 Ctrl+A 组合键。如果要从选择中排除一个或多个项目，按住 Ctrl 键，然后单击这些项目。

2. 新建文件及文件夹

文件夹是一个位置容器，可以在该容器存储文件或文件夹。

1) 创建文件夹

可以创建任意数量的文件夹，也可以在某个文件夹内存储文件夹（子文件夹）。以下两种方法都可以新建文件夹。

(1) 选定要新建文件夹的位置，右击后单击"新建"→"文件夹"，然后在"新建文件夹"编辑框输入为新文件夹取的名字后按回车键，如果不输入新的名称直接按回车键，则文件夹名称为"新建文件夹"。

(2) 在"主页"选项卡中单击"新建文件夹"按钮。

2) 创建文件

(1) 要新建文件，需要先打开需要安置该文件的文件夹，再在文件夹视图的空白处右击，指向"新建"，然后选择要新建的文件类型（见图 3.42），输入新文件名称后按回车键。

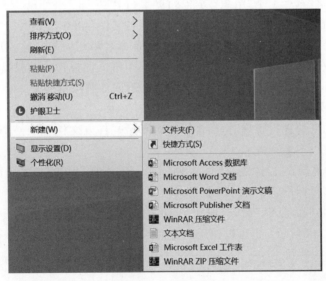

图 3.42 新建文件

(2) 在"主页"选项卡中，单击"新建项目"，选择文件类型，见图 3.43。

以这种方式新建的文件，文件名上会自动给出文件类型后缀，如"文本文档"后缀为.txt，"Microsoft Word 文档"后缀为.docx 等。

3. 重命名

如果对文件已有名称不满意，可以重命名。方法如下：

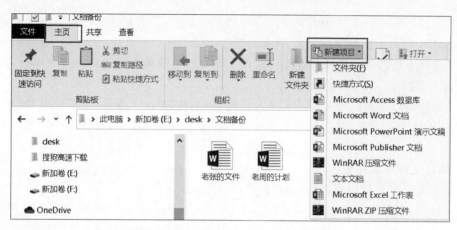

图 3.43 主页选项卡里的新建项目列表

(1) 将已有文件重命名一个副本。找到文件位置并打开该文件,利用创建该文件的程序功能来操作,比如在记事本打开的文件中,单击"文件"→"另存为"来保存一个内容相同名称不同的文件。此方法的好处是原始文件的名称没有被修改。

(2) 直接重命名。右击要重命名的文件,然后单击"重命名"。输入新的名称,然后按回车键。

或者先选定要重命名的文件,再在该文件名上单击(注意这里不是连续双击),输入新的名称,然后按回车键。

或者单击"主页"选项卡下"组织"功能区的"重命名"按钮。

如果无法重命名文件,则可能是无权或者有重名文件存在。

(3) 批量重命名。如果要将若干类似的文件重命名为相同的名称,可以先选择这些文件,右击后单击"重命名",输入新的名称,然后按回车键。此操作将使被选中的文件都有了相同的文件名,不同之处是每个文件结尾处附带上不同的顺序编号。

4. 复制文件及文件夹

对计算机中的资源进行管理时,经常需要将原始文件或文件夹从一个位置复制到另一个位置。此操作有以下多种方式。

(1) 使用命令复制:执行"复制"命令,将对象复制到剪贴板里;再执行粘贴命令,从剪贴板粘贴该对象到目标位置。

用户执行"复制"和"粘贴"命令,既可以通过文件资源管理器的"主页"选项卡的"剪贴板"功能区,如图 3.44 所示;也可以使用快捷菜单,如图 3.45 所示。

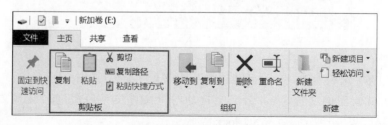

图 3.44 "主页"选项卡下的"剪贴板"功能区

(2) 快捷键复制:Ctrl+C 组合键代表复制,Ctrl+V 组合键代表粘贴。

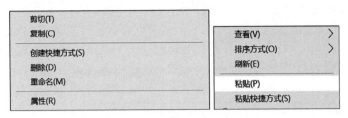

图 3.45 快捷菜单里的常用命令

(3) 拖动式复制：除了传统的复制加粘贴操作方法，还可以使用鼠标左键或右键拖动进行复制，有多种拖动的方法可以实现复制：

① 不同盘符间鼠标左键拖动文件的操作代表复制。

② 不论是否跨盘符，按住 Ctrl 键＋鼠标左键将文件拖动到目标位置代表复制。

③ 按住鼠标右键拖动文件到目标位置，释放时，在弹出的菜单中选择"复制到当前位置"。

5. 移动文件及文件夹

移动文件和复制文件的区别是：文件被移动后，原文件不存在；而复制文件后，原文件还在，新的位置产生一个副本。此操作同样有多种方式。

(1) 使用命令移动：执行"剪切"命令，将对象剪切到剪贴板里；再执行粘贴命令，从剪贴板粘贴该对象到目标位置。

跟复制操作一样，用户执行"剪切"和"粘贴"命令，既可以通过文件资源管理器的"主页"选项卡的"剪贴板"功能区，如图 3.44 所示；也可以使用快捷菜单，如图 3.45 所示。

(2) 快捷键移动：Ctrl＋X 组合键代表剪切，Ctrl＋V 组合键代表粘贴。

(3) 拖动式移动：跟复制文件类似，移动也可以使用鼠标左键或右键拖动来完成，有多种拖动的方法可以实现移动：

① 同盘符内文件夹之间鼠标左键拖动文件的操作代表移动。

② 不论是否跨盘符，按住 Shift 键＋鼠标左键将文件拖动到目标位置代表移动。

③ 按住鼠标右键拖动文件到目标位置，释放时，在弹出的菜单中选择"移动到当前位置"。

6. 删除文件及文件夹

删除文件及文件的方法分为两大类。

(1) 直接删除：如果原始文件存放于硬盘中，则被删除的文件或文件夹会被存储在回收站中，直到清空回收站为止。删除被选中的文件有以下几种方法：

① 选择主页选项卡下的"删除"列表中的"回收"选项。

② 选择右键快捷菜单中的"删除"命令。

③ 按键盘上的 Delete 键进行删除。

(2) 永久删除：文件被删除后不进入回收站，被删除的文件将不可恢复。选择要删除的文件后，有以下几种方法进行永久删除：

① 选择主页选项卡下的"删除"列表中的"永久删除"选项。

② 选择右键快捷菜单中的删除命令，同时按下 Shift 键。

③ 同时按下键盘上的组合键 Delete＋Shift。

注意：一般轻易不使用此方法删除文件，小心删除文件后无法恢复。

7. 查找文件及文件夹

当用户忘记了文件或文件夹的位置,只知道该文件或文件夹的名称时,可以通过搜索功能来查找需要的文件或文件夹。文件资源管理器的右上角内置了搜索框。完成简单搜索以后,文件资源管理器会显示"搜索"选项卡,用户可以通过设置相关选项对简单搜索的结果进行高级搜索。

(1) 简单搜索。在搜索框中输入关键词或短语,即可搜索到目标文件或文件夹。它根据所输入的关键字筛选当前位置。搜索将查找其下的文件夹及子文件夹、文件名以及文件属性,只要与输入的关键字相匹配,该文件或文件夹就会显示在列表框中。图 3.46 显示了一次搜索结果。如果要找某一类型的文件,可以使用通配符结合扩展名来寻找,例如在当前位置下搜索所有扩展名为 JPG 的文件,可在搜索框输入 *.JPG。

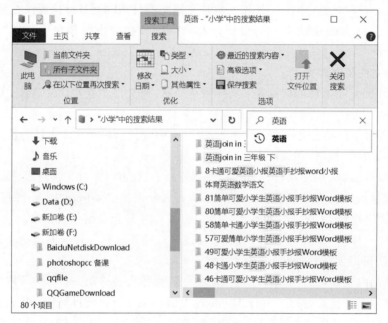

图 3.46　搜索文件及文件夹

(2) 高级搜索。使用简单搜索得出的结果比较多,用户想要在这众多结果中查找自己需要的文件,可以进行高级搜索。选择"搜索"选项卡,在"优化"功能区设置"修改日期""类型""大小"等选项,系统对简单搜索的结果按照用户设置的条件进行高级搜索,如图 3.46 所示。

8. 文件的显示与隐藏、文件扩展名的显示与隐藏

隐藏文件和文件夹可以增强文件的安全性,隐藏文件的扩展名可以防止误操作导致的扩展名被修改。下面介绍如何隐藏和显示文件(夹)以及文件的扩展名。

1) 隐藏和显示文件(夹)

隐藏文件和隐藏文件夹的方法相同,下面以文件为例来介绍如何隐藏和显示。

(1) 隐藏:右击该文件,在快捷菜单中单击"属性",选中"属性"对话框的"隐藏"复选框。该文件即被成功隐藏,如图 3.47 所示。还可以直接单击文件资源管理器的"查看"选项卡下的"隐藏所选项目"进行隐藏文件的操作,"查看"选项卡的"显示/隐藏"功能区如图 3.48 所示。

图 3.47 设置文件的隐藏属性

图 3.48 "查看"选项卡的"显示/隐藏"功能区

(2) 显示:文件被隐藏后,用户想要查看隐藏文件,需要显示文件,有两种方法:

① 传统的设置方法为:选择文件资源管理器的"文件"选项卡下的"选项"命令打开"文件夹选项"对话框,选择"查看"选项卡下的"高级设置"选项表,在列表中选择"显示隐藏的文件、文件夹和驱动器",如图 3.49 所示。被隐藏的用户文件夹及文件会以半透明效果显示出来。

② 除了传统的设置方法外,Windows 10 还提供了更直观的方法让隐藏的文件显形,可以直接勾选文件资源管理器的"查看"选项卡下的"隐藏的项目"复选框来显示所有隐藏的文件和文件夹。

2) 隐藏和显示文件的扩展名

默认情况下,已知文件的扩展名是隐藏的,想查看文件的扩展名,跟查看隐藏文件类似,有两种操作方法。

(1) 选择文件资源管理器的"文件"选项卡下的"选项"命令打开"文件夹选项"对话框,选择"查看"选项卡下的"高级设置"选项表,不勾选"隐藏已知文件类型的扩展名"复选框,如图 3.49 所示。

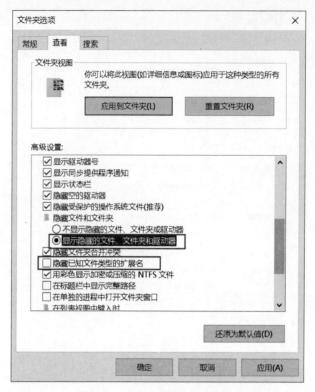

图 3.49 "文件夹选项"对话框

(2) 直接勾选文件资源管理器窗口的"查看"选项卡下的"文件的扩展名"复选框。

9. 压缩和解压文件

文件的无损压缩也叫打包,压缩后的文件占据较少的存储空间。压缩包中的文件不能直接打开,要解压缩后才可以使用。常见的压缩文件格式是.rar、.zip,Windows 10 自带压缩和解压缩功能,但是 Windows 10 文件资源管理器仅支持"zip"格式的压缩和解压。可以下载 WINRAR 等解压缩软件,可以压缩和解压缩多种压缩格式。

(1) 压缩。如果要生成.zip 格式的压缩文件,可以选择要压缩的文件后,单击"共享"选项卡下"发送"功能区的"压缩"按钮。

如果安装了 WINRAR 软件,则可以选定要压缩的文件或文件夹,右击选择"添加到压缩文件…",输入压缩文件的名称,生成的是.rar 格式的压缩文件。

(2) 解压。跟压缩类似,系统自带.zip 格式的压缩文件解压功能,选择某.zip 格式的文件后,单击"压缩的文件夹工具"选项卡下"全部解压缩"按钮,在弹出的对话框中指定提取的目标文件夹,该压缩文件内的所有内容被提取到指定的文件夹内。

如果安装了 WINRAR 软件,要提取单个文件或文件夹,双击压缩文件,在打开的压缩文件窗口中可以看到所包含的所有内容,将要提取的文件或文件夹从压缩文件窗口拖动到新位置。

如果要提取压缩文件的所有内容,则右击压缩文件,在弹出的快捷菜单中选择"解压文件…"设置解压后文件的名称和位置。或者选择"解压到当前文件夹",将所包含的文件及文件夹提取到当前位置。

文件和文件夹的基本操作后测习题

(1) 在 Windows 桌面上,要选定多个不连续的图标,可以用_____＋左键单击每一个文件图标。

　　A．Tab　　　　B．Shift　　　　C．Alt　　　　D．Ctrl

(2) 在 Windows 中,按_____组合键操作,可以将剪贴板内的信息粘贴到指定位置。

　　A．Ctrl＋V　　B．Ctrl＋Z　　　C．Ctrl＋C　　D．Ctrl＋X

(3) Windows 中,若已选定某文件,不能将该文件进行跨盘符移动的操作是_____。

　　A．用鼠标左键将该文件拖动到目标文件夹下

　　B．用鼠标右键将该文件拖动到目标文件夹下,并执行"移动到当前位置"命令

　　C．先对该文件执行"剪切"命令,再到目标文件夹执行"粘贴"命令

　　D．按住 Shift 键,再用鼠标左键将该文件拖动到目标文件夹下

(4) 在资源管理器中选择 U 盘中的文件,按 Del 键后,则文件_____。

　　A．在硬盘的回收站区域中,可以恢复

　　B．在内存的回收站区域中,可以恢复

　　C．在 U 盘的回收站区域中,可以恢复

　　D．被永久删除,在回收站里找不到该文件

(5) 当选定文件或文件夹后,按 Shift＋Del 组合键,将_____。

　　A．进行复制

　　B．清空"回收站"

　　C．永久删除,回收站里没有该文件

　　D．删除该对象,暂存于回收站

3.3.3　回收站的管理

　　回收站是系统在硬盘上开辟的一个专门用来放置废弃文件或文件夹的空间,用户从硬盘中删除文件或文件夹时,会自动放入"回收站"中,直到用户将其清空或还原至原始位置。一般来说,从 U 盘删除的文件会直接删除,而不是存放在回收站里。

1．清空回收站

(1) 彻底清空回收站。如果确定回收站内的所有文件不再有用途,可以对其清理,从而节省它们占用的磁盘空间。用户可以在打开的回收站界面,在"管理"选项卡下,单击"清空回收站"按钮。回收站中的内容被清空,这些文件真正地从磁盘上删除。

(2) 只清除指定文件。如果只删除回收站部分文件,在回收站里,选中需要删除的文件后,在"主页"的选项卡中,单击"组织"功能区的"删除"下拉列表,选中"永久删除"命令。

2．从回收站恢复文件

　　在回收站界面下,"主页"选项卡里有"还原所有项目""还原选定的项目"两个按钮,分别表示恢复全部文件和恢复部分选定的文件。

3．设置回收站

　　回收站是各个磁盘分区中保存删除文件的汇总,用户可以配置回收站所占用的磁盘空

间的大小及特性。

右击"回收站",在快捷菜单中选择"属性",弹出"回收站属性"对话框,如图 3.50 所示。

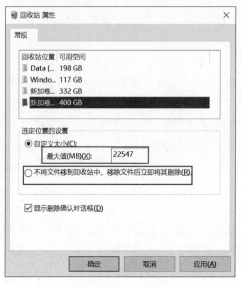

图 3.50 "回收站属性"设置对话框

用户可以设置各个磁盘中分配给回收站的空间及回收站的特性,用户可以选中一个磁盘分区,在下面"最大值"栏内设置用于回收站的空间大小。用户如果想在删除文件时,直接将文件删除,而不进回收站中,可以选中"不将文件移到回收站中,移除文件后立即将其删除"单选按钮。

 回收站的管理后测习题

(1) 在 Windows 系统的回收站中,存放的内容是_____。

  A. 硬盘上被删除的文件或文件夹

  B. U 盘上被删除的文件或文件夹

  C. 硬盘或软盘上被删除的文件或文件夹

  D. 所有外存储器中被删除的文件或文件夹

(2) Windows 中,关于回收站叙述正确的是_____。

  A. 回收站的内容不占用硬盘空间

  B. 回收站的内容不可恢复

  C. 回收站是内存中的一块区域

  D. 回收站是硬盘上的一块区域

第 4 章 Word 文档处理

本章任务

教学时间：学习 2 周，督学 1 周
教学目标
    知识目标：
- 理解 Word 文档的基本概念。
- 掌握 Word 剪贴板的概念和作用。
- 理解字体、字形、字号、字符间距、边框和底纹等概念和作用。
- 理解段落的概念，段间距、缩进、行距的概念和作用。
- 理解段落标记、手动换行符、分页符的概念及作用。
- 理解页眉、页脚、页码、页边距的概念。
- 了解样式的概念和作用。
- 了解分节符的基本概念和作用，分节符和分页符的区别。
- 了解审阅的作用和使用方法。
- 了解邮件合并的工作原理。

    能力目标：
- 掌握文档创建、保存、打开、关闭的方法。
- 掌握文本基本编辑的方法。
- 掌握字符格式、段落格式、页面格式的设置方法。
- 掌握插入、编辑表格的基本方法。
- 掌握插入图形、图片等对象并设置对象属性的操作方法。
- 了解使用样式快速设置格式的方法。
- 了解长文档编辑排版的方法。
- 了解利用邮件合并快速批量生成文档的方法。
- 了解使用审阅功能修订文档的方法。

单元测试题型：

选择题		填空题		判断题		Word 操作	
题量	分值	题量	分值	题量	分值	题量	分值
20	20	10	20	10	10	5	50

测试时间：40 分钟

教学内容概要

4.1 文档的基本概念
- Word 界面（基础）
- Word 视图（基础）
- 新建文档（基础）
- 打开文档（基础）
- 保存文档（基础）
- 保护文档（基础）

4.2 文档的基本编辑
- 文本录入（基础）
- 选定文本（基础）
- 移动、复制和删除文本（基础）
- 查找和替换（基础）

4.3 字符格式的设置
- 设置字体和字号（基础）
- 设置字体颜色（基础）
- 设置字符间距、缩放和位置（基础）
- 设置字形和效果（基础）

4.4 段落格式的设置
- 段落对齐、缩进和间距（基础）
- 边框和底纹（基础）
- 项目符号和编号（基础）
- 格式刷（基础）

4.5 页面设置
- 页面格式设置（基础）
- 首字下层和分栏（基础）
- 页眉和页脚（基础）
- 水印和页面背景（进阶）
- 打印文档（基础）

4.6 表格设置
- 创建表格（基础）
- 编辑表格（基础）
- 修饰表格（基础）
- 表格与文本的相互转换（进阶）
- Excel 图表（高阶）

4.7 图片和形状
- 图片设置（基础）
- SmartArt 图形的设置（进阶）

- 形状(进阶)
- 艺术字和文本框(进阶)

4.8 长文档管理
- 样式管理(高阶)
- 多级列表(高阶)
- 长文档目录(高阶)
- 长文档封面(基础)

4.9 邮件合并(进阶)

4.10 技巧提升
- 文档修订(高阶)
- Word 插件(高阶)
- 在线协作文档(高阶)

4.1 文档的基本概念

视频名称	文档的基本概念	二维码
主讲教师	吴开诚	
视频地址		

生活中我们常常需要编写大量文档,例如各种论文、会议记录、产品说明、系统设计文档、测试文档等。这些文字和段落以文档的形式保存在计算机中,通过文档软件进行处理和分析。目前使用的文档处理软件有很多,例如微软 Office 办公软件中的 Word、金山 WPS、LibreOffice、腾讯 TIM、石墨文档、Teambition 等。

微软 Office 办公软件中的 Word 是一款功能强大、使用广泛的文档处理软件,能方便快速地编辑并形成文档,包括文字编辑、段落编辑、表格编辑、图片和形状编辑、公式编辑、样式编辑、邮件合并设置、VBA 应用等。本章以 Word 2016 为例介绍文档的基本知识和操作技术。

4.1.1 Word 界面

Word 2016 的窗口组成如图 4.1 所示。

(1) 快速访问工具栏:常用命令位于此处,例如"保存"和"撤销",也可以添加个人常用命令。

(2) 标题栏:显示正在编辑的文档的文件名以及所使用的软件名。

(3) 功能卡显示选项:可以选择是否显示功能选项卡和选项卡对应的命令。

(4) 最小化、最大化和关闭按钮。

(5) 功能选项卡:工作时需要用到的命令位于此处。它与其他软件中的"菜单"或"工具栏"相同。鼠标置于功能选项卡区域时,滚动鼠标滚轮,可以在不同功能选项卡间进行切换。

(6) 功能区:功能选项卡中对应的命令。

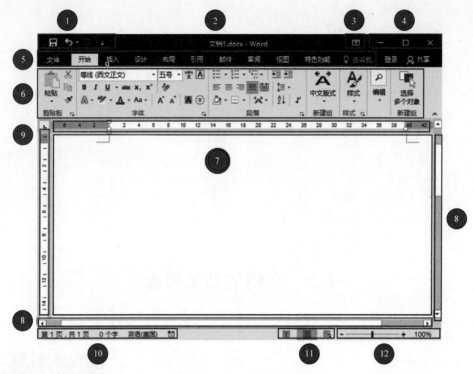

图 4.1　Word 编辑界面

(7) 编辑区：显示正在编辑的文档。

(8) 滚动条：用于更改正在编辑的文档的显示位置。

(9) 标尺：可以设置文本的对齐和缩进。如果 Word 文档中没有出现标尺，可以在"视图"功能选项卡的"显示"组中调整。

(10) 状态栏：显示正在编辑的文档的相关信息。

(11) 显示模式：在不同视图模式下查看文档，这里显示的视图包括阅读版式视图、页面视图和 Web 版式视图。除此之外，大纲视图和草稿视图还可以在视图功能选项卡的视图选项组中设置。

(12) 比例尺：放大或缩小显示文档。

4.1.2　Word 视图

屏幕上显示文档的方式称为视图。Word 提供了"页面视图""阅读版式视图""Web 版式视图""大纲视图""草稿"等多种视图模式，分别从不同角度、以不同方式显示文档。如果要在各视图间进行切换，可以单击"视图"选项卡，选择"视图"组中的相应选项，即完成视图的切换。或者单击 Word 窗口右下部的"视图按钮"切换视图。

1. 页面视图

页面视图是 Word 默认的视图模式，也是使用频率最高的视图模式，它按照文档的打印效果显示文档。因此，可以从中看到各种对象（包括页眉、页脚、水印和图形等）在页面中的实际打印位置。页面视图的效果如图 4.2 所示。

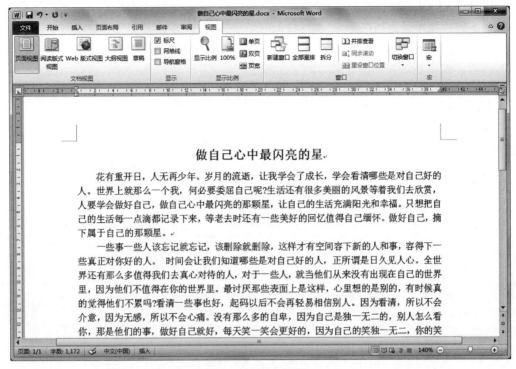

图 4.2 页面视图

2. 阅读版式视图

阅读版式视图是便于在计算机屏幕上阅读文档的一种视图模式，以书页的形式显示文档，大多数工具栏都被隐藏，只保留导航、批注和查找字词等命令。阅读版式视图的效果如图 4.3 所示。

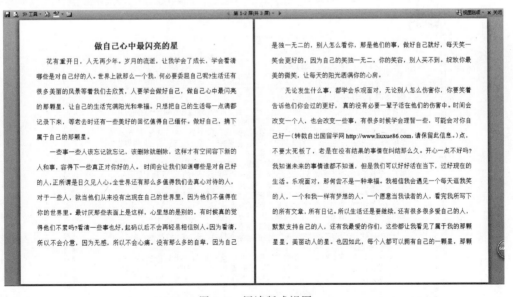

图 4.3 阅读版式视图

3. Web 版式视图

Web 版式视图是文档在 Web 浏览器中的显示外观,将显示不带分页符的长页,并且文本、表格及图形将自动调整以适应窗口的大小。在这种视图下,可以方便地浏览和制作 Web 网页。Web 版式视图的效果如图 4.4 所示。

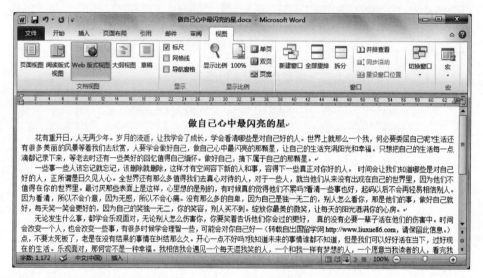

图 4.4　Web 版式视图

4. 大纲视图

大纲视图是以缩进文档标题的形式来显示文档结构的级别,并显示大纲选项卡和大纲工具。大纲视图可以处理主控文档和长文档,通过折叠文档来查看主要标题,或者展开文档来查看所有标题和正文内容。大纲视图的效果如图 4.5 所示。

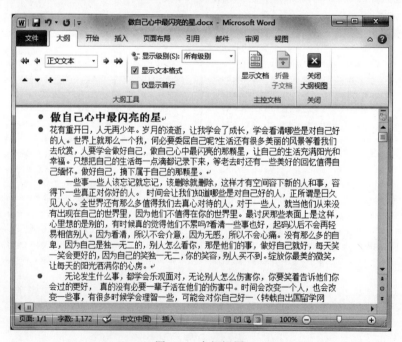

图 4.5　大纲视图

5. 草稿

草稿是编辑文档常用的一种视图模式。在该视图中可以输入、编辑和设置文本格式,将文本宽度固定在窗口左侧,但文本的显示是经过简化了的,只显示标题和正文,取消了页面边距、分栏、页眉页脚和图片等元素,因此,浏览速度相对较快,是最节省计算机系统硬件资源的视图方式。草稿的效果如图 4.6 所示。

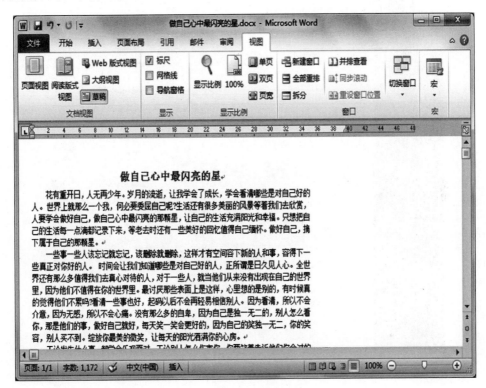

图 4.6 草稿

4.1.3 新建文档

启动 Word,系统会自动在内存中为用户新建一个文档,文档名字默认为"文档 1",显示在窗口标题栏中。

在已经打开的 Word 文档中,单击"文件"选项卡"新建"命令,如图 4.7 所示,可以选择新建空白文档或从在线、脱机模板中新建文档。

更常用的方法是:在文件夹中单击鼠标右键,选择"新建"→"Microsoft Word 文档",就可以在该文件夹中新建 Word 文档。

4.1.4 打开文档

如果要编辑 Word 文档,必须先在 Word 中打开它。

1. 打开单个 Word 文档的方法有以下 3 种

1)使用"文件"按钮中的"打开"命令

例如,打开 D:\word 练习\人生需要一颗感恩的心.docx,具体步骤如下:

单击"文件"按钮,在打开的菜单中选择"打开"命令,将弹出"打开"对话框,如图4.8所示。

在"打开"对话框左边的窗格中确定文档的位置,在右侧窗格中选中"人生需要一颗感恩的心.docx"的文档,单击"打开"按钮,如图4.9所示,所选文档即被打开。

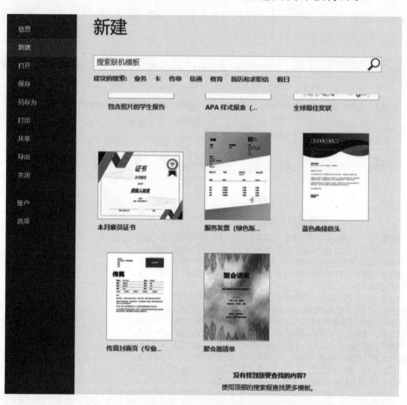

图4.7 Word在线模板

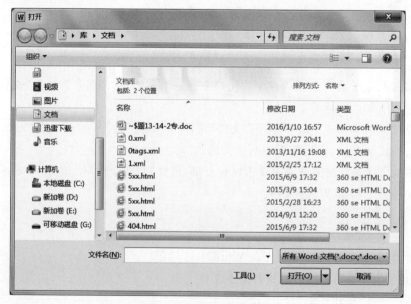

图4.8 "打开"对话框(1)

图4.9 "打开"对话框(2)

在如图4.9所示的"打开"对话框中,注意"文件类型列表框"中显示的内容,默认显示的是所有Word文档。由于在Word中是可以编辑非Word文档的,所以一旦需要打开非Word文档,就需要在"文件类型列表框"中选择相应的文件类型。

2) 从资源管理器中打开Word文档

打开资源管理器,找到需要打开的文档,双击该文档即可,如图4.10所示。

图4.10 在资源管理器中打开Word文档

3) 从最近所用文件中打开Word文档

单击"文件"按钮,在打开的菜单中单击"打开"命令,从"最近"列表中单击要打开的

Word 文档即可,如图 4.11 所示。

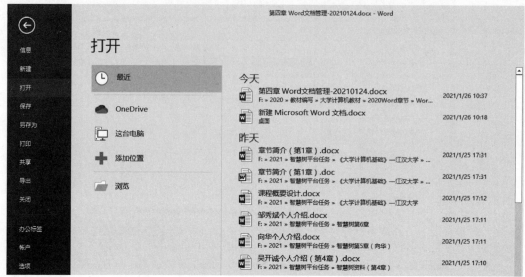

图 4.11 从最近所用文件中打开 Word 文档

2. 打开多个文档

方法 1:选择要同时打开的多个文档,按 Enter 键或直接拖动至 Word 界面标题栏上。

方法 2:在"打开"对话框中同时选择多个文档,单击"打开"按钮。

3. 并排查看两个文档

同时打开多个文档后,可以将两个文档窗口并排显示,默认同时滚动这两个窗口查看。也可以通过单击"同步滚动"按钮,取消同步滚动查看的效果,如图 4.12 所示。

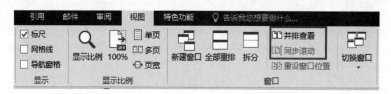

图 4.12 多文档并排查看

如果仅仅只是并排显示窗口,也可以在最大化显示需要并排显示的两个窗口后,在 Windows 任务栏中单击鼠标右键,选择"并排显示窗口"来实现。

4.1.5 保存文档

文档编辑完成后,需要进行保存,这样才能在以后进行查看。保存文档的方法如下:

单击"文件"选项卡"保存"命令或单击快速访问工具栏上的"保存"按钮,可保存文档文件。

如果文档是第一次保存,窗口中将显示"另存为"菜单,用户可以选择将文档保存在本机或 OneDrive 个人云存储空间中。如果选择将文档保存到本机,系统将弹出"另存为"对话框,在对话框中设置好文件保存的位置、文件名和保存类型三要素后,单击"保存"按钮保存文档。

对于已经保存过的文档,如果需要再另外保存一份,可选择"文件"选项卡中的"另存为"命令,在"另存为"菜单中进行操作。

除了可以将文档保存为.docx 格式以外,在"另存为"对话框的"保存类型"列表中可以选择将文档保存为启用宏的 Word 文档(.docm)、Word 模板(.dotx)、PDF(.pdf)、网页(.htm;.html)、纯文本(.txt)、XML 文档(.xml)等其他多种文件格式,使文档中的内容能在其他软件中打开或导入。

4.1.6 保护文档

文档编辑完成后,如果不想让其他人查看文档内容,可以采取如下方式保护文档。

单击"文件"选项卡,在"信息"项中,单击"保护文档"下拉按钮,选择"用密码进行加密",如图 4.13 所示,完成文档加密。

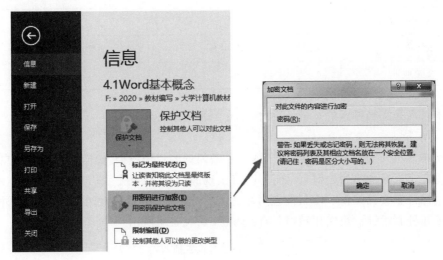

图 4.13 文档加密

 文档的基本概念后测习题

(1) 在 Word 2016 中,关于界面的描述正确的是_____。
  A. 只能隐藏功能选项卡
  B. 只能隐藏功能选项卡中的命令
  C. Word 2016 状态栏中的信息不可编辑
  D. 既可以隐藏功能选项卡又可以隐藏功能选项卡中的命令

(2) 在 Word 中不能保存的文件类型是_____。
  A. txt   B. docx   C. pdf   D. mp3

(3) Word 窗口中的_____栏可以显示插入点的行、列的位置。
  A. 标题   B. 快速访问工具   C. 选项卡   D. 状态

(4) 在 Word 的_____视图方式下,可以显示分页效果。
  A. Web 版式   B. 大纲   C. 页面   D. 草稿

(5) 打开一个已有的文档进行编辑修改后,执行_____既可以保留编辑修改前的文档,又可以得到修改后的文档。

    A. 文件选项卡中的打开选项   B. 文件选项卡中的保存选项

    C. 文件选项卡中的另存为选项   D. 文件选项卡中的导出选项

4.2 文档的基本编辑

文档的基本编辑主要包括文本录入、选定文本、移动复制和删除文本、查找和替换。这是进行文档编辑前通常要具备的基础能力。

4.2.1 文本录入

视频名称	文本的录入、选定、移动和复制	二维码
主讲教师	吴开诚	
视频地址		

文本录入是文档排版的基础,下面简单介绍常用的文本录入方式。

1. 文本录入

在新建或打开文档之后,在编辑区内有一条闪烁的短竖线插入点,它标志着用户下一个要输入的文字或其他类型的对象(如图片)将出现的位置,也就是我们用于录入文本的位置。

当鼠标位于文档编辑区内某位置时单击鼠标,插入点就会定位在该位置。此外,Word还提供了几种利用键盘快速移动插入点的方法,如表4.1所示。

表4.1 利用键盘设置插入点

按 键	将插入点移动到
Page Up	向上翻动一个窗口,插入点跟着移动
Page Down	向下翻动一个窗口,插入点跟着移动
Home	将插入点移动到其所在行的行首
End	将插入点移动到其所在行的行尾
Ctrl+Page Up	向上翻动一页,插入点跟着移动到该页的页首
Ctrl+Page Down	向下翻动一页,插入点跟着移动到该页的页首
Ctrl+Home	快速将插入点移动到文档的开头
Ctrl+End	快速将插入点移动到文档的结尾

录入文本有两种方式:插入和改写,通过键盘上的 Insert 键切换。

插入方式:插入的文本出现在原插入点的后面,它后面的文本向右移动。

改写方式:插入的文本覆盖原插入点后相应的文字,其后的文本不移动。

2. 符号录入

在插入文本的过程中,除了有汉字、英文、数字及标点符号的插入外,还有特殊字符和其他符号的插入,用户可以使用软键盘完成,也可以选择到"插入"选项卡,在"插入"功能选项卡中的"符号"组内单击"符号"按钮或"编号"按钮,完成编号和各种特殊符号的输入。

4.2.2 选定文本

完成文本录入后,往往还要调整内容,这个操作叫作文本的移动、复制和删除。在这之前,需要先选定文本。对于连续区域的文本,可以直接用鼠标拖动完成选择。对于不连续的区域,需要按住键盘上的 Ctrl 键,然后用鼠标依次拖动选择。对于矩形区域,需要按住 Alt 键,拖动鼠标,即可选择矩形文本区域。

4.2.3 移动、复制和删除文本

完成文本选定后,就可以调整文本内容了。在 Word 中,所有复制的文本和对象都会临时存放在 Word 文档的剪贴板中,并可以随时查看和删除,如图 4.14 所示。

这里介绍文本的 3 种调整方式。

1. 移动文本

移动文本就是将选中的文本,剪切粘贴到目标位置,一般常用于调整段落的前后位置。

2. 复制文本

复制文本就是将选中的文本复制粘贴到目标位置,一般常用于将网页中的文字以文本的形式粘贴到文档中。复制操作的键盘快捷键是 Ctrl+C,粘贴操作的键盘快捷键是 Ctrl+V。

3. 删除文本

删除文本一般是在选中文本后,通过单击键盘上的 Backspace 键或 Del 键完成删除操作。

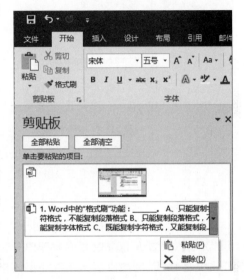

图 4.14 Word 中的剪贴板

4.2.4 查找和替换

视频名称	查找和替换	二维码
主讲教师	吴开诚	
视频地址		

在实际应用中,用户可能会有这样的需要:即把整篇文档中的某一个文本或符号全部变成另一个文本或符号。例如下面的这些需求:查找文档中所有的"可视化图表"文本;把所有的"计算机"替换成"电脑"或"Computer";删除文档中多余的段落硬回车符,每一段只保留一个段落硬回车符。如果单凭肉眼去一行一行地搜索和替换,既麻烦又不保险,很可能存在"漏网之鱼"。Word 提供了查找和替换功能,能够帮助用户快速、简便、无差错地完成以上操作。

1. 查找

在"开始"功能选项卡的"编辑"组中,单击"查找"按钮,输入要查找的内容即可完成基础查找,单击查找按钮中的下拉按钮"高级查找",可以进行区分大小写、符号、字体格式、段落格式以及模糊查找等各种类型的查找,如图 4.15 所示。

图 4.15 查找和替换对话框

2. 替换

在"开始"功能选项卡的"编辑"组中,单击"替换"按钮后,单击"更多"按钮,进入高级替换模式,输入要替换和替换完成后的内容完成替换。在高级替换的选项中,可以替换文档标记符和文本格式,例如段落回车符和字体格式;也可以进行通配符替换,勾选"使用通配符"复选框即可。

 文档的基本编辑后测习题

(1) Word 的输入状态有插入态和改写态,在两种状态间进行转换的方法是_____。
  A. 按 Ctrl 键 B. 按 Esc 键 C. 按 Insert 键 D. 按 Alt 键

(2) 在 Word 中,如果使用键盘直接移动插入点到当前文档的末尾,则按组合键_____。
  A. Ctrl+End   B. Alt+End
  C. Shift+End   D. Ctrl+Shift+End

(3) 在 Word 的文档编辑过程中,如果鼠标在某一行的最左侧变成指向右上角的箭头时,双击鼠标,则_____。
  A. 选定该行   B. 选定该行所在的段落
  C. 选定文档全部内容   D. 没有任何效果

(4) 在 Word 中,要选定整个文本,可以将鼠标移至文本左边空白区,再_____鼠标左键。
  A. 单击 B. 双击 C. 三击 D. 指向

(5) 在编辑文章时,假设光标在第一段末行第三个字前,如果先按 Home 键,再按 Del 键后,结果是_____。

    A. 把第一段和后一段合成一段

    B. 仅把第二段首的空格删除

    C. 仅把第一段末行的第一个字删除

    D. 把第二段首的空格删除,使第一段与第二段完整地连起来

(6) 在"替换"对话框内指定了"查找内容"为"计算机",但在"替换为"框内未输入任何内容,此时单击"全部替换"命令按钮,将_____。

    A. 只在文档中查找"计算机"一词,不做替换

    B. 不能执行,提示输入替换内容

    C. 把所有查找到的"计算机"字符全部删除

    D. 每查找到一个,就询问用户,让用户指定"替换为什么"

4.3 字符格式的设置

完成文档内容录入后,就需要进行相关的修饰了。主要目的是使其变得美观易读、丰富多彩,这就是文档排版,也就是对文档进行格式设置。本节主要介绍的是字符格式的设置。

和 4.2 节中的文档编辑相同,如果想编辑文本的字符格式,需要先选中待编辑的文本。

4.3.1 设置字体和字号

视频名称	设置字体常用格式	二维码
主讲教师	吴开诚	
视频地址		

Word 中已经设置了用户所输入的字体、字号的默认格式,但用户可以根据自己的需要,在输入前直接修改文档或基于某一 Word 文档模板的默认设置,确保后续输入的文字字体和字号。具体操作为:修改文档中的所有字体为需要的字体字号后,鼠标光标定位到文档中,鼠标右键选中"字体",进入"字体"选项组对话框,单击左下角的"设为默认值"即可修改文档或文档模板的默认字体、字号,如图 4.16 所示。

字体包括中文字体(如宋体、楷体、隶书等)和英文字体(如 Times New Roman、Arial 等)。英文字体只对英文字符起作用,而中文字体则对汉字和英文字符都起作用。大家可以思考下如何设置文档需要的中英文字体格式。选中文档所有文本后,是先设置中文字体还是先设置英文字体。

字号指文字的大小,在 Word 中,一般是用"号"(汉字数码)和"磅"(阿拉伯数字)两种单位来度量字体的大小,其中汉字数码越小字体越大,阿拉伯数字越小字体越小。如果本地电脑上没有用户需要的字体,可以下载字体安装使用。如果需要设置的字号不在字号下拉组合框中,可以直接在字号组合框的文本框中输入阿拉伯数字确定字号,如图 4.17 所示。

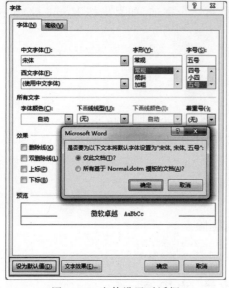

图 4.16 字体设置对话框   图 4.17 数字形式的字号设置

4.3.2 设置字体颜色

选择文本,然后单击"开始"功能选项卡"字体"组中的"字体颜色"下拉按钮,在打开的下拉列表框中选择所需的颜色即可。也可以单击"开始"功能选项卡"字体"组中右下角的"对话框启动器"按钮,打开"字体"对话框,在"字体"选项卡中"字体颜色"下拉列表框中设置。两种方式都可以设置常见的标准色和用 RPG 三原色表示的色域颜色,但前者还可以设置渐变体,如图 4.18 所示。

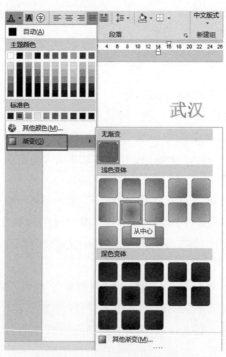

图 4.18 字体渐变色设置

4.3.3 设置字符间距、缩放和位置

在"字体"对话框的"高级"选项卡中,在"字符间距"选项区域中可以进行调整字符间距的设置。这里有 3 种不同的设置类型。
- 字符间距指两个字符之间的间隔距离,标准的字符间距为 0。
- 字符缩放指对字符的横向尺寸进行缩放,以改变字符横向和纵向的比例。
- 字符位置指字符在垂直方向上的位置,包括字符提升和降低。

4.3.4 设置字形和效果

视频名称	设置字体特殊效果	二维码
主讲教师	吴开诚	
视频地址		

在 Word 中可以为文字添加一些附加属性来改变文字的形态。改变字形指给文字添加粗体、倾斜等强调效果,或阴影、下画线、删除线、底纹和边框等特殊效果。

字形可以通过"开始"功能选项卡中"字体"组中的相应命令按钮来设置。除此之外,特殊的文字效果可以通过"开始"功能选项卡的"字体"组中的蓝色空心字母 A 对应的下拉按钮来设置。这些特殊效果包括预设的字体效果和轮廓、阴影、映像、发光等,如图 4.19 所示。

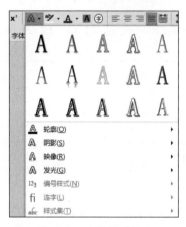

图 4.19 字体特殊效果

 设置字形和效果后测习题

(1) Word 的"_____"选项卡中含有设定字体的选项。
    A. 文件   B. 页面布局   C. 开始   D. 布局

(2) 在 Word 的编辑状态下,进行字体设置操作后,按新设置的字体显示的文字是_____。
    A. 插入点所在行中的文字   B. 插入点所在段落中的文字
    C. 文档中被选择的文字   D. 文档的全部文字

(3) 在 Word 编辑状态下,对于选定的文字_____。
    A. 可以设置颜色,不可以设置文本效果
    B. 不可以设置颜色,可以设置文本效果
    C. 既可以设置颜色,也可以设置文本效果
    D. 既不可以设置颜色,也不可以设置文本效果

(4) 在 Word 中,要将选定的文字的字形倾斜,可单击"开始"选项卡中"字体"组中的_____按钮。

  A. U   B. A
  C. I   D. B

(5) 在 Word 中,若要改变选定的文字间距,则应_____。

  A. 打开"页面设置"对话框   B. 打开"字体"对话框
  C. 打开"段落"对话框   D. 打开"查找和替换"对话框

4.4 段落格式的设置

段落可以是一段文本,也可以是一个图片或表格,甚至还可以是一个什么都没有的空行。段落的最后是段落结束标记(按 Enter 键产生)。段落结束标记不仅标示段落结束,而且存储了这个段落的排版格式。段落格式的设置可以分为两个方面:一个是结构性格式,影响文本整体结构的属性,如对齐、缩进、制表位等;另一个是装饰性格式,影响文本外观属性,如底纹、边框、编号与项目符号等。

4.4.1 段落对齐、缩进和间距

视频名称	段落对齐、缩进和间距	二维码
主讲教师	吴开诚	
视频地址		

1. 段落对齐

段落对齐在"开始"功能选项卡的"段落"选项组的对齐相关按钮中可以直接设置;也可以单击"段落"选项组右下角的"对话框启动器"按钮,在常规选项区域设置。包括左对齐、居中对齐、右对齐、两端对齐和分散对齐。

2. 段落缩进

段落缩进是指段落相当于左右页边距向内缩进的一段距离。常用的首行空 2 个汉字就是通过首行缩进 2 字符的方式来设置。

段落缩进可以使用"开始"功能选项卡中段落选项组的缩进相关按钮设置,也可以使用标尺设置,还可以通过单击"段落"选项组右下角的"对话框启动器"按钮,在缩进选项区域设置。各种缩进效果如图 4.20 所示。

注意: 缩进值的单位默认是"字符",也可以手动输入中文汉字"厘米",但不能输入 cm。

3. 段落间距

段落间距是指两个相邻段落之间的距离,包括段前距离、段后距离和行距。设置方法如下:单击"段落"选项组右下角的"对话框启动器"按钮,在间距选项区域设置。

注意: 段落间距的单位默认是"行",也可以输入中文汉字"磅"。段落间距除了可以设置为默认的整数值以外,还可以设置成小数形式的段落间距;行间距的小数形式在多倍行距中设置,如图 4.21 所示。

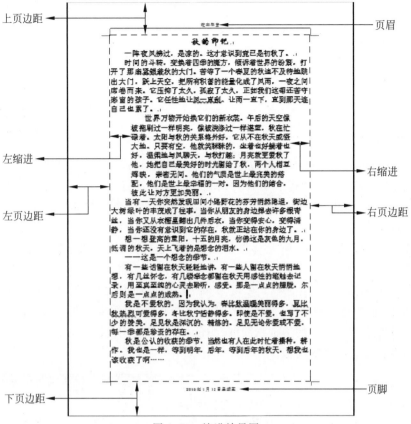

图 4.20 缩进效果图

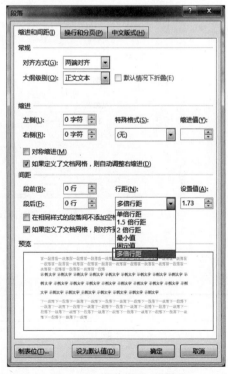

图 4.21 段落设置对话框

4.4.2 边框和底纹

视频名称	边框和底纹	二维码
主讲教师	吴开诚	
视频地址		

在 Word 中,给文本或段落添加边框和底纹,可以起到强调和美观的作用。

Word 提供了多种线型边框和由各种图案组成的艺术字形边框,可以为选中的一个或多个文字添加边框,也可以在选中的段落、表格、图像或整个页面的四周或任意边添加边框。

边框的设置有两种方式。

(1) 单击"开始"功能选项卡"字体"组中的"字符边框"按钮。此方法只能给选中的文本添加单线边框,无预览效果。

(2) 使用"边框和底纹"对话框。单击"开始"功能选项卡的"段落"组中的"边框"按钮右侧的下拉按钮,选中"边框和底纹"按钮,弹出"边框和底纹"设置对话框,如图 4.22 和图 4.23 所示。可以设置段落和文字的边框线线型、颜色、粗细和应用范围。

底纹的设置方法和边框类似。

图 4.22 边框设置

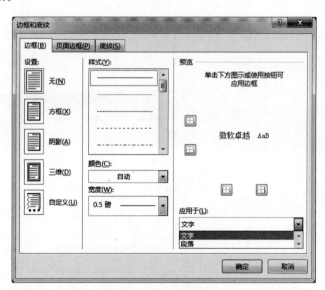

图 4.23 边框设置

4.4.3 项目符号和编号

视频名称	项目符号和编号	二维码
主讲教师	吴开诚	
视频地址		

在文档处理中,为了准确、清楚地表达某些内容之间的并列关系、顺序关系等,经常要用到项目符号和编号。项目符号是在一些段落的前面加上完全相同的符号,这些符号可以是字符,也可以是图片。编号是按照大小顺序为文档中的段落加的编号,是连续的数字或字母。

创建项目符号或编号时,首先选择需要添加项目符号或编号的若干段落,然后单击"开始"选项卡对应的功能区面板中的"段落"组中的"项目符号"按钮或"编号"按钮,这样添加的是默认样式的项目符号或编号。如果需要更改项目符号或编号的样式,则单击"项目符号"按钮或"编号"按钮右侧的下拉按钮,分别打开相应的下拉列表,再根据需要选择样式。

在设置项目的数字编号时,出现如图 4.24 所示的英文字母编号时,只需选中设置好编号的对应文本,再次设置项目的数字编号即可恢复。

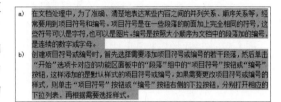

图 4.24　项目编号设置

4.4.4　格式刷

在文档编辑排版中,有时需要对多处文本或段落使用同一格式,利用格式刷就可以极大地提高编排效率。格式刷可以快速复制文本格式和段落格式。具体操作步骤如下。

(1) 选定要复制格式的文本或段落。

(2) 单击"开始"选项卡对应的功能区面板中的"剪贴板"组中的"格式刷"按钮,此时,鼠标光标前带有一个刷子状的图标。

(3) 用鼠标拖曳经过要应用此格式的文本或段落,之后,鼠标光标还原。

利用格式刷复制格式时,注意以下几点:

- 每次单击"格式刷"按钮,只能复制一次。
- 如果同一格式需要多次复制,则可在第 2 步时双击"格式刷"按钮;一旦需要退出多次复制的状态时,可以再次单击"格式刷"按钮,或者按 Esc 键。

如果复制的是段落格式,则在第(1)步和第(3)步中鼠标在段落中单击即可。

段落格式的设置后测习题

(1) 关于 Word 段落标记的叙述中,不正确的是_____。
　　A. 段落标记只可能出现在句号后面
　　B. 段落标记是在文字输入过程中按 Enter 键产生的
　　C. 段落标记可以被显示,也可以不显示
　　D. 段落标记被删除时,则下一个段落会与该段落合并为一个段落

(2) 若想控制段落的第一行第一个字的起始位置,应该调整_____。
　　A. 首行缩进或左缩进　B. 段间距　　　　C. 段前段后间距　D. 右缩进

(3) 在 Word 中,不属于段落对齐方式的是_____。
　　A. 上对齐　　　　B. 两端对齐　　　C. 分散对齐　　　D. 左对齐

(4) 在 Word 文档中,不同段落之间的距离与段落内各行之间的距离_____。
　　A. 完全相同　　　　　　　　　　　B. 不可能相同

C. 可以不相同 D. 两者有固定的比例关系

(5) 在 Word 中，默认的行间距是_____。
   A. 单倍行距   B. 1.5 倍行距   C. 2 倍行距   D. 最小值 20 磅

(6) Word 中的"格式刷"功能_____。
   A. 只能复制字符格式，不能复制段落格式
   B. 只能复制段落格式，不能复制字体格式
   C. 既能复制字符格式，又能复制段落格式
   D. 既不能复制字符格式，又不能复制段落格式

(7) Word"开始"选项卡中"剪贴板"组中的"格式刷"选项，可用于复制文本格式或段落格式，若要将选中的文本或段落格式重复应用多次，应_____"格式刷"选项。
   A. 拖动   B. 鼠标左键单击
   C. 鼠标左键双击   D. 取消选中

4.5 页面设置

页面布局反映了文档的整体外观和输出效果，页面主要包括页面格式设置、首字下沉、分栏、页眉和页脚、水印和页面背景等。

4.5.1 页面格式设置

视频名称	页面格式设置和分隔符	二维码
主讲教师	吴开诚	
视频地址		

在用户创建一个新文档的时候，Word 会自动对页面进行默认设置。当然，用户随时都可以按照自己的需要来改变这些设置。

1. 设置页边距

页边距是指正文区与打印纸张边缘之间的距离，包括上、下页边距和左、右页边距。在页边距中可以放置文字和图形等。设置方法有两种：

(1) 单击"页面布局"选项卡的"页面设置"组右下角的"对话框启动器"按钮，在弹出的"页面设置"对话框中的"页边距"选项卡中进行设置。

(2) 在"页面布局"选项卡的"页面设置"组中，通过"页边距"下拉按钮设置。

2. 设置纸张和版式

Word 中，一般默认纸张大小是 A4 纸，根据排版的需要，一般要对 Word 文档进行纸张大小的设置。根据不同情况使用不同的纸张，并选择不同的打印方向。这些可以在"页面设置"对话框的"纸张"选项卡中完成设置。

3. 设置版式和其他

这里的页面版式主要包括页眉和页脚的特性，如奇偶页不同、首页不同、距边界的距离、垂直对齐方式等。这些可以在"页面设置"对话框的"版式"选项卡中完成设置。

4.5.2 首字下沉和分栏

视频名称	首字下沉和分栏	二维码
主讲教师	吴开诚	
视频地址		

首字下沉是将选定段落的第一个字放大数倍,用这个方法来修饰文档,使得该段在文档中突出、美观,这也是报纸杂志中常用的排版方式。通过单击"插入"功能选项卡的"文本"组中的"首字下沉"下拉按钮的"首字下沉选项",在弹出的"首字下沉"对话框中设置。

分栏是将一页纸的版面分为几栏,使得页面更具多样性和可读性。通过单击"布局"功能选项卡的"页面设置"组中的"分栏"下拉按钮的"更多分栏",在弹出的"分栏"对话框中设置。

注意:对文档中的最后一段进行分栏操作时,不能选中最后一段的段落标记符。

4.5.3 页眉和页脚

视频名称	页眉和页脚	二维码
主讲教师	吴开诚	
视频地址		

一般情况下,页眉和页脚同步设置,所以一起进行介绍。

1. 进入页眉和页脚编辑状态

进入页眉和页脚编辑状态的常用方法有两种:

在"插入"功能选项卡的"页眉和页脚"组中,单击"页眉"或"页脚"下拉按钮组中的"编辑页眉"或"编辑页脚"。

在 Word 文档任意一页的页眉区域或页脚区域双击鼠标左键,即可进入页眉编辑状态或页脚编辑状态。页眉区域和页脚区域如图 4.25 所示。

2. 设置页眉和页脚

页眉可以直接在页眉区域输入文字或字符。如果需要将页眉和页脚设置成 3 栏,可以直接调用 Word 中已有的页眉和页脚的三栏格式,如图 4.26 所示。

进入页脚编辑状态后,在"页眉和页脚工具—设计"功能选项卡的"页眉和页脚"组中单击"页码"下拉按钮组,选择"设置页码格式"选项,在弹出的"页码格式"对话框中设置页码,如图 4.27 所示。如果需要在页脚添加文字,可以通过插入文本框实现,也可以通过"页眉和页脚工具"→"设计"选项卡的"页脚"下拉按钮中的"空白(三栏)"按钮实现。

如果需要将首页设置为不同的页眉和页脚或设置奇偶页不同的效果,可以在"布局"选项卡中的"页面设置"对话框中勾选"版式"选项卡中的"奇偶页不同"和"首页不同"复选框按钮,如图 4.28 所示。如果需要在多页设置不同的页眉和页脚,可以通过"布局"选项卡中的"分节符"完成设置。

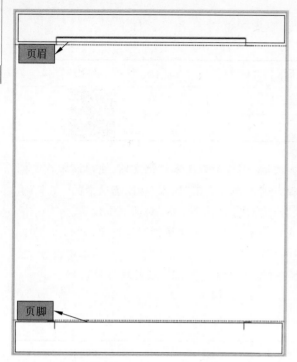

图 4.25 页眉和页脚区域

图 4.26 三栏页眉设置

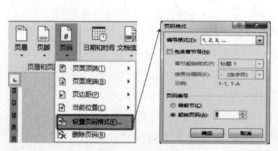

图 4.27 页码格式设置

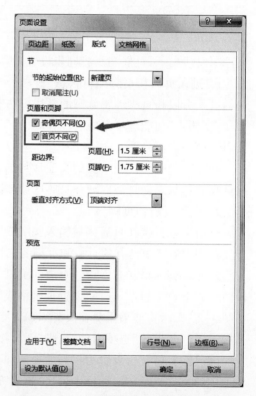

图 4.28 奇偶页不同和首页不同设置

4.5.4 水印和页面背景

视频名称	页面背景	二维码
主讲教师	吴开诚	
视频地址		

在 Word 中的默认情况下,工作区是一张纯白色背景的纸,用户可以为文档设置水印和背景,以增强文档的美观和阅读效果。这里说的背景对应于 Word 中的页面颜色。

在"设计"功能选项卡的"页面背景"组中,通过"水印"下拉按钮组设置文档水印,通过"页面颜色"下拉按钮组设置文档背景。

注意:水印和页面颜色可以是单色,也可以是渐变色、纹理、图片背景。通过分节符,用户可以为同一篇文档的不同节设置不同的水印效果。同一篇文档的不同节只能设置相同的页面背景。

4.5.5 打印文档

当编辑、排版好一篇文档后,就可以将它打印。用户一定希望打印出来的文档和在屏幕上看到的文档一样漂亮。

1. 打印预览

为了得到最终的打印效果,常常在打印之前要对页面进行设置,并预览打印效果。具体操作是:单击"文件"按钮,在其下拉菜单中选择"打印"命令,在"打印"面板的右侧可以预览文档的效果,如图 4.29 所示。

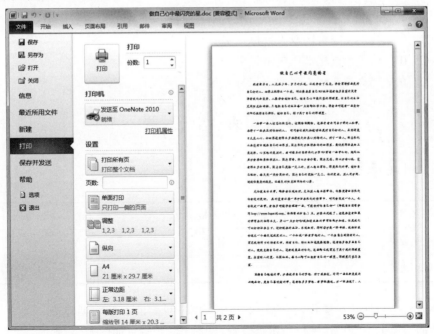

图 4.29 打印预览

2. 打印文档

在如图 4.29 所示的"打印"面板中,可以对打印的选项进行调整,如打印份数、打印页数等,选择要使用的打印机后,单击"打印"面板上的"打印"按钮即可。

页面设置后测习题

(1) 在 Word 中,要对文档作分栏排版,需要单击＿＿＿＿＿＿选项卡中的"分栏"下拉按钮。

  A. 开始   B. 插入
  C. 布局   D. 引用

(2) 在 Word 文档中,可以实现只在某一页或某几页中出现水印图片的格式标记符是＿＿＿＿＿＿。

  A. 分页符   B. 段落标记符
  C. 分节符   D. 制表符

(3) 同一个文档中包含两页,第一页是竖排页面,第二页是横排页面,需要在第一页后面插入＿＿＿＿＿＿。

  A. 段落标记符   B. 分页符
  C. 分节符(连续)   D. 分节符(下一页)

(4) 在 Word 中,若要在页面的顶部和底部显示一些公用的内容,应将其放在＿＿＿＿＿＿中。

  A. 文本框   B. 剪贴画
  C. 形状   D. 页眉和页脚

(5) ＿＿＿＿＿＿可以进入页眉页脚编辑状态。

  A. 在文档正文编辑区单击鼠标左键
  B. 在文档正文编辑区双击鼠标左键
  C. 在文档头部或尾部区单击鼠标左键
  D. 在文档头部或尾部区双击鼠标左键

4.6 表格设置

4.6.1 创建表格

视频名称	创建表格	二维码
主讲教师	吴开诚	
视频地址		

创建表格是一种基本操作,在 Word 2016 中,一共提供了 6 种创建表格的方法,都在"插入"功能选项卡中"表格"下拉按钮组设置,设置方法和特点如图 4.30 所示。

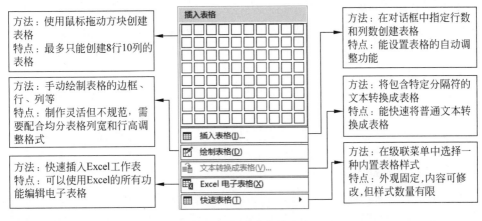

图 4.30 创建表格的方法

4.6.2 编辑表格

视频名称	编辑并修饰表格	二维码
主讲教师	吴开诚	
视频地址		

1. 选定表格

表格的编辑和文档的编辑一样,都是"先选定,后执行",选定表格的操作如表 4.2 所示。

表 4.2 选定表格的编辑对象

选定区域	鼠标操作
整个表格	鼠标指向表格左上角的符号,单击
	以选定行或列的方式垂直或水平拖曳鼠标
整列	鼠标指向该列顶端边沿处(选定区),单击
整行	鼠标指向该行左端边沿处(选定区),单击
一个单元格	鼠标指向单元格左下角处,单击
多个单元格	连续单元格:按住鼠标左键,把鼠标从左上角单元拖到右下角单元
	不连续单元格:按住 Ctrl 键,用鼠标左键依次选中需要的单元格

除了用鼠标选定表格的编辑对象以外,还可以利用"表格工具"上下文选项卡中的"布局"选项卡中的"表"组中的"选择"下拉按钮组中的选项实现。

2. 调整表格格式

1) 缩放、移动表格

当插入点置于表格内时,在表格的右下角会出现称为"句柄"的符号。将鼠标指针移动到句柄上,鼠标指针变成呈 45°角的双向箭头时,拖动鼠标可以缩放表格。

当插入点置于表格内时,在表格的左上角会出现一个符号,将鼠标指针移动到它上面时,鼠标指针前出现双向十字状箭头,此时拖动鼠标可以移动表格。

2）移动或复制单元格、行、列

将单元格、行、列中的内容复制或移动到相应单元格、行、列的操作与普通文本的操作完全一样：先选定该单元格（行、列），单击"开始"选项卡对应的功能区面板中"剪贴板"组中的"复制"按钮或"剪切"按钮，再将插入点移到目的单元格（行、列），单击"开始"选项卡对应的功能区面板中"剪贴板"组中的"粘贴"下拉按钮中的合适的选项，即可把复制或剪切的内容粘贴到相应位置。

移动或复制单元格、行、列，还可以利用鼠标右键中的复制、剪切、粘贴或相应的快捷键实现。

3）调整行高和列宽

在表格中定插入点，然后可用以下三种方法来调整行高和列宽：

（1）粗略调整：利用鼠标拖动行（列）网格线或标尺上的"调整表格行"（"移动表格列"）标志。

（2）精确调整：

- 在"表格工具"上下文选项卡中的"布局"选项卡中的"单元格大小"组中"高度"文本框或"宽度"文本框中设置具体的行高或列宽。
- 单击"表格工具"上下文选项卡中的"布局"选项卡中的"表"组中的"属性"按钮，或在快捷菜单中选择"表格属性"命令，打开"表格属性"对话框，在"行"或"列"选项卡中进行设置。

（3）自动调整：单击"表格工具"上下文选项卡中的"布局"选项卡中的"单元格大小"组中的"自动调整"下拉按钮，在打开的下拉列表中选择相应的调整方式，或在快捷菜单中选择"自动调整"级联菜单中相应的命令。

4）表格中文字的对齐方式

在Word表格中不但可以水平对齐文字，而且增加了垂直方向的对齐操作，单元格文字的对齐方式共有9种。操作时，先选定需要设置对齐方式的单元格，通过单击"表格工具"上下文选项卡中的"布局"选项卡中的"对齐方式"组中的相应对齐方式按钮实现。

3. 修改表格的结构

1）插入或删除行、列和单元格

首先在表格中定位插入点，除了使用鼠标右键菜单可以实现，还可以利用如图4.31所示"表格工具"上下文选项卡中的"布局"选项卡中的"行和列"组中相应的按钮实现。

图4.31 表格中插入行和列

另外，插入行还可以这样做：将插入点置于表格任一行后面的回车符前（在表格的边框的外面），按Enter键即可在该行的下面插入一新行。

2) 合并和拆分单元格

选定需要合并的多个单元格或要拆分的一个单元格,单击"表格工具"上下文选项卡中的"布局"选项卡中的"合并"组中相应的按钮即可完成;也可以通过鼠标右键完成合并和拆分单元格。

3) 设置表格的行、列和单元格间距

在表格中定位插入点,然后可用以下两种方法来实现。

(1) 单击"表格工具"上下文选项卡中的"布局"选项卡中的"对齐方式"组中的"单元格边距"按钮,在打开的"表格选项"对话框中设置。

(2) 在"表格属性"对话框中"表格"选项卡下,单击"选项"按钮,在打开的"表格选项"对话框中设置。

4) 斜线表头的绘制

有时,我们需要绘制斜线表头来描述表格中的横信息和列信息。斜线表头可以通过表格属性中的"斜下框线"得到,也可以用"边框刷"绘制;如果需要在同一个单元格中插入多斜线表头,可以运用直线条形状和文本框实现。

4. 自动重复表格标题行

当表格跨页时,希望下一页的续表中也能看到表格的标题行,那么首先将插入点置于表格的标题行内,或选定标题行,然后单击"表格工具"上下文选项卡中的"布局"选项卡中的"数据"组中的"重复标题行"按钮即可。

5. 表格的复制和删除

复制表格,在选定整个表格后,通过快捷键 Ctrl+C 完成表格的复制操作。

删除表格,在选定整个表格后,通过单击"表格工具"上下文选项卡中的"布局"选项卡中的"行和列"组中"删除"下拉按钮,在其下拉列表中选择"删除表格"命令;也可以直接单击键盘上的退格键 Backspace 删除表格。

注意:选定表格后,按 Del 键只能删除表格中的数据,不能删除表格。

4.6.3 修饰表格

表格创建完成后,可以在表格中输入数据,并对表格中的数据格式及对齐方式进行设置,以增强视觉效果,使表格更加美观。

1. 设置表格整体对象的对齐方式

光标定位在表格中,通过鼠标右键打开"表格属性"对话框,在"表格"选项卡中,就可以设置表格的对齐方式。

2. 添加边框或底纹

给表格添加边框的基本方法有 3 种:

(1) 在表格属性中,通过单击"边框和底纹"按钮,进入边框和底纹选项卡中设置。

(2) 通过"表格工具"→"设计"功能选项卡中的"边框"下拉按钮组设置。

(3) 通过"表格工具"→"设计"功能选项卡中的"边框刷"绘制。绘制时,选定线型、粗细和线条颜色,然后单击"边框刷"按钮,鼠标单击需要应用该线型的边框线即可。

除了上述 3 种样式,还可以设置 Word 中预设好的主题边框。设置方法是:通过"表格工具"→"设计"功能选项卡的"边框样式"下拉按钮组设置主题边框,此种方式还可以通过

"边框取样器",将已有的表格边框样式应用到其他边框线。

3. 自动套用表格格式

Word 为用户提供了 100 多种表格样式,这些样式包括表格边框、底纹、字体、颜色的组合设置。使用它们可以快速格式化表格。通过"表格工具"上下文选项卡中的"设计"选项卡中的"表格样式"组中相应按钮来实现。

除此之外,用户还可以自己创建表格样式。

4.6.4 表格与文本的相互转换

视频名称	表格和文本转换	二维码
主讲教师	吴开诚	
视频地址		

1. 将文本转换为表格

按规律分隔的文本可以转换为表格,文本的分隔符可以是空格、制表符、逗号或其他符号。操作方法是:首先选定需要转换成表格的文本,再单击"插入"选项卡对应的功能区面板中的"表格"组中"表格"下拉按钮,在下拉列表中选择"文本转换成表格"命令,如图 4.32 所示。此时,将打开"将文本转换成表格"对话框,在该对话框的"文字分隔位置"区域,单击在文本中使用的分隔符对应的选项,再选择需要的其他选项,最后单击"确定"按钮即可。

图 4.32 文本转换为表格

注意:文本分隔符不能是中文或全角状态下的符号,否则转换不成功。

2. 将表格转换为文本

在 Word 文档中,可以将其中的含有文本内容的 Word 表格中指定单元格或整张表转换为文本,操作方法是:首先选定需要转换成文本的单元格或整张表,再单击"表格工具"上下文选项卡中的"布局"选项卡中的"数据"组中的"转换为文本"按钮,然后,在打开的"表格转换成文本"对话框中,选中对应的文字分隔符,最后单击"确定"按钮即可,如图 4.33 所示。

图 4.33 表格转换为文本

4.6.5 Excel 图表

视频名称	插入 Excel 图表	二维码
主讲教师	吴开诚	
视频地址		

在 Word 文档中,有时需要添加 Excel 图表完成图表数据展示。操作方法是:单击"插入"选项卡,在"插图"组中单击"图表"按钮,选择需要的图表类型插入,如图 4.34 所示。

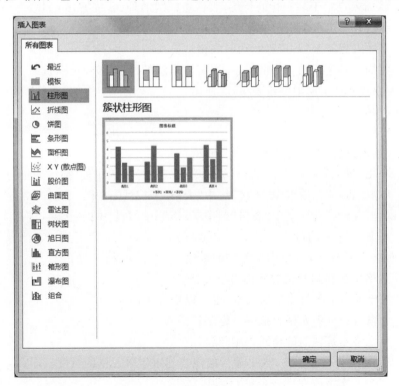

图 4.34 文档中插入 Excel 图表

完成图表插入操作后,在插入的图表上右击,选择"编辑数据"或"在 Excel 中编辑数据",可以修改图表数据,如图 4.35 所示。

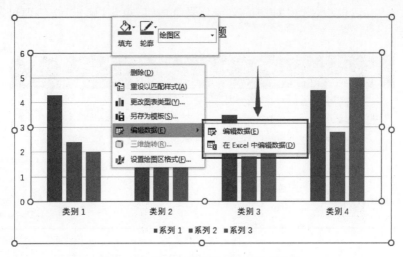

图 4.35 编辑文档中的 Excel 图表数据

 表格设置后测习题

(1) 在 Word 表格中快速插入行的方法是_____。
    A. 将插入点定于某一行的行尾、表格边框线的外面,按 Enter 键
    B. 将插入点定于某一行的行尾、表格边框线内,按 Enter 键
    C. 将插入点定于某一行的行首、表格边框线的外面,按 Enter 键
    D. 将插入点定于某一行的行首、表格边框线的里面,按 Enter 键

(2) 若要在 Word 文档中创建表格,应使用_____选项卡中的"表格"下拉按钮。
    A. 开始   B. 插入
    C. 布局   D. 引用

(3) 定好插入点后,以下插入表格操作正确的是_____。
    A. 单击"插入"选项卡中"表格"组中"表格"下拉列表中的"插入表格"选项
    B. 单击"插入"选项卡中"表格"组中"表格"下拉列表中的"绘制表格"选项
    C. 单击"插入"选项卡中"表格"组中"表格"下拉列表中的"快速表格"选项
    D. A、B、C 三项均可

(4) 下面是关于 Word 表格中单元格的叙述,_____是错误的。
    A. 表格中行和列相交的格称为单元格
    B. 在单元格中既可以输入文本,也可以输入图形
    C. 可以以一个单元格为范围设定字符格式
    D. 单元格不是独立的格式设定单位

(5) 在 Word 的表格操作中,如果输入的内容超过了单元格的宽度。那么_____。
    A. 多余的文字放在下一个单元格中
    B. 单元格内自动换行、增加高度,以保证文字的输入
    C. 单元格内不自动换行、仅增加宽度,以保证文字的输入
    D. 多余的文字将被视为无效

(6) 当前插入点在表格中某行的最后一个单元格内，按 Enter 键后，_____。
    A. 插入点所在的行加高   B. 插入点所在的列加宽
    C. 在插入点下一行增加一行   D. 对表格不起作用

4.7 图片和形状

本节将介绍 Word 图文混排的相关内容。

4.7.1 图片设置

视频名称	图片设置	二维码
主讲教师	吴开诚	
视频地址		

图文排版是一种常见的排版模式，但要让图片在合适的位置显示并非易事。下面将介绍排版、布局图片的方法。

1. 插入图片的方式

常见的插入图片的方法有 4 种，但有些方法稍有不慎就会导致文档体积过大，这些方式的优缺点如表 4.3 所示。

表 4.3 插入图片的 4 种方法

方 法	优 点	缺 点
方法 1：复制图片，按 Ctrl+V 组合键粘贴	步骤少、快捷	会将图片和读图软件的相关信息全部粘贴至文档中，导致文档体积变大
方法 2：直接用鼠标将图片拖进文档		
方法 3：单击"插入"选项卡下"插图"组中的"图片"按钮，选择插入的图片	Word 会自动将插入图片的分辨率压缩至 220PPI，文档保存速度快	操作步骤多
方法 4：复制图片，在"开始"功能选项卡下选择"选择性粘贴"，选择所需的格式	自动将插入的图片分辨率压缩至 220PPI，文档保存速度快，并且可以选择图片的粘贴形式	速度和前 3 种方法相比，比较慢

使用方法 3 和方法 4 插入图片时，如果希望图片不压缩，无损地插入 Word 文档中，可以在"文件"选项卡下选择"选项"，在"Word 选项"对话框的"高级"选项下选中"不压缩文件中的图像"复选框，如图 4.36 所示。

2. 图片和文字之间的位置关系

图片的环绕方式包含嵌入型、四周型、紧密型环绕、穿越型环绕、上下型环绕、衬于文字下方和浮于文字上方 7 种类型。每种类型的特点如表 4.4 所示。

图 4.36 插入无损图像的设置

表 4.4 图片版式

环绕方式	效果展示	特　点
嵌入型	我是一个小女孩，我爱画画，今年 即将　　　　　升入小学	嵌入型图片受行间距或文档间距限制，相当于把图片当成一个字符处理。 如果插入图片后仅显示了一条边，这是因为图片被过窄的行间距遮挡了，重设行间距即可
四周型	我是一个小女孩，今年即将升入小学。我　　　　　爱画画、阅读、跳　　　　　绳、拍球和弹琴。　　　　　我希望在学　校　　　　和老师、同学们成为好朋友	四周型布局中文字与图片距离较远，并且不论图片是何种形状，总会在图片四周留下矩形区域

续表

环绕方式	效果展示	特 点
紧密型环绕	我是一个小女孩,今年即将升入小学。我 爱画画、阅读、跳 绳、拍球和弹琴。 我希望在学校和 老师、同学们成为好朋友	紧密型环绕和穿越型的区别不明显,文字会在图片四周近距离显示。 选择"编辑环绕顶点"选项可更改图片顶点轮廓
穿越型环绕	我是一个小女孩,今年即将升入小学。我 爱画画、阅读、跳 绳、拍球和弹琴。 我希望在学校和 老师、同学们成为好朋友	
上下型环绕	我是一个小女孩,今年即将升入小学。 我爱画画、阅读、跳绳、拍球和弹琴	将文字截为上下两段,中间显示图片
衬于文字下方	我是一个小女孩,今年即将升入小学。我爱画画、阅读、跳绳、拍球和弹琴。我希望在学校和老师、同学们成为好朋友	图片相当于背景图,当文字或文本框有底纹时,图片会被遮挡,可用于制作水印
浮于文字上方	我是一个小女孩,今年即将升入小学。我爱画画、阅读、跳绳、拍球和弹琴。我希望在学校和老师、同学们成为好朋友	图片显示在文字上方,会覆盖文字

3. 图片的移动

1) 单张图片的移动

单张图片的移动通常是通过鼠标拖动完成。有以下几种技巧。

- 更改图片的布局。图片的环绕方式为嵌入型时,移动不灵活,将图片环绕方式更改为其他几种类型,可以比较灵活地移动图片位置。
- 使用快捷键。如果图片与其他图片不能对齐,可以按方向键微调图片。
- 改变文档网格线间距。用鼠标拖动图片时,每次移动的距离和文档网格线的间距一致,当网格线设置到最小时,就能流畅地拖动图片,如图 4.37 所示。

2) 多张图片的移动

方法:按住 Shift 或 Ctrl 键的同时选中多张图片,再按住鼠标左键进行拖动。

4. 图片的排列和定位

嵌入型图片相当于一个字符,排列比较简单。非嵌入型图片的排列则是图文混排时经

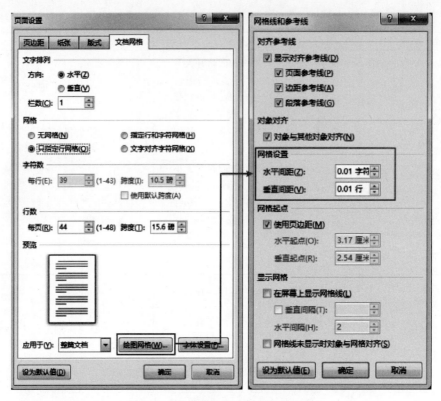

图 4.37 流畅拖动图片的网格线设置

常遇到的难题。

1) 使用智能对齐参考线

Word 2013 以上的版本在让图片与文字对齐时提供了自动出现的参考线,当图片被移动到某个段落中或页面边缘时,页面将会显示绿色的智能对齐参考线,如图 4.38 所示。这条绿色参考线显示了页面横向居中、页面左右边界、段落边界等关键位置。

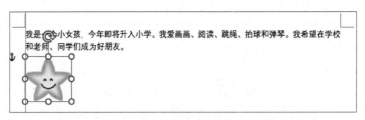

图 4.38 智能对齐参考线

如果绿色参考线未显示,可以在"布局"功能选项卡的"排列"组中单击"对齐"下拉按钮中,选中"使用对齐参考线"选项即可。

2) 对齐多张图片

Word 2016 提供了多张图片的对齐操作,包括左对齐、水平居中、右对齐、顶端对齐、垂直居中、底端对齐、横向分布和纵向分布 8 个类型,在"布局"功能选项卡的"排列"组中单击"对齐"下拉按钮中进行设置。

注意:在进行多张图片的对齐操作时,需要设置相同的对齐参照标准,如图 4.39 所示的红色区域。

5. 图片大小设置

调整图片大小的方法一般是用鼠标拖动图片四周的控制柄,但这样调整后效果不理想,可以采用下面的精确调整法。

- 方法1:选中图片后,在"图片"→"格式"功能选项卡的"大小"组中,直接设置图片的宽度值和高度值。
- 方法2:选中图片后,单击"图片"→"格式"功能选项卡的"大小"组右下角的"对话框启动器",在弹出的"布局"对话框的"大小"选项卡中,也可以进行精确设置。

注意,如果只想调整宽度值或高度值,保持对应的高度值或宽度值不变,需要在方法2中取消选中"锁定纵横比"的复选框选项,如图4.40所示。但是,这样做有一个缺点,取消"锁定纵横比"后,单独调整宽度或高度,会导致图片变形。这时可以使用裁剪功能,将图片多余的部分裁减掉,还可以裁剪为某个形状或按照一定比例进行裁剪,相关的裁剪功能如图4.41所示。

图4.39 多图对齐

图4.40 取消图像纵横比锁定

6. 图片调整

1)图片的亮度、对比度、颜色和艺术效果

图片亮度和对比度的设置:选中图片后,在"图片工具"→"格式"功能选项卡的"调整"组中,单击"更正"下拉按钮设置。可以设置图片的锐化度、亮度和对比度。

图片颜色的设置:选中图片后,在"图片工具"→"格式"功能选项卡的"调整"组中,单击"颜色"下拉按钮设置。可以设置图片的颜色饱和度、色调、透明效果,并重新着色,如图4.42所示。

图 4.41　图片裁剪

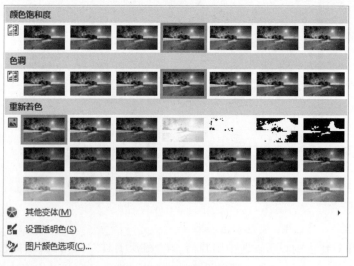

图 4.42　图片颜色设置

　　图片艺术效果的设置：选中图片后，在"图片工具"→"格式"功能选项卡的"调整"组中，单击"艺术效果"下拉按钮设置。

2) 删除图片背景

文档有背景颜色,如果插入的图片背景和文档背景不搭配,就会显得突兀,为了让图片和文档内容更融洽,突出图片中的主要部分,可以使用删除背景功能。具体操作为:在"图片工具"→"格式"功能选项卡的"调整"组中,单击"删除背景"按钮,进入"背景消除"菜单,如图4.43所示。调整区域大小,单击"保留更改"按钮,即可去掉图片中的原始背景色。

图 4.43　图片背景删除的设置

7. 图片样式

在图片样式中,可以进一步美化图片。具体的设置如下:选中图片后,在"图片工具"→"格式"功能选项卡的"图片样式"组中可以选择图片的样式,还可以根据需要设置图片的边框、效果及版式,如图4.44所示。

图 4.44　图片样式设置

4.7.2　SmartArt 图形的设置

视频名称	SmartArt 图形的设置	二维码
主讲教师	吴开诚	
视频地址		

Word 2016 提供了 8 种类型的 SmartArt 图形,分别是列表、流程、循环、层次结构、关系、矩阵、棱锥图和图片。

SmartArt 的插入操作在"插入"功能选项卡的"插图"组中进行设置。通过单击 SmartArt 按钮,选择相应的 SmartArt 图形可以完成插入操作。

SmartArt 图形的美化操作在"SmartArt 工具"→"设计"功能选项卡和"SmartArt 工具"→"格式"功能选项卡中设置。在"设计"选项卡中,可以整体更改插入的 SmartArt 组合形状的版式、颜色样式,在"格式"选项卡中可以单独修改组合形状中每一个形状的样式,如图 4.45 所示。

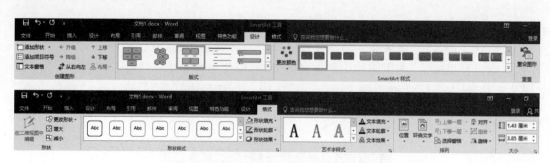

图 4.45　SmartArt 的设计和格式选项卡

4.7.3　形状

视频名称	自选图形、艺术字和文本框	二维码
主讲教师	吴开诚	
视频地址		

　　Word 提供了多种自选形状样式，用户可以根据需要绘制形状，并设置形状的填充、轮廓及形状效果，用于创建、编辑图形的操作与编辑图片类似。Word 自选形状在"插入"选项卡中"插图"组的"形状"下拉按钮中进行设置，如图 4.46 所示。

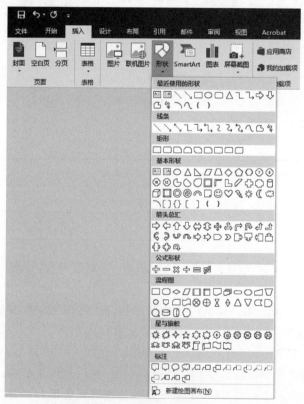

图 4.46　插入自选图形

4.7.4 艺术字和文本框

1. 艺术字

艺术字是一种包含特殊文本效果的绘图对象,这种具有任意旋转角度、着色、拉伸或调整字间距等特点的修饰性文字,让文档更具生动和特殊的视觉效果。

插入艺术字时,将鼠标定位到要插入艺术字的位置处,单击"插入"选项卡对应的功能区面板中"文本"组中的"艺术字"下拉按钮,打开的下拉列表是内置的艺术字样式,从中选择一种样式即可插入预设的艺术字样式。其他的形状填充、轮廓及形状效果等和编辑图片类似。

2. 文本框

在 Word 中使用文本框,可以很方便地调整大小并拖放到文档页面的指定位置,而不必受段落格式、页面格式等因素的影响。文本框在"插入"功能选项卡的"文本"组中的"文本框"下拉按钮中设置,如图 4.47 所示。

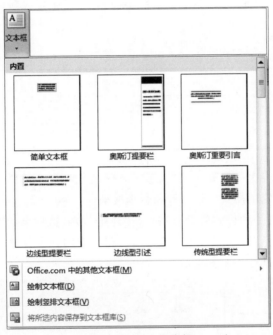

图 4.47 插入文本框

 图片和形状后测习题

(1) 在 Word 文档中插入图片后,可以设置文字对图片的环绕方式,以下不存在的环绕方式是_____。

    A. 嵌入型   B. 四周型   C. 上下型   D. 左右型

(2) 下列操作中,执行_____不能在 Word 文档中插入图片。

    A. 单击"插入"选项卡中"插图"组中的"图片"按钮

    B. 使用剪贴板粘贴其他文件的部分图形或全部图形

    C. 单击"插入"选项卡中"插图"组中的"联机图片"按钮

D. 单击"插入"选项卡中"文本"组中的"文档部件"下拉按钮

(3) 在 Word 文档中插入的图片,对其编辑时_____。

A. 只能缩放,不能裁剪　　　　　　B. 根据图片的类型确定缩放或裁剪
C. 只能裁剪,不能缩放　　　　　　D. 既能缩放,又能裁剪

(4) 对于在文档中直接绘制的形状不能进行的操作是_____。

A. 裁剪操作　　B. 移动和复制　　C. 放大和缩小　　D. 删除

(5) 下列 Word 文档的对象中,不能在_____中添加文字。

A. 矩形形状　　B. 文本框　　C. 图片　　D. 标注形状

4.8　长文档管理

在日常的学习和生活中,用户需要经常编辑文本较多的长篇文档,可能是产品说明书,也可能是论文等。本节将重点介绍样式管理、多级列表、目录生成和页眉页码的设置。

4.8.1　样式管理

视频名称	Word 样式管理	二维码
主讲教师	吴开诚	
视频地址		

在长文档中,标题层次一般分为三级,每一级标题各对应一种样式,样式可以快速应用到段落或文字中,规范使用样式便于查看和管理文档。

这里介绍最简单的一种样式管理方法:在"开始"功能选项卡的"样式"组中,单击右下角的"对话框启动器",弹出系统内置的标题样式,在相应的标题样式上右击,选择"修改"即可将样式修改为需要的格式,如图 4.48 所示。

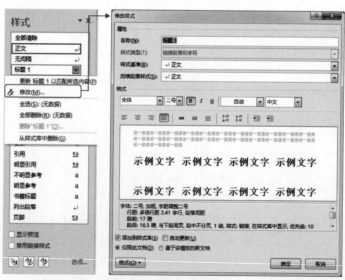

图 4.48　样式的格式设置

4.8.2 多级列表

视频名称	Word 多级列表	二维码
主讲教师	吴开诚	
视频地址		

多级列表是 Word 提供的实现多级编号功能，与编号功能不同，多级列表可以实现不同级别之间的嵌套，如一级标题、二级标题、三级标题等之间的嵌套。例如："第一章""第二章"等属于一级标题，"2.1""2.2"等属于二级标题，"2.1.1""2.1.2"属于三级标题。

使用多级列表的最大优势在于，更改标题的位置后，编号会自动更新，而手动输入的编号则需要重新修改。

多级列表的设置方法如下。

（1）在"开始"功能选项卡的"段落"组中，单击"多级列表"下拉按钮组中的"定义新的多级列表"选项，在弹出的"定义新多级列表"对话框中，单击"更多"按钮可以显示多级列表设置的所有选项。

（2）在"定义新多级列表"对话框中，先选择要修改的级别，选择编号样式，设置编号格式，更改编号位置，设置编号之后的空格，确定编号的起始编号，是否设定正规形式编号。最后将级别链接到标题样式即可，如图 4.49 所示。

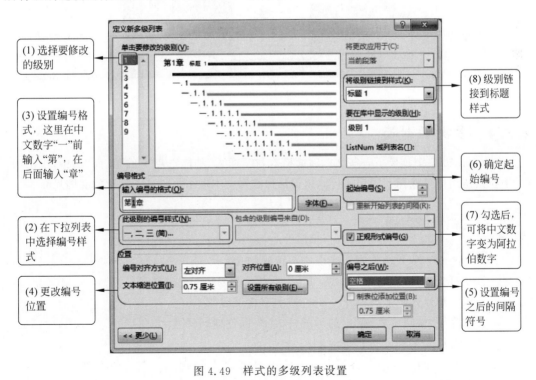

图 4.49 样式的多级列表设置

（3）完成所有标题的多级列表样式设置即可。

4.8.3 长文档目录

视频名称	文档目录	二维码
主讲教师	吴开诚	
视频地址		

设置完标题样式、多级列表和页眉页脚后,直接在"引用"功能选项卡的"目录"下拉按钮组中选择"自定义目录"选项,在弹出的"目录"对话框的"目录"选项卡中,单击确定,即可插入默认格式的 3 级目录。如果后期更改了文档的 3 级标题和页码,在生成目录的区域单击鼠标右键,可以更新目录内容和目录页码,并设置目录的格式,如图 4.50 所示。

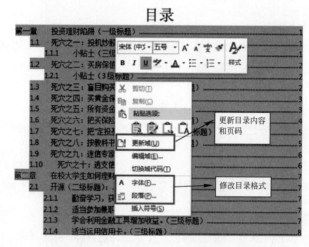

图 4.50 更新目录并设置目录格式

4.8.4 长文档封面

在 Word 2016 中预设了一些文档封面格式,在"插入"功能选项卡的"页面"组中,单击"封面"下拉按钮组即可选择。用户也可以用自选形状和文本框组合设计个性化的文档封面。

 长文档后测习题

(1) 在 Word 中,下列关于样式说法不正确的是_____。
    A. 样式规定了文档中标题、正文、要点元素的统一格式
    B. 一种样式只能应用于一个选定的字符或段落
    C. 除了"快速样式库"中的样式外,还可以创建新样式
    D. 文档中的样式可以被复制

(2) 在 Word 的_____视图中可以显示、改变段落级别。但在这种视图中,看不到文档中的图片和页眉页脚。
    A. 页面   B. Web 版式   C. 阅读版式   D. 大纲

(3) 一个包含 5 页的 Word 文档,要在前 3 页设置相同页眉,第 4～5 页设置另一个不同页眉,需要在第 3 页最后插入_____。

  A. 分页符   B. 段落标记符
  C. 分节符(下一页)或分节符(连续)   D. 手动换行符

4.9 邮件合并

视频名称	邮件合并	二维码
主讲教师	吴开诚	
视频地址		

  "邮件合并"就是将一个邮件文档(主文档)与一个数据源(如 Excel 表、Access 数据表等)结合起来,最终生成一系列输出文档,也就是批量生成需要的邮件文档,从而大大提高了工作效率。

  使用"邮件合并"的条件通常都具备两个规律,一是需要制作的数量比较大;二是这些文档内容分为固定不变和变化的,比如信封上寄信人的地址和邮政编码、信函中的落款等,这些都是固定不变的内容,而收信人的地址、邮政编码等就属于变化的内容。其中变化的部分由数据表中含有标题行的数据记录表提供。

  含有标题行的数据记录表通常是指规则的数据表,它由列(字段列)和行(记录行)构成,列规定该列存储的信息,每行存储着一个对象的相应信息。如期末考试成绩表,每条记录存储着每位学生的相应信息,并且顶端有标题。

  邮件合并一般经过三个基本过程。

1. 创建主文档

  "主文档"即是上面提及的固定不变的主体内容。使用邮件合并之前先建立主文档,是一个很好的习惯。

2. 选择数据源

  数据源即是上面提及的含有标题行的数据记录表,其中包含着相关的字段和记录内容。数据源表格可以是 Word、Excel、Access 或 OutLook 中的联系人记录表。

  一般情况下,数据源是现成的,直接拿来使用就可以了,不必重新制作。但如果没有现成的数据源,则要根据主文档对数据源的要求建立数据源,使用 Word、Excel、Access 等都可以。实际上常常使用 Excel 制作。

3. 将数据源合并到主文档中

  上述两项准备好了之后,就可以将数据源中的相应字段合并到主文档的固定内容之中了,数据源中表格的记录行,决定着主文档生成的份数。整个合并过程将利用"邮件合并向导"完成,非常轻松容易。

 邮件合并后测习题

  (1) 在 Word 邮件合并中,数据源的插入方法描述错误的是_____。

A. 在"邮件"选项卡的"开始邮件合并"组中,单击"开始邮件合并"下拉按钮,选择"邮件合并"分步向导
B. 在"邮件"选项卡的"开始邮件合并"组中,单击"选择收件人"下拉按钮,选择键入新列表
C. 在"邮件"选项卡的"开始邮件合并"组中,单击"选择收件人"下拉按钮,选择使用现有列表
D. 直接复制粘贴数据源的数据,粘贴到邮件合并的主文档中

(2) 插入合并域后,如果要查看域代码,对应的快捷键是_____。
A. F9　　　　B. Ctrl+F9　　　　C. Alt+F9　　　　D. Shift+F9

4.10　技巧提升

4.10.1　文档修订

视频名称	文档修订	二维码
主讲教师	吴开诚	
视频地址		

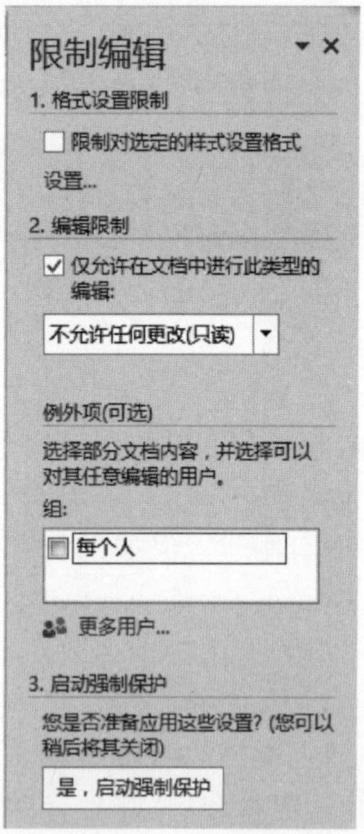

用户在编辑文档时,希望确认不同用户的编辑内容,并对修改前后的文档进行比较。这时可以使用 Word 的审阅修订功能。

1. 文档修订

在"审阅"功能选项卡的"修订"组中单击"修订"按钮后,Word 会用不同的记号记录文档的增删改操作。

2. 文档比较

在"审阅"功能选项卡的"比较"组中单击"比较"按钮后,会对原文档和修订文档进行比较,得到一份比较结果文档。

有时,用户会将文档单独分发给不同的人,得到多份修订后的文档,这时可以通过单击"审阅"功能选项卡的"比较"组中的"合并"按钮实现修订文档合并,在得到的新修订文档中,会包含所有的修订标记。

3. 限制编辑

在"审阅"功能选项卡的"保护"组中单击"限制编辑"按钮后,可以设置是否允许其他用户编辑文档,设置完成后,单击"启动强制保护"中的"是,启动强制保护"即可,如图 4.51 所示。

图 4.51　限制编辑

4.10.2　Word 插件

插件是一种遵循一定规范的应用程序接口编写出来的程序,通过调用原纯净系统提供

的函数库或者数据,在程序规定的系统平台下运行。本节所说的 Word 插件属于 Office 插件的一类,通过调用 Microsoft Word 软件的函数库,方便用户进行 Word 文本编辑的一种外接程序。

这里以 Office Tab 组件为例进行讲解,Office Tab 支持 Word、Excel、PowerPoint 的多标签模式运行,在一个 Word 窗口中显示多页标签,可以避免多文档编辑时来回切换的烦恼,如图 4.52 所示。

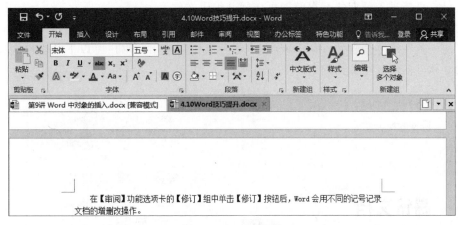

图 4.52　Word 插件

Office 插件的安装过程很简单,直接运行插件安装包即可。当不需要使用插件时,可以在"文件"菜单的"选项"中的"加载项"对话框中,转到"COM"加载项,取消相应插件的复选框勾选即可,如图 4.53 所示。有时,取消插件的加载效果会无法产生作用,可以在控制面板中卸载插件程序,达到取消插件加载的效果。

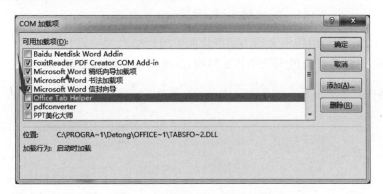

图 4.53　取消 Office 插件加载

4.10.3　在线协作文档

视频名称	协作文档	二维码
主讲教师	吴开诚	
视频地址		

随着互联网的普及,在线协作办公进入了我们的视野。在线协作办公的优点体现在以下两点:

(1) 提升成员的参与度。所有成员可以在任何时间任何有互联网的地方更新文档,能随时体现成员的最新想法。

(2) 大文件易于访问。使用电子邮件和电子邮件服务器时,无法处理超过几兆字节的较大文件;在电脑中打开一个较大的 Word 文档也会非常慢。借助基于云的协作平台,所有成员只需直接进入预期的云存储即可访问并编辑文件。

我们以腾讯文档为例,对在线协作文档做一个简单介绍。腾讯文档是腾讯科技有限公司开发的一款在线办公软件,所有 QQ 用户都可以免费使用。用户可以下载客户端或直接通过 QQ 软件的内置功能访问,如图 4.54 所示。

图 4.54 腾讯文档入口

下面以 QQ 软件访问腾讯文档为例进行简单的介绍。

启动腾讯文档后,首先进入登录认证界面,这里用 QQ 账号登录,如图 4.55 所示。

图 4.55 腾讯文档登录

在登录后的腾讯文档中,单击"新建"按钮,可以创建各种 Office 在线文件,如图 4.56 所示。

图 4.56　腾讯文档可创建的文件类型

单击在线文档后,即可进入到在线文档编辑界面,并开放编辑权限给协作参与人员,如图 4.57 和图 4.58 所示。

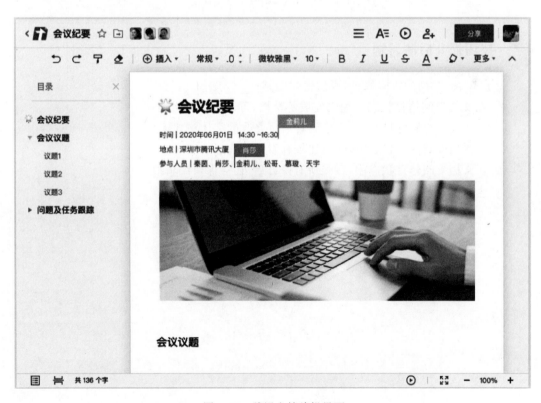

图 4.57　腾讯文档编辑界面

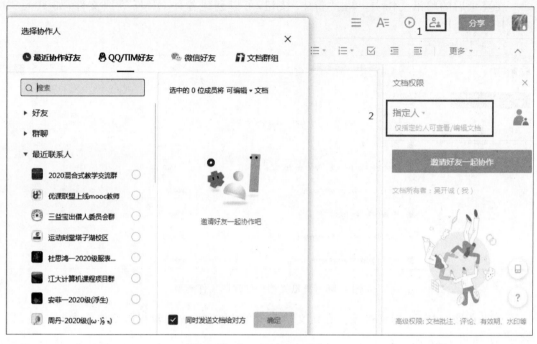

图 4.58　腾讯文档分享编辑权限

 技巧提升后测习题

关于 Word 文档的审阅修订，说法错误的是_____。

A. 在文档审阅修订状态中编辑完成的文档，可以保留编辑痕迹

B. 在文档审阅修订状态中，可以设置信息修改的字体格式

C. 在文档审阅修订状态中，可以比较查看修改前后的 2 个文档

D. 在文档审阅修订状态中，接受所有修订后，还会保留编辑痕迹

第 5 章　Excel 表格处理

本章任务

教学时间：学习 3 周，督学 1 周
教学目标
　知识目标：
- 理解 Excel 工作簿、工作表、单元格的概念。
- 理解数据类型的概念和作用，掌握根据数据的内容确定数据类型的方法。
- 理解公式、运算符的概念和用法，理解公式复制填充的原理。
- 理解绝对引用、相对引用、混合引用的概念，能根据实际情况选择正确的引用方式。
- 理解函数的概念，掌握常用函数的使用方法。
- 了解图表的常用类型和作用，能选择合适的图表表达数据。
- 理解图表和数据的对应关系，掌握常用图表的创建方法，了解图表元素的设置方法。
- 理解筛选的工作原理，掌握自动筛选条件的设置，掌握高级筛选中条件区域的构成规则。
- 理解分类汇总的方法和原理，能根据需要确定分类字段、汇总方式和汇总项。
- 理解数据透视表的行、列、筛选器、值的作用，了解数据透视表的切片和分组。

　能力目标：
- 掌握在 Excel 中新建工作簿、保存数据的基本方法。
- 掌握 Excel 数据类型设置方法，能快速准确输入各种类型数据。
- 掌握数据编辑的方法和技巧。
- 掌握单元格格式设置方法。
- 掌握公式的使用方法，能运用公式对数据进行计算。
- 掌握常用函数的使用方法，能灵活选用各种函数解决实际问题。
- 了解函数帮助的用法，能利用函数向导和帮助系统快速掌握新函数。
- 掌握图表的创建方法，能根据需要正确选择数据创建图表。
- 了解图表中各种元素的属性设置方法，能通过修改各种属性使图表能更加形象直观的表达信息。
- 掌握单关键字、多关键字排序的方法。

- 掌握在数据列表中建立筛选的方法，能熟练设置筛选条件筛选数据。
- 掌握高级筛选的方法，能熟练构建高级筛选条件，灵活运用高级筛选功能筛选数据。
- 掌握分类汇总的操作方法，能灵活运用分类汇总对数据进行分组统计和分级显示。
- 了解数据透视表和数据透视图的使用方法，能利用数据透视表对数据进行多维度交互分析统计，并通过数据透视图展示分析结果。

单元测试题型：

选择题		填空题		判断题		Excel 操作	
题量	分值	题量	分值	题量	分值	题量	分值
20	20	10	20	10	10	4	50

测试时间：40 分钟

教学内容概要

5.1 表格基本概念（基础）
- 工作簿、工作表与单元格
- 工作簿基本操作
- 工作表操作

5.2 数据的基本编辑
- 数字格式（基础）
- 输入数据（基础）
- 填充数据（基础）
- 数据验证（进阶）

5.3 设置表格格式
- 设置单元格格式（基础）
- 套用表格格式（高阶）
- 条件格式（进阶）
- 页面设置（基础）

5.4 编辑表格（基础）
- 查找与替换
- 插入、删除与清除
- 单元格移动、复制与选择性粘贴

5.5 公式与函数（本章重点）
- 公式的基本概念（基础）
- 公式的输入与编辑（基础）
- 单元格引用方式（基础）
- 常用函数（基础）
- 数学和三角函数（进阶）
- 文本函数（进阶）

- 日期函数与时间函数(进阶)
- 逻辑函数(进阶)
- 统计函数(高阶)
- 查找和引用函数(高阶)
- 函数嵌套(进阶)

5.6 图表
- 插入图表(基础)
- 编辑图表(进阶)

5.7 数据管理与分析(本章重点)
- 排序(基础)
- 筛选和高级筛选(进阶)
- 分类汇总(进阶)
- 数据透视表与数据透视图(高阶)

5.1 表格基本概念

生活中我们常常需要处理或呈现大量数据,例如学生成绩、职工工资、产品销售情况等。这些数据以表格的形式保存在计算机中,通过电子表格软件进行处理和分析。目前在各种操作系统环境下或在线使用的电子表格软件有很多,例如 Office 办公软件中的 Excel、WPS 表格、Numbers 表格、OpenOffice Calc、Google 表格、腾讯文档在线表格等。

微软 Office 办公软件中的 Excel 是一种功能强大、使用广泛的电子表格应用软件,能方便迅速地处理大量数据,包括数据的输入输出、基本编辑排版、完成复杂的计算和统计、制作图表、数据管理等。本章以 Excel 2016 为例介绍电子表格的基本知识和操作技术。

5.1.1 工作簿、工作表与单元格

视频名称	工作簿、工作表与单元格	二维码
主讲教师	向华	
视频地址		

Excel 的窗口组成如图 5.1 所示,除了包括与 Word 的窗口类似的快速访问工具栏、功能区、滚动条、状态栏以外,还包括 Excel 特有的表格元素。

1. 工作簿

工作簿是 Excel 用来保存处理电子表格数据的文件,文件默认扩展名为.xlsx。新建工作簿时,工作簿默认名字为"工作簿1",显示在 Excel 窗口的标题栏中。新建的工作簿默认包含一张工作表,如果需要,可以在工作簿中添加工作表。在 Excel 中,一个工作簿最多可以包含 255 张工作表。单击"文件"选项卡"选项"命令,在"Excel 选项"对话框的"常规"选项"新建工作簿时"组"包含的工作表数"中可以设置新建工作簿时包含的工作表数。

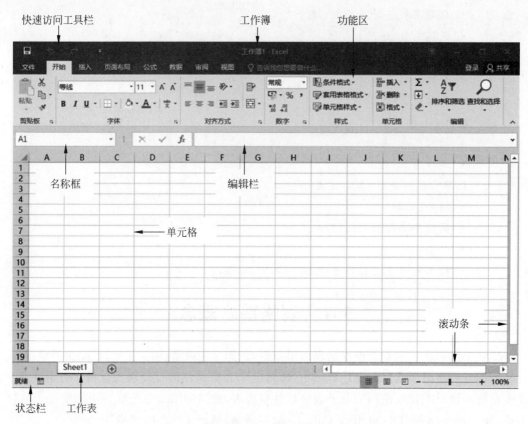

图 5.1　Excel 窗口界面

2. 工作表

Excel 工作表是一个由行和列组成的二维表,显示在工作簿窗口中。在工作表中可以输入、显示、统计、分析数据。工作表左下角的工作表标签用于显示工作表的名称。当工作簿中包含多张工作表时,白色标签的工作表为当前正在编辑的活动工作表,单击工作表标签可以切换活动工作表。工作表名是工作簿中识别工作表的唯一依据,所以同一个工作簿中不能有两个同名的工作表。

3. 单元格

在工作表中某一行与某一列交叉点的方格称为单元格,用来存放一个数据或一个公式。单元格是 Excel 编辑处理数据的最小单位,不可以拆分。

一张工作表包含 1048576×16384 个单元格。通常以单元格所在列的列标与所在行的行号组合作为单元格的名称,也称单元格地址。列标使用字母编号,依次为 A,B,…,Z,AA,AB,…,AZ,BA,BB,…,XFD。行号使用数字编号,依次从 1 到 1048576。例如第一行第一列单元格的地址为 A1。为了区分同一工作簿中不同工作表里的单元格,可以在单元格地址中加上工作表名称,例如 Sheet1!A1 表示 Sheet1 工作表中的 A1 单元格。

4. 名称框与编辑栏

单击选定某一个单元格时,工作表的左上角的名称框中将显示单元格的地址。也可以直接在名称框中输入单元格地址,按 Enter 键快速定位单元格。

名称框右侧是单元格的编辑栏,用于显示和修改当前单元格的数据和公式。选定单元格以后,单击编辑栏,可以修改单元格中的数据和公式。编辑完成后单击编辑栏左侧的"输入"或"取消"按钮确认或取消修改。

工作簿、工作表与单元格后测习题

(1) 以下正确的选项是_____。
    A. 工作簿和工作表都是文件　　　　B. 工作簿是文件,含多个工作表
    C. 工作簿和工作表都不是文件　　　D. 工作表是文件,含多个工作簿

(2) 在 Excel 2016 中,一个工作表有_____。
    A. 1048576 行,16384 列　　　　　B. 1048576 行,256 列
    C. 360 行,26 列　　　　　　　　　D. 任意多个行与列

(3) 在 Excel 的某工作表中采用系统默认的列表行号命名,如果某个单元格位于 136 行 BA 列,则该单元格的名称为_____。
    A. BA136　　　B. 136BA　　　C. B1A36　　　D. AB136

5.1.2 工作簿基本操作

视频名称	工作簿基本操作	二维码
主讲教师	向华	
视频地址		

1. 新建工作簿

启动 Excel 时,系统会在窗口中询问是打开最近使用的文档、其他工作簿,还是新建一个工作簿。如果选择新建空白工作簿,系统在内存中为用户新建一个工作簿,工作簿名字默认为"工作簿 1",显示在窗口标题栏中。

单击"文件"选项卡"新建"命令,可以选择新建空白工作簿或从联机模板新建工作簿,如图 5.2 所示。

2. 保存工作簿

单击"文件"选项卡"保存"命令或单击快速访问工具栏上的"保存"按钮,可保存工作簿文件。

如果工作簿是第一次保存,窗口中将显示"另存为"菜单,可以选择将工作簿保存在本机或 OneDrive 个人云存储空间中。如果选择将工作簿保存到本机,系统将弹出"另存为"对话框,在对话框中设置好文件保存的位置、文件名和保存类型三要素后,单击"保存"按钮保存工作簿。

对于已经保存过的工作簿,如果需要再另外保存一份,可选择"文件"选项卡中的"另存为"命令,在"另存为"菜单中进行操作。

除了可以将工作簿保存为 .xlsx 格式以外,在"另存为"对话框的"保存类型"列表中可以选择将工作簿保存为启用宏的工作簿(*.xlsm)、XML 数据(*.xlm)、网页(*.htm; *.html)、文本文件(*.txt)、CSV 逗号分隔(*.csv)等其他多种文件格式,使工作簿中的

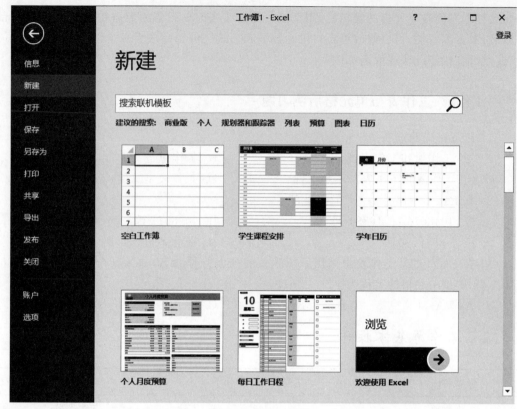

图 5.2 新建工作簿

数据能在其他软件中打开或导入。

 工作簿基本操作后测习题

(1) 在 Excel 2016 中新建一个工作簿,将该工作簿保存,则保存文件的扩展名是_____。

  A. docx   B. xlsx   C. pptx   D. txt

(2) Excel 2016 新建的工作簿默认包含_____张工作表。

  A. 1   B. 2   C. 3   D. 4

5.1.3 工作表操作

视频名称	工作表操作	二维码
主讲教师	向华	
视频地址		

  一个工作簿文件中可以包括多张工作表。对于工作表,也可以进行选定、插入、移动、复制、重命名、删除等操作。

1. 选定工作表

单击工作表标签,可以选定工作表。

如果要选择多张相邻的工作表,可以先单击要选择的第一张工作表的标签,然后按住 Shift 键再单击最后一张工作表的标签。如果要选定多张不相邻的工作表,可以先单击要选择的第一张工作表的标签,然后按住 Ctrl 键单击其他工作表的标签。如果要选定工作簿中所有工作表,可用鼠标右击工作表标签,单击快捷菜单中的"选定全部工作表"命令。

2. 插入工作表

单击工作表标签栏右侧的"新工作表"按钮,可以在当前工作表右侧插入一张新工作表。

单击"开始"选项卡"单元格"组中"插入"命令中的"新工作表",或者右击工作表标签,在快捷菜单中选择"插入",在"插入"对话框中选择"工作表",都可以在当前工作表的左侧插入一张新工作表。

3. 工作表重命名

新插入的工作表默认名字为"Sheet n"。双击工作表标签,或右击工作表标签,在快捷菜单中选择"重命名",工作表名将反相显示,此时可以输入新的工作表名称,重命名当前工作表。

为工作表重命名时应注意,在同一个工作簿中不能有两个同名的工作表。

4. 移动和复制工作表

要移动或复制工作表,需要先选定要操作的工作表,在"开始"选项卡的"单元格"组中单击"格式"按钮,执行"移动或复制工作表"命令,在"移动或复制工作表"对话框中设置移动或复制到的目标工作簿名称和目标位置,如图 5.3 所示,单击"确定"按钮完成操作。如果要复制工作表,还需要选中"建立副本"复选框。

在工作表标签上按下鼠标左键,在各工作表标签之间拖动,也可以快速移动工作表。

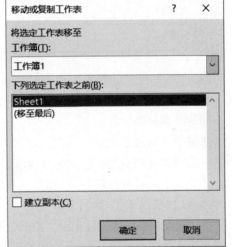

图 5.3 "移动或复制工作表"对话框

5. 删除工作表

要删除工作表,可以选定工作表后,单击"开始"选项卡"单元格"组"删除"命令中的"删除工作表",或者右击工作表标签,在快捷菜单中选择"删除"。

注意:对工作表进行的插入、删除、重命名、移动或复制等操作,不能通过单击快速访问工具栏中的"撤销"按钮撤销操作。所以进行工作表操作,特别是删除工作表时要慎重操作。

工作表操作后测习题

(1) 在 Excel 中,要选定多个连续工作表,可以_____。

　　A. 单击各个工作表

　　B. 单击第一个工作表,然后按住 Shift 键,再单击最后一个工作表

C. 单击第一个工作表,然后按住 Ctrl 键,再单击最后一个工作表

D. 单击第一个工作表,然后拖动到最后一个工作表

(2) Excel 窗口底部有一行工作表标签,双击其中某个标签可以_____。

A. 实现工作表间的切换　　　　　　B. 为工作表重新命名

C. 删除工作表　　　　　　　　　　D. 复制一个新的工作表

(3) 以下操作中,可以挽回刚被误删的一个工作表的是_____。

A. 单击"撤销"按钮　　　　　　　　B. 单击"恢复"按钮

C. 按 Ctrl+Z 键　　　　　　　　　D. 关闭文件不保存,然后再打开

5.2　数据的基本编辑

5.2.1　数字格式

视频名称	数字格式	二维码
主讲教师	向华	
视频地址		

　　Excel 单元格中的数据可以根据需要设置数字格式,例如文本、数字、货币、百分比、日期、时间等。设置数字格式后,单元格中的数据将按照指定格式显示,在计算、处理时也将采用不同的处理规则。

　　选定单元格或单元格区域后,在"开始"选项卡的"数字"组中可以设置数字格式。也可以单击"开始"选项卡"数字"组右下角的对话框启动器,打开"设置单元格格式"对话框,在"数字"选项卡中设置数字格式,如图 5.4 所示。

　　Excel 包括以下 12 种数字格式。

　　(1) 常规:常规格式是 Excel 的默认数字格式。常规格式单元格不包含任何特定的数字格式。在常规格式单元格中输入数字时,多数情况下数字按输入的方式显示,并靠右对齐。如果单元格宽度不够显示整个数字,系统将对数字的小数部分四舍五入,并自动加大列宽以显示整数部分。如果常规格式单元格中的数字超过 12 位,将自动采用科学记数形式显示。在常规格式单元格中输入非数字字符时,字符靠左对齐显示。

　　(2) 数值:用于表示一般数字。数值类型单元格可以指定小数位数,选择是否使用千位分隔符,设置负数的显示方式。数值类型单元格可以进行各种算术运算。

　　(3) 货币:用于表示货币值,采用千位分隔符显示。货币类型单元格可以指定货币符号、小数位数,设置负数的显示方式。

　　(4) 会计专用:用于表示货币值,采用千位分隔符显示。会计专用类型可以指定货币符号、小数位数。会计格式在显示数值时,分别将货币符号和小数点对齐。

　　(5) 日期:用于将日期和时间系列数值显示为日期值。在日期类型设置中,可以将日期设置为使用"/""-""年月日"分隔的各种数字、汉字、英文缩写等显示格式,其中带星号(*)开头的日期格式与操作系统中日期和时间的区域格式设置相关。

图 5.4 "设置单元格格式"对话框

(6) 时间：用于将日期和时间系列数值显示为时间值。在时间类型设置中，可以将时间设置为使用":""时分秒"分隔的各种数字或汉字等显示格式，其中带星号(＊)开头的时间格式与操作系统中日期和时间的区域格式设置相关。

(7) 百分比：用于将数值显示为百分比形式。在百分比设置中，可以设置百分比中的小数位数。

(8) 分数：用于将数值显示为分数形式。在分数设置中，可以设置分母的位数，或将分母指定为 2、4、8、16。

(9) 科学记数：使用科学记数法 aEn 形式显示数字。其中 a 为包含一个整数位的小数，E 表示指数，n 表示 10 的 n 次幂，设置中的小数位数指 a 中显示的小数位数。例如 123.456 采用科学记数格式，保留两位小数显示为 1.23E+02。

(10) 文本：文本数据主要是一些称谓性字符或描述性文字。设置为文本格式后，单元格显示的内容与输入内容完全一致。文本单元格中，输入的数字也会作为文本处理，不能进行算术运算。例如编号、身份证号、电话号码等数字通常设置为文本格式。Excel 默认文本格式单元格中的数据靠左对齐，其他格式单元格数据靠右对齐。

(11) 特殊：根据不同国家和地区的设置，将数字显示为邮政编码、规定类型的数字等。

(12) 自定义：使用户能根据需要自定义数字格式。通常先选择一个与需要设置的格式相近的内置格式，然后到自定义各种中更改格式的描述代码段，创建自定义格式。

在设置单元格数字格式时应该注意：

- 为了能够简便、准确的输入数据，建议先选定要输入数据的单元格区域，设置数字格式后，再逐个单元格输入数据。
- 对于数值、货币、会计专用、百分数、科学计数格式，Excel 最多只保留 15 位数字精度。如果数字长度超出了 15 位,Excel 会将多余的数字位转换为 0。
- 设置数字格式后,如果单元格宽度不足以显示整个数据,将出现"♯♯♯♯♯"提示。此时拖动单元格列标右侧的分隔线,加大列宽,即可正常显示数据。

数字格式后测习题

(1) 向某单元格输入的数值数据或文本数据,在默认情况下的对齐方式是_____。
  A. 数值靠左,文本靠右   B. 两者均靠左
  C. 数值靠右,文本靠左   D. 两者均靠右

(2) 一个工作表的同一列中单元格的数字类型_____。
  A. 必须相同   B. 必须设置为常规型
  C. 可以不同   D. 必须设置为文本型

(3) 未设置数据类型时,单元格默认的数据类型是_____。
  A. 常规型   B. 文本型   C. 数值型   D. 科学计数型

(4) 将 E2 单元格设置为分母为一位数的分数,在 E2 单元格中输入"3/4",确定后选定 E2 单元格,则_____。
  A. 单元格和编辑栏中都显示 3/4
  B. 单元格和编辑栏中都显示 0.75
  C. 单元格中显示 3/4,编辑栏中显示 0.75
  D. 单元格中显示 0.75,编辑栏中显示 3/4

5.2.2 输入数据

视频名称	输入数据	二维码
主讲教师	向华	
视频地址		

在 Excel 里,数据存放在单元格中,要输入数据,或者修改单元格中已有的数据,需要先选定单元格,在单元格输入或在编辑栏中输入。

1. 选定单元格

在 Excel 中,可以单击选定单个单元格、单行、单列,也可以配合 Shift 键或 Ctrl 键,选择多行、多列、多重区域。

选定单个单元格:直接单击要选择的单元格,或者使用方向键移动将当前单元格移动到要选定的单元格上,或者在名称框中输入单元格地址后回车,都可以选定相应单元格。选定一个单元格后,单元格四周将用加粗的边框标识,这个单元格就是活动单元格,地址显示在名称框中。

选定单一单元格区域:将鼠标指向要选择的单元格区域角上的单元格,按下并向四周拖动出一个矩形区域,松开鼠标,矩形区域内的所有单元格将都被选定。也可以先单击选定区域某个角上的一个单元格,然后按住 Shift 键,单击选定单元格对角线另一端的单元格,

对角线对应的矩形区域都被选定。选定单元格区域后,整个区域四周有粗边框标识,选择区域用深色显示,而选择过程中选定的第一个单元格颜色不变,是活动单元格,地址显示在名称框中。

选定多重区域:选定一个单元格或单元格区域后,按住 Ctrl 键,同时再选定其他单元格或单元格区域,可以选择多重单元格区域。选定的多重区域用深色显示,但不显示加粗边框,活动单元格为最后一次选择单元格区域时选定的第一个单元格。

选定单行或单列:直接单击工作表中的行号或列标。

选定相邻的行或列:在行号或列标上拖动鼠标选择,也可以单击选定一行或列后,按住 Shift 键,再单击选择要选定的最后一行或列。

选定不相邻的行或列:先选择要选的某行或列,按住 Ctrl 键,再选择要选的其他行或列。

选定工作表中的所有单元格:单击行号和列标交叉处的全选按钮,可以选定工作表中的所有单元格。

选定数据区域内的所有单元格:选定数据区内的任意一个单元格,按下 Ctrl+A 组合键,可以选定数据区内的所有单元格。

取消选择:单击工作表中的任意一个单元格,可以取消已选的单元格或单元格区域。

2. 编辑单元格数据

在 Excel 中,单元格是存放数据的基本单位。要在一个单元格中输入数据,首先要选定该单元格,再输入数据。输入完成后按 Enter 键、Tab 键或方向键确定。

要修改单元格中已有的内容,可以双击单元格进入单元格编辑状态,在单元格内移动光标,对内容进行插入、删除。修改完成后按 Enter 键、Tab 键或方向键确定。

选定单元格时,编辑栏中显示单元格中的内容。进入编辑栏可以修改单元格内容,修改完成后单击输入框左侧的"输入"按钮确认,或单击"取消"按钮取消编辑。

在输入数据之前,如果不设置单元格的数字类型,Excel 默认所有空单元格都是常规型。如果要在常规类型单元格中输入编号、电话号码之类的数字字符,可以先输入一个英文单引号,再输入数字,系统就会将数字字符按文本处理,靠左对齐。

在单元格中输入货币、日期、时间、百分比、科学计数等类型数据时,系统将根据输入的数据中的"$""/"":""%""E"等符号自动识别数字类型并设置相应格式。

为了避免将分数类型数据中的分数线"/"识别为日期数据中的分隔符号,在输入分数时需要先输入一个 0 和一个空格,再输入分数,系统会将单元格自动识别为分数类型。

 输入数据后测习题

(1) 在 Excel 中按从上到下、从左到右的次序依次选取了三个不连续单元格区域 A3:D5、C6:E9、D8:G11 后,则活动单元格是_____。

    A. D5   B. C6   C. D8   D. G11

(2) 在 Excel 中,选择多个不连续的单元格区域的方法是:先拖动选取第一个单元格区域,然后按住_____键再拖动选取第二个及以后的单元格区域。

    A. Shift   B. Alt   C. F1   D. Ctrl

(3) 单击或双击某一单元格时,所对应的"设置单元格格式"对话框_____。

    A. 内容完全相同   B. 毫无相同之处   C. 后者的内容多   D. 后者的内容少

(4) 在 Excel 中输入分数 2/3 时,可以采用加前缀的形式(0 2/3)方式输入,以免与_____格式相混。

    A. 日期   B. 货币   C. 数值   D. 文本

(5) 向某单元格输入数据时,如果要取消已输入的数据,应该按_____键。

    A. Enter   B. Esc   C. Insert   D. 左移箭头

5.2.3 填充数据

视频名称	填充数据	二维码
主讲教师	向华	
视频地址		

如果要在某一行或某一列输入相同的数据或有一定规律的数据,可以使用 Excel 自动填充或快速填充功能快速输入。

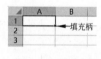

图 5.5 填充柄

1. 自动填充

选定一个单元格或者单元格区域时,单元格或单元格区域右下角的小方块称为填充柄,如图 5.5 所示。拖动或双击填充柄可以自动填充数据。

拖动填充柄时,Excel 根据源数据单元格的内容进行复制填充或序列填充。具体填充规则如表 5.1 所示。

表 5.1 单元格自动填充规则

源数据单元格类型	填 充 方 式
数值 非数字文本 大于 4294967295 的数字文本	复制填充
星期、月份、日期、季度 时间 小于 4294967295 的数字文本	序列填充
两个连续的数值型单元格	序列填充(默认为等差数列)

拖动填充柄填充数据后,填充的单元格右下角将显示如图 5.6 所示自动填充选项,展开自动填充选项列表,可以选择填充方式。

在填充序列时,数值、日期、文本数据可以设置不同的序列填充方式。选定源数据单元格和相邻的待填充单元格区域后,单击"开始"选项卡"编辑"组中的"填充"下拉列表,选择"序列",在"序列"对话框中可以设置数值和日期的序列填充方式,如图 5.7 所示。

单击"文件"选项卡中的"选项"命令,在"Excel 选项"对话框左侧列表中选择"高级",单击"常规"分组中的"编辑自定义列表"按钮,在"自定义序列"对话框中可以添加、修改、删除

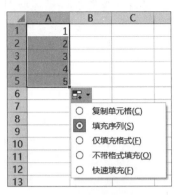

图 5.6 设置自动填充方式

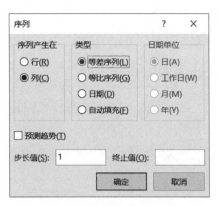

图 5.7 “序列”对话框

自定义序列，如图 5.8 所示。设置好自定义序列后，在单元格中输入序列中的一个值，拖动填充柄，就可以按设定的序列内容自动填充。

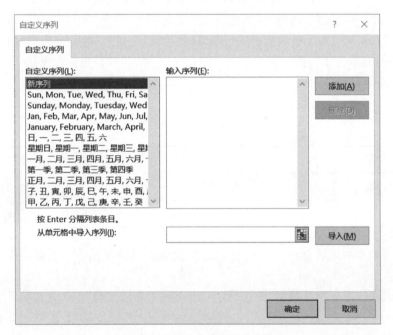

图 5.8 “自定义序列”对话框

2. 快速填充

快速填充可以自动感知要填充的单元格与其四周单元格中已有数据的差异，根据差异确定填充方式并对单元格进行快速填充。使用快速填充（Ctrl＋E 组合键）可以快速在单元格数据中添加、修改字符，提取部分字符，将单元格内容合并。例如在如图 5.9 所示工作表中，A 列为学生姓名，B2、C2 单元格是 A2 单元格学生的姓和名，使用快速填充可以快速在 B 列和 C 列填入其他学生姓和名。在 D 列已填写学生电话

	A	B	C	D	E
1	姓名	姓	名	电话	电话打码
2	高虎	高	虎	13433954832	1343****832
3	熊天瑞	熊	天瑞	18628749736	1862****736
4	钱丰	钱	丰	13978674319	1397****319
5	刘子涵	刘	子涵	13736419283	1373****283
6	陈瑞	陈	瑞	18186143826	1818****826

图 5.9 快速填充效果

号码,E2 单元格为对 D2 单元格电话号码的中间部分打码,使用快速填充可以快速对其他学生电话号码打码。

 填充数据后测习题

(1) 填充柄位于选定单元格区域的加粗边框的_____角。
  A. 左上   B. 右上   C. 左下   D. 右下

(2) 当前选定了一个单元格 C2,其数据为 12,拖动填充柄至单元格 C9,则单元格 C6 的值为_____。
  A. 12   B. 16   C. 19   D. 0

(3) 对 Excel 填充功能描述正确的是_____。
  A. 填充就是复制数值
  B. 填充可以实现快速输入等差和等比数列
  C. 填充时可以自动跳过填充区域中已有数据的单元格
  D. 填充只能按列方向而不能按行方向进行

(4) 对 Excel 某一单元格的数据进行编辑时,可以_____使它进入编辑状态。
  A. 左键单击单元格   B. 将鼠标指向单元格
  C. 左键双击单元格   D. 右击单元格

5.2.4 数据验证

视频名称	数据验证	二维码
主讲教师	向华	
视频地址		

为了保证数据的正确合理,Excel 使用数据验证来限制单元格的数据类型或输入单元格的值。

选定单元格或单元格区域后,单击"数据"选项卡"数据工具"组"数据验证"按钮,在如

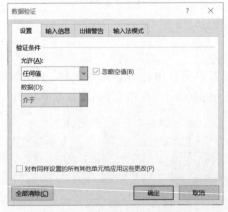

图 5.10 "数据验证"对话框

图 5.10 所示"数据验证"对话框中设置单元格中允许的数据类型、数据取值范围、输入信息和出错警告信息,完成数据验证设置。

在单元格中设置数据验证后,选定单元格时,单元格右下角将显示输入提示信息。如果单元格中输入的数据不是允许的数据类型或超出数据范围,系统将显示出错警告中设置的出错提示,并要求取消或重新输入数据。

要取消单元格中的数据验证,可以选定单元格后,单击"数据验证"按钮,在"数据验证"对话框"设置"选项卡中单击"全部清除"按钮。

要注意的是,数据验证只在输入数据时进行检查,对于已包含不满足验证条件数据的单元格,Excel 不进行警告或提示。设置数据验证条件后,单击"数据"选项卡"数据工具"组"数据验证"按钮"圈释无效数据"命令可以标识无效数据。标识无效数据后,如果更正了无效输入,圆圈会自动消失。

数据验证后测习题

(1) 为了防止在单元格中输入不恰当的数据,应进行_____设置。
  A. 选择性粘贴   B. 条件格式
  C. 套用表格格式   D. 数据验证

(2) 设 B2 单元格中已有数值-5,在 B1 至 B10 单元格区域中设置数据验证条件为允许大于 0 的整数,则_____。
  A. 弹出警告对话框,提示数据错误   B. B2 单元格数据显示为红色
  C. B2 单元格填充显示为红色   D. 不出现任何提示

5.3 设置表格格式

视频名称	设置单元格格式	二维码
主讲教师	向华	
视频地址		

在 Excel 中,对单元格可以设置字体、对齐、填充、边框等各种格式,对表格外观进行修饰,使表格中的数据整齐、鲜明、美观。

5.3.1 设置单元格格式

选定单元格或单元格区域后,单击"开始"选项卡"字体"组或"对齐方式"组右下角的对话框启动器,打开"设置单元格格式"对话框,在对话框中可以对单元格的字体、对齐方式、边框、填充等格式进行设置。

1. 字体

在"设置单元格格式"对话框"字体"选项卡中,可以对选定单元格的字体、字形、字号、下画线、颜色等属性进行设置。选定单元格区域后,单击"开始"选项卡"字体"组中的相应按钮,也可以快速设置字体相关属性。

2. 对齐方式

在 Excel 中,默认文本型单元格左对齐,数值、货币、日期、时间等类型单元格右对齐,逻辑值和错误值居中对齐。如果要修改单元格的对齐方式,可以在"开始"选项卡"对齐方式"组中设置对齐方式,也可以在"设置单元格格式"对话框的"对齐"选项卡中设置,如图 5.11 所示。

除了设置水平和垂直对齐方式,"对齐方式"组中还有"自动换行""合并后居中""方向"等按钮对单元格中文本进行显示控制,也可以选择"设置单元格格式"对话框的"对齐"选项

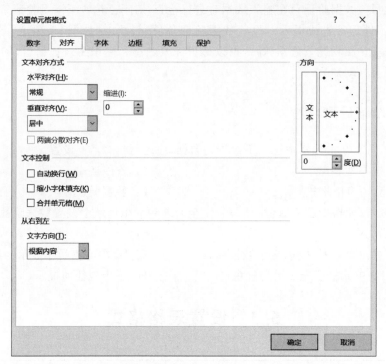

图 5.11 "设置单元格格式"对话框"对齐"选项卡

卡中"文本控制"的相关复选框进行设置。

如果单元格中的数据长度超过了单元格宽度,而单元格列宽又不能调整时,单击"开始"选项卡"对齐方式"组中的"自动换行"按钮,使单元格中的数据根据单元格宽度自动换行。

选择相邻的单元格,单击"开始"选项卡"对齐方式"组中的"合并后居中"按钮,选定的单元格将合并为一个单元格,将合并区域中左上角单元格的内容显示在合并单元格中并居中显示。合并单元格时,如果选定区域中有多个单元格包含数据,系统将只保留左上角单元格的内容,合并单元格地址为合并区左上角单元格地址。

单击"合并后居中"按钮右侧的三角形,执行"取消单元格合并"命令,可以取消合并的单元格。

Excel 单元格默认文字方向是从左向右。如果需要将文字方向设置为竖排或旋转一定角度,可以单击"对齐方式"组中的"方向"按钮,或在"设置单元格格式"对话框的"对齐"选项卡中"方向"选项中进行设置。

3. 边框与填充

在编辑单元格时,Excel 默认在单元格之间显示灰色网格线,但这些网格线在打印时不会出现。为表格设置边框,可以使表格打印时有合适的边框线,也能使表格的显示更加清晰明了。

选定单元格或单元格区域后,单击"开始"选项卡"字体"组"边框"按钮后的三角形,在弹出的列表中选择相应命令。如果单击"边框"列表中的"其他边框"命令,将打开"单元格格式"对话框,进入"边框"选项卡,设置边框细节,如图 5.12 所示。

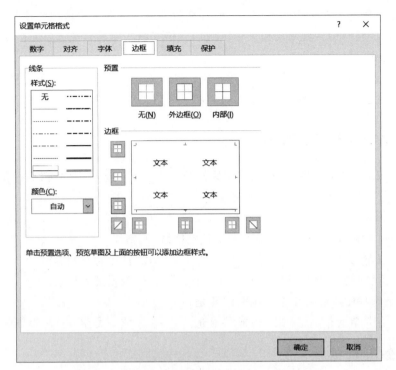

图 5.12 "设置单元格格式"对话框"边框"选项卡

填充用来设置选定单元格或单元格区域的背景颜色,对表格的不同单元格区域填充不同颜色,能使单元格中的内容更加突出。

选定单元格或单元格区域后,单击"开始"选项卡"字体"组"填充"按钮后的三角形,可以在弹出的颜色板中选择填充的颜色。单击颜色板下方的"其他颜色"命令,还可以在"颜色"对话框中选择标准颜色或自定义颜色填充。

另外,在"设置单元格格式"对话框的"填充"选项卡中还可以设置单元格的填充效果、图案颜色和图案样式。

4. 行高与列宽

将鼠标指向表格行号之间或列标之间的分隔线,当光标变成带双向箭头的十字型时按下左键拖动,可以调整行高或列宽。当光标变成带双向箭头的十字型时双击左键,系统将根据单元格内容设置最合适的行高或列宽。

单击行号或列标选定一行或一列,在选定的行或列内右击,选择快捷菜单中的"行高"或"列宽"命令,可以在行高或列宽对话框中设置行高或列宽的具体值。

如果选定多行或多列后设置行高或列宽,所有选定的行或列将采用相同的行高或列宽。

选定行、列或单元格后,单击"开始"选项卡"单元格"组中"格式"按钮,选择"行高"或"列宽"命令,也可以调整选定的行、列、单元格的行高和列宽。

在"格式"按钮中,还有一个"隐藏和取消隐藏"选项,单击其中的"隐藏和取消隐藏"相关命令,可以隐藏或显示选定的行、列或工作表。

5. 格式刷

Excel 的格式刷功能和 Word 格式刷类似。对一个单元格区域设置好格式后,单击格式刷,十字光标左侧将出现格式刷标记。此时在要设置格式的单元格区域中按下并拖动鼠标,可以将已设定的格式应用到对应单元格区域中。格式刷实际是从选定单元格或区域复制格式到其他单元格区域中。

单击格式刷时,复制的格式只能应用一次。如果选定已设置格式的单元格或区域后,双击格式刷,再在多个单元格区域中拖动,可以将设置好的格式多次应用到单元格区域中。

 设置单元格格式后测习题

(1) 在 Excel 的"设置单元格格式"对话框的"_____"选项卡中可以进行合并单元格操作。
  A. 数字   B. 对齐   C. 字体   D. 边框
(2) Excel 默认在单元格周围显示的灰色网格线,网格线_____。
  A. 也都必然有   B. 打印时有预览时无
  C. 预览时有打印时无   D. 经设置才会有
(3) 以下选项中不能使用格式刷复制的是_____。
  A. 合并单元格   B. 边框和填充   C. 数字类型   D. 数据验证

5.3.2 套用表格格式

视频名称	套用表格格式	二维码
主讲教师	向华	
视频地址		

在 Excel 中,已经内置了很多表格样式,选定单元格区域,单击"开始"选项卡中的"套用表格格式"按钮,在弹出的"套用表格式"对话框中确认表数据来源区域,并选择表格是否包含标题行后,可以将选择的表格样式快速套用在数据区域中,如图 5.13 所示。

套用表格样式后,选定的数据区域将转变为结构化表格,并在标题行上自动增加筛选按钮。选择表格中的任意一个单元格,工具栏中将显示表格工具"设计"选项卡。在"设计"选项卡中,可以设置表格的名称、表格显示样式等。如果要取消筛选按钮,可以单击"设计"选项卡"表格样式选项"中的"筛选按钮"复选框,如图 5.14 所示。

套用表格格式后的表格是结构化二维表。结构化二维表中,单元格不能再合并,Excel 自动为表格和表格中的每一列指定名称。表格的表名称可以在"设计"选项卡"表名称"文本框中修改,列名为每列标题行的名称。在公式中引用表格中的单元格时,公式将使用相应单元格所在的表名和列名的结构化引用,而不使用列标和行号。这种方式在大型工作簿中引用单元格更加方便。

如果要去除套用的表格格式,可以选定整个表格,单击"开始"选项卡"编辑"组中的"清除"按钮中的"清除格式"命令。这时仅仅是清除掉表格区域中的边框、填充等格式设置,表格仍然是结构化二维表。选定表格中的任意一个单元格,单击"设计"选项卡中的"转换为区域"命令,表格才转换为数据区域。

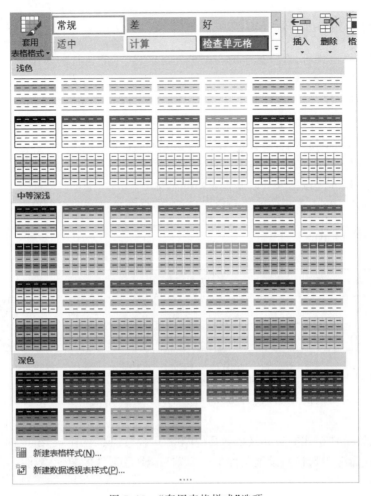

图 5.13 "套用表格样式"选项

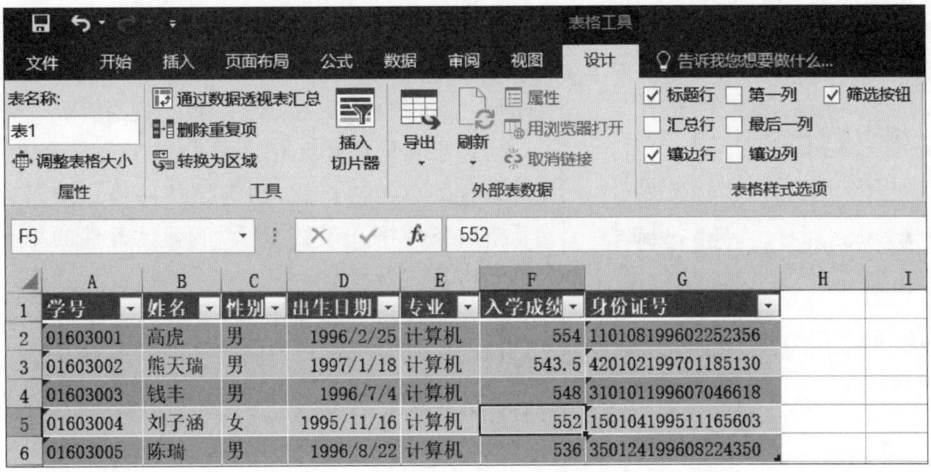

图 5.14 "表格工具"选项

Excel 表格处理

套用表格格式后测习题

（1）套用表格格式后，选定其中的一个单元格区域，不能执行的操作是_____。
  A．修改填充颜色   B．设置字体
  C．设置边框   D．合并单元格

（2）以下说法中错误的是_____。
  A．套用表格格式后，数据区域转换为结构化二维表
  B．套用表格格式后，表格中将自动添加筛选
  C．套用表格格式后，可以设置表格的名称
  D．清除已套用格式的表格的格式后，表格自动转换为数据区域

5.3.3 条件格式

视频名称	条件格式	二维码
主讲教师	向华	
视频地址		

  条件格式用于帮助用户更加直观地查看和分析数据。在单元格中设置条件格式后，根据单元格的值采用不同的显示效果，可以帮助用户了解数据的对比情况或变化趋势，及时发现异常数据。

  选定要设置条件格式的单元格区域后，单击"开始"选项卡"样式"组中的"条件格式"按钮，在条件格式命令中选择并设置条件格式规则后，满足条件的单元格将按指定格式显示，如图 5.15 所示。

  Excel 的条件规则包括突出显示单元格规则、项目选取规则、数据条、色阶和图标集等多种形式，使用时可以根据需要选择。突出显示单元格规则和项目选取规则能将符合条件规则的数据采用特殊形式显示，方便用户快速查看特殊数据。数据条、色阶和图标集规则可以使数据图形化、可视化，使数据显示更直观、清晰。

  如果在同一单元格区域中，既设置了条件格式，又设置了单元格格式，则满足条件格式中条件的单元格按条件格式设置显示，不满足条件的单元格按单元格格式设置显示。

  在条件格式按钮中，除了可以直接设置各类条件规则以外，还可以新建格式规则、清除规则和管理已有的规则。

1．新建规则

  选定单元格或单元格区域，单击"开始"选项卡"条件格式"按钮中的"新建规则"命令，在"新建格式

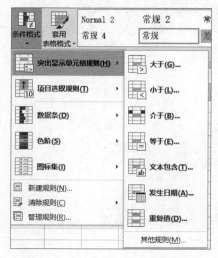

图 5.15 "条件格式"设置命令

规则"对话框中选择规则类型并编辑规则说明,可以添加条件规则,如图 5.16 所示。

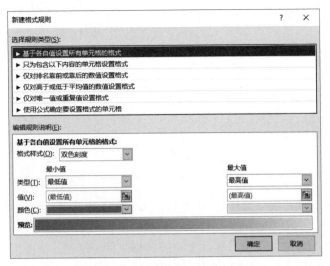

图 5.16 "新建格式规则"对话框

2. 编辑规则

选定已设置条件格式的单元格或单元格区域,单击"开始"选项卡"条件格式"按钮中的"管理规则"命令,在"条件格式规则管理器"中选择要修改的规则,单击"编辑规则"按钮,可以在"编辑格式规则"对话框中修改格式规则,如图 5.17 所示。

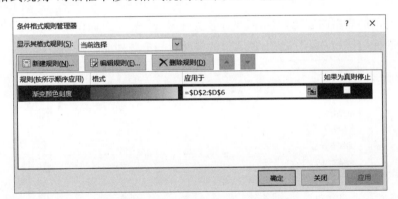

图 5.17 "条件格式规则管理器"对话框

3. 清除规则

选定已设置条件格式的单元格或单元格区域,单击"开始"选项卡"条件格式"按钮中的"清除规则",执行"清除所选单元格的规则"或"清除整个工作表的规则"命令,可以清除选定单元格或单元格区域的条件格式或整个工作表中的条件格式。

 条件格式后测习题

(1) 某单元格中存放的数据为学生成绩 80。设置单元格填充色为红色,再设置条件格式为大于 60 的单元格填充色为蓝色。则该单元格显示的颜色为_____。

　　A. 蓝色　　　　　B. 红色　　　　　C. 紫色　　　　　D. 白色

（2）如果要将学生成绩列中的前三名成绩加粗显示,需要使用条件格式中的_____。
A. 突出显示单元格规则　　　　　　B. 项目选取规则
C. 数据条　　　　　　　　　　　　D. 图标集

5.3.4　页面设置

视频名称	页面设置	二维码
主讲教师	向华	
视频地址		

如果制作完成的表格需要打印,可以在打印之前先对表格进行页面设置。

选定工作表,在"页面设置"选项卡"页面设置"组中单击"页边距""纸张方向""纸张大小""打印区域""打印标题"等按钮,可以直接进行相关页面设置。单击"页面设置"组右下角的对话框启动器,打开"页面设置"对话框,可以对页面、页边距、页眉/页脚、工作表等选项进行进一步设置。

在"页面设置"对话框的"页眉/页脚"选项卡中,单击"打印区域"右侧的"折叠对话框"按钮将对话框缩小,然后在工作表中拖动鼠标选择要打印的单元格区域,再单击对话框右侧的"展开对话框"按钮,选定的单元格区域将自动填写在打印区域后面的文本框中。确定后,选定单元格区域内的内容将打印。

如果要打印的表格内容比较多,需要分多页打印,通常在"页面设置"对话框"工作表"选项卡中设置顶端标题行和左端标题列,使表格的标题行和标题列能跨页显示,如图 5.18 所示。

图 5.18　"页面设置"对话框

在"页面设置"对话框的"页眉/页脚"选项卡中,单击"页眉"或"页脚"下拉列表,可以在固定的页眉页脚模板中选择页眉或页脚。单击"自定义页眉"或"自定义页脚"按钮,可以在"页眉"或"页脚"对话框的"左""中""右"编辑框中插入自定义的页眉或页脚,如图 5.19 所示。

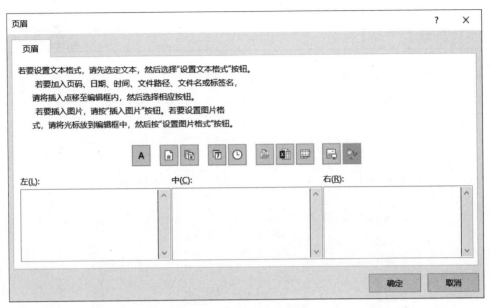

图 5.19 "页眉"对话框

完成页面设置后,单击"页面设置"对话框中的"打印预览"按钮,或者单击"文件"选项卡"打印"命令,先预览打印效果后,再单击"打印"按钮打印表格。

 页面设置后测习题

(1) 设置表格的页眉页脚时,不能在页眉、页脚中加入_____。
  A. 页码和页数   B. 指定单元格内容
  C. 当前工作表名   D. 当前工作簿名
(2) 如果一张表格打印时跨页,需要在每页表格的第一行显示标题行,应该_____。
  A. 将标题行复制到每页的开头
  B. 选定表格的第一行数据,设置标题行重复
  C. 在"页面设置"中设置打印标题
  D. 将表格的第一行数据设置为页眉

5.4 编 辑 表 格

对表格的编辑指对工作表中的各种基本组成元素进行操作,包括在单元格中查找与替换数据,单元格、行、列的插入、移动、复制、删除、清除等。

5.4.1 查找与替换

视频名称	查找与替换	二维码
主讲教师	向华	
视频地址		

单击"开始"选项卡"编辑"组"查找和选择"按钮,选择"查找"或"替换"命令,打开"查找和替换"对话框,能快速在工作表中查找或替换指定数据,如图 5.20 所示。

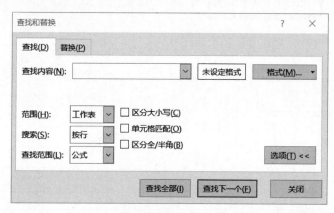

图 5.20 "查找和替换"对话框

在进行查找和替换之前,如果在工作表中已选定单元格区域,查找和替换将在选定单元格区域中进行,操作从选定单元格区域中的左上角第一个单元格开始,按照从左到右、从上到下的顺序进行,直到选定区域的右下角最后一个单元格。

如果在查找和替换之前没有选定单元格区域,查找和替换默认在当前工作表中进行,操作从活动单元格开始,按照先行后列的顺序进行,查找到工作表的最后一个单元格后,再从 A1 单元格开始,直至回到活动单元格结束。

在进行查找和替换时,默认查找范围是当前工作表,搜索方式按行进行。在"查找和替换"对话框的选项中可以修改查找和替换默认设置。

 查找与替换后测习题

(1) 在 Excel 中进行查找数据时,以下说法正确的是_____。
    A. 查找只能按行进行
    B. 查找不能跨工作表
    C. 查找前必须先选定单元格区域,设定查找范围
    D. 如果没有选定查找区域,查找将在整个当前工作表中进行

(2) 设 B2、C2、E2、B3 单元格的内容均为 99,当前单元格 D2 的内容为 66,在"查找和替换"对话框的"查找"选项卡中查找 99,单击"查找下一个"按钮,当前单元格变为_____。
    A. B2   B. C2   C. E2   D. B3

5.4.2 插入、删除与清除

视频名称	插入、删除与清除	二维码
主讲教师	向华	
视频地址		

要在表格中插入或删除行、列和单元格,可以选定单元格后,单击"开始"选项卡"单元格"组中的"插入"或"删除"按钮,选择对应命令。单击"开始"选项卡"单元格"组中的"清除"按钮,则可以清除单元格的内容、格式等。

1. 插入

执行"插入工作表行""插入工作表列"命令时,活动单元格的上方或左侧将插入一行或一列。

执行"插入单元格"命令时,需要在"插入"对话框中的"活动单元格右移""活动单元格下移""整行""整列"四种插入方式中选择一种,如图 5.21 所示。插入单元格后,选定单元格及其右侧或下方的所有单元格数据都将移动。

另外,右击单元格,在快捷菜单中选择"插入"命令,也将打开"插入"对话框,可以选择插入单元格、整行或整列。

2. 删除

删除是将选定的单元格从工作表中去除。删除单元格后,其右侧或下方的单元格将填补单元格删除后的位置。

执行"删除工作表行"或"删除工作表列"命令时,当前选定的行、列,或单元格所在的行、列被删除,下方的行号或右边的列标自动填补删除的行列并重新依次编号。

执行"删除单元格"命令时,需要在"删除"对话框中的"右侧单元格左移""下方单元格上移""整行""整列"四种删除方式中选择一种,如图 5.22 所示。删除选定单元格后,其右侧或下方的所有单元格数据都将移动。而不论在工作表中插入或删除了多少单元格,工作表的总行列数保持不变。

图 5.21 "插入"对话框

图 5.22 "删除"对话框

3. 清除

清除用于去除选定单元格区域中的内容、格式、批注、超链接等。清除各种表格元素后,单元格仍保留在工作表中。

选定单元格或单元格区域后,单击"开始"选项卡"编辑"组中的"清除"按钮,选择其中一个清除命令,即可清除对应内容。

选定单元格或单元格区域后,按下 Backspace 或 Del 键,可以清除选定单元格内容。

插入、删除与清除后测习题

(1) 选定单元格后,按下 Del 或 Backspace 键,相当于执行_____操作。

  A. 删除单元格 B. 清除内容 C. 清除格式 D. 清除全部

(2) 选定某单元格后,以下操作中可能使表格中数据错位的操作是_____。

  A. 删除单元格 B. 删除行 C. 清除内容 D. 清除全部

5.4.3　单元格移动、复制与选择性粘贴

视频名称	单元格移动、复制与选择性粘贴	二维码
主讲教师	向华	
视频地址		

  在 Excel 中,单元格的移动和复制也是通过剪贴板进行,剪贴板中可以存放最近 24 次复制的内容。

  选定单元格或单元格区域后,在"开始"选项卡"剪贴板"组中执行"复制"或"剪切"命令,选定单元格的内容将进入剪贴板。选定目标单元格后,执行"粘贴"命令,最近一次"复制"或"剪切"的内容将粘贴到目标单元格中。在进行移动或复制时,如果目标区域中已有数据,粘贴进目标区域的数据将覆盖原有数据。复制完成后,按 Esc 键或双击任一单元格可取消源数据区域上的动态虚线框。

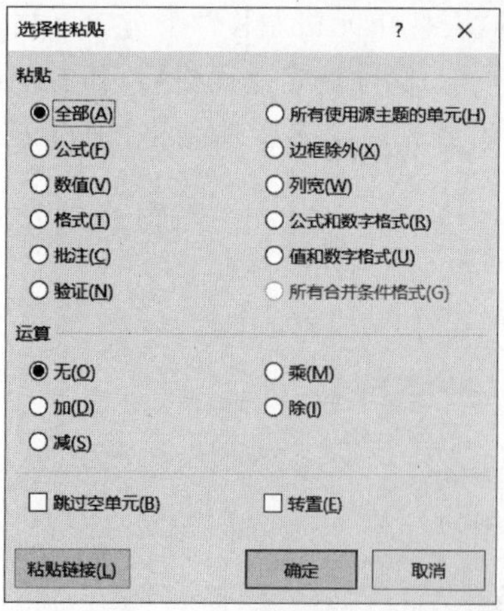

  Excel 中,默认的复制、粘贴操作会将源单元格或区域中的所有内容,包括数值、格式、公式、批注、数据验证等都粘贴到目标单元格中。如果只需要复制单元格中的部分元素,或在复制时对数据进行一些变换,可以进行选择性粘贴。

  复制单元格或单元格区域后,选定目标单元格,在"开始"选项卡"剪贴板"组中单击"粘贴"按钮下方的三角形,执行"选择性粘贴"命令,在"选择性粘贴"对话框中选择要粘贴的内容完成粘贴,如图 5.23 所示。

图 5.23　"选择性粘贴"对话框

单元格移动、复制与选择性粘贴后测习题

(1) 配合 Ctrl 键选定 A1、B2、C3 三个单元格,执行复制操作,则_____。

  A. A1 单元格复制进剪贴板

B. C3 单元格复制进剪贴板

C. A1、B2、C3 三个单元格复制进剪贴板

D. 错误,不能对多重选择区域进行复制

(2) 选定单元格后按下 Ctrl+C 组合键,再选择目标单元格,按下 Ctrl+V 组合键,相当于粘贴源单元格的_____。

  A. 全部   B. 数值   C. 格式   D. 批注

5.5 公式与函数

  在处理电子表格时,经常要对表格中的数据进行计算。Excel 具有强大的计算能力,使用公式和函数,可以对单元格中的数据进行复杂的计算,快速得到计算结果。

5.5.1 公式的基本概念

视频名称	公式的基本概念	二维码
主讲教师	向华	
视频地址		

  Excel 使用公式进行计算。公式以等号开头,由运算符、常量、单元格引用和函数组成,如图 5.24 所示。在单元格中正确输入公式后,Excel 将自动进行计算,并将计算结果显示在单元格中。

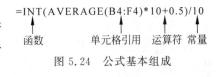

图 5.24 公式基本组成

1. 运算符

  运算符的作用是对公式中的各元素进行运算。公式中的运算符包括算术运算符、比较运算符、文本运算符和引用运算符。

  算术运算符用来完成基本的算术运算,包括+、-、*、/、^(乘方)。

  比较运算符用来比较两个值,比较结果为逻辑值 TRUE 或 FALSE。比较运算符包括=、>、<、>=、<=、<>。

  文本运算符只有 &,用来将两个文本字符串连接成一段文本。例如公式 ="butter"&"fly"的结果为"butterfly"。

  引用运算符用来指示运算数据所在的区域,有冒号(:)、逗号(,)和空格三种。

  (1) ":"(冒号)为区域运算符,表示以冒号两边两个单元格为对角线构成的矩形区域中的所有单元格。例如"B2:D3"表示以 B2 为左上角、D3 为右下角的矩形区域中的 6 个单元格。

  (2) ","(逗号)为联合运算符,表示将多个引用合并后的所有单元格。例如"B5:C7,C6:D8"表示"B5:C7"区域和"C6:D8"区域中的所有单元格(重叠部分计算两次)。

  (3) (空格)为交集运算符,表示两个单元格区域的共有部分的所有单元格。例如"F5:G7 G6:H8"表示"F5:G7"区域和"G6:H8"交叉部分即"G6:G7"区域中的所有单元格,如图 5.25 所示。

  在 Excel 公式中,运算符同样有优先级,运算符优先级从高到低依次为引用运算符、算

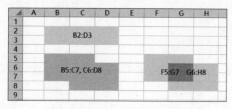

图 5.25 三种引用运算符对应区域

术运算符、文本运算符、比较运算符,如图 5.26 所示。如果公式中包含相同优先级的运算符,则自左向右进行计算。要改变运算的优先级,需要使用圆括号将要先计算的部分括起来。

2. 常量

常量是在公式中始终不变的量,是不经过计算直接具有的值。例如如图 5.24 所示公式中的 0.5、10。对于数值型常量,在公式中直接输入数值。对于字符常量,在公式中需要使用英文双引号将字符括起来,例如在公式 ="butter"&"fly"中,"butter" "fly"两个字符串必须加双引号,表示是两个字符常量,否则单元格中将显示"#NAME?"(无效名称)错误。

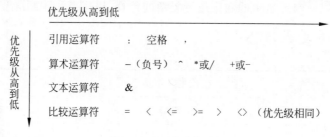

图 5.26 运算符优先级

3. 单元格引用

如果要在公式中对一些可能变化的数据进行计算,可以将数据放在单元格中,在公式中引用这些单元格进行计算。当引用单元格中的数据发生变化时,公式的运算结果会自动更新。

要引用公式所在的工作表内的单元格,可以直接使用单元格地址和引用运算符表示单元格或单元格区域。例如"B3""A2:C3"。要引用整行或整列,可以使用行号或列标。例如"3:5"表示第 3 行到第 5 行的全部单元格,"A:C"表示 A 列到 C 列的全部单元格。

要引用同一工作簿其他工作表中的单元格或单元格区域,需要在单元格引用前面加上工作表名,并用"!"将工作表名与单元格引用隔开。例如"工资!A2"表示工资工作表中的 A2 单元格。

要引用其他工作簿中的数据,则需要在"工作表名!单元格引用"前面再加上"[工作簿文件名]"。例如"[职工.xlsx]工资!＄A＄1"表示职工工作簿工资工作表中的 A1 单元格。

4. 函数

函数是预定义的公式,通过调用参数来执行计算。Excel 内置十二大类函数,为用户提供各种计算功能。

函数由函数名称和参数组成,参数必须写在一对小括号中。一个函数可能包括多个参数,各参数之间使用逗号隔开。函数参数可以是常量、单元格或单元格区域、公式或其他函数。

 公式的基本概念后测习题

(1) Excel 中,"<>"运算符表示_____。

A. 小于或大于　　　　B. 不等于　　　　C. 不小于　　　　D. 不大于

(2) 在一个常规型单元格中输入：＝12＞24，确认后，此单元格显示的内容为＿＿＿＿。

A. FALSE　　　　B. ＝12＞24　　　　C. TRUE　　　　D. 12＞24

(3) 在一个常规型单元格输入：＝"12"&"34"，确认后，此单元格显示的内容为＿＿＿＿。

A. 46　　　　B. 12+34　　　　C. 1234　　　　D. ="12"&"34"

5.5.2 公式的输入与编辑

视频名称	公式的输入和编辑	二维码
主讲教师	向华	
视频地址		

在单元格中输入公式的步骤如下：

(1) 选定要输入公式的单元格。

(2) 输入等号"＝"，表示单元格中输入的是公式，确认输入后系统会自动对公式进行计算。

(3) 输入公式内容。对公式中包含的单元格或单元格区域的引用，可以直接单击要引用的单元格或用鼠标拖动选定单元格区域，也可以直接输入。

(4) 公式输入完毕，单击编辑栏左侧的"输入"按钮或按 Enter 键确认。确认输入后，公式单元格中显示计算结果，编辑栏中显示公式。

如果要修改单元格中的公式，可以单击选定单元格，在编辑栏中修改公式。也可以双击单元格，进入单元格编辑状态，对其中的公式进行修改。

注意：

(1) 单元格的内容为公式时，其显示的结果是经过系统计算得到的。在默认设置下，每次打开工作簿或者单元格中的数据发生变化时，公式都会自动重新计算，并将结果显示在单元格中。如果要进行手动计算，可以在"公式"选项卡的"计算"组中进行相关设置。

(2) 公式的计算精度为 15 个有效数字，显示计算结果时，按照单元格数字类型的设置显示保留的小数位。

公式输入与编辑后测习题

(1) 设当前工作表的 C2 单元格已完成了公式的输入，下列说法中错误的是＿＿＿＿。

A. 未选定 C2 时，C2 显示的是计算结果

B. 单击 C2 时，C2 显示的是计算结果

C. 双击 C2 时，C2 显示的是计算结果

D. 双击 C2 时，C2 显示的是公式

(2) 在单元格中输入＿＿＿＿，可以计算 A1 和 A2 单元格的和。

A. ="A1"+"A2"　　　　　　　　　　B. "A1"+"A2"

C. =A1+A2　　　　　　　　　　　　D. A1+A2

5.5.3 单元格引用方式

视频名称	单元格引用方式	二维码
主讲教师	向华	
视频地址		

在公式中引用单元格时,有三种引用方式:相对引用,绝对引用和混合引用。

1. 相对引用

相对引用直接使用列标和行号对单元格进行引用,始终保持公式所在单元格和被引用单元格在行和列上的相对位置不变。如果将公式所在单元格复制到其他位置,相对引用的单元格位置也随之发生改变。将公式填充到其他单元格时,公式中引用的单元格也会随填充单元格位置的变化自动调整。在默认情况下,公式采用相对引用方式。

2. 绝对引用

在绝对引用中,列标和行号前面分别添加一个 $ 符号,表示引用单元格使用的是特定的列号和行号。公式复制或填充到其他位置时,绝对引用的单元格也始终保持不变。

3. 混合引用

混合引用指在引用单元格时,列标和行号中只有一个前面使用了 $ 符号,也就是绝对引用和相对引用两种方式混合使用。混合引用又分为相对引用列绝对引用行(列标$行号),和绝对引用列相对引用行($列标行号)两种情况。当使用混合引用单元格的公式复制或填充到另一个单元格时,相对引用的列标或行号会自动发生变化,而绝对引用的列标或行号保持不变。

4. 切换引用方式

在输入公式时,要引用单元格或单元格区域,一般使用鼠标单击或拖动选取,单元格默认采用相对引用。要修改公式中单元格的引用方式,可以在引用单元格的行号或列标前面输入 $ 符号。也可在编辑栏中或在单元格编辑状态将光标定位在引用单元格,按下 F4 键,单元格引用方式将在相对引用、绝对引用、绝对引用行相对引用列、绝对引用列相对引用行四种引用方式中轮流切换。

5. 使用名称作绝对引用

对于某个被引用的单元格或单元格区域,如果公式中要采用绝对引用,可以在输入公式之前先选定该单元格或单元格区域,在名称框中为该单元格或单元格区域命名,命名后在公式中直接使用命名的名称对该单元格或单元格区域进行绝对引用。

6. 单元格的引用特性

无论是绝对引用,还是相对引用,都有两个十分有用的特性。

(1) 引用对象跟踪特性。指无论引用对象移动到什么位置,都仍然是引用对象。

(2) 引用者可移动特性。指无论将包含引用公式的单元格移动到什么位置,公式都不会改变。

这两个特性保证了计算中的因果关系不会因为单元格位置的变化而产生错误。

单元格引用后测习题

（1）Excel 中，若单元格 C1 中公式为＝A1＋B2，将其复制到单元格 E5，则 E5 中的公式是_____。

    A. ＝A1＋B2　　　B. ＝C5＋D6　　　C. ＝C3＋D4　　　D. ＝E5＋F6

（2）在 Excel 中，位于工作表第 8 行和 H 列相交的单元格的绝对地址表示为_____。

    A. ＄8＄H　　　B. 8＄H　　　C. H＄8　　　D. ＄H＄8

（3）以下单元格地址中不正确的是_____。

    A. C＄66　　　B. ＄C66　　　C. C6＄6　　　D. ＄C＄66

（4）设一个工作表的 A2:B9 单元格区域中，每一行依次记载的是一种商品的品名、原价，在 C2 单元格采用下列公式之一，求第二行的商品的八折价，其中_____不能复制到 C3 至 C9 单元格用以求其他商品的八折价。

    A. ＄B2*80％　　　B. B＄2*80％　　　C. B2*80％　　　D. B2*0.8

5.5.4　常用函数

视频名称	常用函数	二维码
主讲教师	向华	
视频地址		

在 Excel 函数库中内置数学和三角函数、文本、日期和时间、查找与引用、财务、统计、逻辑等十二大类函数，可以完成各种常用计算。

Excel 函数由函数名称和参数组成，参数必须写在一对小括号中，格式如下：

函数名称(参数 1,[参数 2],…)

一个函数可能包括多个参数，其中用[ ]括起来的参数是可选参数。各参数之间使用逗号隔开。参数可以是常量、单元格或单元格区域、公式或其他函数。

要使用函数进行计算，可以在单元格或编辑栏中编辑公式，直接输入函数。在公式中输入函数名时，单元格或编辑栏下方将提示相关函数名及参数列表。

单击"公式"选项卡"函数库"组中的"插入函数"按钮，在如图 5.27 所示"插入函数"对话框中选择函数类别和函数，单击"确定"按钮后在"函数参数"对话框中输入各个参数，如图 5.28 所示，再单击"确定"按钮即可完成函数输入。单击"公式"选项卡"函数库"组中的各个函数类别按钮，选择相应函数，也可以直接进入"函数参数"对话框设置参数，完成函数输入。

在"函数参数"对话框中输入函数参数时，可以单击函数参数文本框右侧的"折叠对话框"按钮，到工作表中选择参数所在的单元格或单元格区域，选择完毕后单击文本框右侧的"展开对话框"按钮，返回"函数参数"对话框，单元格或单元格区域地址将自动填入参数文本框中。

在"插入函数"对话框中选择函数时，"选择函数"列表框下方将显示所选函数的功能。

图 5.27 "插入函数"对话框

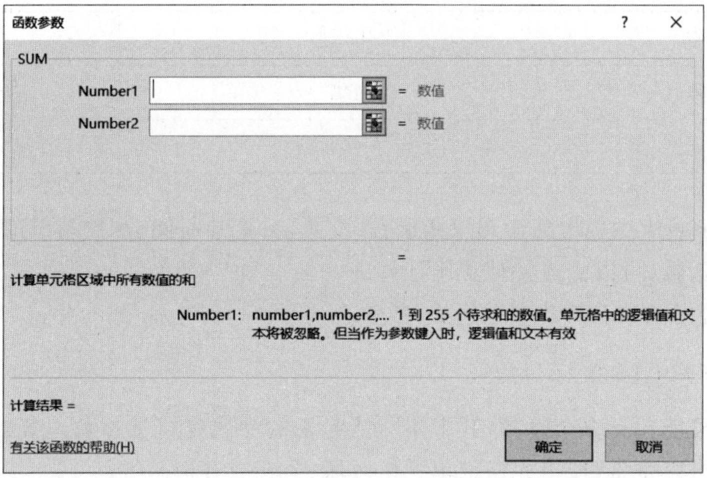

图 5.28 "函数参数"对话框

"插入函数"对话框底部有"有关该函数的帮助"超链接,单击超链接可以查看对应函数的帮助。

在"函数参数"对话框中,在每个参数文本框中输入参数时,参数文本框右侧将显示参数的值,并在所有参数下方显示函数的结果、功能,以及当前参数的作用。单击对话框左下角的"有关该函数的帮助"超链接,也可以查看对应函数的帮助。

初学者可以利用"插入函数"和"函数参数"两个对话框的提示和帮助输入函数,熟悉函数用法后,再直接在单元格或编辑栏中输入函数。

在"公式"选项卡"函数库"组中有一个"自动求和"按钮,单击按钮上的三角形,可以选择"求和""求平均值""计数""最大值""最小值"命令。这些命令对应常用的五个函数 SUM、AVERAGE、COUNT、MAX、MIN。

1. SUM 求和

格式：SUM(number1, [number2], …)

功能：计算各参数数值的和。

参数：number1 必需。参与求和的第一个数字、单元格或单元格区域。

number2 可选。参与求和的第二个数字、单元格或单元格区域。最多可以指定 255 个参数。

例：SUM(D2:D5,F2:F5)表示对从 D2 到 D5 以及从 F2 到 F5 所有单元格求和。

说明：

(1) SUM 函数可以对数字、货币、会计专用、百分比、分数、科学计数类型数据以及常规类型中的数值数据求和。如果参数中有文本常量,例如 SUM(1, "A"),系统将显示 #VALUE!值错误。

(2) 如果 SUM 函数参数引用的单元格或单元格区域中有文本数据或空单元格,文本数据和空单元格在求和时将被忽略,只计算数字单元格的和。

2. AVERAGE 求平均值

格式：AVERAGE(number1, [number2], …)

功能：计算所有参数的平均值。

参数：number1 必需。参与求平均值的第一个数字、单元格或单元格区域。

number2 可选。参与求平均值的第二个数字、单元格或单元格区域。最多可以指定 255 个参数。

例：如果 A1:A5 单元格区域的数值分别为 5,6,7,8,9,那么 AVERAGE(A1:A5)的结果为 7。

说明：

(1) AVERAGE 函数可以对数字、货币、会计专用、百分比、分数、科学记数类型数据以及常规类型中的数值数据求平均值。如果参数中有文本常量,例如 AVERAGE(1, "A"),系统将显示 #VALUE! 值错误。

(2) 如果 AVERAGE 函数参数引用的单元格或单元格区域中有文本数据或空单元格,文本数据和空单元格不参与求平均值。如果参与求平均值的所有单元格中都是文本或空单元格,求平均值的结果将显示 #DIV/0!除零错。

3. COUNT 计数

格式：COUNT(value1, [value2], …)

功能：计算包含数字的单元格个数以及参数列表中数字的个数。

参数：value1 必需,表示参与计数的第一个数字、单元格或单元格区域。

value2 可选。参与计数的第二个数字、单元格或单元格区域。最多可以指定 255 个参数。

例：COUNT(1, 2, 3)的结果为 3。

如果 A1:A3 单元格区域的数值分别为 5,6,7,那么 COUNT(A1:A3)的结果为 3。

说明：

(1) 如果参数为数字、日期、逻辑值,或由数字组成的文本,都将计入计数值。例如 COUNT(1, 2, "3", TRUE)的结果为 4。

(2) 如果参数为单元格或单元格区域,单元格中的空单元格、逻辑值、文本及错误值都不计入计数值。例如,如果单元格 A1:A4 中的数据分别为 1,2,"3",TRUE,COUNT(A1:A4)的结果为 2。

4. MAX/MIN 求最大值/最小值

格式:MAX (number1, [number2], …) / MIN (number1, [number2], …)

功能:返回所有参数中的最大值/最小值。

参数:number1 必需。参与求最大值/最小值的第一个数字、单元格或单元格区域。

number2 可选。参与求最大值/最小值的第二个数字、单元格或单元格区域。最多可以指定 255 个参数。

例:如果 A1:A5 单元格区域的数值分别为 5,6,7,8,9,那么 MAX(A1:A5)的结果为 9。

说明:

(1) 如果参数为数字、逻辑值、由数字组成的文本,都将参与计算,逻辑值 TRUE 作为 1 处理,FALSE 作为 0 处理。例如 MAX(−2,"3",TRUE)的结果为 3。

(2) 如果参数中有非数字组成的文本,例如 MAX(−2,"ABC",TRUE),结果为 #VALUE!值错误。

(3) 如果参数为单元格或单元格区域,单元格中的逻辑值、文本均不参与计算。例如,如果单元格 A1:A3 中的数据分别为 −2,"3",TRUE,MAX(A1:A3)的结果为 −2。

(4) 如果所有参数对应的单元格或单元格区域中都是逻辑值、文本或空单元格,MAX 的结果为 0。

常用函数后测习题

(1) 单击 Excel 功能区"_____"选项卡"函数库"组的"插入函数"按钮,将弹出"插入函数"对话框,从中查到 Excel 的全部函数。

  A. 开始   B. 插入

  C. 公式   D. 数据

(2) 求 C2:E7 与 D5:F9 相并的单元格区域内数值型数据的个数,采用相对地址引用,其函数应该表示为_____。

  A. SUM(C2:E7 D5:F9)   B. COUNT(C2:E7 D5:F9)

  C. SUM(C2:E7,D5:F9)   D. COUNT(C2:E7,D5:F9)

(3) 已知 E2 至 E4 单元格中存放了 3 位学生的考试成绩,以下公式中不能计算所有学生平均分的是_____。

  A. =AVERAGE(E2:E4)

  B. =SUM(E2:E4)/COUNT(E2:E4)

  C. =AVERAGE("E2:E4")

  D. =AVERAGE(E2,E3,E4)

5.5.5 数学和三角函数

视频名称	数学和三角函数	二维码
主讲教师	向华	
视频地址		

数学和三角函数用来进行各种数学和三角计算。

1. INT 取整

格式：INT(number)

功能：将数字向下舍入到最接近的整数。

参数：number 必需。要进行向下舍入取整的实数或单元格。

例：INT(8.9) 的结果为 8；INT(−8.1) 的结果为 −9。

说明：

(1) 将参数加上 0.5 后再取整可以对小数点右侧第一位小数四舍五入。

(2) 参数不能是单元格区域，也不能是文本，否则将显示 #VALUE! 值错误。

2. ROUND 四舍五入

格式：ROUND(number, num_digits)

功能：将数字四舍五入到指定的位数。

参数：number 必需。要进行四舍五入的实数或单元格。

num_digits 必需。四舍五入要保留的位数。

如果 num_digits 大于 0，将数字四舍五入到指定的小数位数。

如果 num_digits 等于 0，将数字四舍五入到整数。

如果 num_digits 小于 0，将数字四舍五入到小数点左边相应的位数。

例：ROUND(123.456，1) 的结果为 123.5；ROUND(123.456，0) 的结果为 123；ROUND(123.456，−1) 的结果为 120。

说明：参数不能是单元格区域，也不能是文本，否则将显示 #VALUE! 值错误。

3. RAND 产生随机实数

格式：RAND()

功能：产生一个大于等于 0 且小于 1 的平均分布的随机实数。

参数：无

例：设 a,b 为两个实数，a < b，RAND() * (b−a)+a 将产生 [a, b) 之间的随机实数。

设 m,n 为两个整数，m < n，INT(RAND() * (n−m+1)+m) 将产生 [m, n] 之间的随机整数。

说明：

(1) RAND 函数在每次计算工作表时都会产生一个新的随机实数，精度为 15 位数字。

(2) 虽然 RAND 函数没有参数，但是使用时函数名后面仍然要加上 ()，否则将显示 #NAME? 无效名称错误。

4. RANDBETWEEN 产生指定范围随机整数

格式：RANDBETWEEN(bottom, top)

功能：产生位于指定最小值、最大值之间的随机整数。

参数：bottom 必需。指定返回随机整数的最小值。

　　　top 必需。指定返回随机整数的最大值。

例：RANDBETWEEN(1,10)将产生一个[1,10]之间的随机整数。

说明：RANDBETWEEN 函数在每次计算工作表时都会产生一个新的随机整数。

5. MOD 取余

格式：MOD(number, divisor)

功能：返回两数相除的余数。结果的符号与除数相同。

参数：number 必需。要计算余数的被除数。

　　　divisor 必需。要计算余数的除数。

例：MOD(10,7)的结果为 3，MOD(10,−7)的结果为−4。

说明：divisor 除数不能为 0，否则将显示♯DIV/0！除零错。

 数学和三角函数后测习题

(1) 以下公式中，能判断单元格 C2 的值是否是奇数的公式是_____。

　　A. =MOD(C2,2)=1　　　　　　　　B. =MOD(2,C2)=1

　　C. =C2/2=1　　　　　　　　　　　D. =INT(C2/2)=C2/2

(2) 以下函数中，能与函数 RANDBETWEEN(11,30)产生相同范围随机整数的函数是_____。

　　A. =INT(RAND(20)+11)　　　　　B. =INT(RAND()*20+11)

　　C. =INT(RAND())*20+11　　　　　D. =INT(RAND()*20)

5.5.6 文本函数

视频名称	文本函数	二维码
主讲教师	向华	
视频地址		

文本函数用于对字符常量或单元格中的文本进行处理，例如取文本中的子字符串，求文本中的字符个数等。

在使用文本函数处理字符串时应注意，Excel 对字符计数时，一个英文字母、数字、符号或汉字的字符个数都是 1。

1. LEFT 提取左边字符

格式：LEFT(text, [num_chars])

功能：从字符串的第一个字符开始返回指定个数的字符。

参数：text 必需。要提取的字符的字符串。

num_chars 可选。要提取的字符个数。

例：LEFT("abcde",3)结果为"abc",LEFT("大学计算机",2)结果为"大学"。

说明：num_chars 应大于等于 0。如果 num_chars 大于字符串长度,LEFT 函数将返回整个字符串。如果省略 num_chars,默认返回字符串左边第一个字符。

2. RIGHT 提取右边字符

格式：RIGHT(text,[num_chars])

功能：从字符串的最后一个字符开始向左返回指定个数的字符。

参数：text 必需。要提取的字符的字符串。

num_chars 可选。要提取的字符个数。

例：RIGHT("abcde",3)结果为"cde",RIGHT("大学计算机",3)结果为"计算机"。

说明：num_chars 应大于等于 0。如果 num_chars 大于字符串长度,RIGHT 函数将返回整个字符串。如果省略 num_chars,默认返回字符串右边第一个字符。

3. MID 提取中间字符

格式：MID(text,start_num,num_chars)

功能：返回字符串中从指定位置开始的特定数目的字符。

参数：text 必需。要提取字符的字符串。

start_num 必需。要提取的第一个字符在字符串中的位置。

num_chars 必需。要提取的字符个数。

例：MID("abcde",3,2)结果为"cd",MID("大学计算机",3,2)结果为"计算"。

说明：

(1) start_num 应大于等于 0。如果 start_num 大于字符串长度,MID 函数返回""(空字符串)。

(2) num_chars 应大于等于 0。如果 start_num 加 num_chars 大于字符串长度,MID 函数返回从 start_num 开始到字符串结尾的所有字符。

4. LEN 统计字符个数

格式：LEN(text)

功能：返回字符串中的字符个数。

参数：text 必需。要计算字符个数的字符串。

例：LEN("abcde")结果为 5,LEN("大学计算机")结果为 5。

说明：

(1) 空格也是字符,也将计入字符个数。例如 LEN("大学 计算机")结果为 6。

(2) 空字符串""中没有字符,LEN("")结果为 0。

文本函数后测习题

(1) 已知身份证号的第 7～10 位是出生年份,要从 B2 单元格存放的身份证号中提取出生年份,应使用的函数是_____。

    A．MID(B2,7,10)　　　　　　　　B．MID(B2,7,4)

    C．MID(B2,7:10)　　　　　　　　D．MID(B2,7:4)

(2) 下列函数中与函数 RIGHT("Excel 函数",2)结果相同的是_____。
　　A. LEFT("Excel 函数",2)　　　　　　B. MID("Excel 函数",6,2)
　　C. LEN("Excel 函数")　　　　　　　D. MID("Excel 函数",2)

5.5.7　日期函数与时间函数

视频名称	日期函数与时间函数	二维码
主讲教师	向华	
视频地址		

　　日期与时间函数用于处理日期和时间数据。在 Excel 中,日期和时间以序列号的形式存储。序列号中,整数部分表示日期,小数部分表示时间。默认 1900 年 1 月 1 日 0 时 0 分 0 秒的序列号为 1,2021 年 1 月 1 日 12 时 0 分 0 秒的序列号为 44197.5,表示距 1900 年 1 月 1 日有 44197 天,距 0 时 0 分 0 秒 12 小时。

　　在单元格中输入日期时间数据后,如果将单元格格式设置为常规或数字类型,将显示序列号,如果将单元格格式设置为日期或时间类型,将按日期或时间格式显示结果。

1. TODAY 取当前日期

格式:TODAY()

功能:返回当前日期。

参数:无。

例:TODAY()+3 结果为从当前日期起,3 天以后的日期。

说明:

(1) 当前日期和时间指计算机的系统时钟当前的日期和时间。

(2) TODAY 函数的结果将在打开工作簿或重新计算工作表时自动更新。

2. NOW 取当前日期和时间

格式:NOW()

功能:返回当前日期和时间。

参数:无。

例:NOW()+0.5 结果为从当前时间起,12 小时以后的日期和时间。

说明:

NOW 函数的结果将在打开工作簿或重新计算工作表时自动更新。

3. YEAR 取日期所在年份

格式:YEAR(serial_number)

功能:返回日期对应的年份。

参数:serial_number 必需。要计算年份的日期。

例:如果 A1 单元格中存放的是日期 2021 年 9 月 1 日,YEAR(A1)的结果为 2021。

说明:

(1) serial_number 应该是日期类型数据或序列号,例如日期型单元格,结果为日期的函数等。

(2) YEAR 函数的结果为数值。假设 C2 单元格存放的是出生日期,通常使用 YEAR

(TODAY())－YEAR(C2)来计算年龄。

 日期时间函数后测习题

(1) 以下公式中错误的是_____。

    A. ＝YEAR(TODAY())   B. ＝YEAR("2020/1/1")

    C. ＝YEAR(NOW())   D. ＝YEAR(2020/1/1)

(2) 设 F2 单元格存放的是职工的入职日期,能计算该职工工龄的公式是_____。

    A. ＝TODAY()－F2

    B. ＝YEAR(F2)－YEAR(TODAY())

    C. ＝F2－TODAY()

    D. ＝YEAR(TODAY())－YEAR(F2)

5.5.8 逻辑函数

视频名称	逻辑函数	二维码
主讲教师	向华	
视频地址		

逻辑函数用于进行各种逻辑判断或逻辑运算。

1. IF 条件判断函数

格式:IF(logical_test, value_if_true, [value_if_false])

功能:对值进行逻辑测试,根据逻辑测试值的真假返回不同的结果。

参数:logical_test 必需。要进行测试的条件。

      value_if_true 必需。logical_test 的结果为 TRUE 时,函数返回的值。

      value_if_false 可选。logical_test 的结果为 FALSE 时,函数返回的值。

例:设 E2 单元格有学生成绩,函数 IF(E2≥60,"及格","不及格")表示如果 E2 单元格的值大于或等于 60,则显示"及格",否则显示为"不及格",见图 5.29。

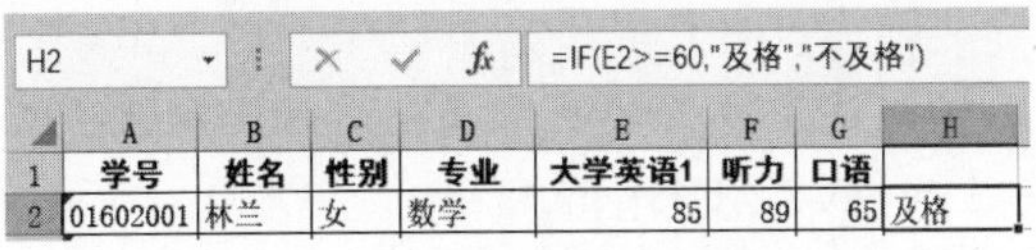

图 5.29 使用 IF 函数判断是否及格

说明:

(1) logical_test 测试条件的结果应该是 TRUE 或 FALSE。如果测试条件为数值,系统将 0 作为 FALSE,非 0 值作为 TRUE。如果测试条件的结果为文本,将显示 #VALUE! 值错误。

(2) 在 IF 函数的 value_if_true 和 value_if_false 参数中可以嵌套 IF 函数,实现多分支判断。例如 IF(B2≥85,"优秀",IF(B2≥60,"及格","不及格"))可以将学生成绩分成"优秀""及格""不及格"三档,见图 5.30。Excel 最多允许嵌套 64 级 IF 函数。但 IF 嵌套

图 5.30 使用 IF 函数嵌套判断成绩等级

层数过多会使公式判断逻辑复杂,也容易出错。对于分支较多的条件判断,建议使用 VLOOKUP 或其他函数实现。

2. AND 与函数

格式:AND(logical1, [logical2], …)

功能:判断所有参数中条件判断的结果是否均为 TRUE,如果是,返回 TRUE,否则返回 FALSE。

参数:logical1 必需。第一个要判断的条件。

logical2 可选。其他要进行判断的条件。最多可以指定 255 个条件。

例:设 B2 单元格的值为 0.3,函数 AND(B2>0,B2<1)表示判断 B2 单元格的值是否在 0 到 1 之间,结果为 TRUE。

说明:

(1) logical1、logical2 等测试条件返回的结果应该为逻辑值 TRUE 或 FALSE。如果测试条件的结果为文本,将显示#VALUE!值错误。

(2) AND 函数经常嵌套在 IF 函数的 logical_test 测试条件参数中,先计算多个条件进行"与"运算的结果,再进行条件判断。

3. OR 或函数

格式:OR(logical1, [logical2], …)

功能:判断所有参数中是否有条件判断的结果为 TRUE,如果有,返回 TRUE,否则返回 FALSE。

参数:logical1 必需。第一个要判断的条件。

logical2 可选。其他要进行判断的条件。最多可以指定 255 个条件。

例:设 B2 单元格的值为 0.3,函数 OR(B2>1,B2<0)表示判断 B2 单元格的值是否小于 0 或大于 1,结果为 FALSE。

说明:

(1) logical1、logical2 等测试条件返回的结果应该为逻辑值 TRUE 或 FALSE。如果测试条件的结果为文本,将显示#VALUE!值错误。

(2) OR 函数经常嵌套在 IF 函数的 logical_test 测试条件参数中,先计算多个条件进行"或"运算的结果,再进行条件判断。

 逻辑函数后测习题

(1) 已知 B3 单元格的数据值为 50,C3 的内容为"=IF(B3>40,B3*0.8,B3*1.2)",该公式运算后将在 C3 单元格显示_____。

    A. 40   B. 50   C. 60   D. TRUE

(2) 已知 B2 单元格存放的是某同学数学成绩,C2 单元格存放的是英语成绩。要判断该同学两门课是否都及格,应采用的公式是_____。

  A. =AND(B2>=60,C2>=60)   B. =OR(B2>=60,C2>=60)

  C. =B2>=60 AND C2>=60   D. =B2>=60 OR C2>=60

(3) 已知 B2 单元格存放的是某同学数学成绩,C2 单元格存放的是英语成绩。要判断该同学是否有课程不及格,应采用的公式是_____。

  A. =AND(B2<60,C2<60)   B. =OR(B2<60,C2<60)

  C. =AND(B2,C2)<60   D. =OR(B2,C2)<60

5.5.9 统计函数

视频名称	统计函数	二维码
主讲教师	向华	
视频地址		

统计函数用于对数据进行统计分析。

1. RANK.EQ 排位函数

格式：RANK.EQ(number, ref, [order])

功能：返回一个数值在指定单元格区域中的排位。如果单元格区域中有多个值相同,这些值取最高排位。

参数：number 必需。要计算排位的数字。

  ref 必需。参与排序的数据所在的单元格区域。

  order 可选。排位方式,0 表示降序,1 表示升序。省略时默认排位方式为降序。

例：设 A1:A5 单元格区域中的值依次为 81、82、83、83、84,函数 RANK.EQ(82,A1:A5)的结果为 4,函数 RANK.EQ(A3,A1:A5,1)的结果为 3。

说明：

(1) 在计算排位时,number 应该是数字,如果 number 为文本,将显示♯VALUE! 值错误。如果 number 的值在 ref 区域中不存在,将显示♯N/A 值不可用错误。

(2) ref 单元格区域中如果有文本,文本将被忽略。

2. COUNTIF 条件计数函数

格式：COUNTIF(range, criteria)

功能：统计指定区域中满足某个条件的单元格的数量。

参数：range 必需。要按条件计数的单元格区域。

  criteria 必需。进行计数的单元要满足的条件。

例：设 D2:D17 单元格区域中存放的是学生的专业,F2:F17 单元格区域存放的是学生的听力成绩,函数 COUNTIF(D2:D17,"计算机")用来统计计算机专业的学生人数。函数 COUNTIF(F2:F17,">=60")用来统计听力及格的学生人数。

说明：

(1) criteria 条件要使用""括起来。如果要在条件中表示等于一个值,直接在""中写要等于的值。如果要表示大于、小于某个值等条件,则应写成">值"或"<值"。

(2) COUNTIF 函数只能统计满足一个条件的单元格个数。如果要统计满足多个条件的单元格个数,应使用 COUNTIFS 函数。

3. COUNTIFS 多条件计数函数

格式:COUNTIFS(criteria_range1, criteria1, [criteria_range2, criteria2], …)

功能:统计跨多个区域的单元格中,满足所有条件的次数。

参数:criteria_range1 必需。要计数的单元格区域。

criteria1 必需。进行计数的单元要满足的条件。

criteria_range2,criteria2 可选。附加的条件计数区域及其关联条件。最多可以设置 127 个条件区域及关联条件。

例:设 D2:D17 单元格区域中存放的是学生的专业,G2:G17 单元格区域存放的是学生口语成绩,函数 COUNTIFS(D2:D17,"计算机",G2:G17,">=60")用来统计计算机专业口语及格的学生人数。

说明:

(1) 多条件计数时,多个条件之间是"与"关系,即同一行的所有处于条件区域的单元格都满足指定条件,才进行计数。

(2) 附加条件区域和第一个条件区域可以不相邻,但必须和第一个条件区域具有相同的行数和列数。

4. SUMIF 条件求和函数

格式:SUMIF(range, criteria, [sum_range])

功能:对指定区域中满足某个条件的值求和。

参数:range 必需。要按条件求和的单元格区域。

criteria 必需。进行求和的单元格要满足的条件。

sum_range 可选。条件区域和求和区域不一致时指定求和区域。如果省略,表示求和区域和条件区域相同。

例:设 D2:D17 单元格区域中存放的是学生的专业,F2:F17 单元格区域存放的是学生的听力成绩,函数 SUMIF(D2:D17,"计算机",F2:F17)用来统计计算机专业学生的听力总分。函数 SUMIF(F2:F17,">=60")用来统计听力及格学生的总分。

说明:

(1) criteria 条件要使用""括起来。如果要在条件中表示等于一个值,直接在""中写要等于的值。如果要表示大于、小于某个值等条件,则应写成">值"或"<值"。

(2) sum_range 求和区域的大小和形状应该和 range 条件区域相同。

(3) SUMIF 函数只能统计满足一个条件的单元格之和。如果要统计满足多个条件的单元格之和,应使用 SUMIFS 函数。

5. SUMIFS 多条件求和函数

格式:SUMIFS (sum_range, criteria_range1, criteria1, [criteria_range2, criteria2], …)

功能:对指定区域中满足多个条件的值求和。

参数:sum_range 必需。要求和的单元格区域。

criteria_range1 必需。求和条件数据对应的单元格区域。

criteria1 必需。条件区域关联的条件。

criteria_range2,criteria2 可选。附加的条件求和区域及其关联条件。最多可以设置127个条件区域及关联条件。

例：设 D2:D17 单元格区域中存放的是学生的专业，E2:E17 单元格区域存放的是学生的大学英语成绩，函数 SUMIFS(E2:E17,D2:D17,"计算机",E2:E17,">=60")用来统计计算机专业大学英语1及格学生的总分。

说明：

(1) 多条件求和时，多个条件之间是"与"关系，即与求和单元格同一行的所有处于条件区域的单元格都满足指定条件，才进行求和。

(2) 条件区域和求和区域必须具有相同的行数和列数。

在 Excel 统计函数中，AVERAGEIFS 函数功能是对指定区域中满足多个条件的值求平均值。函数用法与 SUMIFS 类似，读者可以试试使用 AVERAGEIFS 函数求上例中计算机专业大学英语及格学生的平均分。

 统计函数后测习题

(1) 在 Excel 成绩单工作表中包含了20个同学的成绩，C 列为成绩值，第一行为标题行，在不改变行列顺序的情况下，在 D 列统计每位学生的成绩排名，应在 D2 单元格中填入公式_____，再向下填充至 D21 单元格。

  A．=RANK.EQ(C2,C2:C21)

  B．=RANK.EQ(C2,$C$2:$C$21)

  C．=RANK.EQ(C2,$C2:$C21)

  D．=RANK.EQ($C$2,$C$2:$C$21)

(2) 在 Excel 工作表中存放了某年级300个学生的考试成绩，A 列到 D 列分别对应"学号""班级""性别""成绩"，第一行为标题行。利用公式计算3班男生的平均分，正确的公式是_____。

  A．=SUMIF(D2:D301,B2:B301,"3班",C2:C301,"男")

  B．=SUMIFS(D2:D301,B2:B301,"3班",C2:C301,"男")

  C．=AVERAGEIFS(D2:D301,B2:B301,"3班",C2:C301,"男")

  D．=AVERAGEIF(D2:D301,B2:B301,"3班",C2:C301,"男")

5.5.10 查找和引用函数

视频名称	查找和引用函数	二维码
主讲教师	向华	
视频地址		

查找和引用函数用来在数据列表或表格中查找特定数值，或者返回某些指定引用。

1. LOOKUP 查找

格式：LOOKUP (lookup_value, lookup_vector, [result_vector])

功能：在单行、单列或数组中查找值，返回另一行或列中与查找到的值位置相匹配的数据。

参数：lookup_value 必需。要在 lookup_vector 中查找的值，可以是数字、文本、逻辑值、单元格引用。

lookup_vector 必需。查找区域，应为只包含单行或单列的单元格区域，值为文本、数字或逻辑值。行或列必须按升序排序。

result_vector 可选。查找结果所在区域，应为只包含单行或单列的单元格区域，大小应于 lookup_vector 区域相同。

例：在“成绩”表中，A2：A17 单元格区域中的学号已按升序排序。函数 LOOKUP (C19，A2：A17，B2：B17)表示在 A2：A17 区域中查找与 C19 单元格相同的学号，返回 B2：B17 区域中对应行的结果，即在学号中找到 C19 单元格中指定的学号，返回该学号对应的学生姓名，如图 5.31 所示。

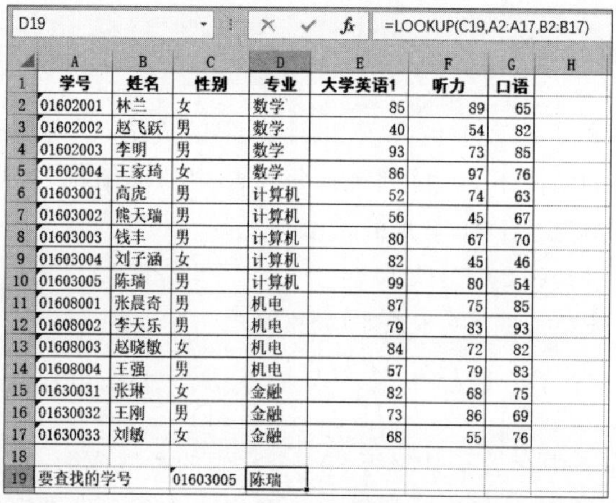

D19 =LOOKUP(C19,A2:A17,B2:B17)

	A	B	C	D	E	F	G	H
1	学号	姓名	性别	专业	大学英语1	听力	口语	
2	01602001	林兰	女	数学	85	89	65	
3	01602002	赵飞跃	男	数学	40	54	82	
4	01602003	李明	男	数学	93	73	85	
5	01602004	王家琦	女	数学	86	97	76	
6	01603001	高虎	男	计算机	52	74	63	
7	01603002	熊天瑞	男	计算机	56	45	67	
8	01603003	钱丰	男	计算机	80	67	70	
9	01603004	刘子涵	女	计算机	82	45	46	
10	01603005	陈瑞	男	计算机	99	80	54	
11	01608001	张晨奇	男	机电	87	75	85	
12	01608002	李天乐	男	机电	79	83	93	
13	01608003	赵晓敏	女	机电	84	72	82	
14	01608004	王强	男	机电	57	79	83	
15	01630031	张琳	女	金融	82	68	75	
16	01630032	王刚	男	金融	73	86	69	
17	01630033	刘敏	女	金融	68	55	76	
18								
19	要查找的学号		01603005	陈瑞				

图 5.31　LOOKUP 查找指定学号对应的学生姓名

说明：

(1) 使用 LOOKUP 查找时，查找区域必须先按升序排序，否则会返回错误结果。

(2) LOOKUP 查找如果没有找到匹配的数据，系统将显示与查找区域中比查找值小的最大值所对应的查找结果。例如，如果图 5.31 中 C19 单元格的学号为 01603006，返回的姓名仍为“陈瑞”。

2. VLOOKUP 纵向查找

格式：VLOOKUP (lookup_value, table_array, col_index_num, [range_lookup])

功能：在指定区域中纵向查找值，返回区域的指定列中与查找到的值相匹配的数据。

参数：lookup_value 必需。查找目标，可以是数字、文本、单元格引用。

table_array 必需。查找范围。其中第一列为查找的数据所在列。

col_index_num 必需。返回数据在查找区域的列号。

range_lookup 可选。查找方式，取值为 TRUE(或 1)/FALSE(或 0)，分别表示近似匹配或精确匹配。当 range_lookup 省略时，系统默认为近似匹配。

精确匹配时，如果找到查找目标，返回该数据所在行对应返回列的值；如果有多个数据与查找目标匹配，返回第一个数据对应返回列的值；如果没有找到数据，则显示＃N/A 值不可用错误。

近似匹配时，如果找到查找目标，返回该数据所在行对应返回列的内容，如果没有找到数据，则显示与查找数据最接近的数据（小于查找目标的最大值）对应返回列的内容。使用近似匹配查找之前，要对查找范围的第一列升序排序。

例：

(1) 在“成绩”表中，函数＝VLOOKUP(C19，B2：G17，5，FALSE)表示要查找的数据是C19单元格的值“陈瑞”，查找区域为B2：G17，其中第1列B2：B17为要查找的姓名所在区域。要返回的听力成绩在查找区域的第5列，查找方式为精确匹配。查找时，系统在B2：B17区域中找到“陈瑞”在第9行，返回该行对应查找区域的第5列的单元格数据，即陈瑞的听力成绩，如图5.32所示。

D19　=VLOOKUP(C19,B2:G17,5,FALSE)

	A	B	C	D	E	F	G	H
1	学号	姓名	性别	专业	大学英语1	听力	口语	
2	01602001	林兰	女	数学	85	89	65	
3	01602002	赵飞跃	男	数学	40	54	82	
4	01602003	李明	男	数学	93	73	85	
5	01602004	王家琦	女	数学	86	97	76	
6	01603001	高虎	男	计算机	52	74	63	
7	01603002	熊天瑞	男	计算机	56	45	67	
8	01603003	钱丰	男	计算机	80	67	70	
9	01603004	刘子涵	女	计算机	82	45	46	
10	01603005	陈瑞	男	计算机	99	80	54	
11	01608001	张晨奇	男	机电	87	75	85	
12	01608002	李天乐	男	机电	79	83	93	
13	01608003	赵晓敏	女	机电	84	72	82	
14	01608004	王强	男	机电	57	79	83	
15	01630031	张琳	女	金融	82	68	75	
16	01630032	王刚	男	金融	73	86	69	
17	01630033	刘敏	女	金融	68	55	76	
18								
19	要查找的姓名		陈瑞	80				

图5.32　VLOOKUP精确查找陈瑞的听力成绩

(2) 在“分数等级换算”表中，函数VLOOKUP(B8，B2：C6，2，1)表示要查找B8单元格中的数据78，查找范围为B1：C6单元格区域，要返回查找区域中的第2列分数等级，查找方式为近似匹配。查找时，78不在B2：B6中，返回比78小的最大数值70对应的等级C，如图5.33所示。

C8　=VLOOKUP(B8,B2:C6,2,1)

	A	B	C	D	E	F
1	分数段	分数段起点	等级			
2	0≤分数<60	0	E			
3	60≤分数<70	60	D			
4	70≤分数<80	70	C			
5	80≤分数<90	80	B			
6	90≤分数≤100	90	A			
7						
8	请输入分数：	78	C			

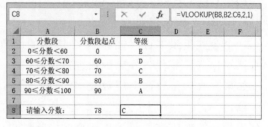

图5.33　VLOOKUP近似匹配确定分数等级

说明：

(1) 在精确匹配时，如果未找到匹配的数据，系统将显示＃N/A 值不可用错误。如果要在未找到匹配数据时显示“未找到”或相关提示，可以将VLOOKUP和IFERROR函数配合使用。例如前面例题中查找某学生听力成绩的公式可以写为：＝IFERROR(VLOOKUP(C19，B2：G17，5，FALSE)，"未找到")。

(2) VLOOKUP函数必须将查找对象所在的列作为查找区域的第1列。如果返回值所在的列在查找对象所在列的左侧，可以调整表格中列的顺序再查找，也可以使用公式改变

查找范围中的数据次序再查找。

(3) 在进行近似匹配时,必须先对查找范围的第 1 列升序排序,否则可能返回错误的查找结果。

在 Excel 统计函数中,HLOOUP 函数用法与 VLOOKUP 类似,功能是在指定区域中横向查找值,返回区域的指定行中与查找到的值相匹配的数据。例如函数 HLOOKUP("听力",A1:G17,3,FALSE)可以返回"成绩"表中第 3 行赵飞跃同学的听力成绩。

查找和引用函数后测习题

(1) 在使用 LOOKUP 函数查找时,以下说法正确的是_____。
  A. 查找前,查找区域必须先升序排序
  B. 查找前,查找结果区域必须先升序排序
  C. 查找前,查找区域和查找结果区域必须都升序排序
  D. 查找可以直接进行,不需要先排序

(2) 在使用 VLOOKUP 函数时,要查找的值必须处于查找区域中的_____列。
  A. 第 1   B. 第 2   C. 最后   D. 任意

(3) VLOOKUP 函数查找时,第四个参数值为_____时表示查找方式为精确匹配。
  A. TRUE   B. FALSE   C. 1   D. 省略

5.5.11 函数嵌套

视频名称	函数嵌套	二维码
主讲教师	向华	
视频地址		

在 Excel 中,一个函数可以作为另一个函数的参数,形成函数嵌套。例如公式=INT(AVERAGE(E2:E17)),将 AVERAGE 函数求平均值的结果作为参数,嵌套在 INT 函数中,对计算的平均值再取整。

一个公式里最多可以嵌套 64 个级别的函数。系统在计算时,先计算内层函数的结果,再将结果作为参数代入外层函数进行计算。

如果公式中函数嵌套层数较多,或中间的计算过程较复杂,理解和检查公式会比较困难。单击"公式"选项卡"公式审核"组中的"公式求值"按钮,在"公式求值"对话框中可以按照公式的计算次序查看每一步运算的中间结果。

例如:在"成绩"表中,E18 单元格中的公式=INT(AVERAGE(E2:E17)*10+0.5)/10 的结果为对所有学生数学成绩求平均值以后,再使用 INT 函数实现四舍五入保留一位小数。选择 E18 单元格后,单击"公式"选项卡"公式审核"组中的"公式求值"按钮,在"公式求值"对话框中单击"求值"按钮可以看到公式每一步计算时得到的中间值。

在嵌套函数作为参数时还应该注意,内层嵌套函数返回数字类型必须与参数要求的数字类型一致。例如 INT 函数参数应该是数值,INT 内的 AVERAGE 函数返回的结果也是

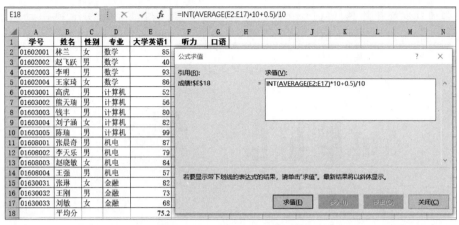

图 5.34 "公式求值"对话框

数值。如果 INT 函数内嵌套的函数返回值是文本,系统将显示♯VALUE!值错误。

 函数嵌套后测习题

(1) 一个 Excel 公式里最多可以嵌套_____级函数。
　　A. 3　　　　　　B. 8　　　　　　C. 10　　　　　　D. 64
(2) 如果公式中有函数嵌套,计算次序为_____。
　　A. 从左向右　　B. 从右向左　　C. 由内向外　　D. 由外向内

5.6　图　　表

图表是工作表中数值类数据的图形化表示,是数据可视化工具。图表能形象、直观地反映数据的对比关系或趋势,让用户一目了然。

5.6.1　插入图表

视频名称	插入图表	二维码
主讲教师	向华	
视频地址		

图表是依据工作表中的数据生成的,制作图表时需要先分析数据,选择合适的图表类型,然后选择数据区域生成图表,最后根据需要对图表的细节进行调整。

Excel 提供 15 种不同类型的图表,不同类型的图表表达数据的侧重点不一样。例如柱形图和条形图适合表现不同类别数值的对比,饼图和圆环图适合表现部分和总体的关系,折线图和面积图多用来表现随时间推移数据的变化趋势,散点图和气泡图常用于显示和比较数值。所以在制作图表之前需要先根据数据要表达的信息选择合适的图表类型。例如,如果要展示学生学习成绩的对比情况,可以用柱形图;要分析消费支出比例,应该使用饼图;

要展示各地气温变化趋势,可以使用折线图;游戏中展示角色战斗能力,则经常使用雷达图,如图 5.35 所示。如果不确定该使用哪种图表表现数据,可以选择数据后,单击“插入”选项卡“图表”组中的“推荐的图表”按钮,Excel 将根据数据提出选择建议。

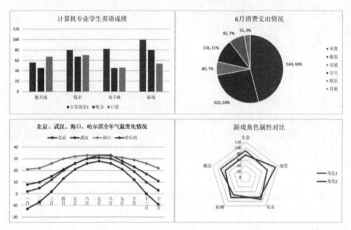

图 5.35　选择合适的图表表现数据

1. 选择图表数据区域

一张图表关联的数据通常分为两部分,一部分是承载数据的各个对象,在图表中被称为类别,在类别轴上列出,另一部分是承载数据的对象在某项目上的具体数值,称为系列值,在值轴方向展示。不同类型的图表,类别轴、值轴和数据系列的选取和显示不一样。

在插入图表时,首先要选择与图表关联的数据区域,即确定要在图表中展现的数据类别、数据系列。

选择数据区域时应该注意:

(1) 图表中类别和数据系列对应数据的标题行必须选择。

(2) 如果类别所在的区域与系列所在的区域不连续,则应该先拖动鼠标选择类别中的第一个区域,再按住 Ctrl 键,依次选择类别中的其他区域以及系列中的各个区域。系列区域选择时的拖动动作要和类别区域动作一致,避免造成图表的混乱。

	A	B	C	D	E	F	G
1	学号	姓名	性别	专业	大学英语1	听力	口语
2	01602001	林兰	女	数学	85	89	65
3	01602002	赵飞跃	男	数学	40	54	82
4	01602003	李明	男	数学	93	73	85
5	01602004	王家琦	女	数学	86	97	76
6	01603001	高虎	男	计算机	52	74	63
7	01603002	熊天瑞	男	计算机	56	45	67
8	01603003	钱丰	男	计算机	80	67	70
9	01603004	刘子涵	女	计算机	82	45	46
10	01603005	陈瑞	男	计算机	99	80	54
11	01608001	张晨奇	男	机电	87	75	85

图 5.36　选择计算机专业学生姓名及大学英语 1 成绩

例如,要在“学生成绩”工作表中制作计算机专业学生大学英语 1 成绩的柱形图,应该选择的数据区域包括姓名(类别)、大学英语 1(数据系列),如图 5.36 所示。选区顺序建议先选择 B1 单元格,然后按住 Ctrl 键,依次选择 B6:B10、E1、E6:E10 区域。

2. 插入图表

选择数据区域后,单击“插入”选项卡“图表”组中的“推荐的图表”按钮或某一图表分类按钮,选择要插入的图表类型,即可在当前工作表内插入相应图表,如图 5.37 所示。这种方式插入的图表为嵌入式图表,拖动图表对象可以在工作表内移动图表,拖动图表边框四角及边框中间的尺寸控制柄,可调整图表的大小。

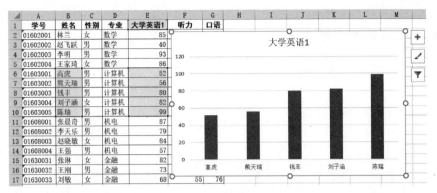

图 5.37 插入二维簇状柱形图

在当前工作表内插入嵌入式图表后,选定图表,单击"设计"选项卡"位置"组中的"移动图表"按钮,或右击图表,在快捷菜单中选择"移动图表"命令,可以如图 5.38 所示"移动图表"对话框中设置图表对象位于的工作表,也可以选择创建新工作表,将图表作为独立图表放置在新工作表中。独立图表占满整张工作表,图表区的位置和大小不能改变。

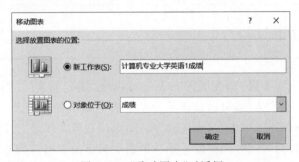

图 5.38 "移动图表"对话框

选定要制作图表的数据区域后,按下 F11 键,可以快速生成一个二维簇状柱形图的图表工作表,如图 5.39 所示。

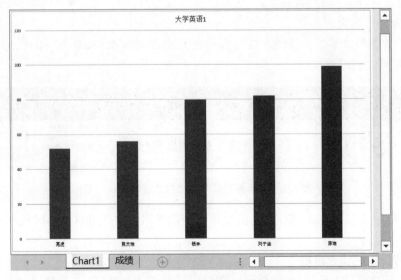

图 5.39 快速生成的独立图表工作表

插入图表后测习题

（1）柱形图横轴上列出的是_____。
    A. 系列名称　　　　B. 数值　　　　C. 类别名称　　　　D. 图例
（2）选定单元格区域后，按_____键可以快速生成放置在独立图表工作表中的二维簇状柱形图。
    A. F4　　　　　　　B. F5　　　　　C. F10　　　　　　　D. F11
（3）为图表选择数据区域时，该区域_____。
    A. 必须是连续区域　　　　　　　　　B. 可以是不连续的区域
    C. 不能包含非数值数据　　　　　　　D. 只能包括两列数据

5.6.2　编辑图表

视频名称	编辑图表	二维码
主讲教师	向华	
视频地址		

插入图表后，选定图表区，图表区的右上角将出现"图表元素""图表样式""图表筛选器"按钮，单击"图表元素"按钮，可以选择是否在图表中显示各种图表元素，例如坐标轴、图表标题、数据标题、图例等。单击"图表样式"按钮，可以在样式库里选择图表样式，改变图表配色。单击"图表筛选器"按钮，则可以选择在图表中显示的数据系列和类别，相当于对图表中展示的数据进行筛选。

创建图表后，可以利用"图表工具"功能区和"格式"任务窗格对表格进行编辑。

1. "图表工具"功能区

选定图表后，Excel 的"图表工具"功能区将出现"设计""格式"两个选项卡，利用这些工具，可对图表进行编辑。

"设计"选项卡如图 5.40 所示，其主要功能是对图表的布局、颜色、样式、数据、图表类型、位置等属性进行设置。

图 5.40　"图表工具"功能区的"设计"选项卡

"格式"选项卡如图 5.41 所示，其主要功能是设置图表中选定对象的形状样式、排列、大小等。

2. "设置格式"任务窗格

右击图表中的图表元素，例如坐标轴、数据系列、图表标题等，在快捷菜单中选择"设置

图 5.41 "图表工具"功能区的"格式"选项卡

<图表元素>格式"命令,窗口右侧将出现"设置<图表元素>格式"任务窗格。在窗格中将显示所选图表元素对应的"填充与线条""效果""大小与属性""选项"等各类设置图标,单击图标,在下方的选项中可以对选定图表元素的细节进行设置。图 5.42 为"设置坐标轴格式"任务窗格。

图 5.42 "设置坐标轴格式"任务窗格

编辑图表后测习题

(1) 生成柱形图后,可以直接在图表上修改内容的项目是_____。
    A. 图表标题   B. 图例中的文字
    C. 分类轴中的分类名称   D. 数据标签中的值
(2) 创建图表后,如果修改图表数据区域中的数据,图表内容_____。
    A. 不更新   B. 自动同步更新
    C. 需要执行"刷新"命令才更新   D. 关闭工作簿再重新打开时才更新

5.7 数据管理与分析

在 Excel 中,将由一个标题行和若干数据行组成的矩形单元格区域称为数据列表。数据列表中的每一行数据称为一条记录,每一列称为一个字段,每一列对应的标题称为字段名。对于数据列表中的数据,Excel 可以进行排序、筛选、分类汇总及数据透视等各种数据管理和分析操作,帮助用户从大量数据中快速得到有价值的信息。

在进行排序、筛选、分类汇总、数据透视等操作时,系统能够自动检测当前单元格周围的数据,识别数据列表区域,再进行操作。

5.7.1 排序

视频名称	排序	二维码
主讲教师	向华	
视频地址		

在工作表中输入数据后,数据列表中某些列上的数据通常是杂乱无序的。为了更直观地显示数据、方便对数据进行查找、分类,做出更有效的决策,经常要对表中的某一列或某几列数据进行排序。

排序有升序和降序两种次序,升序指数据自上而下按照从小到大次序排列,降序则按照从大到小次序排列。对数值型字段排序时,数值的大小决定排序次序。对文本型的字段排序时,英文按字母表顺序决定数据值的大小,汉字默认按拼音的字母顺序决定数据值大小,汉字排在英文字母后面。对日期型的数据进行排序时,按日期先后决定数据值大小。

进行排序的列称为关键字。排序时,可以对一个关键字排序,也可以对多个关键字排序。关键字中的单元格调整顺序时,数据列表中的每条记录将随之移动。

1. 单关键字排序

选定数据列表中要排序的关键字列中的任意一个单元格,单击"数据"选项卡"排序和筛选"分组中的"升序/降序"按钮,或者单击"开始"选项卡"编辑"组里"排序和筛选"按钮中的"升序/降序"命令完成排序。

2. 多关键字排序

多关键字排序可以设置一个主要关键字和多个次要关键字。排序时,首先对数据列表中的数据按主要关键字进行排序,主要关键字相同的行则依次按次要关键字排序。在Excel中,最多可以按64列进行排序。

要进行多关键字排序,需要先选定数据列表中的任意一个单元格,再单击"数据"选项卡"排序和筛选"组中的"排序"按钮,或者单击"开始"选项卡"编辑"组中"排序和筛选"按钮中的"自定义排序"命令,在"排序"对话框中设置关键字,单击"确定"按钮完成排序,如图5.43所示。

图 5.43 "排序"对话框

Excel 排序操作默认是对关键字按列排序,字母不区分大小写,汉字按拼音的字母顺序判断大小。如果需要修改这些设置,可以单击"排序"对话框中的"选项"按钮,在"排序选项"对话框中进行设置,如图 5.44 所示。

图 5.44 "排序选项"对话框

 排序后测习题

(1) 对某一工作表中的数据,按多个关键字进行排序,可以单击"数据"选项卡"排序和筛选"组中的"_____"按钮开始操作。

  A. 排序   B. 升序   C. 降序   D. 高级

(2) 在 Excel 的"排序"对话框中,最多可以设定_____个关键字。

  A. 1   B. 2   C. 64   D. 128

(3) 按两个关键字进行排序时,操作效果是:_____。

  A. 主要关键字不同时,再按次要关键字排序

  B. 主要关键字相同时,再按次要关键字排序

  C. 次要关键字不同时,再按主要关键字排序

  D. 次要关键字相同时,再按主要关键字排序

5.7.2 筛选和高级筛选

视频名称	筛选和高级筛选	二维码
主讲教师	向华	
视频地址		

在处理数据时,数据列表中可以容纳的数据量可能非常大。利用筛选可以从大量记录中找出满足指定条件的记录并显示,快速获得有价值的信息。

1. 筛选

1) 建立自动筛选

选定数据列表中的任意一个单元格,单击"数据"选项卡"排序和筛选"组中的"筛选"按钮,或单击"开始"选项卡"编辑"组"排序和筛选"按钮中的"筛选"命令,可以在数据列表中建立自动筛选。

建立自动筛选后,数据列表中每个字段名右侧会出现一个黑色三角形,单击三角形打开筛选菜单,可以设置筛选类型和筛选条件。

自动筛选包括三种筛选类型：按值列表筛选、按条件筛选和按颜色筛选，如图5.45所示。三种筛选类型中可以任选一种对某列数据进行自动筛选。

（1）按值列表筛选。值列表筛选中显示筛选字段中所有的数据值，清除列表顶部的"全选"复选框后，在列表中选择要作为筛选依据的数据值，单击"确定"按钮，表格中将只显示等于选定数据值的记录。

（2）按条件筛选。对于文本型数据、数值型数据、日期型数据，建立筛选后，筛选菜单中将分别显示不同的条件筛选子菜单，单击对应选项，将打开"自定义自动筛选方式"对话框，如图5.46所示。设置筛选条件后，单击"确定"按钮筛选数据。

图5.45　自动筛选的类型

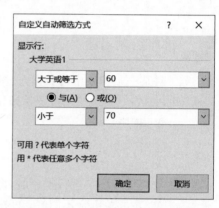

图5.46　"自定义自动筛选方式"对话框

在"自定义自动筛选方式"对话框中，可以设置两个筛选条件，两个筛选条件之间需要指定是"与"运算还是"或"运算。"与"运算表示同时满足两个条件的数据才符合筛选条件，"或"运算表示只要满足两个条件中的一个就符合筛选条件。

（3）按颜色筛选。如果单元格设置了字体颜色或填充颜色，还可以在颜色筛选菜单中设置按字体颜色或填充颜色进行筛选。

执行筛选操作后，Excel显示满足指定条件的记录，隐藏不满足条件的记录。对于筛选得到的数据子集，可以直接进行复制、查找、编辑、设置格式、制作图表和打印等。

如果在数据列表的多个字段中分别设置筛选条件，各条件之间是"与"关系，只有同时满足各列筛选条件的记录才会被筛选出来。自动筛选无法筛选字段之间为"或"关系的条件，如果要筛选字段之间的关系为"或"的条件，则需要使用高级筛选。

2）取消自动筛选

设置自动筛选条件后，如果要显示所有数据，可以清除筛选条件或取消自动筛选。

单击已设置筛选条件的字段右侧的"筛选"按钮，在菜单中选择"在筛选列中清除筛选"命令，可以清除选定字段的筛选条件，显示这一列的所有数据。

选定筛选结果中的任意一个单元格，单击"数据"选项卡"排序和筛选"组中的"筛选"按钮，可以取消自动筛选。取消自动筛选时，将清除所有的筛选条件。

2. 高级筛选

如果筛选条件比较复杂，存在字段之间的"或"运算，则必须使用高级筛选解决问题。

1) 建立高级筛选

进行高级筛选之前,需要先在工作表的空白处建立筛选条件区域。条件区域的标题行由数据列表的标题行组成,下方的每个单元格可以输入一个对应条件。

条件填写规则如下:

- 等于条件直接写等于的值,大于、小于等条件写">值"或"<值",空单元格表示无条件。
- 同一行的条件表示逻辑"与"运算,不同行的条件表示逻辑"或"运算。

例如,图 5.47 中表示的筛选条件为计算机专业大学英语 1 及格。图 5.48 中表示的筛选条件为听力或口语成绩 90 分以上。

	A	B	C	D	E	F	G
19							
20	学号	姓名	性别	专业	大学英语1	听力	口语
21				计算机	>=60		

图 5.47 "与"条件

	A	B	C	D	E	F	G
19							
20	学号	姓名	性别	专业	大学英语1	听力	口语
21						>=90	
22							>=90

图 5.48 "或"条件

建立条件区域后,选择数据列表中的任意一个单元格,单击"数据"选项卡"排序和筛选"组中的"高级"按钮,打开"高级筛选"对话框,如图 5.49 所示,在对话框中设置列表区域、条件区域,并选择筛选结果位置后,单击"确定"按钮完成高级筛选。

如果选择在原有区域显示筛选结果,将在原数据列表中显示筛选结果,不满足高级筛选条件的记录被隐藏。如果选择将筛选结果复制到其他位置,筛选结果将复制到指定位置,原数据列表不变。

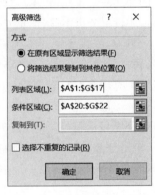

图 5.49 "高级筛选"对话框

2) 清除高级筛选

建立高级筛选后,如果要取消在原有区域的高级筛选,可以单击"数据"选项卡"排序和筛选"分组中的"清除"按钮,显示全部数据。对于复制到指定位置的筛选结果,则可以直接删除。

 筛选后测习题

(1) 建立自动筛选后,在某一列设置了筛选条件 A 后,又在另一列设置了筛选条件 B,筛选结果将_____。

A. 同时满足 A 和 B B. 满足 A 或者满足 B
C. 只满足 A,不满足 B D. 只满足 B,不满足 A

(2) 在 Excel 中进行数据的自动筛选或高级筛选操作,系统会_____。

A. 删除掉所有未被筛选的数据
B. 显示筛选出来的数据
C. 自动将筛选出的数据生成一个新工作表
D. 自动将筛选出的数据复制为一个新的工作簿

(3) 在 Excel 中进行高级筛选时,条件区域中各行筛选条件的逻辑运算是_____。
   A. 同行为"或",异行为"与"   B. 同行为"与",异行为"或"
   C. 隔行为"与",同行为"或"   D. 多行为"与",一行为"或"

5.7.3 分类汇总

视频名称	分类汇总	二维码
主讲教师	向华	
视频地址		

在对数据进行统计分析时,经常需要进行分类汇总。分类汇总对数据列表中的数据进行分类,再对每一类数据进行求和、求平均值、计数等操作,得到各个类别之间的对比数据。

1. 设置分类汇总

在进行分类汇总之前,首先要先确定分类字段并对分类字段排序。排序后,选定数据列表中的任意一个单元格,单击"数据"选项卡"分级显示"组中的"分类汇总"按钮,在"分类汇总"对话框中设置分类字段、汇总方式和汇总项,如图 5.50 所示,单击"确定"按钮完成分类汇总。

例如,如果要统计学生成绩表中各专业学生的口语平均分,要先对分类字段"专业"排序,再进行分类汇总。在"分类汇总"对话框中,应设置分类字段是"专业",汇总方式为"平均值",汇总项是"口语"字段。

分类汇总完成后,在每一个分类下方将增加一行,显示分类的汇总结果,工作表左边将出现分级显示符号,如图 5.51 所示。单击其中的减号,可以将对应级别数据隐藏,隐藏数据后,单击分级显示符号中的加号显示。单击分级显示符号中的 1、2、3,可以显示对应级别数据,隐藏下级数据。

图 5.50 "分类汇总"对话框   图 5.51 分类汇总的分级显示

2. 嵌套分类汇总

在进行分类汇总时,每次在"分类汇总"对话框中只能设置一个分类字段、一种汇总方式。如果需要对多个字段进行分类，或者在同一分类字段下要使用多种汇总方式，都需要进行多次分类汇总，也就是将分类汇总嵌套。

例如要统计学生成绩表中的各专业学生人数和口语平均分，分类字段为专业，汇总方式要分别进行计数和求平均值，所以分类汇总要进行两次。要统计学生成绩表中各专业男女生的口语平均分，分类字段有专业和性别两个字段，分类汇总也需要进行两次。

对于一个分类字段，多种汇总方式的分类汇总，对分类字段排序后，进行两次分类汇总，每次汇总分别设置不同的汇总方式即可。

对于有多个分类字段的分类汇总，先要对数据列表进行多关键字排序，第一次汇总的分类字段为主关键字，第二次汇总的分类字段为次要关键字。排序后，依次进行两次分类汇总。

要特别注意的是，在进行第二次分类汇总时，要取消“分类汇总”对话框中的“替换当前分类汇总”复选框，才能使两次分类汇总嵌套。两次嵌套分类汇总完成后，汇总结果将分为4级显示，如图5.52所示。

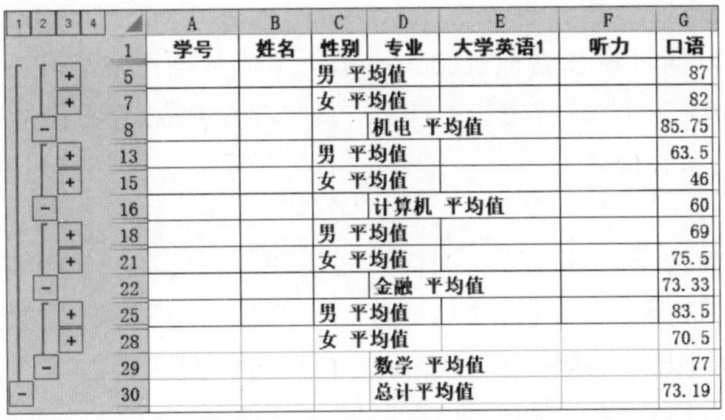

	A	B	C	D	E	F	G
1	学号	姓名	性别	专业	大学英语1	听力	口语
5			男 平均值				87
7			女 平均值				82
8				机电 平均值			85.75
13			男 平均值				63.5
15			女 平均值				46
16				计算机 平均值			60
18			男 平均值				69
21			女 平均值				75.5
22				金融 平均值			73.33
25			男 平均值				83.5
28			女 平均值				70.5
29				数学 平均值			77
30				总计平均值			73.19

图5.52 嵌套的分类汇总结果

3. 删除分类汇总

要删除建立的分类汇总，可以选定已建立分类汇总的数据列表中的任意单元格，单击“数据”选项卡“分级显示”组中的“分类汇总”按钮，在“分类汇总”对话框中单击“全部删除”按钮，删除分类汇总。

分类汇总后测习题

(1) 在Excel中要正确地进行分类汇总操作，必须先对________字段排序。

A. 分类　　B. 任意　　C. 所有　　D. 要计算的字段

(2) Excel中，没有先对数据列表作相应的排序，分类汇总的操作________。

A. 不能进行

B. 会自动按汇总字段排序并得出正确结果

C. 可以进行，但是结果一般不符合实际需求

D. 会自动按分类字段排序并得出正确结果

(3) 进行分类汇总操作后，正确的效果应该是________。

A. 每条记录得出一行汇总　　B. 每行数据得出一行汇总

C. 每类数据得出一行汇总　　D. 每列数据得出一列汇总

(4) 设"新学员"工作表中有学号、姓名、专业、入学成绩等字段,已按专业升序排序,如果要求各专业入学成绩的平均值,在"分类汇总"对话框的"分类字段"下拉列表框中,应选择_____字段。

A. 学号　　　　　　B. 姓名　　　　　　C. 专业　　　　　　D. 入学成绩

5.7.4　数据透视表与数据透视图

视频名称	数据透视表与数据透视图	二维码
主讲教师	向华	
视频地址		

　　Excel 中还有另一种功能和分类汇总类似,能灵活进行交互式数据统计的工具——数据透视表和数据透视图。数据透视表能以三维分类的方式对工作表数据或外部数据进行统计计算,汇总结果可以同时在数据透视图中显示。生成数据透视表和数据透视图后,用户随时能对数据透视表和透视图的结构进行修改,实时观察数据的变化情况,从不同的角度查看、比较数据,并做出明智决策。

1. 数据透视表

　　数据透视表由"筛选器""行标签""列标签""值"四部分组成,如图 5.53 所示。"筛选器"用于选择表中的部分数据进行分析。"行标签"和"列标签"用于对数据进行分类,两种标签都可以设置多个分类字段。"数值"用于显示汇总数据。在创建数据透视表之前,需要分析创建数据透视表的目的,确定行标签、列标签、筛选条件和数值。

　　1) 插入数据透视表

　　确定数据透视表中的各类对象后,选定数据列表中的任意一个单元格,单击"插入"选项卡"表格"组"数据透视表"按钮,在"创建数据透视表"对话框中选择要分析的数据,设置数据透视表放置的位置,如图 5.54 所示,单击"确定"按钮,创建数据透视表。

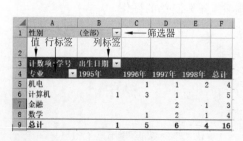

图 5.53　数据透视表的结构

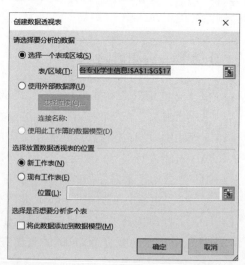

图 5.54　"创建数据透视表"对话框

新创建的数据透视表是空的。单击数据透视表,工作表窗口右侧将显示"数据透视表字段"窗格,如图5.55所示。将窗格里字段列表中的字段分别拖动到窗格下方的"筛选器""列""行""值"等对应区域,即可完成数据透视表设置。

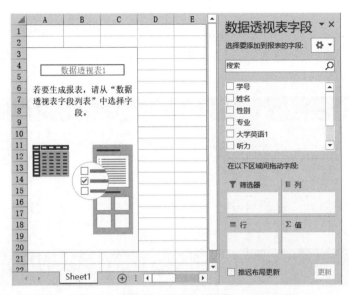

图5.55 空数据透视表及"数据透视表字段"窗格

单击"数据透视表字段"窗格"值"区域中的某个值字段,执行"值字段设置"命令,在"值字段设置"对话框中可以进一步设置值汇总方式和显示方式,如图5.56所示。

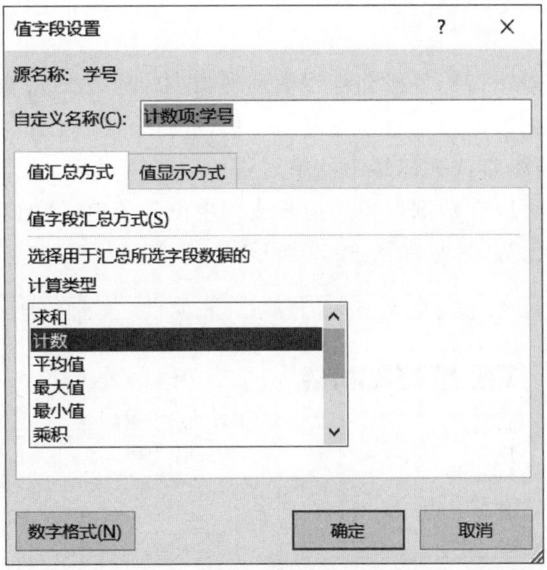

图5.56 "值字段设置"对话框

在设置数据透视表时,字段列表中的任意字段都可以添加到"筛选器""列""行""值"四个区域的任何一个中。通常将非数值字段添加到"行"区域,将数值字段添加到"值"区域,将日期和时间添加到"列"区域。

2) 修改数据透视表

在"数据透视表字段"窗格中，如果将区域中的字段拖出区域，则数据透视表中对应标签中的字段将删除。如果将区域中的字段拖动到其他区域，数据透视表中的标签也随之动态改变。

选定数据透视表时，工具栏中将显示数据透视表工具，包括"分析"和"设计"选项卡。

"分析"选项卡如图 5.57 所示，包括字段的展开和折叠、组选择、更改数据源等关于数据透视表结构的设置。

图 5.57　数据透视表"分析"选项卡

"设计"选项卡如图 5.58 所示，其中包括"布局""样式"等分组，主要对数据透视表的外观进行设置。

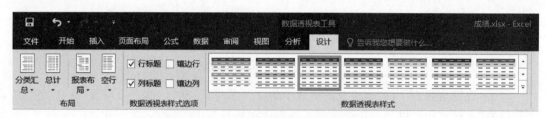

图 5.58　数据透视表"设计"选项卡

3) 分组

在数据透视表中，对于行标签或列标签中的数值、日期、文本型数据，都可以设置分组。分组后，数据透视表中的数据被划分为指定的子集，进行分级统计和展示。

选择数据透视表行标签或列标签中的单元格或单元格区域，单击"分析"选项卡"分组"组中的"组选择"按钮，可以在数据透视表的行或列中设置分组，例如对学生入学成绩设置分组，统计各分数段学生人数，效果如图 5.59 所示。

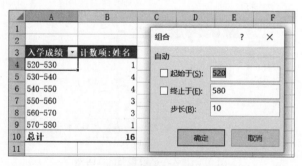

图 5.59　数值型字段分组效果

要取消创建的分组，可以选定行标签或列标签中的分组单元格，单击"分析"选项卡"分组"组中的"取消组合"按钮。取消分组后，数据透视表中的分级显示同时消失。

4）筛选和切片器

如果要在数据透视表中只显示部分满足条件的数据，可以在行标签或列标签的"标签筛选"或"值筛选"菜单中设置筛选条件。

切片器是一组可以筛选数据的按钮。选定数据透视表中的任意一个单元格，单击"分析"选项卡"筛选"组中的"插入切片器"按钮，在"插入切片器"对话框中选择要添加切片器的字段，如图5.60所示，单击"确定"按钮即可插入切片器。

插入切片器后，切片器将显示在数据透视表所在的工作表中，切片器中的按钮对应切片器字段的取值。选择切片器中的按钮，数据透视表中将只显示切片器中选择的项目。单击按下切片器上方的"多选"按钮，可以在切片器中选择多个项目。单击切片器右上角的"清除筛选器"按钮，将取消该切片器中的筛选，显示对应字段中的所有数据，如图5.61所示。

图5.60 "插入切片器"对话框

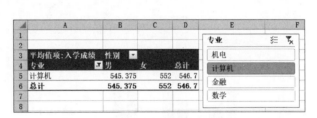

图5.61 使用切片器进行筛选

一个数据透视表中可以插入多个字段的切片器，在多个切片器中选择值时，系统只显示满足所有切片器条件的数据。

要删除切片器，选定切片器后按Del键即可。删除切片器后，切片器中已经设置的筛选条件仍保留在数据透视表中。如果要清除对应筛选条件，需要在行标签或列标签的筛选菜单中处理。

5）删除数据透视表

对于在新工作表中建立的数据透视表，可以直接删除数据透视表所在的工作表。

对于在工作表内创建的数据透视表，可以先选择数据透视表中所有数据，单击"开始"选项卡"编辑"组"清除"按钮中的"全部清除"命令，或按Del键清除数据透视表。

选择数据透视表中的任意单元格，单击"分析"选项卡"操作"组中的"清除"按钮，执行"全部清除"命令，将清除数据透视表中的所有数据，将数据透视表还原为空视表。

2．数据透视图

数据透视图以图表的形式显示数据透视表的分析结果，使数据透视表统计的结果可视化，以便用户更加直观的了解数据的对比和变化趋势。

1）创建数据透视图

数据透视图依赖于数据透视表。可以在创建数据透视表的同时插入数据透视图，也可以先创建数据透视表后，再根据数据透视表的数据创建数据透视图。

选择数据列表中的任意一个单元格,单击"插入"选项卡"图表"组中的"数据透视图"按钮。在"创建数据透视图"对话框中设置数据列表区域和数据透视图放置的位置,单击"确定"按钮,可以插入一张空数据透视表及对应的数据透视图。选择空数据透视图,在工作表窗口右侧的"数据透视图字段"窗格中设置"筛选器""图例(系列)""轴(类别)""值"等区域中的字段,完成数据透视图设置,如图 5.62 所示。数据透视图中的"轴(类别)"对应数据透视表中的"行"区域,"图例(系列)"对应数据透视表中的"列"区域。

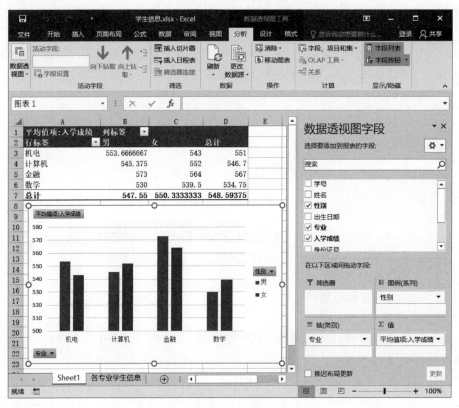

图 5.62 插入并设置数据透视图

对于已经插入的数据透视表,选择数据透视表中的任意单元格,单击"分析"选项卡"工具"组中的"数据透视图"按钮,在弹出的"插入图表"对话框中选择图表类型,单击"确定"按钮插入指定类型的数据透视图。

2) 编辑数据透视图

选择数据透视图,在工作表窗口右侧的"数据透视图字段"窗格"筛选器""图例(系列)""轴(类别)""值"等区域拖动字段,数据透视图和对应数据透视表的内容将同步修改。

选择数据透视图时,Excel 功能区将显示数据透视图工具,包含"分析""设计"和"格式"选项卡。

"分析"选项卡如图 5.63 所示,用于更改数据透视图结构,例如更改数据源,为数据透视图插入切片器和日程表,移动图表位置,显示或隐藏字段按钮。

"设计"选项卡如图 5.64 所示,用于设置数据透视图的外观,例如图表样式、图表类型、配色等。

图 5.63　数据透视图"分析"选项卡

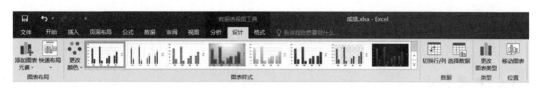

图 5.64　数据透视图"设计"选项卡

"格式"选项卡如图 5.65 所示,用于设置数据透视图中对象的细节。在"格式"选项卡的左上角的下拉列表中选择图表中的对象,例如数据系列、图例、水平轴、垂直轴等,可以对选定对象的形状样式、大小等细节进行设置。

图 5.65　数据透视图"格式"选项卡

3) 删除数据透视图

要删除数据透视图,可以选定数据透视图后按下 Del 键。这时数据透视图将被删除,对应的数据透视表仍然保留。

如果选定数据透视图后单击"分析"选项卡"操作"组中的"清除"按钮,执行"全部清除"命令,将清除数据透视表和数据透视图中的所有数据,将数据透视表和数据透视图还原为空透视表和空透视图。

数据透视表与数据透视图后测习题

(1) 以下关于数据透视表和数据透视图的说法中错误的是_____。
　　A. 数据透视表的数据来源发生变化时,数据透视表会自动更新
　　B. 数据透视图是数据来源于数据透视表的图表
　　C. 数据透视表的行标签和列标签都可以设置筛选条件
　　D. 数据透视表可以和数据源放置在同一个工作表中
(2) 数据透视表的值区域中对数值型字段默认的汇总方式是_____。
　　A. 计数　　　　　　B. 求和　　　　　　C. 平均值　　　　　　D. 最大值

第 6 章　PowerPoint 演示文稿制作

 本章任务

教学时间：学习 1 周，督学 1 周
教学目标
　　知识目标：
- 理解演示文稿、幻灯片的基本概念。
- 掌握演示文稿中的母版、版式的概念，理解母版、版式、幻灯片之间的关系。
- 了解主题的作用和用法，了解主题变体的作用。
- 理解动画中时序的概念，动画的三种开始方式的区别。
- 了解在演示文稿放映的概念和放映类型。

　　能力目标：
- 掌握新建演示文稿、新建幻灯片的方法，能根据需要为幻灯片选择合适的版式。
- 掌握母版的创建、编辑方法，能利用母版统一演示文稿风格。
- 了解在母版中创建、编辑版式的方法，能设计制作版式。
- 掌握在幻灯片中插入图形、图片、表格、图表、SmartArt 等各种对象的方法，能对各种对象属性进行设置。
- 了解在幻灯片中插入音频、视频的方法，能根据需要正确设置音频、视频属性。
- 了解动画和切换的设置方法，能灵活运用动画和幻灯片切换使演示文稿产生动态效果。
- 了解幻灯片放映的设置方法，能正确运用排练计时功能规划演示文稿的播放节奏，能根据需要正确设置幻灯片放映，能正确打包制作好的演示文稿文件。

单元测试题型：

选择题		填空题		判断题		操作题	
题量	分值	题量	分值	题量	分值	题量	分值
10	20	10	20	10	10	5	50

测试时间：40 分钟
教学内容概要
6.1　PowerPoint 定义

- 演示文稿、幻灯片、视图的概念(基础)
- 演示文稿的创建、打开、保存(基础)

6.2 幻灯片设计
- 主题概念(基础)
- 主题设置(高阶)
- 母版概念和用法(本章重点)(基础)
- 版式的插入和设置,占位符的概念和用法(本章重点)(进阶)

6.3 PowerPoint 模板
- 模板的概念与使用(基础)

6.4 幻灯片操作
- 幻灯片增删改(基础)

6.5 编辑幻灯片内容
- 编辑文本、图片、形状、图表、艺术字(基础)
- 插入 Excel 图表和表格(基础)
- 声音的插入和设置(进阶)
- 视频的插入和设置(进阶)
- 超链接的设置(基础)

6.6 动画((本章难点)
- 动画设置(进阶)

6.7 幻灯片切换
- 幻灯片切换的设置(进阶)

6.8 放映
- 幻灯片放映设置(高阶)

6.1 PowerPoint 概述

视频名称	关于演示文稿	二维码
主讲教师	邹秀斌	
视频地址		

　　什么是 PowerPoint? 在开始深入学习它之前,这是我们第一个要弄懂的问题。

　　PowerPoint 是 Microsoft Office 系统的重要组成部分,它可以同其他 Office 套件程序交互。例如,用户可以像在 Word 中一样编辑演示文稿;可以将在 Excel 中创建的电子表格直接复制并粘贴到 PowerPoint 幻灯片中。通过使用 PowerPoint,我们能轻松制作集文字、图形、图像、声音以及视频剪辑等多媒体元素于一体的,具有很强表现力和感染力的电子演示文稿。

演示文稿创建

　　PowerPoint 文件被称为演示文稿。当我们开始一个新的 PowerPoint 项目时,需要创建一个新的演示文稿。创建演示文稿步骤如下:

(1) 打开 PowerPoint。

(2) 选择某个选项：

选择"空白演示文稿"，从头开始创建空白演示文稿。

或选择下列模板之一，如图 6.1 所示。

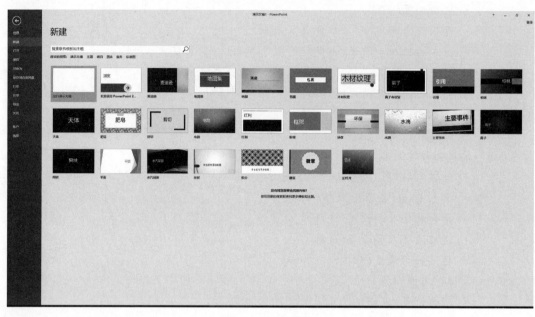

图 6.1　系统模板

(3) 然后选择"创建"。

 PowerPoint 概述后测习题

(1) PowerPoint 2016 是_____方面的应用软件。
   A. 数据库　　　　　　　　　　　B. 电子表格
   C. 电子文稿处理　　　　　　　　D. 程序设计

(2) 用 PowerPoint 2016 制作的幻灯片在保存时默认的文件扩展名为_____。
   A. PPTM　　　B. PPTX　　　C. DOC　　　D. HTM

(3) 启动 PowerPoint2016 时，单击创建空白演示文稿时，系统默认的文件是_____。
   A. 演示文稿 1.pptx　　　　　　　B. 演示文稿 1.ppt
   C. PowerPoint1.pptx　　　　　　D. 演示文稿 1.pptm

(4) 在 PowerPoint 2016 中可以将制作的幻灯片保存成不同的格式，其中扩展名为_____的文件，在没有安装 PowerPoint 2016 的系统中可直接放映。
   A. PPTX　　　　　　　　　　　B. PPSX
   C. DOCX　　　　　　　　　　　D. HTM

(5) 在 PowerPoint 2016 中，"文件"选项卡可创建_____。
   A. 新文件，打开文件　　　　　　B. 图标
   C. 页眉或页脚　　　　　　　　　D. 动画

(6) _____视图是进入 PowerPoint 2016 后的默认视图。
　　A. 幻灯片浏览　　B. 大纲　　C. 幻灯片　　D. 普通
(7) 要对幻灯片进行保存、打开、新建、打印等操作时,应在_____选项卡中操作。
　　A. 开始　　B. 文件　　C. 设计　　D. 审阅
(8) 演示文稿与幻灯片的关系是_____。
　　A. 演示文稿和幻灯片是同一个对象　　B. 幻灯片由若干个演示文稿组成
　　C. 演示文稿由若干个幻灯片组成　　D. 演示文稿和幻灯片没有联系

6.2　幻灯片设计

6.2.1　关于幻灯片

如果说演示文稿是一本书,那么幻灯片就是书的封面或是某一书页。通常情况下,我们需要对书进行包装设计,让书更美观。同样地,我们需要对幻灯片进行设计,主要对主题、版式、母版等进行设计。

6.2.2　主题

视频名称	主题操作	二维码
主讲教师	邹秀斌	
视频地址		

1. 主题概念

主题是一组由颜色、字体和效果三者组成的预定义组合,它可以应用到整个演示文稿。我们可以通过使用主题来简化设计过程。主题不仅可以作为一套独立的选择方案应用于 PowerPoint 中,而且还可以在 Word 和 Excel 中使用它们,这样您的演示文稿、文档和工作表就可以具有统一的风格。PowerPoint 中内置了多种主题,只需单击几下,就能轻松创建具有专业外观的演示文稿。在这里我们将学习如何应用主题,以及如何切换主题。

每一个 PowerPoint 演示主题都有自己的主题元素,包括主题颜色、主题字体和形状样式。如果使用的是主题字体和主题颜色,那么当主题更改时,颜色和字体会自动更新。如果选择使用标准颜色或任何不属于主题字体的字体,那么更改主题时文本将不会改变。

2. 为演示文稿应用其他主题或颜色变体

如果要改变主题,可以在"设计"选项卡上更改主题或变体。在"设计"选项卡上,选择包含你喜欢的颜色、字体和效果的主题。

提示:若要预览应用了主题的当前幻灯片的外观,请将指针停在每个主题的缩略图上。要应用特定主题的另一种颜色变体,请在"变体"组中选择一种变体,如图 6.2 所示。

"变体"组显示在"主题"组的右侧,显示的选项因所选主题的不同而不同。

如果未看到任何变体,则可能是因为你使用的是自定义主题、专用于早期 PowerPoint 的较旧主题,或是因为你从采用较旧或自定义主题的其他演示文稿中导入了某些幻灯片。

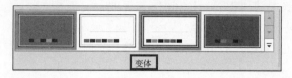

图 6.2　变体

3. 创建并保存自定义主题

使用者可以通过修改现有主题或者在空白演示文稿中从头开始创建自定义主题。创建自定义主题步骤如下：

(1) 单击第一张幻灯片，然后在"设计"选项卡上，单击"变体"组中的向下箭头。

(2) 单击"颜色""字体""效果""背景样式"，然后从内置选项中进行选择或者自定义。

(3) 完成自定义样式之后，单击"主题"组中的向下箭头，再单击"保存当前主题"。为主题命名，然后单击"保存"。默认情况下，它将与其他 PowerPoint 主题保存在一起，并显示在"主题"的"自定义"标题下。

 主题后测习题

(1) ＿＿＿＿＿＿是相互辉映的一组颜色、字体和特殊效果（如阴影、反射、三维效果等）。

　　A. 版式　　　　　　　　　　B. 主题
　　C. 模板　　　　　　　　　　D. 幻灯片母版

(2) PowerPoint 中的每个＿＿＿＿＿＿都包含一组幻灯片版式。

　　A. 母版　　　　　　　　　　B. 主题
　　C. 母版幻灯片　　　　　　　D. 幻灯片母版

(3) "主题"组在功能区的＿＿＿＿＿＿选项卡中。

　　A. 开始　　　B. 设计　　　C. 插入　　　D. 动画

6.2.3　幻灯片母版

视频名称	幻灯片母版	二维码
主讲教师	邹秀斌	
视频地址		

1. 幻灯片母版概念

在 PowerPoint 中，幻灯片母版是幻灯片层次结构中的顶层幻灯片。每个演示文稿至少有一个幻灯片母版。通过修改母版的方式，我们可以简单更新应用到整个幻灯片。幻灯片母版主要用于存储有关演示文稿的主题和幻灯片版式信息。以下是幻灯片母版的 4 个主要用途。

修改背景：使用幻灯片母版视图可以轻松自定义所有幻灯片的背景。例如，可以为每张幻灯片演示文稿添加图标或水印，或者修改演示文稿的主题背景。

重新排列占位符：如果需要经常重新安排每张幻灯片上的占位符，那么直接修改其幻灯片母版视图将是一劳永逸的办法。当调整一个幻灯片母版视图中的布局时，所有幻灯片的布局都将改变。

自定义文本格式：与其单独更改每张幻灯片上文本颜色，不如直接通过更改幻灯片母版一次修改所有幻灯片上的文字颜色。

创建独特的幻灯片版式：如果需要创建一个特定主题的演示文稿，可以在幻灯片母版视图中自定义包括自己的背景、图标和占位符等信息的布局。

若要打开"幻灯片母版"视图，请在"视图"选项卡上选择"幻灯片母版"，如图 6.3 所示。

图 6.3　进入"幻灯片母版"视图

母版幻灯片是窗口左侧缩略图窗格中最上方的幻灯片。与母版版式相关的幻灯片显示在此母版幻灯片下方，如图 6.4 所示。

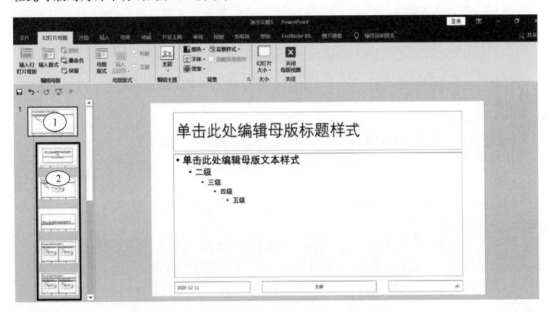

图 6.4　幻灯片母版（1 幻灯片母版，2 布局母版）

编辑幻灯片母版时，基于该母版的所有幻灯片将包含这些更改。但是，所做的大部分更改最有可能成为与此母版相关的幻灯片版。

注意：最好在开始创建各张幻灯片之前编辑幻灯片母版和版式。这样，初始添加到演示文稿中的所有幻灯片都会基于你的母版而创建。如果在创建各张幻灯片之后编辑幻灯片母版或版式，则需要在普通视图中将更改的布局重新应用到演示文稿中的现有幻灯片。

2．更改幻灯片母版

更改幻灯片母版步骤如下：

（1）选择"视图"→"幻灯片母版"。

(2) 对文字、颜色和对齐方式进行所需更改。

要使用预定义主题,请首先通过单击"幻灯片母版"选项卡上的"主题"进行选择。然后,选择"颜色""字体""效果"和"背景样式"。

(3) 完成后,选择"关闭母版视图"。

3. 向幻灯片背景添加"草稿"水印

向幻灯片背景添加水印步骤如下:

(1) 选择"视图"→"幻灯片母版"。滚动至缩略图窗格的顶部,选择顶部的"幻灯片母版"。

(2) 选择"插入"→"文本框",然后拖动以在幻灯片上绘制一个文本框。在文本框中输入需要的文本。

(3) 更改水印文本的外观,单击并按住文本框顶部的旋转手柄,然后向左或向右移动鼠标。

选中文本框中的文本,选择浅色字体填充颜色,然后再对字体和样式进行其他更改。

(4) 关闭"幻灯片母版"。

至此,演示文稿中的所有幻灯片都将具有水印文本。

4. 从幻灯片中删除水印

如果不再需要添加到幻灯片母版或幻灯片版式中的文本或图片水印,则可以将其删除,其步骤如下:

(1) 单击"视图"选项卡,然后单击"幻灯片母版"。

(2) 在左侧缩略图窗格中,单击包含水印的幻灯片母版或幻灯片版式。

(3) 在幻灯片中,选择要删除的图片。

(4) 按 Del 键。

5. 复制一个演示文稿中的幻灯片母版并粘贴到其他演示文稿

可以将喜欢的幻灯片母版(及所有关联布局)从一个演示文稿复制到另一个演示文稿中,步骤如下:

(1) 同时打开两个演示文稿,从其中一个演示文稿复制幻灯片母版,将幻灯片母版粘贴到另一个演示文稿中。

(2) 在包含要复制的幻灯片母版的演示文稿中,在"视图"选项卡上,选择"幻灯片母版"。

(3) 在幻灯片缩略图窗格中,右击幻灯片母版,然后选择"复制"。

(4) 在目标演示文稿中,打开幻灯片母版视图,在幻灯片缩略图窗格空白处,右击选择"粘贴"。

注意:在缩略图窗格中,幻灯片母版由较大幅幻灯片图像显示,相关的版式是从属于它的较小的项目。

许多演示文稿包含多个幻灯片母版,可能需要滚动以查找所需母版。

幻灯片母版后测习题

(1) 在 PowerPoint 2016 中,"视图"选项卡可以查看幻灯片_____。

  A. 母版,备注母版,幻灯片浏览   B. 页号

  C. 顺序   D. 编号

（2）若要使所有的幻灯片包含相同的字体和图像（如徽标），在一个位置中便可以进行这些更改，即_____。

A．版式　　　　　　B．主题　　　　　　C．模板　　　　　　D．幻灯片母版

6.2.4　幻灯片版式

视频名称	幻灯片版式	二维码
主讲教师	邹秀斌	
视频地址		

1. 幻灯片版式概念

什么是幻灯片版式？幻灯片版式包含幻灯片上显示的所有内容的格式、位置和占位符框。占位符是幻灯片版式上的虚线容器，其中包含标题、正文文本、表格、图表、SmartArt 图形、图片、剪贴画、视频和声音等内容，如图 6.5 所示。幻灯片版式还包含幻灯片的"颜色""字体""效果"和"背景"（整体称为主题）。

PowerPoint 包含内置幻灯片版式，如图 6.6 所示，可以修改这些版式以满足你的特定需求，也可以与其他人共享你的自定义版式。

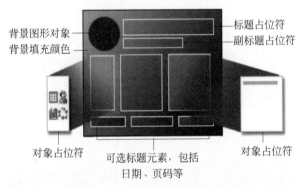

图 6.5　可在 PowerPoint 幻灯片上包含的所有布局元素

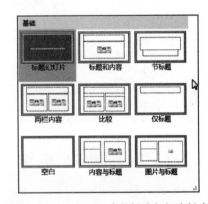

图 6.6　PowerPoint 中的标准幻灯片版式

PowerPoint 中的每个主题都包含一组幻灯片版式，即幻灯片内容的预定义排列。"占位符"框提供了插入内容的位置，几乎不需要手动格式化和排列。预定义版式包括开头的"标题"幻灯片、通用"标题和内容布局"、并排"比较"版式以及带标题的图片布局。

使用者可根据自己偏好，使用不同的幻灯片版式来编排幻灯片内容，让内容更加清晰易懂。

2. 更改幻灯片版式

更改幻灯片版式步骤如下：

（1）选择要更改版式的幻灯片。

（2）选择"开始"→"版式"。

（3）选择所需版式。

幻灯片版式后测习题

(1) 幻灯片的版式是由_____组成的。
　　A. 文本框　　　　B. 表格　　　　C. 图标　　　　D. 占位符
(2) _____是幻灯片版式上的虚线容器,其中包含标题、正文文本、表格、图表、SmartArt 图形、图片、剪贴画、视频和声音等内容。
　　A. 版式　　　　B. 主题　　　　C. 占位符　　　　D. 幻灯片母版
(3) 在应用了版式之后,幻灯片中的占位符_____。
　　A. 不能添加,也不能删除　　　　B. 不能添加,但可以删除
　　C. 可以添加,也可以删除　　　　D. 可以添加,但不能删除
(4) 下列不属于"设计"选项卡工具命令的是_____。
　　A. 页面设置、幻灯片方向
　　B. 背景样式
　　C. 动画
　　D. 主题样式、主题颜色、主题字体、主题效果

6.3　PowerPoint 模板

视频名称	PowerPoint 模板	二维码
主讲教师	邹秀斌	
视频地址		

6.3.1　PowerPoint 模板

什么是 PowerPoint 模板? PowerPoint 模板是保存为扩展名为.potx 文件的幻灯片或幻灯片组的图案或蓝图。模板可以包含版式、颜色、字体、效果、背景样式,甚至内容。

使用者可以创建、存储、重复使用以及与他人共享自己的自定义模板。还可以在 Office.com 或其他合作伙伴网站上找到数百种不同类型的免费模板,然后将模板应用到自己的演示文稿。在 Office.com 中,PowerPoint 提供如表 6.1 所示的模板示例。

表 6.1　PowerPoint 模板

议程	标签	名片	会议纪要	数据库	明信片
预算	备忘录	合同	规划	信封	报告
内容幻灯片	计划	图表	收据	传单	日程安排
设计幻灯片	采购订单	传真封面	日程安排	贺卡	时间表
费用报表	简历	礼券	信纸	发票	
表单	报表	邀请	小册子	列表	
库存	获奖证书	信函	日历	新闻稿	

如图 6.7 所示,一般模板包含以下内容:

(1) 特定主题的内容,如成就证书、足球等。

(2) 背景格式,如图片、纹理、渐变或纯色填充颜色和透明度。本示例包含浅蓝色纯色背景和足球图像。

(3) 颜色、字体、效果(3D、线条、填充、阴影等)和主题设计元素(如"足球"两个字内部的颜色和渐变效果)。

(4) 占位符中的文本(提示用户输入特定信息)。例如在图 6.7 中,球员的姓名、教练的姓名、演示日期,以及任何变量。

图 6.7 模板内容

注意:主题与 PowerPoint 中的模板不同,其区别在于:主题是由各种颜色、字体和效果(如阴影或反射)组成的幻灯片设计。模板包含主题,但还包含占位符提示,用于建议要插入的内容以及模板用户可能希望包含哪些类型的信息。

6.3.2 模板位置

如果已创建模板或已从别处获取模板,可将其存储在合适的位置,如 PowerPoint 默认的模板位置在 C:\Users\< UserName >\AppData\Roaming\Microsoft\Templates。

注意:使用你在此计算机上的用户名替换< UserName >。

更改模板位置步骤:

(1) 选择"文件"→"选项"→"保存"。

(2) 在"保存演示文稿"下名为"默认个人模板位置"的框中,指定适用于你的 Windows 操作系统的上述位置。

(3) 单击"确定"按钮。

6.3.3 应用 PowerPoint 模板

利用模板创建演示文稿,其步骤如下:
(1) 在 PowerPoint 中,单击"文件",然后单击"新建"按钮。
(2) 执行以下某个操作:
- 向"搜索联机模板和主题"字段中键入关键字或短语,并按 Enter 键。
- 选择模板。

提示:将模板下载到 PowerPoint 后,即可开始制作演示文稿。
- 单击"特色",然后选择要使用的模板。
- 单击"自定义",然后选择创建的模板。

(3) 找到所需的模板时,单击该模板查看详细信息,然后单击"创建"按钮。

6.3.4 将幻灯片设计(主题)另存为模板

如果创建幻灯片设计(主题),并且希望将其另存为模板(.potx 文件),只需执行以下操作:
(1) 打开包含要另存为模板的幻灯片设计(主题)的演示文稿。
(2) 选择"文件"→"另存为"。浏览到 C:\Users\< your username >\Documents\Custom Office 模板。在"另存为"对话框中的"文件名"框中,键入模板的名称。
(3) 在"保存类型"列表中,选择"PowerPoint 模板",然后单击"保存"按钮。

6.3.5 使用新模板

若要在创建新演示文稿时使用模板,请执行以下操作:
(1) 选择"文件"→"新建"。
(2) 选择"自定义"→"自定义 Office 模板"以查找模板。
(3) 选择模板,然后单击"创建"按钮。

PowerPoint 模版后测习题

(1) PowerPoint 模板扩展名为_____的幻灯片或幻灯片组的图案或蓝图。
    A. .potx　　　　　B. pptx　　　　　C. pptm　　　　　D. ppts

(2) 我们能在_____找到 PowerPoint 模板(注意,使用你在此计算机上的用户名替换 < UserName >)。
    A. office.com
    B. C:\Users\< UserName >\AppData\Roaming\Microsoft\Templates
    C. 在"保存演示文稿"下名为"默认个人模板位置"
    D. A、B、C 都是

(3) PowerPoint 2016 提供的设计模板中不包括_____。
    A. 文本格式　　　B. 标题占位符　　C. 动画　　　　　D. 背景颜色

(4) PowerPoint 2016 提供的幻灯片模板,主要是解决幻灯片的_____。
    A. 文字格式　　　B. 文字颜色　　　C. 背景图案　　　D. 以上全是

(5) 同一个演示文稿中的不同幻灯片,可以使用_____个模板。
  A. 1   B. 2   C. 3   D. 任意

6.4 幻灯片操作

视频名称	幻灯片操作	二维码
主讲教师	邹秀斌	
视频地址		

幻灯片操作主要包括添加、删除、复制以及排列等。

6.4.1 添加幻灯片

添加幻灯片步骤如下:
(1) 选择"开始"→"新建幻灯片"。
(2) 选择布局。
(3) 编辑幻灯片内容。

6.4.2 删除幻灯片

删除幻灯片需分以下情况:
- 对于单张幻灯片:右击左侧缩略图窗格中的幻灯片,然后选择"删除幻灯片"。
- 对于多张幻灯片:按住 Ctrl 键,然后在左侧缩略图窗格中选择幻灯片。释放 Ctrl 键。然后右击所选幻灯片并选择"删除幻灯片"。
- 对于一系列幻灯片:按住 Shift 键,然后在左侧缩略图窗格中选择序列中的第一张和最后一张幻灯片。然后释放 Shift 键,右击所选幻灯片并选择"删除幻灯片"。

6.4.3 复制幻灯片

  在左侧缩略图窗格中,右击要复制的幻灯片缩略图,然后单击"复制幻灯片"。复制幻灯片将立即插入到原始幻灯片后面。

6.4.4 更改幻灯片大小

要更改幻灯片大小,可执行以下操作:
(1) 选择工具栏功能区的"设计"选项卡。
(2) 选择"幻灯片大小"。
(3) 选择"标准(4∶3纵横比)"或"宽屏幕(16∶9)"或"自定义幻灯片大小"。

6.4.5 将 PowerPoint 幻灯片组织成节

1. 节概念

类似于利用文件夹来整理文件,你可以使用"节"功能把幻灯片整理成组。但是,需要注意的是：所有节都是在同一层次上。

2. 添加节

添加节方法如下：

在幻灯片之间右击，选择"新增节"。

重命名节方法如下：

(1)"无标题节"已添加到缩略图窗格，"重命名节"对话框将打开。

(2) 在"节名称"框中键入名称。

(3) 选择"重命名"。

3. 移动或删除节

选择"视图"→"幻灯片浏览"。可在此处：

- 移动节：右击并选择"向上移动节"或"向下移动节"。
- 删除节：右击并选择"删除节"。

 幻灯片操作后测习题

(1) 在 PowerPoint 2016 中，添加新幻灯片的快捷键是_____。

  A. Ctrl+M   B. Ctrl+N   C. Ctrl+O   D. Ctrl+P

(2) 在 PowerPoint 2016 中，要同时选择第1、3、5三张幻灯片，应该在_____视图下操作。

  A. 普通   B. 大纲   C. 幻灯片浏览   D. 备注

(3) PowerPoint 2016，若要在"幻灯片浏览"视图中选择多个幻灯片，应先按住_____键。

  A. Alt   B. Ctrl   C. F4   D. Shift+F5

(4) 在 PowerPoint 2016 中，"视图"选项卡可以查看幻灯片_____。

  A. 母版、备注母版、幻灯片浏览   B. 页号

  C. 顺序   D. 编号

(5) 可以使用"节"功能把幻灯片整理成组，而节与节之间关系是_____。

  A. 网状   B. 同级   C. 层次   D. 树状

(6) 按住鼠标左键，并拖动幻灯片到其他位置是进行幻灯片的_____操作。

  A. 移动   B. 复制   C. 删除   D. 插入

(7) 光标位于幻灯片窗格中时，单击"开始"选项卡的"幻灯片"组中的"新建幻灯片"按钮，插入的新幻灯片位于_____。

  A. 当前幻灯片之前   B. 当前幻灯片之后

  C. 文档的最前面   D. 文档的最后面

6.5 编辑幻灯片内容

在幻灯片内，可以添加文本、图片、形状、图表、表格、艺术字、音频、视频等对象，并可以设置格式。

6.5.1　编辑文本、图片和形状、图表、艺术字

视频名称	编辑文本、艺术字、图片和形状、图表	二维码
主讲教师	邹秀斌	
视频地址		

1. 添加文本和设置文本格式

添加文本很简单,只要将光标放在所需位置,然后输入内容。

设置文本格式方法：选择文本,然后选择"开始"选项卡上的相应选项："字体""字号""加粗""倾斜""下画线",若要创建项目符号或编号列表,请选择文本,然后选择"项目符号"或"编号"。

2. 插入图片、形状、图表

插入图片步骤如下：

(1) 选择"插入"功能区。

(2) 选择"图片",找到要使用的图片,然后选择"插入"。

添加形状、图表步骤如下：

(1) 选择"形状""图标"、"SmartArt"或"图表"。

(2) 选择所需选项。

(3) 然后选择"插入"。

3. 插入艺术字

艺术字是一种通过特殊效果使文字突出显示的快捷方法。插入艺术字步骤如下：

(1) 单击"插入"→"艺术字",然后选择所需的艺术字样式。在艺术字库中,字母 A 表示应用于所有文字的不同设计。

(2) 将显示占位符文本"在此输入你的文本",其中突出显示了文本。

(3) 输入自己的文本以替换占位符文本。

思考：如果希望文字沿形状环绕成圆形该怎么办？

编辑文本、图片和形状、图表、艺术字后测习题

(1) 组合_____键可以绘制出正方形和圆形图形。

　　A. Alt　　　　　　B. Ctrl　　　　　　C. Shift　　　　　　D. Tab

(2) 下列属于"插入"选项卡工具命令的是_____。

　　A. 表格、公式、符号　　　　　　B. 图片、剪贴画、形状

　　C. 图表、文本框、艺术字　　　　D. 以上全部

(3) 下面关于插入图片、文字、自选图形等对象的操作描述,正确的是_____。

　　A. 在幻灯片中插入的所有对象均不能够组合

　　B. 在幻灯片中插入对象如果有重叠,可调整显示次序

　　C. 在幻灯片的备注页视图中无法绘制自选图形

　　D. 若选择了"标题幻灯片"的版式,则不可以向其中插入图片或图形

6.5.2 插入 Excel 图表和表格

视频名称	插入 Excel 图表和表格	二维码
主讲教师	邹秀斌	
视频地址		

1. 在 PowerPoint 中插入链接的 Excel 图表

在 PowerPoint 中插入链接的 Excel 图表步骤如下：

(1) 在 Excel 中，单击并拖动以突出显示要复制的单元格。

(2) 右击要复制的单元格，然后选择"复制"。

(3) 在 PowerPoint 演示文稿中，右击选择"粘贴选项"，然后选择所需选项：

- **使用目标样式**：选择后可如 PowerPoint 表格一样编辑复制的单元格，但使用 PowerPoint 的配色方案和字体。
- **保留源格式**：选择后可在 PowerPoint 中保持表格可编辑，同时维持与 Excel 中相同的源格式。
- **嵌入**：选择后可在 PowerPoint 中保留表格的副本(这些数据将在 Excel 中打开)。
- **图片**：选择后可将表格粘贴为图片，获得与"嵌入"相同的益处，此外还可如设置图片格式一样设置单元格的格式并向其添加效果。粘贴后便无法再编辑数据。
- **仅保留文本**：选择后可将表格粘贴为纯文本，并在 PowerPoint 中执行所有格式设置。

2. 创建表格并对其进行格式设置

创建表格步骤如下：

(1) 选择"插入"→"表格"→"插入表格"。

(2) 在"插入表格"对话框中，选择所需的列数和行数。

(3) 选择"确定"。

添加表格样式步骤如下：

(1) 选中表格。

(2) 选择"设计"，然后从"表格样式"中进行选择。悬停鼠标可预览样式。

(3) 选择"更多" ，查看更多"表格样式"。

插入 Excel 图表和表格后测习题

(1) 如果要在表格的最后添加新的一行，那么可以单击表格的最后一个单格，然后按_____键。

    A. Enter   B. Tab   C. Shift+Enter   D. Shift+Tab

(2) 单击"表格工具"下"布局"选项卡"合并"组中的_____按钮，可以将一个单元格变为两个。

    A. 绘制表格   B. 框线   C. 合并单元格   D. 拆分单元格

6.5.3 插入音频文件

视频名称	插入音频文件和视频文件	二维码
主讲教师	邹秀斌	
视频地址		

1. 插入音频

可在 PowerPoint 演示文稿中添加音乐、旁白或声音片段等音频。若要录制和收听任何音频,计算机必须配备声卡、麦克风和扬声器。PowerPoint 支持的音频文件格式如表 6.2 所示。

表 6.2 PowerPoint 支持的音频文件格式

文件格式	扩展名	文件格式	扩展名
AIFF 音频文件	.aiff	高级音频编码-MPEG-4 音频文件 *	.m4a、.mp4
AU 音频文件	.au	Windows 音频文件	.wav
MIDI 文件	.mid 或 .midi	Windows Media Audio 文件	.wma
MP3 音频文件	.mp3		

仅在计算机安装有 QuickTime Player 的情况下,32 位版本的 PowerPoint2016 才可播放 .mp4 或 .mov 文件。

2. 添加音频

添加计算机上的音频步骤如下:
(1) 选择"插入"→"音频"。
(2) 选择"电脑上的音频"。
(3) 在"插入音频"对话框中,选择要添加的音频文件。
(4) 选择"插入"。

3. 更改播放选项

当插入音频对象后,可以对其进行设置,方法如下:
(1) 选择音频图标,然后选择"音频工具播放"选项卡。然后选择要使用的选项:
- 若要剪裁音频,选择"剪裁",然后使用红色和绿色滑块对音频文件进行相应剪裁。
- 若要使音频淡入或淡出,更改"淡化持续时间"框中的数值。
- 若要调整音量,选择"音量",再选择所需设置。

(2) 若要选择音频文件的启动方式,请选择下拉箭头并选择一个选项:
- 单击序列时:单击时自动播放音频文件。
- 自动:进入音频文件所在的幻灯片时自动播放。
- 单击时:仅在单击图标时播放音频。

(3) 若要选择音频在演示文稿中的播放方式,可选择一个选项:
- 跨幻灯片播放:跨所有幻灯片播放一个音频文件。
- 循环播放,直到停止:循环播放一个音频文件,直到单击"播放/暂停"按钮手动停止。

- 若要在后台跨所有幻灯片继续播放该音频,选择"后台播放"。

4. 删除音频

要删除音频,可选择幻灯片上的音频图标,然后按 Del 键。

插入音频文件操作后测习题

下面_____是 PowerPoint 支持的音频文件格式。

  A. 目前所有的音频文件格式都支持 B. mp4 和 avi

  C. mp3 和 mp4 D. B 和 C

6.5.4 插入视频文件操作

视频名称	插入音频文件和视频文件	二维码
主讲教师	邹秀斌	
视频地址		

1. PowerPoint 支持的视频文件格式

PowerPoint 支持的视频文件格式如表 6.3 所示。

表 6.3 PowerPoint 支持的视频文件格式

文件格式	扩展名
Windows 视频文件(某些.avi 文件可能需要其他编解码器)	.asf
Windows 视频文件(某些.avi 文件可能需要其他编解码器)	.avi
MP4 视频文件 *	.mp4、.m4v、.mov
电影文件	.mpg 或.mpeg
Windows Media 视频文件	.wmv

2. 插入计算机上存储的视频

插入计算机上存储的视频步骤如下:

(1) 在"普通"视图中,单击需要在其中放置视频的幻灯片。

(2) 在"插入"选项卡中,单击"视频"下的箭头,然后单击"我的 PC 上的视频"。

(3) 在"插入视频"框中,单击所需的视频,然后单击"插入"。

插入视频文件操作后测习题

(1) 以下_____处理工作可以在 PowerPoint 2016 中完成。

  A. 剪辑视频 B. 创建标牌框

  C. 视频效果 D. 以上全部

(2) 要在幻灯片中插入表格、图片、艺术字、视频、音频等元素时,应在_____选项卡中操作。

  A. 文件 B. 开始 C. 插入 D. 审阅

(3) 下面_____是 PowerPoint 支持的视频文件格式。
　　A. 目前所有的视频文件格式都支持　　B. mp4 和 avi
　　C. mp3 和 wav　　　　　　　　　　D. B 和 C

6.5.5 设置超级链接

视频名称	设置超级链接	二维码
主讲教师	邹秀斌	
视频地址		

设置超级链接步骤如下：

(1) 选中需要添加超链接的对象(可以是文本、文本框、图片、图形、图表等)，找到"插入"工具栏，单击"超链接"。

(2) 找到需要链接的位置，如果是本文档中的位置，确定是哪页幻灯片，单击"确定"即可；链接的位置也可以是浏览过的网页或最近使用过的文件，如图 6.8 所示。

图 6.8　设置超链接位置

 设置超级链接后测习题

(1) 在 PowerPoint 2016 中，将某一对象链接到指定文件，可以使用动作按钮或_____命令。
　　A. 超链接　　　B. 书签　　　C. 返回　　　D. 撤销

(2) 可添加超链接的对象是_____。
　　A. 文本、文本框　　　　　　B. 图片、图形、图表
　　C. 表格　　　　　　　　　　D. 以上都是

6.6 动　　画

视频名称	动画设置	二维码
主讲教师	邹秀斌	
视频地址		

在 PowerPoint 演示文稿中,可对文本、图片、形状、表格、SmartArt 图形及其他对象进行动画处理。动画效果可使对象出现、消失或移动,亦可以更改对象的大小或颜色等。

6.6.1 在演示文稿中向文本、图片和形状等对象添加动画

给对象添加动画步骤如下:
(1) 选择要制作成动画的对象。
(2) 选择"动画"并选择一种动画。
(3) 选择"效果选项"并选择一种效果。

6.6.2 管理动画和效果

在演示文稿中启动动画的方法有多种:
- 单击时:单击幻灯片时启动动画。
- 与上一动画同时:与序列中的上一动画同时播放动画。
- 上一动画之后:上一动画出现后立即启动动画。
- 持续时间:延长或缩短效果。
- 延迟:效果运行之前增加时间。

6.6.3 向已分组的对象添加动画

可以向已分组的对象、文本等添加动画,步骤如下:
(1) 按 Ctrl 并选择所需对象。
(2) 选择"格式"→"分组"→"分组",将这些对象分组在一起。
(3) 选择"动画"并选择一种动画。

6.6.4 动作路径动画

可以应用动作路径动画效果来按讲述有效故事的顺序移动幻灯片对象。将动作路径添加到对象步骤如下:
(1) 单击要设置动画的对象。
(2) 在"动画"选项卡中,单击"添加动画"。
(3) 向下滚动到"动作路径"下,选择其中一个,如图 6.9 所示。

提示:如果选择"自定义路径"选项,将绘制希望对象执行的路径;若要停止绘制自定义路径,请按 Esc 键。

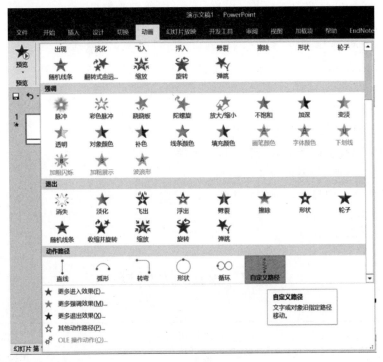

图 6.9 动作路径定义

 动画后测习题

(1) 用要设置幻灯片中对象的动画效果以及动画的出现方式时,应在_____选项卡中操作。

  A. 切换   B. 动画   C. 设计   D. 审阅

(2) 下列关于幻灯片动画效果的说法不正确的是_____。

  A. 如果要设置幻灯片中对象的动画效果,就应该使用自定义动画

  B. 对幻灯片中的图片可以设置下拉进入效果

  C. 对幻灯片文本不能设置动画效果

  D. 动画顺序决定了对象在幻灯片中出场的先后次序

(3) 在对图片设置动画时,可选的动画效果是_____。

  A. 挥鞭式   B. 下拉   C. 弹跳   D. 百叶窗

(4) 在 PowerPoint 2016 中,"动画"选项卡可用于幻灯片上的_____。

  A. 对象应用,更改与删除动画   B. 表,形状与图标

  C. 背景,主题设计和颜色   D. 动画设计与页面设计

(5) 在动画设计过程中,如果选择"自定义路径"选项,将绘制希望对象执行的路径;若要停止绘制自定义路径,请按_____键。

  A. Shift   B. Ctrl

  C. End   D. Esc

(6) 在 PowerPoint 2016 中，可以设置_____等动画效果。
　　A. 进入、强调　　　　　　　　　　B. 退出
　　C. 动作路径　　　　　　　　　　　D. 以上都是
(7) 在 PowerPoint 2016 中，给对象设置自定义路径动画效果，如果自定义路径一经确定，则_____。
　　A. 不能更改
　　B. 如果要更改，需删除以前的路径，然后再重新设定
　　C. 可以更改，而且不需要删除以前的路径
　　D. 可以更改，需要重新加入动画
(8) 在演示文稿中启动动画的方法包括_____。
　　A. 单击时　　　　　　　　　　　　B. 与上一动画同时、上一动画之后
　　C. 持续时间、延迟　　　　　　　　D. 以上都是

6.7　幻灯片切换

视频名称	幻灯片切换	二维码
主讲教师	邹秀斌	
视频地址		

在放映 Powerpoint 演示文稿时，使用者可以为每张幻灯片设置切换效果，操作步骤如下：

(1) 在打开的 Powerpoint 演示文稿中，选中若干张幻灯片页面。
(2) 选择工具栏的"切换"，选择某种切换方式，单击之后即可看到动画效果。
(3) 使用者还可以选择"效果选项"（平滑、全黑）以及换片方式（选择"单击鼠标时""设置自动换片时间"）。

幻灯片切换后测习题

(1) 要设置幻灯片的切换效果以及切换方式时，应在_____选项卡中操作。
　　A. 开始　　　　B. 设计　　　　C. 切换　　　　D. 动画
(2) 在"切换"选项卡中，不可以进行的操作有_____。
　　A. 设置幻灯片的切换效果　　　　B. 设置幻灯片的换片方式
　　C. 设置幻灯片切换效果的持续时间　D. 设置幻灯片的版式
(3) 为幻灯片设置切换效果，一次可以为_____张幻灯片设置切换效果。
　　A. 1　　　　　B. 全部　　　　C. 若干　　　　D. 以上皆可
(4) 为幻灯片设置切换效果，其中换片方式除了"单击鼠标时"，还有_____。
　　A. 排练时间　　　　　　　　　　B. 设置自动换片时间
　　C. A 和 B　　　　　　　　　　　D. 持续时间

(5) 为幻灯片设置切换效果,可以设置_____和换片方式。

    A. 声音效果　　　　B. 排练时间　　　　C. 单击鼠标时　　　D. 持续时间

(6) 要删除幻灯片设置切换效果,可以_____。

    A. 选定需要删除切换效果的幻灯片,然后按 Del 键即可删除切换效果

    B. 选定需要删除切换效果的幻灯片,然后按 Esc 键即可删除切换效果

    C. 选定需要删除切换效果的幻灯片,然后右击,在弹出菜单中选择"删除幻灯片"即可

    D. 选定需要删除切换效果的幻灯片,然后将其切换效果设为"无"

6.8　幻灯片放映

视频名称	幻灯片放映	二维码
主讲教师	邹秀斌	
视频地址		

当 Powerpoint 演示文稿编辑完成后,使用者需要对其进行放映设置。

6.8.1　设置放映方式

在如图 6.10 所示对话框中,设置放映方式需要做以下事情。

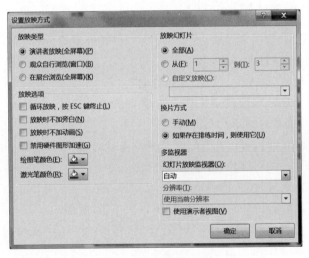

图 6.10　设置放映方式

(1) 在设置放映方式时,需要确定放映类型:

- 演讲者放映(全屏幕)。
- 观众自行浏览(窗口)。
- 在展台浏览(全屏幕)。

(2) 设置放映幻灯片范围:

- 全部,从……到……。

- 自定义放映。

(3) 换片方式：手动、如果存在排练时间，则使用它。

(4) 设置放映选项，可以组合选择以下项目：
- 循环放映，按 Esc 键终止。
- 放映时不加入旁白。
- 放映时不加动画。
- 禁用硬件图形加速。

(5) 设置多监视器。

6.8.2 设置自运行的演示文稿

若要将 PowerPoint 演示文稿设置为自动运行，请执行下列操作：

(1) 在"幻灯片放映"选项卡中，单击"设置幻灯片放映"。

(2) 在"放映类型"下，选择下列项之一：
- 若要允许观看幻灯片放映的人员在切换幻灯片时进行控制，请选择"演讲者放映（全屏幕）"。
- 要在一个窗口中演示幻灯片放映，而但在该窗口中，观看用户无法在切换幻灯片放映时进行控制，请选择"观众自行浏览（窗口）"。
- 要循环播放幻灯片放映，直到观看用户按 Esc 键，请选择"在展台浏览（全屏）"。

6.8.3 排练和记录幻灯片计时

当你选择放映类型"演讲者放映（全屏幕）"和"在展台浏览（全屏幕）"时，你需要排练和录制效果并对幻灯片放映计时，步骤如下：

(1) 在"幻灯片放映"选项卡，单击"排练计时"。

注意：单击"排练计时"时，演示文稿计时立即开始。此时将显示"预演"工具栏，并且"幻灯片放映时间"框开始对演示文稿计时。

(2) 要对演示文稿计时，可以在"预演"工具栏上执行以下一项或多项操作：
- 若要移动到下一张幻灯片，请单击"下一张"。
- 若要暂时停止记录时间，请单击"暂停"。
- 若要在暂停之后重新开始记录时间，请再次单击"暂停"。
- 若要为幻灯片设置准确的显示时间长度，请在"幻灯片放映时间"框中输入时间长度。
- 若要重新开始记录当前幻灯片的时间，请单击"重复"。

(3) 设置了最后一张幻灯片的时间后，将出现一个消息框，其中显示了演示文稿的总时间，并提示执行下列操作之一：
- 若要保存记录的幻灯片计时，请单击"是"。
- 若要放弃记录的幻灯片计时，请单击"否"。

此时将打开"幻灯片浏览"视图，其中显示了演示文稿中每张幻灯片的时间。

幻灯片放映后测习题

(1) 在设置放映方式时,放映类型有_____。
    A. 演讲者放映(全屏幕)   B. 观众自行浏览(窗口)
    C. 在展台浏览(全屏幕)   D. 以上皆是

(2) 在放映幻灯片时,不能设置播放_____幻灯片。
    A. 全部   B. 1   C. 1到9   D. 1,2到5,9

(3) 在放映过程中,按_____键则可以终止播放。
    A. Ctrl   B. Shift   C. Esc   D. Ctrl+C

(4) 在设置放映方式时,放映选项包括_____。
    A. 循环放映   B. 放映时不加入旁白
    C. 放映时不加动画   D. 禁用硬件图形加速
    E. 全部都是

(5) 要在一个窗口中演示幻灯片放映,但在该窗口中,观看用户无法在切换幻灯片放映时进行控制,请选择_____。
    A. 演讲者放映(全屏幕)   B. 观众自行浏览(窗口)
    C. 在展台浏览(全屏幕)   D. 以上都可以

(6) 若要允许观看幻灯片放映的人员在切换幻灯片时进行控制,请选择_____。
    A. 演讲者放映(全屏幕)   B. 观众自行浏览(窗口)
    C. 在展台浏览(全屏幕)   D. 以上都可以

第 7 章　网络与安全

 **本章任务**

教学时间：学习 2 周，督学 1 周
教学目标
　　知识目标：
- 掌握网络基本概念，网络的分类。
- 了解网络协议和网络体系结构。
- 掌握 IP 地址的概念和分类，掌握域名的概念，域名和 IP 地址的关系，掌握 URL 的概念。
- 掌握电子邮件的工作原理。
- 理解计算机病毒的概念，了解常用的病毒防治方法。
- 了解常用网络安全技术。

　　能力目标：
- 认识常用网络设备，掌握各种设备的基本功能。
- 掌握查看本机 IP 地址，检查网络连接是否连通的方法。
- 熟练使用浏览器浏览网页。
- 熟练使用搜索引擎搜索信息。
- 掌握收发电子邮件的方法。
- 掌握安装、运行杀毒软件查杀计算机病毒和木马的方法。
- 了解 Windows 防火墙的设置方法，备份和恢复数据的基本方法。

单元测试题型：

选择题		填空题		判断题	
题量	分值	题量	分值	题量	分值
40	40	20	40	20	20

测试时间：40 分钟
教学内容概要
7.1　计算机网络基础概念
- 网络概念、网络发展四个阶段特征（基础）

- 计算机网络功能与分类(本章重点)(基础)

7.2 网络协议与体系结构
- 协议的概念(基础)
- OSI 模型及 7 层协议(高阶)
- TCP/IP 协议的概念及使用(高阶)

7.3 网络分类和结构
- 局域网、城域网、广域网(基础)
- 网络拓扑结构(进阶)
- 局域网构成(进阶)
- 以太网(进阶)
- 对等网、C/S 模式(进阶)

7.4 数据通信基础
- 数据、信号、信道,信号的传输,传输速率、误码率(本章重点)(基础)
- 单工、半双工、全双工(进阶)
- 基带、频带、宽带传输概念(进阶)
- 复用技术概念(进阶)
- 电路交换与报文交换概念(进阶)

7.5 网络传输介质和设备
- 各种传输介质及其使用(基础)
- 各种网络设备的功能(进阶)

7.6 无线网络技术
- 无线网络概念
- 无线网络分类

7.7 Internet 基础知识
- Internet 的产生和发展阶段(基础)

7.8 IP 地址和域名
- IP 地址组成、表示、分类、含义及管理(基础)
- 子网的概念、子网掩码(高阶)
- 域名地址的概念、构成、DNS 使用及管理(基础)
- IPv6 与 IPv4 的区别(进阶)

7.9 Internet 接入
- 各种接入 Internet 方式(基础)

7.10 Internet 的应用
- 简单接入测试方法(进阶)
- WWW 的基本概念(基础)
- 超媒体与超文本、HTTP、HTML、URL(本章重点)(基础)
- 浏览器使用(基础)
- 电子邮件 E-mail 概念与原理(本章重点)(基础)
- 搜索引擎(基础)

- 文件传输协议 FTP(进阶)
- 云服务和互联网+(高阶)

7.11 计算机安全概述
- 计算机安全定义、影响计算机安全的主要问题(基础)

7.12 计算机病毒
- 计算机病毒的概念、特点(本章重点)(基础)
- 计算机病毒的防治(进阶)

7.13 操作系统安全技术
- 操作系统安全(进阶)
- Windows 安全设置(高阶)

7.14 网络安全技术
- 数据加密技术
- 防火墙技术
- 入侵检测技术
- 虚拟专用网技术
- 电子邮件安全
- 备份与恢复

7.1 计算机网络基本概念

视频名称	计算机网络基本概念	二维码
主讲教师	李支成	
视频地址		

7.1.1 计算机网络定义与发展

随着计算机技术的迅猛发展,计算机的应用逐渐渗透到社会生活的各个方面。社会信息化、数据的分布处理以及各种计算机资源共享等,推动着计算机技术朝着群体化的方向发展,促使当代计算机技术与现代通信技术密切结合,形成了计算机网络这个崭新的技术领域。如今,计算机网络已经成为人们生活中不可缺少的一部分,深刻影响着人们的生活和工作方式。

计算机网络是计算机技术和通信技术相结合的产物,是随着社会对资源共享和信息传递的日益增强的需求而发展起来的。在计算机网络发展的过程中,人们从不同的侧面提出了不同的定义。目前,比较公认的看法是,按照资源共享的观点,将计算机网络定义为"计算机网络是用通信线路和通信设备将分布在不同地点的具有独立功能的多个计算机系统互相连接起来,在网络软件的支持下实现彼此之间的数据通信和资源共享的系统。"

这个定义体现了以下的几个基本特征:
- 计算机网络建立的主要目的是实现计算机资源的共享。计算机资源主要指计算机硬件、软件与数据(数据文件和数据库等)。

- 互连的计算机是分布在不同地理位置的多台独立的"自治计算机",它们之间可以没有明确的主从关系。
- 连网计算机之间的通信必须遵循共同的网络协议。

计算机网络最早出现于 20 世纪 50 年代,最早的计算机网络是通过通信线路将远方的终端资料传送给计算机处理,这样形成一种简单的联机系统。随着计算机技术和通信技术的不断发展,计算机网络也经历了从简单到复杂、从单机到多机的发展过程,其演变过程主要分为以下四个阶段:

第一个阶段是面向终端的计算机网络,其特征为具有通信功能的单机系统。

第二个阶段是计算机通信网络,其特征为资源共享的计算机—计算机网络。

第三个阶段是开放式标准化的、易于普及和应用的网络,其特征为开放式标准化的环境中网络之间互联互通。

第四个阶段是计算机网络高速和智能化发展。

1. 面向终端的计算机网络

1946 年第一台电子计算机问世后,那时段计算机数量稀少且昂贵。为了更有效地使用计算机资源,人们尝试通过计算机技术和通信技术的结合,将地理上分散的多个终端与计算机远程相连接。1954 年,出现了一种被称作收发器(Transceiver)的终端,利用这种终端实现了将穿孔卡片上的数据通过电话线路发送到远程计算机上。此后,电传打字机也作为远程终端和计算机相连,用户可以在电传打字机上输入自己的程序,而计算机计算出来的结果也可以传送到电传打字机上并打印出来。计算机网络的基本原型就这样诞生了。

第一代计算机网络系统的典型代表是美国的半自动地面防空系统(Semi-Automatic Ground Environment,SAGE)。1951 年,美国麻省理工学院林肯实验室开始为美国空军设计半自动化地面防空系统。这个系统分为 17 个防区,每个防区的指挥中心装有两台 IBM 计算机,通过通信线路连接防区内各雷达观测站、机场、防空导弹和高射炮阵地,形成联机计算机系统。警戒雷达将天空中的飞机目标的方位,距离和高度等信息通过雷达录取设备自动录取下来,并转换成二进制的数字信号。然后通过数据通信设备将它传送到北美防空司令部的信息处理中心。大型计算机自动地接收这些信息,并经过加工处理计算出飞机的飞行航向、飞行速度和飞行的瞬时位置,还可以判别出是否入侵的敌机,并将这些信息迅速传到空军和高炮部队,由计算机程序辅助指挥员决策,自动引导飞机和导弹进行拦截。SAGE 系统最早采用了人机交互的显示器,研制了小型计算机形式的前端处理器,制订了数据通信的最初规程,并提供了多种路径选择算法。这个系统于 1963 年建成,开创了计算机技术和通信技术结合的先河。

在这种联机方式中,计算机是网络的中心和控制者,用户在本地的终端通过通信线路及相应的通信设备与远程的计算机相连,登录到计算机上,使用该计算机的资源。

当这种简单的单机联机系统连接大量的终端时,存在两个明显的缺点:一是主机系统负担过重;二是线路利用率低。

第一代计算机网络系统的特点为:
- 在面向终端的计算机网络系统中,主要存在的是终端和中心计算机间的通信,不存在各计算机间的资源共享或信息交流。
- 随着所连远程终端个数的增多,中心计算机要承担的与各远程终端间通信的任务也必然加重,使得中心计算机实际工作效率下降。

2. 计算机通信网络

面向终端的计算机网络系统极大地刺激了用户使用计算机的热情,使计算机用户的数量迅速增加。但这种网络系统也存在着缺点,如果计算机的负荷较重,会导致系统响应时间过长,而且单机系统的可靠性较低,一旦计算机发生故障,将导致整个网络系统的瘫痪。

为了克服第一代计算机网络的缺点,提高网络的可靠性和可用性,人们开始研究将多台计算机相互连接的方法。

1964年8月,巴兰(Baran)提出了存储转发的概念。1966年,英国的国家物理实验室(National Physics Laboratory,NPL)的戴维斯(David)首次提出了"分组"(Packet)这一概念。1969年12月,美国国防部高级研究计划署(Defense Advanced Research Projects Agency,DARPA)的远程分组交换网ARPANET投入运行。ARPANET连接了美国加州大学洛杉矶分校、加州大学圣巴巴拉分校、斯坦福大学和犹他大学四个节点的计算机,第一次实现了由通信网络和资源网络复合构成计算机网络系统。ARPANET的成功,标志着计算机网络的发展进入了一个新纪元。

早期的面向终端的计算机网络,是以单个主机为中心的星形网,各终端通过通信线路共享主机的硬件和软件资源。但分组交换网则以通信子网为中心,主机和终端都处在网络的边缘。主机和终端构成了用户资源子网。用户不仅共享通信子网的资源,而且还可共享用户资源子网的丰富的硬件和软件资源。这种以资源子网为中心的计算机网络,通常被称为第二代计算机网络。

第二代计算机网络和第一代计算机网络的显著区别在于:第二代计算机网络的多台主计算机都具有自主处理能力,它们之间不存在主从关系。

在第二代计算机网络中,多台计算机通过通信子网构成一个有机的整体,既分散又统一,从而使整个系统性能能大大提高:原来单一主机的负载可以分散到全网的各个机器上,使得网络系统的响应速度加快;而且在这种系统中,单机故障也不会导致整个网络系统的全面瘫痪。

第二代计算机网络系统的特点为:

- 以通信子网为中心,实现了"计算机—计算机"的通信。
- ARPANET的出现,为Internet以及网络标准化建设打下了坚实的基础。

3. 计算机互联网络

第三代计算机网络又称互联网络或现代计算机网络。随着广域网与局域网的发展及微型计算机的广泛应用,使用大型机与中型机的主机-终端系统的用户减少,网络结构发生了巨大的变化。各个计算机生产厂商纷纷发展自己的计算机网络系统,但是却出现了网络体系结构与网络协议的标准化问题。

1977年,国际标准化组织(International Organization for Standardization,ISO)为适应网络标准化的发展趋势,在研究分析已有的网络结构经验的基础上,开始研究"开放系统互联"(Open System Interconnect,OSI)问题。经过若干年卓有成效的工作,ISO于1984年公布了"开放系统互联基本参考模型"的正式文件,即OSI参考模型OSI/RM(Open System Interconnection/Reference Model)。开放系统互连基本参考模型OSI模型分为七个层次,有时也被称为OSI七层模型。

目前两种主要的网络体系结构是国际标准化组织(ISO)提出的开放系统互连 OSI 体系结构和 TCP/IP 体系结构。从 20 世纪 80 年代开始进入计算机网络的标准化时代。

这一阶段的计算机网络的重要标志是 TCP/IP 协议族的最终形成,OSI 参考模型的出现为计算机网络理论的研究奠定了基础,使得局域网的研究也取得了突破性的发展。

第三代计算机网络系统的主要特点如下:

- 对于网络技术标准化的要求更高。
- 出现计算机网络体系结构 OSI 参考模型。
- 随着 Internet 的发展,TCP/IP 协议被广泛应用。
- 局域网全面快速发展。

4. 高速互联网络

随着互联网的迅猛发展,人们对远程教学、远程医疗、视频会议等多媒体应用的需求大幅度增加。这样,基于传统电信网络为信息载体的计算机互联网络不能满足人们对网络速度的要求,促使网络由低速向高速、由共享到交换、由窄带向宽带方向迅速发展,即由传统的计算机互联网络向高速互联网络发展。

与第三代计算机网络相比,第四代计算机网络的特点是:互连、高速、智能与更为广泛的应用。网络高速化有两个特征:网络宽频带和传输低延时。光纤等高速传输介质和高速网络技术可实现网络的高速率,快速交换技术可保证传输的低延时。

第四代计算机网络系统的主要特点如下:

- 计算机网络高速发展。
- 计算机网络在社会生活中得到大量应用,传感器网络、导航系统等使环境监测、智能交通变得更方便易行,社交网络促使形成新的社会群体和组织。
- 云计算的出现代表了另一个重大的变化。云服务商提供弹性的计算和存储服务,意味着更低的成本实现计算和存储需求。同时,云端用户可以在不同的地点,得到相同的计算环境。
- 网络经济快速发展。

需要指出的是,网络的发展阶段实际上并没有明显的界限,各个阶段之间有大量交叉、过渡和承上启下的时间,因此不能机械地加以简单区分。

7.1.2 计算机网络的功能

计算机网络具有如下一些功能,其中最主要的功能是资源共享和通信。

1. 共享硬件与软件

计算机网络允许网络上的用户共享网络上各种不同类型的硬件设备,可共享的硬件资源有:巨型计算机、专用的高性能计算机、大容量磁盘、高性能打印机、高精度图形设备、通信线路、通信设备等。共享硬件的优点是节约开支,用户可以通过网络访问各种不同类型的设备。

现在已经有许多专供网上使用的软件,如数据库管理系统、各种 Internet 信息服务软件等。共享软件允许多个用户同时使用,并能保持数据的完整性和一致性。特别是客户机/服务器(C/S)和浏览器/服务器(B/S)模式的出现,人们可以使用客户机来访问服务器,而服务器软件是共享的。并且,在 B/S 方式下,软件版本的升级修改,只要在服务器上进行,全网用户都可立即享受。可共享的软件种类很多,包括大型专用软件、各种网络应用软件、各种信息服务软件等。

2. 共享信息

信息也是一种资源,Internet 就是一个巨大的信息资源宝库,在其上面有极为丰富的信息资源,它就像是一个信息的海洋,有取之不尽、用之不竭的信息与数据,每一个接入 Internet 的用户都可以共享这些信息资源。可共享的信息资源有搜索与查询的信息,Web 服务器上的主页及各种链接,FTP 服务器中的软件,各种各样的电子出版物,网上消息、报告和广告,网上大学,网上图书馆等。

3. 通信功能

通信功能是计算机网络的基本功能之一,它可以为网络用户提供强有力的通信手段。建设计算机网络的主要目的就是让分布在不同地理位置的计算机用户之间能够相互通信、交流信息.。计算机网络可以传输数据、声音、图形和图像等多媒体信息。利用网络的通信功能,可以发送电子邮件,在网上举行电视会议等。

网络基础后测习题

(1) 计算机网络是计算机技术与_____技术紧密结合的产物。
    A. 电话   B. 信息   C. 通信   D. 软件

(2) 能实现信息传输与信息处理功能的结合,使远距离用户能够共享软、硬件资源,提高信息处理能力的是_____。
    A. 计算机网络   B. 多媒体   C. 智能计算机   D. 数据库

(3) 和通信网络相比,计算机网络最本质的功能是_____。
    A. 数据通信   B. 提高计算机的可靠性和可用性
    C. 实现资源共享   D. 分布式处理

(4) 当计算机连入网络后,将会增加的功能为_____。
    A. 数据通信与集中处理   B. 均衡负荷与分布处理
    C. 资源共享   D. 以上都正确

(5) 计算机网络的资源共享功能包括_____。
    A. 硬件资源、软件资源和数据资源共享
    B. 软件资源和数据资源共享
    C. 设备资源和非设备资源共享
    D. 硬件资源和软件资源共享

(6) 在计算机网络中,软件资源共享指的是_____。
    A. 各种语言处理程序的共享
    B. 各种应用程序的共享
    C. 各种语言程序及其相应数据的共享
    D. 各种语言处理程序、服务程序和应用程序的共享

(7) 在计算机网络中,数据资源共享指的是_____。
    A. 各种数据文件和数据库的共享

B. 各种文件数据的共享
C. 各种表格文件和数据文件的共享
D. 各种应用程序数据的共享

7.2 网络协议与体系结构

视频名称	网络协议和体系结构	二维码
主讲教师	李支成	
视频地址		

7.2.1 网络协议

为了保证计算机网络中不同平台、不同网络、不同操作系统之间相互通信及双方能够正确地接收信息,必须事先形成一种约定,即网络协议。网络协议是计算机网络不可缺少的组成部分。

协议(Protocol):为实现网络中的数据交换而规定的一系列规则、标准和约定。

网络协议有三要素:语法、语义、同步。

语法,确定通信双方"如何讲",定义了数据格式、编码和信号电平等。

语义,确定通信双方"讲什么",定义了用于协调同步和差错处理等的控制信息。

同步,确定通信双方"讲话的次序",定义了速度匹配和排序等。

7.2.2 网络体系结构

由于计算机网络是相当复杂的系统,在网络设计中通常采用结构化设计方法,就是将网络按照功能分成若干层次,每一层完成一个特定的功能。层次结构中的每一层直接使用下一层提供的服务来实现本层的功能,同时又向它的上一层提供服务,服务的提供和使用都是通过相邻层的接口来进行的。

网络分层的好处是每一层只需完成一个特定的功能,且其功能实现的具体细节对外是不透明的,相邻层间的交互完全通过接口处规定的服务原语来进行,各层之间相对独立。这样,不仅每一层的功能简单,易于实现和维护,而且某一层需要改动时,只要不改变它和上、下层的接口服务关系,其他层次都不受影响,因此,计算机网络的分层结构具有很大的灵活性。

相应于网络的分层,通信协议也分为层间协议,计算机网络的各层和层间协议的集合被称为"网络体系结构"。

层次化网络体系结构具有以下一些特点:

(1) 各层之间相互独立。这样,上层只需知道如何通过接口向下一层提出服务请求。使用下层提供的服务,并不需要了解下层执行时的细节。

(2) 结构上独立分割。由于各层独立划分,因此,每层都可以选择最合适的实现技术。

(3) 灵活性好。如果某一层发生变化,只要接口的条件不变,则以上各层和以下各层的工作均不受影响。这样,有利于技术进步和模型的修改。

(4) 易于实现和维护。整个系统被分割为多个部分,系统变得容易实现、管理和维护。

(5) 有益于标准化的实现。由于每一层都有明确的定义,十分有利于标准化的实施。

网络体系结构划分的基本原则是,把应用程序和网络通信管理程序分开,同时又按照信息在网络中传输的过程,将通信管理程序分为若干模块。把原来专用的通信接口转变为公用的、标准化的通信接口。

7.2.3 ISO/OSI 模型

在 20 世纪 80 年代早期,国际标准化组织(International Standards Organization,ISO)提出和定义了一个用于连接异构系统的分层模型,即开放系统互连参考模型(Open Systems Interconnection Reference Model,OSI 参考模型)。OSI 模型将网络结构划分为七层,自底向上依次为物理层、数据链路层、网络层、传输层、会话层、表示层和应用层,如图 7.1 所示。每一层均有自己的一套功能集,并与紧邻的上层和下层交互作用。总的说来,在顶端与底端之间的每一层均能确保数据以一种可读、无错、排序正确的格式被发送。

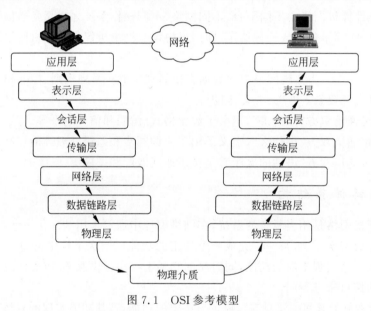

图 7.1 OSI 参考模型

1. 物理层(Physical Layer)

物理层是 OSI 模型的最底层或第一层,该层提供在物理介质上传输二进制比特流的物理连接;并规定了建立、维护和拆除物理连接所需要的机械、电气、功能和规程特性。

2. 数据链路层(Data Link Layer)

数据链路层是 OSI 模型的第二层,它控制网络层与物理层之间的通信。它的主要功能是将从网络层接收到的数据分割成特定的可被物理层传输的数据包。它不仅包括原始(未加工)数据,或称"有效荷载",还包括发送方和接收方的网络地址以及纠错和控制信息。其中的地址确定帧将发送到何处,而纠错和控制信息则确保帧无差错到达。

3. 网络层(Network Layer)

网络层,即 OSI 模型的第三层,其主要功能是将网络地址翻译成对应的物理地址,并决定将数据从发送方到接收方的最佳路径。

4. 传输层（Transport Layer）

传输层主要负责确保数据可靠、顺序、无错地从 A 点到传输到 B 点（A、B 点可能在也可能不在相同的网络段上）。因为如果没有传输层，数据将不能被接受方验证或解释，所以，传输层被认为是 OSI 模型中最重要的一层。传输协议同时进行流量控制或是基于接收方可接收数据的快慢程度规定适当的发送速率。按照网络能处理的最大尺寸将较长的数据包进行强制分割。同时对每一数据片安排一序列号，以便数据到达接收方节点的传输层时，能以正确的顺序重组。

5. 会话层（Session Layer）

会话层负责在网络中的两节点之间建立和维持通信。

6. 表示层（Presentation Layer）

表示层如同应用程序和网络之间的翻译官，在表示层，数据将按照网络能理解的方案进行格式化；这种格式化也因所使用网络的类型不同而不同。表示层管理数据的解密与加密。

7. 应用层（Application Layer）

OSI 模型的顶端也即第七层是应用层。应用层负责对软件提供接口以使程序能使用网络服务。

7.2.4 TCP/IP 模型

由于 OSI 参考模型结构复杂，实现周期长，运行效率低，缺乏市场与商业动力，因此在现实中，并没有哪一个网络是使用 OSI 参考模型。在互联网络中，人们更加广泛使用的是 TCP/IP 协议族，虽然不是 OSI 标准，但它们是目前最流行的商业化协议，被公认为当前的工业标准或"事实上的标准"。

TCP/IP 即传输控制协议/网际协议，源于美国的 ARPANET，是针对 Internet 开发的一种体系结构和协议标准，其主要目的是提供与底层硬件无关的网络之间的互连，包括各种物理网络技术。TCP/IP 并不是单纯的两个协议而是一组通信协议的集合，所包含的每个协议都具有特定的功能，完成相应的 OSI 层的任务。

其中传输控制协议（Transmission Control Protocol，TCP）和网际协议（Internet Protocol，IP）是两个极其重要的协议。

IP 协议位于网络层，其目的是把 IP 包从源节点传送到目的节点，它提供无连接的、不可靠的网络服务。

TCP 协议是传输层上面向连接的协议，其目的是在不可靠的网络层上提供可靠的端到端的通信。

TCP/IP 协议的特点：

- 开放的协议标准（与硬件、操作系统无关）。
- 独立于特定的网络硬件（运行于 LAN、WAN，特别是互联网中）。
- 统一网络编址（网络地址的唯一性）。
- 标准化高层协议，可提供多种服务。

TCP/IP 模型分为四层：网络接口层、网络层、传输层和应用层，TCP/IP 四层结构及其与 OSI/RM 七层结构的对应关系如图 7.2 所示。

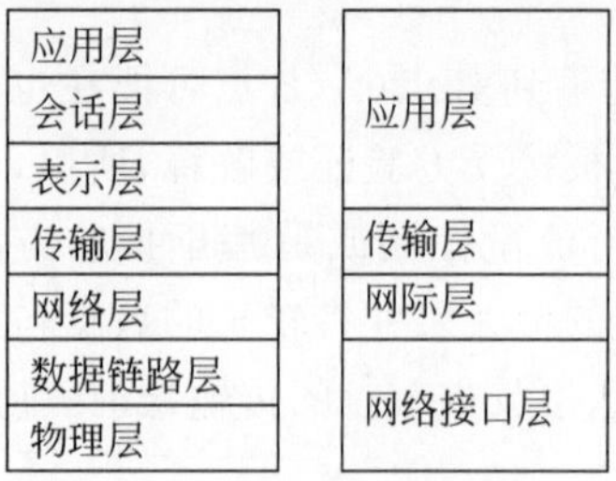

应用层	
会话层	应用层
表示层	
传输层	传输层
网络层	网际层
数据链路层	网络接口层
物理层	

图 7.2 TCP/IP 四层结构与 OSI/RM 七层结构的对应关系

应用层与 OSI 模型中的高三层任务相同,用于提供网络服务。

传输层又称为主机至主机层,与 OSI 传输层类似,负责主机到主机之间的端到端通信,使用传输控制协议 TCP 协议和用户数据包协议 UDP 协议。

网际层也称互联层,主要功能是处理来自传输层的分组,将分组形成数据包(IP 数据包),并为该数据包进行路径选择,最终将数据包从源主机发送到目的主机。常用的协议是网际协议 IP 协议。

网络接口层对应着 OSI 的物理层和数据链路层,负责通过网络发送和接收 IP 数据包。

网络协议后测习题

(1) 为网络中各计算机之间交流信息提供统一的语言和规则的是_____。
  A. 域名　　　　　B. IP 地址　　　　C. 网络协议　　　D. 通信地址
(2) 下列属于因特网通信协议的是_____。
  A. Chinanet　　　B. WWW　　　　　C. CSTNet　　　　D. TCP/IP
(3) TCP/IP 的作用是_____。
  A. 使连接在 INTERNET 上的各种计算机能够相互沟通
  B. 能把 INTERNET 上的各种语言翻译成英语
  C. 能把 INTERNET 上的英语翻译成各种语言
  D. 以上三项都不正确
(4) TCP/IP 协议中,TCP 协议指_____。
  A. 传输控制协议　　　　　　　　　B. 超文本传输协议
  C. 点到点连接传输协议　　　　　　D. 互联网协议

7.3 网络分类和结构

视频名称	网络分类和结构	二维码
主讲教师	李支成	
视频地址		

7.3.1 计算机网络的分类

计算机网络经过多年的发展和变化,不同网络采用的网络技术、传输介质、通信方式等各有不同。因此,根据网络覆盖的地理范围、网络的拓扑结构、网络协议、传输介质、所使用的网络操作系统或者根据传输技术等分类方法可以将计算机分为不同的类别。比如,根据网络的覆盖范围可以将网络分为局域网、城域网和广域网,这也是最常用的分类方法。

1. 局域网

局域网(Local Area Network,LAN)是将较小地理区域内的计算机或数据终端设备连接在一起的通信网络。局域网覆盖的地理范围比较小,一般在几十米到几千米之间。它常用于组建一个办公室、一栋楼、一个楼群或一个校园或一个企业的计算机网络。局域网经常由一个建筑物内或相邻建筑物的几百台甚至上千台计算机组成,也可以小到连接一个房间内的几台计算机、打印机和其他设备。局域网主要用于实现短距离的资源共享。

局域网的主要特点如下:
- 覆盖的地理区域比较小,仅工作在有限的地理区域内(不超过20km)。
- 传输速率高,传输速率在1Mbps到10Gbps。
- 数据传输可靠性高,误码率低。
- 连接费用低。
- 拓扑结构简单,常用的拓扑结构有总线型、星形、环形等。
- 局域网通常归属一个单一的组织管理。

由于局域网成本低,速度快,组建网络也较为方便,是目前计算机网络中发展最为活跃的分支。

2. 城域网

城域网(Metropolitan Area Network,MAN)是一种大型的网络,它的覆盖范围介于局域网和广域网之间,通常是一个城市或一个地区,一般为几千米至几万米。城域网由不同的系统硬件、软件和通信传输介质构成,将位于一个城市或地区之内的不同类型的多个计算机局域网连接起来实现资源共享。城域网所使用的通信设备和网络设备的功能要求比局域网高,以便有效地覆盖整个城市的地理范围。一般在一个大型城市中,城域网可以将多个学校、企事业单位、公司和医院的局域网连接起来共享资源。

城域网的特点是传输介质相对复杂,数据传输距离相对局域网要长,信号容易受到外界因素的干扰,组建网络较为复杂,成本较高。

3. 广域网

广域网(Wide Area Network,WAN)是在一个广阔的地理区域内进行数据、语音、图像信息传输的计算机网络。由于远距离数据传输的带宽有限,因此广域网的数据传输速率比局域网要慢得多。

广域网可以覆盖一个城市、一个国家甚至于全球。

因特网是广域网的一种,它将同类或不同类的物理网络(局域网、广域网与城域网)互联,并通过高层协议实现不同类型网络间的通信。

广域网的主要特点是:
- 覆盖的地理区域大,网络可跨越市、地区、省、国家甚至覆盖全球。
- 传输距离较长,导致传输速率比较低。
- 数据传输相对容易出现错误。
- 广域网连接常借用公用电信网络。
- 网络拓扑结构复杂。

7.3.2 局域网构成

局域网(Local Area Network)简称 LAN,是将较小地理区域内的各种数据通信设备连接在一起的通信网络,用来实现信息共享和相互通信。局域网具有网络覆盖的地理范围有限、传输速率高、延迟小、误码率低、网络由单一组织管理的重要特点。它常被用于连接企业、工厂和学校内的一个楼群、一栋楼或一个办公室里的数据通信设备,以便共享资源和交换信息。局域网是应用最为广泛的一类网络。

1. 以太网

局域网产生于 20 世纪 70 年代,由于微型计算机的出现与迅速流行、计算机应用的迅速普及与提高和计算机网络应用的不断深入和扩大,以及人们对信息交流、资源共享和高带宽的迫切需求,都直接推动着局域网的发展。进入 20 世纪 90 年代以后,局域网技术的发展更是突飞猛进,各种新技术、新产品不断涌现。在各种局域网技术中,由于以太网简单可靠,性价比高,受到用户的广泛认可,已经成为主流的局域网技术,其他局域网技术如令牌环、光纤分布式数据接口(Fiber Distributed Data Interface,FDDI)等逐渐被以太网取代。

以太网(Ethernet)技术最早由施乐公司和斯坦福大学联合开发,并由施乐、英特尔和数字设备公司联合进行标准化,成为第一个局域网工业标准。电气和电子工程师协会(Institute of Electrical and Electronics Engineers,IEEE)802.3 国际标准是在 Ethernet 标准的基础上制定的,规定了包括物理层的连线、电信号和介质访问层协议的内容。通过 IEEE 802.3 标准的定义,以太网提供了一个不断发展、高速、应用广泛且具备互操作特性的网络标准。同时,这一标准还在继续发展,以满足现代局域网在数据传输速率和吞吐量方面要求。由于 IEEE 802.3 标准的开放性,减少了市场进入的障碍,产生大量供应商、产品供以太网用户选择。更重要的是,只要符合以太网标准,即使选择不同供应商提供的产品,也可以确保这些产品能够彼此兼容地使用。

最早的传统以太网传输速率可达 10Mbps,可连接 1024 个工作站。随着网络应用规模的扩大,对网络带宽和传输质量提出更高的要求,10Mbps 的传统以太网已很难满足应用需求。3Com、英特尔和 Sun 等公司组成的快速以太网联盟研究开发了快速以太网(Fast Ethernet)或称 100base-T 网络技术。快速以太网比传统以太网主要有以下几个改进:减少了 MAC 层对物理层介质的限制;兼容 10Mbps 和 100Mbps 带宽;采用全双工模式代替半双工模式;使用简单不归零编码代替曼彻斯特编码。

为了满足多媒体技术、高性能分布计算和海量数据处理对网络速率日益增长的需求,出现了新一代以太网——千兆以太网(Gigabit Ethernet)。千兆以太网的特点是:独占介质;由交换机提供专用带宽;全双工模式;允许千兆以太网和快速以太网混合连接,速率自适应。千兆以太网目前已经成为主流技术,在企业局域网的建设中使用得十分广泛。

万兆以太网(10Gigabit Ethernet)是由万兆以太网联盟开发的。万兆以太网技术基本承袭了传统以太网、快速以太网和千兆以太网技术,因此在兼容性、互操作性和方便易用上均占有较大的优势。万兆以太网具有更高的带宽(10Gbps)和更远的传输距离(最长传输距离可达 40km),并使得以太网的应用从局域网扩展到城域网领域。以太网使用 CSMA/CD(载波监听多路访问及冲突检测)技术。

2. 局域网拓扑结构

拓扑学是从图论中演变而来的，是一种研究与大小、形状无关的点、线、面特点的方法。计算机网络抛开网络中的具体设备，把工作站、服务器等网络节点抽象为"点"，把网络中的电缆等通信介质抽象为"线"，这样从拓扑学的观点看，计算机和网络系统，可以简单地看成是由点和线组成的几何图形，从而抽象出网络系统的具体结构，这种采用拓扑学方法抽象的网络结构称为计算机网络的拓扑结构。网络的拓扑结构有星形、总线型、环形、网状等结构。

（1）星形结构。星形结构的特点是采用集中控制方式，节点与节点之间的通信均由中心控制单元来支配，各个节点间不能直接通信，节点间的通信必须经过中心控制单元，如图 7.3(a)所示。

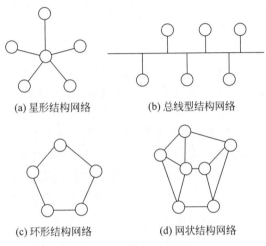

(a) 星形结构网络　　(b) 总线型结构网络

(c) 环形结构网络　　(d) 网状结构网络

图 7.3　网络拓扑结构

星形结构的优点是建网容易、控制相对简单；缺点是属于集中控制，对中心控制单元依赖性大，易出现瓶颈现象。交换式局域网以及双绞线以太网系统都是星形结构网络。

（2）总线型结构。总线型结构是由一条高速公用总线连接若干个节点所形成的网络，其中一个节点是网络服务器，由它提供网络通信及资源共享服务，其他节点是网络工作站（即用户计算机），各节点通过总线直接通信，如图 7.3(b)所示。总线型网络采用广播通信方式，即由一个节点发出的信息可被网络上的多个节点所接收。总线型结构的优点是可靠性高；局部工作站点出现故障，不会影响整个网络；缺点是因为所有工作站通信均通过一条共用的总线，所以若总线的任何一点出现故障，将会造成整个网络瘫痪。

（3）环形结构。这类结构属于非集中控制方式，各工作站已无主从关系，各节点由通信线路首尾相连接成一个闭合的环，如图 7.3(c)所示。数据在环上单向流动或者双向流动，每个节点按位转发信息，可用令牌来协调控制各节点的发送，任意两个节点都可通信。IBM公司的令牌环(Token Ring)及现代的高速 FDDI 网络都是环形结构网络。

（4）网状结构。网状结构是典型的点到点结构，如图 7.3(d)所示。点到点信道可能浪费一些信道带宽，但牺牲带宽可以换取信道访问控制的简化，这种点到点的结构，不存在信道的竞争，几乎不存在信道访问控制问题。网状结构的主要特点是网络可靠性高，当一条路径发生故障时，还可以通过另一条路径传递信息。

3. 局域网的基本类型

按局域网中计算机的相互地位可将其分为两种类型，对等网络模式和客户机/服务器网络模式。

（1）对等网络模式。在网络中没有设置专门为客户机访问服务的服务器，连在网上的计算机既是客户机又是服务器，网上的每一台计算机以相同的地位访问其他计算机和处理数据，这类网络称为对等网络。

对等网络的特点是网络组建和维护都较为容易、使用简单、可灵活扩展，并且由于不需要价格昂贵的专用服务器，因而可以实现低成本组建网络。但是，对等网络的灵活性使得数据的保密性差，文件的存储较为分散，并且很难实现资源的集中管理。

（2）客户机/服务器网络模式。现在大多数局域网采取客户机/服务器（Client/Server，C/S）模式，它是由一台或多台单独的、高性能和大容量的微机或大、中、小型计算机作为中心服务器，与多台客户机相连。

- 客户机：客户机包括 PC、图形工作站、小型机等。客户机也称网络工作站，是局域网的主要组成部分，用户通过它访问服务器上的软件资源及共享网上的硬件资源。
- 服务器：服务器有文件服务器和通信服务器等。小规模的网络一般用高档微机作为服务器。服务器是局域网中的核心设备，它拥有大容量的内存和硬盘及高速CPU，服务器上装有网络操作系统、用户共享软件及用户程序和各种文件。它是网上软件资源共享的节点，也是互联网上的有源节点。有时服务器还兼作路由器。为了服务器中的资源不被破坏，服务器一般由专人管理。

网络协议后测习题

（1）下面网络类型中覆盖范围最广的是_____。
    A. LAN   B. WAN   C. WWW   D. Ethernet

（2）计算机网络按地理范围进行划分，可分为_____、城域网和广域网。
    A. LAN   B. Internet   C. Chinanet   D. Cernet

（3）广域网的英文缩写为_____。
    A. LAN   B. WAN   C. ISDN   D. ADSL

（4）下列各种说法中正确的是_____。
    A. 广域网指网络的服务区域不局限在一个局部范围内
    B. 计算机网络的缺点之一是无法实现可视化通信
    C. 调制解调器是网络中必备的硬件设备
    D. 计算机网络的发展方向就是面向产业、商业和教育

（5）按通信距离划分，计算机网络可分为局域网、广域网和城域网。下列网络中属于局域网的是_____。
    A. Chinanet   B. Internet   C. Cernet   D. Ethernet

（6）下列不是计算机网络的拓扑结构的是_____。
    A. 环形结构   B. 总线结构   C. 单线结构   D. 星形结构

(7) 局域网中常用的拓扑结构有环形、星形和_____。
　　A. 层次型　　　　B. 分组型　　　　C. 交换型　　　　D. 总线型
(8) 在局域网中,通信线路是通过_____接入计算机的。
　　A. 串行输入口　　B. 并行输入口　　C. 网卡　　　　　D. Modem
(9) 在局域网中,网络硬件主要包括_____、工作站、网络适配器和通信介质。
　　A. 网络操作系统　B. 网络服务器　　C. Modem　　　　D. 网络协议

7.4　数据通信基础

视频名称	数据通信基础	二维码
主讲教师	李支成	
视频地址		

7.4.1　数据通信概述

数据通信是网络技术发展的基础,涉及的范围很广,已经发展成为一门独立的学科。数据通信的任务是依照一定的通信协议,利用数据传输技术在计算机与计算机或计算机与终端之间传递数据信息的一种通信方式。数据通信传送数据的目的不仅是为了交换数据,更主要是为了利用计算机来处理数据。简而言之,它是将快速传输数据的通信技术和数据处理、加工及存储技术相结合,从而给用户提供及时准确的数据。

1. 信息和数据

信息是把事物的形态、大小、结构、性能及其与外部的联系,客观地描述成为数字、文字、声音以及图形或图像的存在形式。

数据是由数字、字符和符号等组成,它是传输信息的实体,用来表示信息。数据可以在物理介质上记录或传输,并通过外围设备被计算机接收,经过处理而得到结果。信息交换就是访问数据及传输数据。

2. 信号与信道

信号即电信号,数据的电子或电磁编码,是数据的具体表现形式。

信道指信号的传输通道,包括通信设备(如集线器、路由器等)和传输介质(如同轴电缆、光纤等)。

信道按传输介质可分为有线信道和无线信道;按传输信号类型,可分为模拟信道和数字信道;按使用权限,可分为专用信道和公用信道。

3. 信号的表示和传输

模拟数据和数字数据都可以用模拟信号或数字信号来表示,因此,无论信号源产生的是模拟数据还是数字数据,都可以用适合于信道传输的某种信号形式来传输。

(1) 模拟数据的表示和传输。模拟数据是时间的函数,并占有一定的频率范围,即频带。这种数据可以直接用占有相同频带的电信号(即模拟信号)来表示进行传送,即模拟数据可以用模拟信号传送。

(2) 数字数据的表示和传输。数字数据可以直接用二进制形式的数字脉冲信号来表示,即数字数据可以用数字信号传送。但为了改善其传送质量,一般先对二进制数据进行编码。

数字数据也可以用模拟信号来表示,即数字信号可以用模拟信号传送。此时要利用调制解调器 Modem 将数字数据转换为模拟信号,使之能在适合于模拟信号的信道上传输,这就是信号的调制。接收到的模拟信号,需要经过调制解调器还原成数字数据,才能由计算机存储、处理,这个过程叫作解调。因此调制解调器具有调制和解调两方面的功能,且必须在数据传输双方成对使用。

4. 主要数据通信指标

数据通信的目的就是为了及时有效地传递信息。衡量数据传输的质量标准是从有效性和可靠性两方面来考虑的,衡量参数主要是数据传输速率和误码率。

(1) 数据传输速率。数据传输速率是描述数据传输系统的重要技术指标之一,包括数据传输速率和调制速率。

数据传输速率等于每秒钟传输的二进制位(比特)数,单位为比特/秒,记作 bps。因此又称为比特率。

常用的数据传输速率单位有 kbps、Mbps、Gbps。

调制速率指信号经调制后的传输速率,即每秒钟通过信道传输的码元个数。单位是 Baud,因此又称为波特率。

(2) 误码率。误码率是衡量数据传输系统正常工作状态下传输可靠性的参数。其定义为:在传输的比特总数中发生差错的比特数与传输的比特总数的比值:

$$P_e = N_e / N$$

其中,N 表示传输的比特总数,N_e 表示发生差错的比特数。

需要注意的是,差错的出现具有随机性,在实际测量一个数据传输系统时,只有被测量的传输比特总数越大,才会越接近于真正的误码率值。

计算机通信的平均误码率要求低于 10^{-9}。若误码率高于这个指标,可通过差错控制方法进行检验和纠错。

7.4.2 数据传输方式

1. 通信方式

数据通信通常需要双向通信,能否实现双向通信是信道的一个重要特征。按照信号传送方向与时间的关系,信道可以分为单工、半双工、全双工三种方式。

(1) 单工方式。数据信息(不包括控制信息)只能按指定的一个方向传送的通信方式称为单工通信方式。发送方只能发送不能接收,接收方只能接收而不能发送,任何时候都不能改变信号的传送方向。例如,无线电广播就属于单工信道。

(2) 半双工方式。半双工通信是指数据可沿信道的两个方向传送,但同一时刻,只能沿一个方向传送,即数据要反向传送时,传输信道需要换向,也就是说,它们是交错使用同一信道的。数据先从 A 发送到 B,发送完后,改变信道的方向,将 B 发送的数据送给 A,如此交替通信,不断改变数据流在信道上的传送方向,直到通信完毕。例如对讲机就是采用的半双工方式通话。

（3）全双工方式。全双工通信是指数据能同时沿信道的两个相反方向作双向传输，A 和 B 两端可同时发送信息和接收信息。例如利用电话通话。

2. 数据传输类型

在数据通信系统中，由于数据在传输过程中，可以用数字信号和模拟信号两种方式表示。因此，它们在信道中的传输，也相应分为基带传输和频带传输两类。

1）基带传输

在数据通信中，表示计算机传输的二进制数字信号是典型的矩形电脉冲。由于这种未经调制的电脉冲信号所占据的频带通常从直流和低频开始，因而人们把这种矩形电脉冲信号的固有频率称为"基带"（base band），也即电脉冲信号固有的基本频带，相应的信号称为"数字基带信号"。在某些有线信道中，特别是传输距离不太远的情况下，数字基带信号可以直接传送，称为"数字信号基带传输"。

在基带传输中，由于数字信号的频率可以从 0 到几兆赫兹（MHz），故要求信道具有较宽的频带。在对信号进行传输之前，需要对数字信号进行编码，即用不同电压极性或电平值代表数字信号的 0 和 1。目前在计算机通信中广泛采用如下 3 种编码方法：不归零编码（Not Return to Zero, NRZ）、曼彻斯特（Manchester）编码和差分曼彻斯特编码。

2）频带传输

基带传输是数据通信中一种非常重要的传输形式。但是它只能在信道上原封不动地传输二进制数字信号。对于远距离通信来说，目前经常使用的仍然是普通的电话线，因为电话线是当今世界上覆盖范围最广、应用最普遍的一类通信信道。而传统的电话通信信道是为传输语音信号而设计的，它只适用于传输音频范围（300Hz～3400Hz）的模拟信号，不适用于直接传输计算机的数字基带信号。为了利用电话交换网实现计算机之间的数字信号传输，必须将数字信号转换成模拟信号。为此，需要在发送端选取音频范围的某一频率的正（余）弦模拟信号作为载波，用它运载所要传输的数字信号，通过电话信道将其送至另一端；在接收端再将数字信号从载波上取出来，恢复为原来的信号波形。这种利用模拟信道实现数字信号传输的方法称为"频带传输"。

如前所述，为了利用模拟信道实现计算机的数字信号传输，首先必须对计算机输出的数字信号进行调制。在调制过程中，通过改变振幅、角频率、相位 3 个参量实现对模拟数据信号的编码。相应的调制方式分别称为"幅度调制""频率调制"和"相位调制"。

3）宽带传输

所谓宽带传输，就是利用频带宽度至少为 0～1000MHz 的宽带同轴电缆作为传输介质。具体使用时通常把这种宽带划分成若干个子频带，分别用于传输数字、音频和视频信号。

宽带是指比音频带宽更宽的频带。使用这种宽频带传输的系统，称为宽带传输系统。它可以容纳全部广播，并可进行高速数据传输。宽带传输系统多是模拟信号传输系统。

一般地，宽带传输与基带传输相比有以下优点：

- 能在一个信道中传输声音、图像和数据信息，使系统具有多种用途。
- 一条宽带信道能划分为多条逻辑基带信道，实现多路复用，因此信道的容量大大增加。

3. 多路复用技术

多路复用技术利用一个物理信道同时传输多个信号，使得一条线路能同时由多个用户使用而互不影响。这样可以更加有效地利用传输系统,提高传输线路传输信息的效率。

常用的多路复用技术有3种:频分多路复用、时分多路复用和统计时分多路复用。

(1) 频分多路复用。频分多路复用是基于频带传输的原理,将信道的带宽划分为多个子信道,每个子信道为一个频段,然后分配给多个用户。

(2) 时分多路复用。时分多路复用是将传输信号的时间进行分割,使不同的信号在不同时间内传送,即将整个传输时间划分为许多时间间隔,称为时间片,每个时间片被一路信号占用。也就是说,各个终端用户轮流分时地占有整个信道。

(3) 统计时分多路复用。统计时分多路复用技术是一种改进的、效率更高的时分多路复用技术,它不是给每个终端分配相同的时间片,而是根据终端的需要,动态地按需分配时间片,即有数据要发送的终端才分得时间片。分配到时间片的终端可以持续使用该时间片,直到信息传输结束,以后该时间片又可分配给别的终端使用,因此可以大大提高信道的利用率。

7.4.3 数据交换技术

在计算机网络中,两个端点之间进行数据通信时,通常需要通过中间节点转发数据。中间节点提供的数据交换方式称为数据交换技术。在网络中主要采用三种数据交换技术:电路交换、报文交换和分组交换。

1. 电路交换

电路交换(Circuit Switch)的概念来源于电话系统。当用户发出通话呼叫时,电话系统中的交换机在呼叫者电话与接听者电话之间寻找一条客观存在的物理通道。一旦找到,通话便可建立起来。然后,两端的电话便拥有这条线路,直到通话结束。

在计算机网络中,计算机与终端或计算机与计算机之间采用电路交换技术进行数据传输时,也是由交换机负责在其间建立一条专用通道,即建立一条实际的物理连接。电路交换通信一般分为3个阶段:电路建立阶段、数据传输阶段、电路释放阶段。

电路交换通信的特点是双方一旦接通,便独占一条实际的物理线路。优点是:传输延迟小(唯一的延迟是电磁信号的传播时间);线路一旦接通,不会发生冲突。对于占用信道的用户来说,可靠性和实时响应能力都很好。缺点是:建立线路所需时间较长(有时需要10s或更长);一旦接通要独占线路,造成信道浪费。

2. 报文交换

电路交换用静态方式分配线路,而报文交换则是动态分配线路。

在报文交换(message switching)方式中,信息的交换是以报文(message)为单位的,通信的双方之间无须建立专用通道。发送方先把待发送的信息分割成报文正文,加上包括目标地址、源地址等信息的报文头,并将形成的报文发送到网络上,在每个节点,接收整个报文后进行缓存。交换机依次对输送进队列排队等候的报文信息做适当处理以后,根据报文的目标地址,选择适当的输出链路。如果此时输出链路中有空闲的线路,便启动发送进程,把该报文发往下一节点,这样通过多次转发,一直把报文送到指定的目标。

报文交换相对于电路交换方式具有许多优点:由于交换机有存储功能,可以对存储的信息作适当处理,等到信道空闲时再发出去。这样可以把信道的忙碌和空闲状态均匀化,不容易引起堵塞现象,从而大大压缩了必需的信道容量和交换设备的容量,提高了电路的利用率;另外,以报文为单位来占用信道,就可复用线路,这样也能提高电路利用率;同时,传输可靠性高,存储交换可采用有效的差错校验(如循环冗余校验码)和重发措施。

报文交换的主要缺点是网络的延时长,不宜用于实时通信。

3. 分组交换

通常,报文交换方式对所传输的报文大小是不加限制的,有的报文本身可能很长,这样交换机如果需要对其进行存储处理时,只有当报文的全部信息都进入缓冲区以后才能进行。往往单个报文可能占用一条交换器线路长达数分钟,这显然不适合于交互式通信。

为了解决上述问题,人们便提出了一种称为分组交换(Packet switching)的技术。分组交换就是设想将用户的大报文分割成若干个具有固定长度的报文分组(称为包,packet)。以报文分组为单位,在网络中按照类似于流水线的方式进行传输,从而可以使各个交换机处于并行操作状态,很显然这样一来便可以大大缩短报文的传输时间。每一个报文分组均含有数据和目标地址,同一个报文的不同分组可以在不同的路径中传输,到达指定目标以后,再将它们重新组装成完整的报文。

由于报文分组交换技术严格限制报文分组大小的上限,使分组可以在交换机的内存中存放,保证任何用户都不能独占线路超过几十毫秒,因此非常适合于交互式通信。另外,在具有多个分组的报文中,分组之间不必等齐就可以单独传送,这样减少了时间延迟,提高了交换器的吞吐率,这是分组交换的另一个优点。并且分组交换使用优先权,如果一个节点有许多分组在队列中等待发送,节点可以先发送优先级较高的分组。

分组交换技术允许多个通信方通过一个共享的网络传送数据,而不是形成一条条专用的通信线路,从根本上改变了数据通信方法,并奠定了现代因特网的基础。

 数据通信后测习题

(1) 数据通信中的信道传输速率单位比特率 bps 的含义是_____。

    A. bits per second   B. 每秒传送多少个数据

    C. byte per second   D. 每秒电位变化的次数

(2) 下面对数据通信方式的说法中正确的是_____。

    A. 通信方式包括单工、双工、半单工、半双工通信

    B. 单工通信指通信线路上的数据有时可以按单一方向传送

    C. 全双工通信指一个通信线路上允许数据同时双向通信

    D. 半双工通信指通信线路上的数据有时单向,有时是双向

(3) 线路复用技术是利用一条传输线路传输_____的技术。

    A. 多条信号   B. 多路信号   C. 一条信号   D. 一路信号

7.5 网络传输介质和设备

视频名称	网络传输介质和设备	二维码
主讲教师	李支成	
视频地址		

7.5.1 网络传输介质

组建计算机网络需要若干网络硬件设备和连接线缆,如网卡、网线、交换机等。对于通常组建的中小型局域网来说,最常用的传输介质是双绞线,在大型骨干网络上则需要用到光纤等。

数据通信的目的是将比特流从一个网络节点传输到另外一个网络节点,传输介质是网络中信息传输的物理通道。在这些通道上,信息以某种能量形式进行传输,而每一种物理介质在带宽、时延、成本等方面都有所不同。传输介质根据其物理形态,可分为有线介质和无线介质两大类。有线介质通过双绞线、同轴电缆、光纤等作为信号的载体,而无线通信,如微波、红外线、激光等通过电磁波或光信号传输。

相对而言,有线介质可靠性高,比较成熟,大多数的局域网中都选择了这一方式;无线介质则比较灵活,特别是在不易铺设通信线路的情况下,无线介质更显示其优越性。但其传输质量容易受地理环境、气象等因素的影响。一般无线介质适用于便携式对象(如笔记本电脑或掌上设备等)或者是在一些不能铺设线路的环境中使用。

下面简单介绍几种常用而且重要的传输介质。

1. 双绞线

双绞线(Twisted Pair)是由一对相互绝缘的铜导线按一定密度互相绞合在一起,一根导线在传输中辐射的电波会被另一根线上发出的电波抵消。采用这种方式,不仅可以抵御一部分来自外界的电磁波干扰,而且可以降低自身信号的对外干扰。

双绞线的最大优点是价格低廉、连接简便。与其他传输介质相比,双绞线在传输距离,信道宽度和数据传输速率等方面均受到一定限制,传统上被认为属于低速传输介质,但由于技术的进步,现在已经有了使用双绞线的千兆以太网。不过由于传输速率越高,双绞线的能量损耗越大,单纯使用双绞线的千兆以太网的传输距离只有 20m 左右。

2. 同轴电缆

同轴电缆中的屏蔽层形成了一个可弯曲的金属圆柱围绕着内层导线,从而提供了防止电磁辐射的屏障。这一屏障以两种方式隔离内层导线,它既防止了外来电磁能量引起的干扰,又阻止了内层导线中的信号辐射能量干扰其他导线。因为屏蔽层在各个方向上围绕着导线,因此屏蔽是十分有效的。同轴电缆可与其他电缆平行放置或盘在角落,屏蔽始终起作用。

同轴电缆具有价格适中、传输速率较高、抗干扰能力较强的优点。

3. 光纤

光纤(Fiber)是一种传送光信号的介质。光纤是用一束细玻璃丝或透明塑料丝封装在塑料护套中,使得它能够弯曲而不至于断裂(虽然光纤不能弯成直角,但可以在一个小于 2 英寸的很小半径内转弯)。光纤一端的发射装置使用发光二极管(Light Emitting Diode, LED)或激光器以发送光脉冲至光纤,光纤另一端的接收器使用光敏元件检测光脉冲。

光纤与导线(双绞线,同轴电缆)相比较有四大优点:
- 因为传输的形式是光,所以光纤不会引起电磁干扰也不会被干扰。
- 光纤传输信号的距离比导线所能传输的距离要远得多。
- 较之电信号,光可以对更多的信息进行编码,所以光纤可在单位时间内传输比导线更多的信息。
- 与电流总是需要二根导线形成回路不同,光仅需一根光纤即可从一台计算机传输数据到另一台计算机。

尽管光纤有不少优点,但它也有其不利之处。首先,光纤安装时为了保证光纤的端面平整以便光能透过需要专门的设备。其次,当一根光纤在护套中断裂(如被弯成直角),要确定其位置是非常困难的。第三,修复断裂光纤也很困难,需要专门的设备联结二根光纤以确保光能透过结合部。

4. 红外线

红外线(InfraRed,IR)一般局限于一个很小的区域(例如,在一个房间内)并且通常要求发送器直接指向接收器。红外硬件与采用其他通信技术的设备比较相对便宜,且不需要天线。

红外网络对小型的便携计算机尤为方便。因为红外技术提供了无需天线的无绳连接。这样,使用红外技术的便携计算机可将所有的通信硬件放在机内。

由于红外线的穿透能力较差,易受障碍物的阻隔,红外通信技术最适合于室内环境中。

5. 激光

激光(Laser)的通信连接通常由两个站点组成,每个站点都拥有发送和接收器,设备安装在一个固定的位置,经常在一个高塔上,并且相互对齐,以便一个站点的发送器将光束直接传输至另一站点的接收器。发送器使用激光器产生光束,因为激光能在很长距离内保持聚焦。和红外通信相似,激光器发出的光束走的也是直线,并且不能被遮挡。同样,激光光束不能穿透植物以及雨、雪、雾,因此激光传输的应用受到限制。

6. 无线电波

一个使用无线电波通信的网络经常被非正式地称为是运行在射频(Radio Frequency,RF)上的,并且其传输也被称为 RF 传输。与使用导线或光纤的网络不同,使用 RF 传输的网络并不要求在计算机之间有直接的物理连接。作为替代,每个计算机都带有一个天线,经过它发送和接收 RF。

7. 微波

与无线电波向各个方向传播不同,微波传输集中于某个方向,可以防止他人截取信号。另外,微波能比用 RF 传输承载更多的信息。但是,微波不能穿透金属结构。微波传输在发送和接收器之间存在无障碍的通道时工作得很好,因此,绝大多数微波装置都设有高于周围建筑物和植被的高塔,并且其发送器都直接朝向对方高塔上的接收器。

8. 卫星

卫星通信是另一种微波传输媒介,使用地球同步卫星作为中继站来转发微波信号。卫星通信在传统上都是作为远程通信的干线出现的,通常都是由一个大型的地面卫星基站收发信号,然后通过地面有线或无线网络到达用户的通信终端设备。

卫星通信的传输容量巨大,覆盖面宽,代价又低,使用也方便。不足之处是:传输时延较大,空间传播损耗比较严重,可能会和地面其他无线电系统信号发生干扰,保密性差。

7.5.2 网络设备

组建网络时,除了传输介质之外,还需要必要的网络设备。网络设备的主要功能是传递数据,存储数据和管理数据。网络设备有网络接口卡(网卡)、集线器(Hub)、交换机、路由器等。各种不同的网络设备具有不同的作用,有的是用于把计算机连接到网络上,有的是用于把不同的子网互相连接,以形成更大的网络,共享更多的信息。各种设备组合在一起构成一个完整的网络。

下面简单介绍几种常见的网络设备。

1. 网络接口卡

网络接口卡(Network Interface Card,NIC)是应用最广泛的一种网络设备,简称网卡,用于计算机和网络传输介质的物理连接,实现计算机内部的数字信号与适合线路传输的通信信号的相互转换,以交换数据和共享资源。

每一张网卡在出厂的时候都会被厂家固化一个全球唯一的媒体介质访问层(Media Access Control,MAC)地址,使用者是不可能变更此地址的。在网络里面,当数据分组由一个网络节点传送到另一个网络节点时,通过网卡地址可以确定分组正确送达目的地。

网卡可以集成在主板上,也可以采用独立网卡插在总线上。网卡可用于接入有线网络,可用于接入无线网络。图7.4为台式机或笔记本中用到的有线与无线网卡。

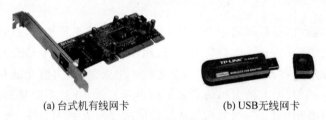

(a) 台式机有线网卡　　　　　　(b) USB无线网卡

图 7.4　常用网卡

2. 调制解调器

调制解调器(Modem)是一种信号转换装置,用于将计算机通过电话线路连接上网。它可以将计算机中传输的数字信号转换成通信线路中传输的模拟信号输送出去,这个过程称为"调制";或者将接收到的模拟信号还原成数字数据交计算机存储或处理,这个过程称为"解调"。

3. 中继器

中继器(Repeater)是一种放大模拟信号或数字信号的网络连接设备,将接收到的信号中的数据进行整形和放大,提高信号的强度。通过中继器能够使信号传输得更远,延长信号传输的距离。但是中继器不具备检查和纠正错误信号的功能,只是单纯地转发并加强信号。

中继器仅用于连接同类型的局域网网段。优点是安装简便,价格便宜,但每个局域网中接入的中继器的数量受延时和衰耗的影响,必须加以限制。

4. 集线器

集线器(HUB)是局域网中最常用的一种连接设备,具有多个用户端口(8口、16口或24口),用于把局域网内部的计算机和服务器等连接起来。它的主要功能是对接收到的信号进行再生整形放大,以扩大网络的传输距离,同时把所有节点集中在以它为中心的节点上。

集线器可以用来交换数据,但不具备信号的定向传送能力。当数据从一台计算机发送到集线器上以后,就被传送到集线器中的其他所有端口,供网络上每一用户选择使用。

利用集线器连接的局域网叫共享式局域网。

5. 交换机

交换机(Switch)在网络中用于完成与它相连的线路之间的数据单元的交换,是一种基于 MAC(网卡的硬件地址)识别,完成封装、转发数据包功能的网络设备。交换机将传统的"共享"带宽方式转变为独占方式,把数据直接发送到指定端口,从而提高了局域网的性能。

6. 网桥

网桥(Bridge)是一种连接多个网段的网络设备,用于连接两个或两个以上具有相同通信协议、传输媒体及寻址结构的局域网。不同局域网之间的通信是通过网桥传送的,并确保同一个局域网内部的通信不会被发送到外部。一个网段上的故障也不会影响另一个网段,从而提高了网络的可靠性。

7. 路由器

路由器(Router)是连接两个及以上复杂网络的网络互联设备。路由器的主要功能为:
- 选择最佳的转发数据的路径,建立非常灵活的连接,均衡网络负载。
- 利用通信协议本身的流量控制功能来控制数据传输,有效地解决拥塞问题。
- 具有需要转发的数据分组的功能。
- 把一个大的网络划分成若干个子网。

路由器工作在 OSI 模型的第 3 层,具有智能化管理网络的能力,能在复杂的网络中自动进行路径选择和对信息进行存储与转发,是互联网重要的连接设备,用来连接多个逻辑上分开的网络。用它互连的两个网络或子网,可以是相同类型,也可以是不同类型。

8. 网关

网关(Gateway)也叫作网间协议变换器,可以实现不同协议的网络之间的互联,包括不同网络操作系统的网络之间互联,也可以实现局域网与主机、局域网与远程网之间的互联。

网络传输介质后测习题

(1) 计算机网络使用的通信介质包括_____。
    A. 电缆、光纤和双绞线　　　　　　B. 有线介质和无线介质
    C. 光纤和微波　　　　　　　　　　D. 卫星和电缆

(2) 下列传输介质中带宽最大的是_____。
    A. 双绞线　　　B. 同轴电缆　　　C. 普通电缆　　　D. 光纤

(3) 下列叙述正确的是_____。
    A. 各种网络传输介质具有相同的传输速率和相同的传输距离
    B. 各种网络传输介质具有不同的传输速率和不同的传输距离
    C. 各种网络传输介质具有不同的传输速率和相同的传输距离
    D. 各种网络传输介质具有相同的传输速率和不同的传输距离

(4) 下列属于 C/S 网络所特有的设备是_____。
    A. 显示器　　　B. UPS 电源　　　C. 服务器　　　D. 鼠标器

(5) 下面不属于计算机网络组成部分的是_____。
    A. 调制解调器　　B. 电话　　　C. 双绞线　　　D. 主机

(6) 在使用 Modem 上网的网络中,数据传送采用_____。
   A. 模拟数据—模拟信号传送　　　　B. 模拟数据—数字信号传送
   C. 数字数据—数字信号传送　　　　D. 数字数据—模拟信号传送

(7) 网络中的微机配备的网卡,是_____。
   A. 完成通信信号到数字数据的互相转化
   B. 完成音频信号与数字信号的互相转化
   C. 完成通信信号与电信号的互相转化
   D. 起到交换机的功能

(8) 网卡(网络适配器)的主要功能不包括_____。
   A. 将计算机连接到通信介质上　　　B. 进行电信号匹配
   C. 将数字信号转换成模拟信号　　　D. 实现数据传输

(9) 计算机网络中,_____主要用来将不同类型的网络连接起来。
   A. 中继器　　　　B. 集线器　　　　C. 路由器　　　　D. 网卡

7.6 无线网络技术

视频名称	无线网络技术	二维码
主讲教师	李支成	
视频地址		

随着包括笔记本电脑、移动电话和掌上设备在内的各类个人便携设备的大量普及,传统的有线网络技术已不能满足现代通信的要求,而无线网络能够有效地解决有线局域网布线工程量大,线路容易损坏,网络中各个站点不能移动等问题。与有线局域网相比较,无线局域网具有开发运营成本低、时间短,投资回报快,易扩展,受自然环境、地形及灾害影响小,组网灵活快捷等优点,能够随时随地发送和接收数据,弥补了传统有线局域网的不足。

7.6.1 无线网络概述

无线网络(wireless network)指的是结合了最新的计算机网络技术和无线通信技术,采用无线传输介质的计算机网络。无线网络技术涉及的范围很广,既包括允许用户建立远距离无线连接的全球语音和数据网络,也包括近距离无线连接的红外线技术及射频技术。

与有线网络相比,无线网络主要有以下优点:

- 接入灵活方便:有线网络中网络节点安放位置是固定的,而无线网络只要在无线信号覆盖范围内任何一个位置都可以接入网络,这样用户可在该区域内自由移动上网;
- 安装便捷:无线网络不需要大量布线,只要安装若干个接入点设备用户即可建立覆盖相应区域的网络;
- 网络易于升级:有线网络因为传输介质导致网络缺乏灵活性,网络拓扑结构的改造成本比较高,而无线网络只需升级相应网络设备即可。

无线网络虽然方便,快捷,但是相对于有线网络也存在一些不足之处:

- 性能不够稳定：因为无线网络的传输方式，障碍物或气象环境等都可能导致网络性能变差；
- 速率较低：与有线介质相比，无线传输的速率要低得多。

无线网络根据数据传送距离的不同划分为4种类型：无线广域网（WWAN）、无线城域网（WMAN）、无线局域网（WLAN）和无线个域网（WPAN）。

7.6.2 无线个域网

无线个人区域网（Wireless Personal Area Network，WPAN），简称无线个域网，是在小范围内相互连接数个装置所形成的无线网络。无线个域网覆盖范围一般在10米以内，可以随时随地为用户实现设备间的无缝通信，并使用户能够通过移动电话、局域网或广域网的接入点接入互联网。无线个域网最重要的特征是采用动态拓扑以适应网络节点的移动性，其优点是按需建网、容错力强、连接不受限制。

无线个域网设备具有价格便宜、体积小、易操作和功耗低的优点，将取代线缆成为连接包括移动电话、笔记本电脑和掌上设备在内的各类个人便携设备的工具。而且无线个域网设备是运动的，这意味着WPAN的技术标准具有良好的操作性，无论是在汽车、轮船或飞机中，都能不受干扰地传送语音和数据。

支持无线个域网的技术包括蓝牙、ZigBee、超频波段（UWB）、IrDA红外连接技术、HomeRF等，其中蓝牙技术在无线个人局域网中使用得最广泛。

1. 蓝牙技术

蓝牙技术是一个开放性、短距离无线通信技术标准。蓝牙采用快速跳频的技术，可以抗信号衰弱，从而保证数据传输的可靠性，穿透墙壁等障碍，通过统一的短距离无线链路，在各种数字设备之间实现灵活、安全、低成本、小功耗的话音和数据通信，使得较小范围内的各种信息设备能够实现无缝资源共享。通过蓝牙技术，掌上电脑、笔记本电脑和手机等移动通信终端设备不必借助电缆就能联网，并且能够实现无线上互联网，其实际应用范围还可以拓展到各种家电产品、消费电子产品和汽车等信息家电，组成一个巨大的无线通信网络。

蓝牙技术的特点可归纳为：
- 随时随地用无线接口代替有线电缆连接。
- 具有很强的移植性，可应用于多种通信场合，如无线应用通信协议（Wireless Application Protocol，WAP）、全球移动通信系统（Global System for Mobile Communication，GSM）、数字增强无绳通信系统（Digital Enhanced Cordless Telecommunications，DECT）等，引入身份识别后可以灵活地实现漫游。
- 支持语音和数据的同时传输。
- 使用跳频技术具备了更高的安全性和抗干扰能力。
- 低功耗，对人体伤害小。
- 蓝牙集成电路简单，成本低廉，实现容易，易于推广。
- 最大传输速率为1Mbps。
- 传输距离为10米，增加天线后可达到100米。

蓝牙工作于ISM（Industrial Scientific Medical）频段，ISM频段主要是开放给工业、科学和医用，不需要授权许可（Free License）。

蓝牙传输可能会受到诸如微波炉、手机、科研仪器、工业或医疗设备的干扰。因为有效距离太近了。

2. IrDA 红外连接技术

IrDA 是红外线数据标准协会（Infrared Data Association）的简称，目前广泛采用的 IrDA 红外连接技术就是由该协会提出的。IrDA 技术是一种利用红外线进行点对点通信的技术，一般采用波段内的近红外线，波长在 $0.75\sim25\mu m$ 之间，最高的通信速率只有 115.2Kbps。为了保证不同厂商的红外产品能够获得最佳的通信效果，红外通信将红外数据通信所采用的光波波长的范围限定在 $850\sim900nm$。当前，IrDA 技术的软件和硬件都已经比较成熟，主要的技术优势有：

- 通信成本低，因为无须专门申请特定频率的使用执照。
- 体积小、功率低、连接方便、简单易用。
- 数据传输速率较高，适于传输大容量的文件和多媒体数据。
- 红外线发射角度较小，传输安全性高。

但 IrDA 也有它的局限性。IrDA 技术是一种视距传输技术，也就是说两个具有 IrDA 端口的设备之间如果要传输数据，中间就不能有阻挡物，这也是 IrDA 技术的短板。

3. HomeRF 技术

HomeRF 技术由微软、英特尔、惠普、摩托罗拉和康柏等公司提出，主要用于建设家庭中的、能互操作的语音和数据网络。HomeRF 技术使用开放的 2.4GHz 频段，采用跳频扩频技术，跳频速率为 50 跳/秒，共有 75 个宽带为 1MHz 的跳频信道。

4. UWB 技术

超频波段（Ultra Wideband，UWB）是一种超高速的短距离无线接入技术，通过基带脉冲作用于天线的方式传输数据。它在较宽的频谱上传送极低功率的信号，能在 10m 左右的范围内实现数百兆比特每秒的数据传输率，具有抗干扰性能强、传输速率高、带宽极宽、消耗电能小、保密性好、发送功率小等诸多优势。

5. ZigBee 技术

ZigBee 技术是一种近距离、低复杂度、低功耗、低速率、低成本的双向无线通信技术。主要用于距离短、功耗低且传输速率不高的各种电子设备之间进行数据传输以及典型的有周期性数据、间歇性数据和低反应时间数据传输的应用，是远程控制的无线标准。

6. RFID 技术

RFID 俗称电子标签。它是一种非接触式的自动识别技术，通过射频信号自动识别目标对象并获取相关数据。RFID 由标签、解读器和天线三个基本要素组成。RFID 可被应用于物流业、交通运输、医药、食品等各个领域，在自动识别、物品物流管理方面有着广阔的应用前景。

7.6.3 无线局域网

无线局域网（Wireless Local Area Network，WLAN）是指覆盖范围在几十米到几百米的无线网络。目前常用的无线局域网标准主要有 IEEE 所制定的 802.11 系列标准、蓝牙标准和 HomeRF 标准等。从 1997 年第一个无线局域网标准 802.11 标准诞生以来，20 多年间，Wi-Fi 标准逐代演进，每一次新标准的推出在数据传输速率、系统接入容量等方面相比上一代标准都有大幅提升。发展到今天,Wi-Fi已成为当今世界无处不在的技术,为数十亿设备提供连接,也是越来越多的用户上网接入的首选方式,并且有逐步取代有线接入的趋势。

由于第一代802.11标准数据传输速率仅有2Mbps,难以满足人们对网络传输速率的要求,在1999年IEEE发布了802.11b标准。802.11b运行在2.4 GHz频段,传输速率为11Mbps,是原始标准的5倍。同年,IEEE又补充发布了802.11a标准,采用了与原始标准相同的核心协议,工作频率为5GHz,最大原始数据传输率54Mbps,达到了现实网络中等吞吐量(20Mbps)的要求,由于2.4GHz频段已经被广泛使用,采用5GHz频段让802.11a具有更少冲突的优点。

2003年,作为802.11a标准的OFDM技术也被改编为在2.4 GHz频段运行,从而产生了802.11g,其载波的频率为2.4GHz(与802.11b相同),原始传送速度为54Mbps,净传输速度约为24.7Mbps(与802.11a相同)。

对Wi-Fi影响比较重要的标准是2009年发布的802.11n,这个标准对Wi-Fi的传输和接入进行了重大改进,引入了MIMO、安全加密等新概念和基于MIMO的一些高级功能,传输速度达到600Mbps。此外,802.11n也是第一个同时工作在2.4 GHz和5 GHz频段的Wi-Fi技术。然而,移动业务的快速发展和高密度接入对Wi-Fi网络的带宽提出了更高的要求,在2013年发布的802.11ac标准引入了更宽的射频带宽(提升至160MHz)和更高阶的调制技术(256-QAM),传输速度高达1.73Gbps,进一步提升Wi-Fi网络吞吐量。

另外,在2015年发布了802.11ac wave2标准,将波束成形和MU-MIMO等功能推向主流,提升了系统接入容量。但遗憾的是802.11ac仅支持5GHz频段的终端,削弱了2.4GHz频段下的用户体验。科技的创新是永无止境的,同样人们对网络容量和速率的要求也是永无止境的。

随着视频会议、无线互动VR、移动教学、物联网等业务应用越来越丰富,Wi-Fi接入终端越来越多,当前已大规模应用的802.11ac wave2网络也开始变得有些力不从心,如何满足人们对无线网络超大带宽、超密接入、超低时延的需求成为全世界Wi-Fi专家面临的新挑战。其实,早在2014年IEEE组织就意识到了这个问题,并在当时成立了称为HEW(高效无线)的研究小组,在2015年正式成立工作组研发新一代的Wi-Fi标准。这就是今天大名鼎鼎的802.11ax,为了便于人们理解与区分不同Wi-Fi标准之间的代际差异同时规范和约束各设备厂商生产满足新标准的产品,Wi-Fi联盟将802.11ax命名为Wi-Fi 6,802.11ac命名为Wi-Fi 5。Wi-Fi 6标准是针对高密场景而生,其目标是在高密接入场景下,相比上一代标准实现系统接入容量至少提升4倍,系统传输速率至少提升4倍,其单频理论速率可以高达9.6Gbps,充分满足人们高速上网的需求。

无线局域网组网的硬件设备主要有无线网卡、无线接入点(Wireless Network Access Point,无线AP)和无线网桥等。无线AP(非正式也叫基站)的作用类似于有线局域网中的HUB,收集各种无线数据进行中转。无线局域网组网方式主要有无线自组网、无线接入网。

无线自组网中,每个移动终端都能以对等方式相互通信,不需要无线接入设备或其他无线设备。实际上,很少有无线自组网,更多的是无线接入网。无线接入网中,在固定的主干网络上,布置有多个无线接入点,以每个无线接入点为中心形成无线覆盖区域。移动终端通过无线接入点访问网络,并且可以在多个区域内实现移动通信。

7.6.4 无线城域网

无线城域网(Wireless Metropolitan Area Network,WMAN)通常用于城市范围内的业务点和信息汇聚点间的信息交流和网际接入。无线城域网的有效覆盖区域为 3~10km,最大可达到 30km,数据传输速率最快可达 70Mbps。

无线城域网采用全球微波互联接入(Worldwide Interoperability for Microwave Access,WiMAX)技术。该技术以 IEEE 802.16 的系列宽频无线标准为基础。与 Wi-Fi 联盟一样,WiMAX 也成立了论坛,以促进 WiMAX 技术的推广应用。

WiMAX 让用户能够便捷地在任何地方连接到运营商的宽带无线网络,并且提供优于 Wi-Fi 的高速宽带互联网体验。它是一个新兴的无线标准。运营商部署一个信号塔,就能得到数公里的覆盖区域。覆盖区域内任何地方的用户都可以立即启用互联网连接。

WiMax 有如下特点:
- 使用授权的频谱。
- 每个基站可覆盖半径 3~10km。
- 保证服务质量(对语音或视频)。
- 在短距离内每个方向可以传输 70Mbps。

WiMAX 技术有着自己独特的优势。Wi-Fi 技术可以提供高达 54Mbps 的无线接入速度,但是它的传输距离十分有限,仅限于半径约为 100m 的范围。移动电话系统可以提供非常广阔的传输范围,但是它的接入速度却十分缓慢。WiMAX 的出现刚好弥补了这两个不足。因此,Wi-Fi(无线局域网)、WiMAX(无线城域网)、5G(无线广域网)三者的结合会创造出一个完美的无线网络。

7.6.5 无线广域网

无线广域网(Wireless Wide Area Network,WWAN)是采用无线网络把物理距离极为分散的局域网(LAN)连接起来的通信方式。无线广域网连接地理范围较大,常常是一个国家或是一个洲。其目的是为了让分布较远的各局域网互连。

无线广域网技术可以分成两大类:蜂窝移动通信系统和卫星通信系统。

1. 蜂窝移动通信系统

蜂窝移动通信(Cellular Mobile Communication)是采用蜂窝无线组网方式,在终端和网络设备之间通过无线通道连接起来,进而实现用户在运动中可相互通信。其主要特征是终端的移动性,并具有越区切换和跨本地网自动漫游功能。蜂窝移动通信业务是指经过由基站子系统和移动交换子系统等设备组成蜂窝移动通信网提供的话音、数据、视频图像等业务。

蜂窝技术划分为五代,分别标记为 1G、2G、3G、4G、5G,中间版本标记为 2.5G、3.5G、4.5G。

- 1G:第一代蜂窝技术始于 20 世纪 70 年代后期,并延续至 20 世纪 80 年代末,1G 使用模拟方式传输语音。模拟通信的缺点是频带利用率低、保密性差、通信容量小、通信质量差、易受干扰、无法传输数据。
- 2G 和 2.5G:第二代蜂窝技术始于 20 世纪 90 年代初,并沿用至今,2G 使用数字信号传输语音,还可以传输简单的数据。主要技术为时分多址(time division multiple access,TDMA)、码分多址(Code Division Multiple Access,CDMA)和全球移动通信系统(Global System for Mobile Communication,GSM)。2.5G 的标记则是 2G 系统扩展了 3G 的一些功能。

- 3G 和 3.5G:第三代蜂窝技术始于 20 世纪,3G 提供了高速数据传输的服务,下载速率达到 400kbps～2Mbps,支持网页浏览和图片共享等应用。
- 4G:第四代蜂窝技术始于 2008 年左右,专注于对实时多媒体业务的支持,例如电视节目或高速视频下载。此外,4G 电话包含了多种连接技术,如 Wi-Fi 和卫星;在任何时候,手机可自动选择可用的最佳连接技术。
- 5G:2019 年 6 月 6 日,工信部正式向中国电信、中国移动、中国联通、中国广电发放 5G 商用牌照,中国正式进入 5G 商用元年。5G 网络的主要优势在于,数据传输速率远远高于以前的蜂窝网络,最高可达 10Gbps,比当前的有线互联网要快,比先前的 4G LTE 蜂窝网络快 100 倍。另一个优点是较低的网络延迟(更快的响应时间),低于 1ms,而 4G 为 30～70ms。由于数据传输更快,5G 网络将不仅仅为手机提供服务,而且还将成为一般性的家庭和办公网络提供商,与有线网络提供商竞争。

2. 卫星通信系统

卫星通信系统利用人造地球卫星作为中继站来转发无线电波,从而实现两个或多个地球站之间的通信。

通信卫星可以大致分为三种类型:地球同步轨道(Geostationary Earth Orbit,GEO)通信卫星、低地球轨道(Low Earth Orbit satellite,LEO)通信卫星和中地球轨道(Medium Earth Orbit,MEO)通信卫星。

- 同步通信卫星:在地球赤道上空约 36000km 的太空中围绕地球的圆形轨道上运行的通信卫星,其绕地球运行周期为 1 恒星日,与地球自转同步,因而一直保持在地球表面上空的同一位置,与地球之间处于相对静止状态,故称为静止卫星或同步卫星,其运行轨道称为地球同步轨道(GEO)。固定的卫星位置意味着一旦地面站对准卫星,设备永远都不需要再移动。

同步卫星通信存在的问题是:由于地球同步轨道的距离要求,导致同步卫星实时通信有大约 0.2s 的延迟;对于便携式设备来说与卫星通信的功率要求太高。

- 低地球轨道通信卫星:一般运行在地球表面上空 500～2000km 的轨道上。卫星的轨道高度低,优点是传输时延短;缺点是,卫星的环绕速度与地球自转速度不同步,从地球的角度观察卫星在天空快速移动,跟踪非常困难。

为了利用低地球轨道卫星连续通信,通常采用集群配置。一大群卫星被设计成一个集群一起工作,每个卫星覆盖一个区域。除了与地面站通信,集群中的卫星可以相互通信并转发消息。

- 中地球轨道通信卫星:位于低地球轨道(2000km)和地球静止轨道(35 786km)之间的人造卫星。运行于中地球轨道的卫星大都是导航卫星,例如 GPS(20 200km)、格洛纳斯系统(19 100km)以及伽利略定位系统(23 222km)。部分跨越南北极的通信卫星也使用中地球轨道。

卫星通信的特点如下:

- 通信范围广：只要在卫星覆盖的范围内，任何两点之间都可进行通信。
- 可靠性高：不易受地震、台风等自然灾害的影响。
- 开通电路迅速：只要设置地球站电路即可开通。
- 多址特点：同时可在多处接收，能经济地实现广播、多址通信。

 无线网络后测习题

(1) 无线网络根据数据传送距离的不同划分为_____种类型。
  A. 1   B. 2   C. 3   D. 4
(2) 无线个域网的英文缩写为_____。
  A. WPAN   B. WLAN   C. WWAN   D. WMAN
(3) 无线城域网采用_____技术。
  A. Wi-Fi   B. WiMAX   C. 蓝牙   D. ZigBee
(4) _____技术分为蜂窝移动通信系统和卫星通信系统两大类。
  A. 无线城域网   B. 无线局域网
  C. 无线广域网   D. 无线个域网

7.7 Internet 基础知识

视频名称	Internet 基础知识	二维码
主讲教师	李支成	
视频地址		

7.7.1 Internet 简介

  互联网(Internet)由多种网络相互连接而成，它是不论采用何种通信协议与技术的网络。Internet，中文名称叫因特网，又称国际计算机互联网，是目前世界上影响最大的国际性计算机网络。Internet 只是互联网中最大的一个。其准确的描述是：因特网是一个网络的网络(a network of network)。它以 TCP/IP 网络协议将各种不同类型、不同规模、位于不同地理位置的物理网络连接成一个整体。它也是一个国际性的通信网络集合体，融合了现代通信技术和现代计算机技术，集各个部门、领域的各种信息资源为一体，从而构成网上用户共享的信息资源网。通过 Internet，用户可以实现全球范围内的 WWW 查询、电子邮件、文件传输、网络娱乐等功能。

7.7.2 Internet 的产生与发展

  Internet 的前身是 1969 年美国国防部高级研究计划署(Advanced research project agency, ARPA)的军用实验网络，名字为 ARPANET，起初只有 4 台主机，分别位于美国国防部、原子能委员会、加州理工大学和麻省理工学院，其设计目标是当网络中的一部分因战争原因遭到破坏时，其他主机仍能正常运行。此网络系统的结构是，建立一个类似于蜘蛛网的网状结构，该网络系统中的某一个交换节点被破坏之后，系统仍然能够自动地寻找另外的路径保证通信畅通。1968年，加州大学洛杉矶分校的研究小组承担了这个项目，于1969年便推出了具有四个节点的分组交换式计算机网络系统ARPANET。1971年2月该网络系统具有15个节点、23台主机，并投入使用，它是世界上最早出现的计算机网络之一，也是美国的第一个主干网。

同时，局域网和其他广域网的产生和发展对Internet的进一步发展起了重要作用。其中，最有影响的就是美国国家科学基金会（National Science Foundation，NSF）建立的美国国家科学基金网NSFnet。它于1990年6月彻底取代了ARPAnet而成为因特网的主干网，但NSFnet对Internet的最大贡献是使Internet向全社会开放。

Internet自20世纪90年代进入商用以来迅速拓展，目前已经成为当今世界推动经济发展和社会进步的重要信息基础设施。经过短短十几年的发展，Internet已经覆盖五大洲的两百多个国家和地区。今天，数以亿计的用户在网络上工作、学习并享受着各种服务。

7.7.3 Internet在中国的发展

Internet在中国的发展大致分为两个阶段：第一阶段为1987—1993年，一些科研机构通过X.25实现了与Internet的电子邮件转发的连接；第二阶段是1994年开始，实现了和Internet的TCP/IP连接，我国是第71个加入Internet的国家级网络，从而开始了Internet全功能服务，几个全国范围的计算机信息网络相继建立，Internet在我国迅猛发展。

目前，国内的Internet主要由几大骨干互联网络组成，即中国科技网（CSTNET）、中国公用计算机互联网（CHINANET）、中国教育和科研计算机网（CERNET）、中国联通互联网（UNINET）、宽带中国CHINA169网（中国网络通信集团）、中国国际经济贸易互联网（CIETNET）、中国移动互联网（CMNET）和中国长城互联网（CGWNET）、中国卫星集团互联网（CSNET）。

中国互联网络信息中心（CNNIC）第33次《中国互联网络发展状况统计报告》显示，截至2013年12月，中国网民规模6.18亿，互联网普及率达到45.8%。手机网民保持增长态势，已达5亿。随着Internet普及率的逐渐饱和，中国互联网发展主题已经从"普及率提升"转换到"使用程度加深"。我国网民的上网方式已从最初的以拨号上网为主，发展到以宽带和手机上网为主。

Internet基础后测习题

(1) APARNET主要用于_____。

    A. 科学研究　　　　B. 教学　　　　　　C. 军事研究　　　　D. 商业盈利

(2) _____技术的发展使得因特网的发展以指数级增长。

    A. 计算机网络　　　B. 基因测序　　　　C. 量子计算　　　　D. 新能源

(3) Internet在中国的发展大致分为3个阶段，分别是_____、发展初期、高速发展期。

    A. 文件传输　　　　B. 微型计算机　　　C. 计算机网络　　　D. 电子邮件时代

7.8 IP地址和域名

视频名称	IP地址和域名	二维码
主讲教师	李支成	
视频地址		

7.8.1 IP地址

Internet通过路由器将成千上万个不同类型的物理网络互联在一起,是一个超大规模的网络。为了使信息能够准确到达Internet上指定的目的节点,就必须给每个节点指定一个全球唯一的地址标识,就像每一部电话都具有一个全球唯一的电话号码一样。

1. 什么是IP地址

互联网协议地址(Internet Protocol Address,又译为网际协议地址),缩写为IP地址(IP Address)。IP地址被用来给Internet上的每台计算机一个编号。大家日常见到的情况是每台联网的PC上都需要有IP地址,才能正常通信。IP地址是IP协议提供的一种统一的地址格式,它为Internet上的每一个网络和每一台主机分配一个逻辑地址,用来区别其他主机。

IP地址采用分层结构。IP地址由网络号与主机号两部分组成。其中,网络号用来标识一个逻辑网络,主机号用来标识网络中的一台主机。

IP地址是一个32位的二进制数,通常被分割为4个"8位二进制数"(也就是4个字节)。由于二进制不方便阅读和记忆,故IP地址的每个字节通常被转换成相应的十进制来表示,字节之间用"."来分隔。这种表示方法叫作"点分十进制表示法",比全是1和0的二进制容易记忆。例如有下面的IP地址:

11010010 00101010 01001000 10000010

记为210.42.72.130,这就方便多了,每个字节转换成的十进制数的范围为0～255。

2. IP地址分类

将IP地址分成了网络号和主机号两部分,设计者就必须决定每部分包含多少位。网络号的位数直接决定了可以分配的网络数($2^{网络号位数}-2$);主机号的位数则决定了网络中最大的主机数($2^{主机号位数}-2$)。然而,由于整个互联网所包含的网络规模可能比较大,也可能比较小,设计者最后聪明地选择了一种灵活的方案:将IP地址空间划分成不同的类别,每一类具有不同的网络号位数和主机号位数。

TCP/IP协议规定,根据网络规模的大小将IP地址分为5类(A,B,C,D,E),如表7.1所示。

- A类地址:第一字节0开头,前1字节为网络地址,后3字节为主机地址。A类地址的起始地址为1～126,有效网络数为126个,每个网络地址所包含的有效主机数为16 777 214。A类地址用于大型网络,比如IBM公司的网络地址为7,微软公司的网络地址为 65。
- B 类：第一字节 10 开头，前 2 字节为网络地址，后 2 字节为主机地址，B 类地址的起始地址为 128～191，有效网络数为 16 382 个，每个网络地址所包含的有效主机数为 65 534。B 类地址用于中等规模的网络，比如北京大学的起始 IP 地址为 162。
- C 类：第一字节 110 开头，前 3 字节为网络地址，后 1 字节为主机地址，C 类地址的起始地址为 192～223，有效网络数为 2 097 150 个，每个网络号所包含的有效主机数为 254。C 类地址用于小型网络，比如武汉热线的起始 IP 地址为 202。
- D 类：第一字节 1110 开头，通常用于多点传送或者组的寻址。
- E 类：第一字节 11110 开头，实验地址，保留给将来使用。

表 7.1 各类 IP 地址的范围

类型	地址范围	二进制地址前缀	网络个数	网络中主机台数	共有地址数
A	1.0.0.1～126.255.255.254	0	126	16 777 214	21 亿多
B	128.0.0.1～191.255.255.254	10	16 382	65 534	10 亿多
C	192.0.0.1～223.255.255.254	110	2 097 150	254	5 亿多
D	224.0.0.0～239.255.255.255	1110	多点传送或者组的寻址		
E	240.0.0.0～247.255.255.255	11110	实验地址，保留给将来使用		

目前大量实用的 IP 地址仅为 A～C 三种。

3. 特殊 IP 地址

- 每一字节都为 0 的地址(0.0.0.0)对应于当前主机；
- IP 地址中的每一字节都为 1 的 IP 地址(255.255.255.255)是当前子网的广播地址；
- IP 地址中不能以十进制 127 作为开头，该类地址中数字 127.0.0.1～127.255.255.255 用于回路测试，如 127.0.0.1 可以代表本机 IP 地址，用 http://127.0.0.1 就可以测试本机中配置的 Web 服务器。
- 网络 ID 的第一个 8 位组也不能全置为 0，全 0 表示本地网络。

4. 子网与子网掩码

使用子网是为了减少 IP 的浪费。因为随着互联网的发展，越来越多的网络产生，有的网络多则几百台主机，有的只有区区几台主机，这样就浪费了很多 IP 地址，所以要划分子网，使用子网可以提高网络应用的效率。此外，IP 地址在设计时就考虑到地址分配的层次特点，将每个 IP 地址都分割成网络号和主机号两部分，以便于 IP 地址的寻址操作。IP 地址的网络号和主机号各是多少位呢？如果不指定，就不知道哪些位是网络号、哪些是主机号，这就需要通过子网掩码来实现。

子网掩码是与 IP 地址结合使用的一种技术。它的主要作用有两个，一是用于屏蔽 IP 地址的一部分以区别网络标识和主机标识，并说明该 IP 地址是在局域网上，还是在远程网上。二是用于将一个大的 IP 网络划分为若干小的子网络。其编码规则为：将对应 IP 地址中网络地址和子网地址的二进制位用 1 表示，其余二进制位用 0 表示。与 IP 地址相同，子网掩码的长度也是32位,也可以使用十进制的形式。例如,为二进制形式的子网掩码:1111 1111.1111 1111.1111 1111.0000 0000,采用十进制的形式为:255.255.255.0。

通过 IP 地址的二进制与子网掩码的二进制进行与运算,确定某个设备的网络地址和主机号,也就是说通过子网掩码分辨一个网络的网络部分和主机部分。子网掩码一旦设置,网络地址和主机地址就固定了。要判断两台计算机是否在一个子网内,可以将它们各自的 IP 地址与子网掩码进行与运算,得出的结果就是它们所在的子网地址,如果相同就说明在一个子网内。

A 类地址的默认子网掩码为 255.0.0.0;B 类地址的默认子网掩码为 255.255.0.0;C 类地址的默认子网掩码为 255.255.255.0。

例如,某计算机的 IP 地址为 202.194.36.38,子网掩码为 255.255.255.248,它们的二进制表示如下:

IP 地址:　　　　　　11001010.11000010.00100100.00100110

子网掩码:　　　　　　11111111.11111111.11111111.11111000

将 IP 地址与子网掩码进行与运算

产生的网络地址为:　　11001010.11000010.00100100.00100000

由子网掩码的定义可以知道,IP 地址的前 29 位都是网络标志部分,只有最后 3 位是用来标志主机号的。网络地址为 11001010.11000010.00100100.00100000,即 202.194.36.32,主机号为 110 即 6。

7.8.2　域名

1. 域名概念

在网上辨别一台计算机的方式是利用 IP 地址,但是一组 IP 地址数字很不容易记忆,因此,我们用字符为网络上计算机命名,通常是些有意义又容易记忆的名字,这个名字叫域名,可以大大方便用户的使用。例如,163.com、jhun.edu.cn,前者代表了网易的网址,后者是江汉大学的网址。

但在 Internet 上真正区分机器的还是 IP 地址,所以当使用者输入域名后,浏览器必须要先去一台有域名和 IP 地址相互对应的数据库的主机中去查询这台计算机的 IP 地址,而这台被查询的主机,我们称它为域名服务器(Domain Name Server,DNS)。

域名和 IP 地址之间是一一对应的关系,实际运行时,域名地址由域名服务器 DNS 转换为 IP 地址,这个过程称为域名解析。例如,当你输入 www.163.com 时,浏览器会将这个域名传送到离它最近的 DNS 服务器上去做域名解析,如果寻找到,就会传回这台主机的 IP 地址,但如果没查到,系统会提示:DNS Not Found。故一旦 DNS 服务器不工作了,域名就无法进行解析成 IP 地址,即使当前网络处于连通状态,对应的网页也无法打开。

2. 域名结构

一台主机的主机名由它所属各级域的域名(见表 7.2)和分配给该主机的名字共同构成。书写的时候,按照从小到大的顺序,顶级域名放在最右边,分配给主机的名字放在最左面,各级之间用"."分隔。

表 7.2 常见的通用顶级域名

域名代码	适用范围	域名代码	适用范围
com	商业公司	biz	商业公司
org	非营利机构	info	提供信息服务
net	大的网络中心	Pro	医生、律师、会计师等专业人员
int	国际化机构	Coop	商业合作社
mil	军事机构	Aero	航空运输业
gov	政府机构	museum	博物馆
edu	教育机构	Name	个人

国家顶级域名是以国家或地区代码为结尾的域名,如.US代表美国,.UK代表英国。地理顶级域名一般由各个国家或地区负责管理。中国国家顶级域名为.CN,由中国互联网络信息中心(CNNIC)承担域名注册管理和注册终端服务。目前有243个国家和地区代码顶级域名,它们由两个字母缩写来表示。国家和地区顶级域名使用标准化的两个字母的代码如表7.3所示。

表 7.3 国家和地区顶级域名的域名代码及对应的国家和地区名称

域名代码	国家和地区	域名代码	国家和地区
au	澳大利亚	jp	日本
br	巴西	kr	韩国
ca	加拿大	mm	缅甸
cn	中国	mo	中国澳门
de	德国	nl	荷兰
eg	埃及	no	挪威
es	西班牙	ru	俄罗斯联邦
fr	法国	se	瑞典
gr	希腊	sg	新加坡
hk	中国香港	th	泰国
in	印度	tw	中国台湾
iq	伊拉克	uk	英国
it	意大利	us	美国

例如,jhun.edu.cn是江汉大学的域名。其中,jhun是主机名,edu表示教育机构,cn表示中国。

域名中只能包含以下字符:
(1) 26个英文字母(或中文、阿拉伯文、日文、韩文等字符)。
(2) 0,1,2,3,4,5,6,7,8,9十个数字。
(3) -(英文中的连字符)。

字母的大小写没有区别。每个层次最长不能超过63个字母。
中文域名是含有中文的新一代域名,同英文域名一样,是IP地址对应的字符标识。格式可为中文.com/.net/.org(ICANN体系)、中文.中国(cn)/.公司/.网络(CNNIC体系)。并且日文、韩文也可注册.com/.net/.org域名了。

目前，全球主流浏览器已经实现对以".CN"".中国"".公司"".网络"为结尾的中文域名的直接支持。直接在地址栏输入中文域名，即可直达相应网站，例如：

清华大学.cn

教育部.中国

海信.公司

北京大学.网络

并且，中文域名的分隔符中，英文字符"."的半角、全角形式和中文句号"。"完全等效，例如：

北京大学.中国

北京大学.中国

北京大学.中国

以上的3个域名是等价的，均可到达同样的相应网站。

Internet 的域名由互联网网络协会负责网络地址分配的委员会进行登记和管理。INTER-NIC负责美国及其他地区；RIPE-NIC负责欧洲地区；APNIC负责亚太地区。中国互联网络信息中心（CNNIC）负责管理我国顶级域名cn，负责为我国的网络服务商和网络用户提供IP地址、自治系统AS号码和中文域名的分配管理服务。

7.8.3 IPv6 协议

现有的互联网是在IPv4协议的基础上运行的。

IPv6是下一版本的互联网协议，它的提出最初是因为随着互联网的迅速发展，IPv4定义的有限地址空间将被耗尽，地址空间的不足必将影响互联网的进一步发展。为了扩大地址空间，拟通过IPv6重新定义地址空间。

IPv4采用32位地址长度，总共提供的IP地址为2的32次方，大约43亿个。目前，它所提供的网址资源已近枯竭。而IPv6采用128位地址长度，能产生2的128次方个IP地址，相当于10的后面有38个零。这么庞大的地址空间，地址资源极端丰富，足以保证地球上的每个人拥有一个或多个IP地址。

IPv6的地址格式与IPv4不同。一个IPv6的IP地址由8个地址节组成，每节包含16个地址位，以4个十六进制数书写，节与节之间用冒号分隔，其书写格式为 x:x:x:x:x:x:x:x，其中每一个x代表四位十六进制数。例如：3FFE:3201:1401:0001:0280:C8FF:FE4D:DB39。

为了进一步简化IPv6的地址表示，可以用0来表示0000，用1来表示0001，用10来表示0010，用100来表示0100，只要保证数值不变，就可以将前面的0省略。例如，3FFE:3201:1401:1:280:C8FF:FE4D:DB39。

IPv6的主要优势体现在以下几方面：扩大地址空间、提高网络的整体吞吐量、改善服务质量（QoS）、安全性有更好的保证、支持即插即用和移动性、更好地实现多播功能。

IP 地址后测习题

（1）Internet 上的计算机地址可以写成_____格式或域名格式。

    A．绝对地址　　　　B．网络地址　　　　C．IP 地址　　　　D．文字

(2) IPv4 地址是用 _____ 位二进制数表示。
　　A. 8　　　　　　B. 16　　　　　　C. 32　　　　　　D. 64
(3) 网络中的任何一台计算机必须有一个地址,而且 _____。
　　A. 不同网络中的两台计算机的地址允许重复
　　B. 同一个网络中的两台计算机的地址不允许重复
　　C. 同一网络中的两台计算机的地址允许重复
　　D. 两台不在同一城市的计算机的地址允许重复
(4) 以下列出的 4 个 IP 地址中,肯定不合法的是 _____。
　　A. 192.168.1.254　　　　　　　　B. 192.168.1.255
　　C. 192.168.1.256　　　　　　　　D. 192.168.1.0
(5) 下列选项中正确的 IP 地址是 _____。
　　A. 202.18.21　　　　　　　　　　B. pku.edu.cn
　　C. 202.256.18.21　　　　　　　　D. 202.201.18.21
(6) 有一个 IP 地址为 209.137.58.211,它属于 _____ 类 IP 地址。
　　A. A　　　　　　　　　　　　　　B. B
　　C. C　　　　　　　　　　　　　　D. D
(7) B 类 IP 地址的四组十进制数的范围从 128.0.0.1 到 _____.255.255.254。
　　A. 128　　　　　　　　　　　　　B. 191
　　C. 256　　　　　　　　　　　　　D. 192
(8) C 类 IP 地址的 32 个二进制位中,最高两位数为 _____。
　　A. 00　　　　　　B. 01　　　　　　C. 10　　　　　　D. 11
(9) 某服务器主机地址为 00100001 00010001 00001010 00001010,将其转换为用十进制表示,中间用圆点分隔的 IP 地址为 _____。
　　A. 21.11.10.10　　B. 33.17.10.10　　C. 192.168.0.1　　D. 202.103.0.10
(10) 在 Internet 中,用字符串表示的 IP 地址称为 _____。
　　A. 账户　　　　　　　　　　　　　B. 域名
　　C. 主机名　　　　　　　　　　　　D. 用户名
(11) 主机域名 public.tpt.tj.cn 由 4 个子域名组成,其中的 _____ 表示主机名。
　　A. public　　　　　　　　　　　　B. tpt
　　C. tj　　　　　　　　　　　　　　D. cn
(12) 用户在访问因特网时,通常使用域名,关于域类型正确的说法是 _____。
　　A. cn 代表中国　　　　　　　　　B. com 代表政府机关
　　C. org 代表信息学　　　　　　　　D. edu 代表网络公司
(13) 域名服务器上存放的是 _____。
　　A. 域名地址　　　　　　　　　　　B. IP 地址与域名地址的对照表
　　C. IP 地址　　　　　　　　　　　 D. 子网掩码
(14) 主机上的域名和 IP 地址的关系是 _____。
　　A. 两者是一回事　　　　　　　　　B. 一一对应
　　C. 一个 IP 地址对应多个域名　　　 D. 一个域名对应多个 IP 地址

7.9 Internet 的接入

视频名称	Internet 的接入	二维码
主讲教师	李支成	
视频地址		

ISP 的全称为 Internet Service Provider，即因特网服务提供商，能提供拨号上网服务、网上浏览、下载文件、收发电子邮件等服务，是网络最终用户进入 Internet 的入口和桥梁。它包括 Internet 接入服务和 Internet 内容提供服务。这里主要是 Internet 接入服务，即通过电话线把你的计算机或其他终端设备连入 Internet。

7.9.1 拨号接入

拨号接入一般分为普通电话拨号和 ISDN 拨号。通常采用的方法是点对点协议（Point-to Point Protocol，PPP）拨号接入。

1. 普通电话拨号

拨号接入 Internet，最基本的条件就是有一部电话。然后要找 ISP 办理入网手续，申请一个入网账号。申请完毕之后，工作人员会给用户一张申请表的副本或"入网通知单"，表上会包含注册名（账号）、密码、入网时要拨的电话号码等需要用户了解的几项内容。

然后，用户在计算机上安装了 Modem 和浏览器软件后即可拨号上网。每次 ISP 检验密码后会给用户分配一个动态的 IP 地址。动态地址是指入网用户没有固定的 IP 地址，每次拨号上网时，用户被分配到一个未被使用的 IP 地址。

2. 使用 ISDN 数据通信线路接入

使用 ISDN 专线入网，即常说的"一线通"，又称窄带综合业务数字网业务（N-ISDN）。它是在现有电话网上开发的一种集语音、数据和图像通信于一体的综合业务形式。

"一线通"用户最大的好处就是利用一对普通电话线即可得到综合电信服务。

对于拨号 ISDN 连接，其配置和使用公共电话网的拨号基本上没有差别。为了将个人计算机接入 ISDN 网络，必须使用 ISDN 终端适配器 TA，而 TA 又分为内置式和外置式两种。

7.9.2 ADSL 方式接入

非对称数字用户环路（Asymmetric Digital Subscriber Line，ADSL）是一种新的数据传输方式，利用在传统电话系统中没有被利用的高频信号传输数据。ADSL 采用频分复用技术把普通的电话线分成了电话、上行和下行三个相对独立的信道，从而避免了相互之间的干扰。即使边打电话边上网，也不会发生上网速率和通话质量下降的情况。下行带宽比上行大得多，这个特点适合需要从网络上下载大量信息的用户。

ADSL 是目前接入 Internet 最常用的方式之一。

1. ADSL 基本接入方式

- **虚拟拨号入网方式**　并非是真正的电话拨号，而是用户在计算机上运行一个专用客户端软件,当通过身份验证时,获得一个动态的 IP,既可联通网络,也可以随时断开与网络的连接,费用也与电话服务无关。由于无须拨号,因而不会产生接入遇忙。

ADSL 接入 Internet 时,同样需要输入用户名与密码(与 Modem 拨号和 ISDN 拨号接入相同)。

- **专线入网方式** 向用户分配一个固定的 IP 地址。专线方式的用户 24 小时在线,具有静态 IP 地址,可将用户局域网接入,主要面对的是中小型公司用户。

2. ADSL 的特点

- ADSL 在一条电话线上同时提供了电话和高速数据服务,即可以同时打电话和上网,且互不影响。
- ADSL 提供高速数据通信能力,为交互式多媒体应用提供了载体。ADSL 的速率远高于拨号上网。
- 在 ADSL 接入方案中,每个用户都有单独的一条线路与 ADSL 局端相连,它的结构可以看作是星形结构,能为每个用户提供固定、独占的保证带宽,而且可以保证用户发送数据的安全性。
- 无须改造线路,只需要在现有的电话线上安装一个分离器,即可使用 ADSL。
- 安装简单,只需配置好网卡,简单的连线,安装相应的拨号软件即可完成安装。

7.9.3 局域网接入

所谓"通过局域网接入 Internet",是指用户通过局域网,局域网使用路由器通过数据通信网与 ISP 相连接,再通过 ISP 接入 Internet。

数据通信网有很多类型,例如 DDN、ISDN、X.25、帧中继与 ATM 网等,它们均由电信部门运营与管理。目前,国内数据通信网的经营者主要有中国电信与中国联通。采用这种接入方式,用户花在租用线路的费用比较昂贵,用户端通常是有一定规模的局域网,例如一个企业内部的局域网或一个大学的校园网。

7.9.4 无线接入

目前用于 Internet 的无线接入技术有卫星系统和无线局域网技术两大类,一是基于蜂窝的接入技术,如 CDPD(Cellular Digital Packet Data)、GPRS(General Packet Radio Service)及 EDGE(Enhanced Data Rate for GSM Evolution)等;二是基于局域网的技术,如 IEEE 802.11 WLAN、Bluetooth 等。

无线网的构建不需要布线,因此提供了极大的便捷。灵活性强,网络环境发生变化,需要更改时,便于更改和维护。

Internet 接入后测习题

(1) ISP 是_____。
    A. Internet 服务提供商   B. 电信局
    C. 供他人浏览的网页   D. 电子信箱

(2) 个人计算机申请了账号并拨号接入 Internet 网后,该机_____。
   A. 拥有独立的 IP 地址　　　　　　B. 没有自己的 IP 地址
   C. 拥有固定的 IP 地址　　　　　　D. 拥有 Internet 服务商主机的 IP 地址

7.10　Internet 的应用

视频名称	Internet 的应用	二维码
主讲教师	李支成	
视频地址		

7.10.1　网络检测和连接测试

Windows 提供了一组实用程序来实现简单的网络配置和管理功能,这些实用程序通常以 DOS 命令的形式出现。

1. ipconfig 命令

ipconfig 命令是 Windows 操作系统自带的一个网络检测实用程序,可用来显示当前主机的 TCP/IP 配置参数,可以刷新动态主机配置协议(DHCP)和域名系统(DNS)的设置。

常用的格式:ipconfig 或 ipconfig/all。

举例如下:

- 如果要显示所有网卡的基本 TCP/IP 配置参数,输入 ipconfig
- 如果要显示所有网卡的完整 TCP/IP 配置参数,输入 ipconfig/all

通常大家用 ipconfig 命令显示计算机中网络适配器的 IP 地址、子网掩码及默认网关。图 7.5 所示为使用 ipconfig 命令显示的结果,图 7.6 所示为 ipconfig/all 命令显示的结果。

图 7.5　ipconfig 命令显示的结果

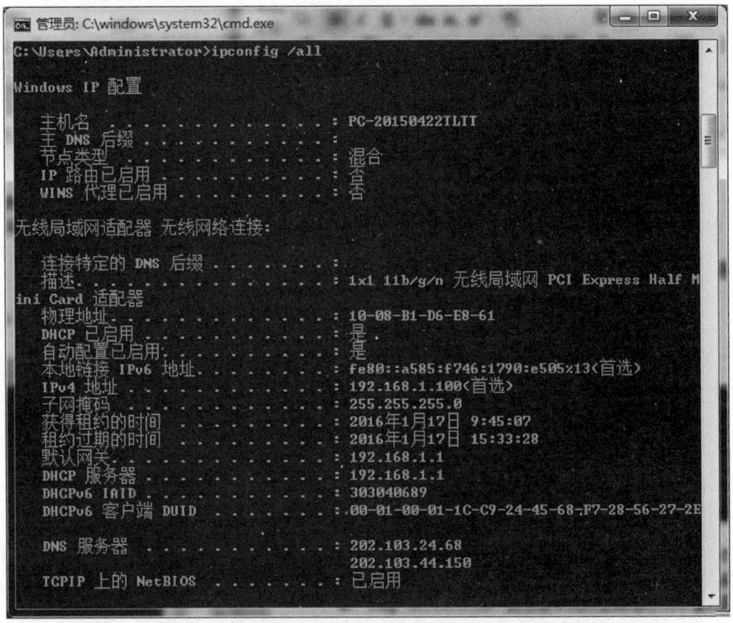

图 7.6　ipconfig/all 命令显示的结果

2. ping 命令

ping 命令是 Windows 操作系统自带的一个网络连接测试的十分有用的工具，使用 ping 命令可以准确地判定出网卡及线路是否正常、DNS 及网关配置是否正确，从而可迅速解决网络故障。ping 命令用于确定本机能否与另一台主机交换数据。

在默认的设置下，ping 命令发送 4 个回送请求检测数据包，每个数据包为 32Byte。如果网络运行正常，本机就会受到 4 个回送的应答数据包。

应用格式：ping IP 地址。

通俗地说，ping 命令就是测试本机和指定的网络机器是否连通，网络机器可以是本机、另一台主机、网关、DNS 服务器等。

1) ping 自己

ping 127.0.0.1（本机回送地址）：探测本机网卡和 TCP\IP 协议是否设置好。如果出现图 7.7 中的提示即可确定网卡工作正常。

图 7.7　ping 本机回送地址

2) ping 网关/路由器

ping 网关/路由器的 IP 地址，先运行 ipconfig 命令，可知，此例中网关/路由器的 IP 地址为 192.168.1.1。

图 7.8 是 ping 通的情况。

图 7.8　ping 网关地址

3) ping 域名

ping 江汉大学服务器的域名。

图 7.9 中已将域名转换为对应的 IP 地址,说明 DNS 配置正常。

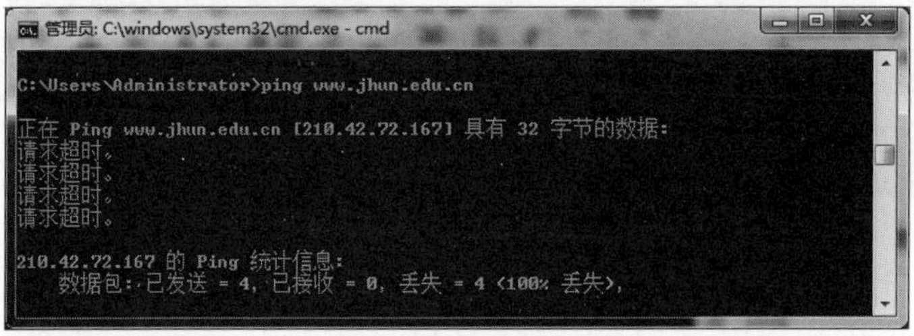

图 7.9　ping 域名

图 7.9 表示本机的 DNS 配置正常,但 ping 江汉大学服务器的域名不通。

7.10.2　WWW 服务

1. WWW 相关概念

1) 什么是 WWW

WWW(World Wide Web),称为万维网或环球信息网,简称为 3W 或 Web,是集文字、图像、声音和影像为一体的超媒体。WWW 可以让 Web 客户端通过浏览器访问 Web 服务器上的页面。WWW 系统由 WWW 服务器、浏览器(客户端)和通信协议组成。WWW 提供信息的基本单位是网页,每一个网页可以包含文字、图像、动画、声音、视频等多种信息。网页存放在 WWW 服务器上。WWW 通过超文本传输协议(Hyper Text Transmission Protocol,HTTP)向用户提供多媒体信息。

2) 超文本和超链接

超文本(Hypertext)是指在普通文本中加入若干超链接,所谓的超链接是指从一个网页指向一个目标的连接关系,这个目标可以是另一个网页,也可以是相同网页上的不同位置,还可以是一个图片,一个电子邮件地址,一个文件,甚至是一个应用程序。例如,在网上的某份幼儿读物中,读者选中网页上显示的动物图片、文字时,可以同时播放一段关于动物的动画。这种通过集成化的方法将多种媒体的信息通过超链接联系在一起叫作超媒体。

制作网页时使用专用的编程语言,超文本标记语言 HTML(Hyper Text Markup Language)。HTML 通过在正文文本中嵌入各种标记(tag),使普通正文文本具有了超文本的功能。通常 HTML 文件的扩展名为.htm 或.html。

用户访问某个网站时首先显示的第一个页面称为主页,主页的文件名为 index.htm(或 index.asp)。

HTML 文件必须由特定的程序进行翻译和执行才能显示,这种特定的 HTML 文件翻译器就是 Web 浏览器。

3) 统一资源定位符

在 Internet 上有众多的服务器,每台服务器中又包含很多共享信息,如何找到自己需要的信息呢?在访问 Internet 的客户机上,Web 浏览器在访问服务器的共享信息时,需要使用统一资源定位符(Uniform Resource Locator,URL)。互联网上的每个文件都有一个唯一的 URL,它包含的信息指出文件的位置以及浏览器应该怎么处理它。

URL 的格式如下:协议://服务器地址或域名/存放信息的路径/文件名。

举例来说,http://www.163.com/news/index.htm 使用的是 http 协议,服务器的域名为 www.163.com,要访问的文件在 news 文件夹下,文件名为 index.htm,是该文件夹中的主页。

2. 浏览器的使用

网页浏览器安装在客户端的机器上,是指显示网站服务器或文件系统内的 HTML 文件,并让用户与这些文件交互的一种应用软件。它用来显示在万维网或局域网等内的文字、图像及其他信息。网页浏览器主要通过 HTTP 协议与网页服务器交互并获取网页,这些网页由 URL 指定,文件格式通常为 HTML。一个网页中可以包括多个文档,每个文档都是分别从服务器获取的。大部分的浏览器本身支持除了 HTML 之外的广泛的格式,例如 JPEG、PNG、GIF 等图像格式,并且能够扩展支持众多的插件(plug-ins)。另外,许多浏览器还支持其他的 URL 类型及其相应的协议,如 FTP、Gopher、HTTPS(HTTP 协议的加密版本)。HTTP 内容类型和 URL 协议规范允许网页设计者在网页中嵌入图像、动画、视频、声音、流媒体等。个人电脑上常见的网页浏览器有微软的 Internet Explorer、Mozilla 的 Firefox、Google 的 Chrome、苹果公司的 Safari、Opera 软件公司的 Opera、360 安全浏览器等。

我们以 Internet Explorer 为例,介绍浏览器的几个常用操作。

1) 浏览网页

Internet Explorer(IE)是 Microsoft 公司开发的基于超文本技术的 Web 浏览器,是一种用于获取 WWW 上信息资源的应用程序。

启动 IE 后在地址栏直接输入 Web 地址,按 Enter 键后就转到对应的页面。单击网页上的链接即可浏览相应的网页(如图 7.10 所示)。

2) 保存网页

在浏览网页时,如果阅读比较长的文章,或是遇到有保留价值的信息,都需要保存到本地硬盘。

方法为:选择"文件"菜单的"另存为"命令,在弹出的保存网页对话框中,选择文件的保存位置,指定文件名,选择保存类型即可。

IE 浏览器提供了四种文件保存类型,它们分别是:

- "Web 页,全部(*.htm;*.html)",此格式将按照网页文件原始格式保存所有文件,比如网页中包含的图片等。保存后的网页将生成一个同名的文件夹,用于保存网页中的图片等信息。

图 7.10　IE 浏览器窗口

- "Web 档案，单一文件(*.mht)"相对于第一种文件格式来说，此格式可以将网页文件所有信息保存在一个文档中，并不生成同名文件夹，但是需要系统安装有 Outlook Express 5.0 以上版本才能使用。
- "Web 页，仅 Html(*.htm;*.html)"，此格式只是单纯保存当前 HTML 网页，不包含网页中含有的图片、声音或其他文件。
- "文本文件(*.txt)"四种格式，如果保存为文本文件格式，IE 浏览器将自动将网页中的文字信息提取出来，并保存在一个文本文件中。

3) 下载图片、音频等文件

可以用 IE 直接下载文件，方法是找到包含欲下载文件地址的网页，在超链接上右击，选择"目标另存为"命令，在"另存为"对话框中设置保存位置和名称。此时将出现下载进度窗口，显示下载的进度和估计剩余时间等数据(如图 7.11 所示)。

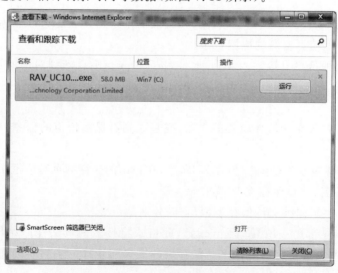

图 7.11　"查看下载"对话框

小提示：IE下载没有断点续传功能，一旦下载意外中断了又需要从头开始，而且速度较慢。大文件下载建议使用迅雷、Flashget等下载软件。

如果要单独保存网页中的图片，方法为：右击图片文件，在快捷菜单中选择"图片另存为"命令，指定保存类型、位置和文件名，单击"保存"按钮即可。

7.10.3 电子邮件

利用计算机网络发送或接收的邮件叫作电子邮件，英文名为E-mail。

为了利用电子邮件进行通信，首先需要注册一个电子邮箱，相应得到一个E-mail地址。用户的电子邮件信箱对应邮件服务器硬盘上的一块区域。

每个用户都有唯一的E-mail地址，格式是固定的。E-mail地址格式为用户名@电子邮件服务器域名。例如，john@163.com，其中john为用户名，163.com为该电子邮件服务器域名。

E-mail系统中有两个服务器：发件服务器和收件服务器。发件服务器的功能是帮助用户把电子邮件发出去，就像在邮局发信。收件服务器的功能是接收他人的来信，并保存在用户的邮箱里。发件人写完邮件后注明收件人的姓名与地址（即E-mail地址）发送到发送方服务器，发送方服务器把邮件传到收件方服务器，收件方服务器再把邮件发到收件人的邮箱中，如图7.12所示。

图7.12 电子邮件工作流程

用户既可以直接登录网站的邮箱在线收发电子邮件，也可以使用电子邮件客户端软件。电子邮件客户端软件可以脱机处理邮件，常用的客户端电子邮件软件有Foxmail、Outlook等。

7.10.4 搜索引擎

互联网就像信息的海洋，有着丰富的信息资源，怎样才能迅速地从中获取需要的信息呢？搜索引擎（Search Engine）就是为了解决用户的信息查询问题而产生的。搜索引擎，是指在WWW中能够主动搜索信息、组织信息并能提供查询服务的一种信息服务系统。

搜索信息的工作由搜索引擎服务器上运行的网页搜索软件（spider等）完成，这些软件周期性地访问WWW站点，并提取被访问站点的相关信息，如标题、关键字等，同时还会自动转到网页的链接上，继续进行信息提取。

信息提取后经过加工处理建成一个不断更新的数据库，用户通过搜索引擎查询特定信息时实际上是在这个数据库中查找相关网页的信息。

搜索引擎查询信息的主要方法为分类目录与关键字查询。

由于不同的搜索引擎所收集到网页的内容和数量的不同，以及所使用的排序方法的不同，造成它们对同一关键词进行检索时得出不同结果。因此，根据查询信息的类别，用户可以选择不同的搜索引擎。

百度公司是中国互联网领先的软件技术提供商和平台运营商。中国提供搜索引擎的主要网站中，超过80%由百度提供。1999年年底，百度成立于美国硅谷，创建者是在美国硅谷有多年成功经验的李彦宏先生及徐勇先生。2000年百度公司回国发展。百度的起名,来自于"众里寻她千百度"的灵感。

百度搜索使用了高性能的"网络蜘蛛"程序(Spider)自动在互联网中搜索信息,可定制、高扩展性的调度算法使得搜索器能在极短的时间内收集到最大数量的互联网信息。百度搜索在中国和美国均设有服务器,搜索范围涵盖了中国、新加坡等华语地区以及北美、欧洲的部分站点。百度搜索引擎目前已经拥有世界上最大的中文信息库,总量达到6000万页以上,并且还在以每天超过几十万页的速度不断增长。

1. 基本搜索

百度搜索引擎简单方便。仅需输入查询内容并敲一下回车键,即可得到相关资料。输入查询内容后,用鼠标单击"百度搜索"按钮,也可得到相关资料。

注意:百度搜索引擎不区分英文字母大小写。所有的字母均当作小写处理。

2. 输入多个词语搜索

输入多个词语搜索(不同字词之间用一个空格隔开),可以获得更精确的搜索结果。例如,"北京 上海 列车时刻表"就比"北京到上海的列车时刻表"获得的搜索效果更好。

在百度查询时不需要使用符号AND或+,百度会在多个以空格隔开的词语之间自动添加+。

3. 减除无关资料

有时候,排除含有某些词语的资料有利于缩小查询范围。百度支持"-"功能,用于有目的地删除某些无关网页,但减号之前必须留一个空格,语法是"A -B"。例如:要搜寻关于"武侠小说",但不含"古龙"的资料,可使用:"武侠小说 -古龙"。注意,前一个关键词,和减号之间必须有空格,否则,减号会被当成连字符处理,而失去减号语法功能。减号和后一个关键词之间,有无空格均可。

4. 并行搜索

使用"A|B"来搜索"或者包含词语A,或者包含词语B"的网页。使用同义词作关键词并在各关键词中使用"|"运算符可提高检索的全面性。如:"计算机|电脑"搜索即可。又如:您要查询"图片"或"写真"相关资料,无须分两次查询,只要输入[图片|写真]搜索即可。百度会提供在"|"前后任何字词相关的资料,并把最相关的网页排在前列。

5. 百度快照

百度快照——是百度网站最具魅力和实用价值的。大家在上网的时候肯定都遇到过"该页无法显示"(找不到网页的错误信息)。至于网页连接速度缓慢,要十几秒甚至几十秒才能打开更是家常便饭。出现这种情况的原因很多,如网站服务器暂时中断或堵塞、网站已经更改链接等。无法登录网站的确是一个令人十分头痛的问题。百度快照能很好地解决这个问题。

百度搜索引擎已先预览各网站,拍下网页的快照,为用户贮存大量的应急网页。这样一旦因为某些原因无法查看原网页时可从快照中查看相应信息。

单击每条搜索结果后的"百度快照",可查看该网页的快照内容。百度快照不仅下载速度极快,而且搜索用的词语均已用不同颜色在网页中标明。

7.10.5 文件传输协议 FTP

FTP文件传输协议(File Transfer Protocol,FTP)是Internet上的一种高效、快速传输

大量信息的方式。各类文件存放于 FTP 服务器上,可以通过 FTP 客户程序连接 FTP 服务器,然后利用 FTP 协议进行文件的"下载"或"上传"。

所谓下载就是通过相应客户程序,在文件传输协议的控制下,将文件服务器中的文件传回到自己的计算机中,这个传回文件的过程称为下载。也可以将自己计算机中的文件传送到 FTP 服务器上,这个过程便称为上传。

FTP 的工作方式采用客户端/服务器模式,FTP 工作的过程就是一个建立 FTP 会话并传输文件的过程。

以 IE 浏览器作为客户端登录 FTP 服务器下载资料是 FTP 服务较常用的方式,它不需要专用的下载工具,使用通用的 Web 浏览器和统一的资源定位器 URL 即可实现与 FTP 服务器之间的文件传输,操作简单方便,但下载速度等性能方面不如专用软件好。

如果客户机安装了专门的 FTP 客户程序,那么访问 FTP 服务器会更快捷,下载速度会更好。常见的 FTP 客户程序有字符界面和图形界面两种。CuteFTP 即属于图形界面的 FTP 客户程序。

CuteFTP 是由 Globalscape 公司开发的一款专业的上传、下载工具,它不需要用户记忆各种命令,使用鼠标拖放操作即可实现 FTP 的下载和上传功能,具有使用方便、操作简单的特点。如图 7.13 所示,通过工具栏的图标即可完成 CuteFTP 的基本操作。

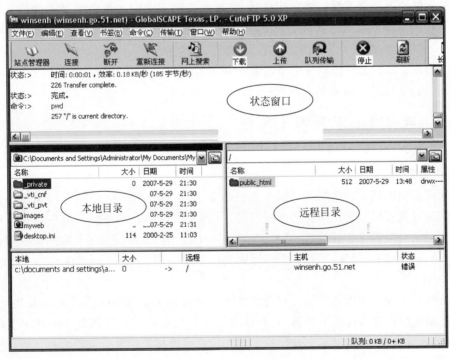

图 7.13　CuteFTP 界面

FTP 使用的步骤如下。

(1) 建立连接。单击工具栏中的"站点管理器"图标,即可打开如图 7.14 所示的站点管理器并进行相应主机地址、用户名、密码和端口号的设置,然后单击"连接"按钮即可实现本机与服务器主机的连接。

图 7.14　站点管理器

(2) 文件的上传与下载。建立连接后,在本地或远端之间用鼠标拖动文件或文件夹或用工具栏中的上传下载图标都可实现文件、文件夹的上传下载。

CuteFTP 支持整个文件夹的上传和下载。

(3) 断开连接。文件传输完后单击断开就可以断开 FTP 的连接。以后只需用重新连接就可以进行文件的传输和站点的维护。

7.10.6　云服务和互联网十简介

1. 云服务

1) 什么是云

提供资源的网络被称为"云"。云本质上是基于"云计算"技术,最终可以实现各种终端设备之间的互联互通。用户享受的所有资源、所有应用程序全部都由一个存储和运算能力超强的云端后台来提供。计算机、手机、电视等电子应用产品能够通过互联网提供包括云服务、云空间、云搜索、云浏览、云社区等一系列资源分享应用。

2) 云计算

云计算是一种商业计算模型。它将计算任务分布在大量计算机构成的资源池上,使各种应用系统能够根据需要获取计算力、存储空间和信息服务。云计算是一种基于互联网的计算方式,通过这种方式,共享的软硬件资源和信息可以按需提供给计算机和其他设备。典型的云计算提供商往往提供通用的网络业务应用,可以通过浏览器等软件或者其他 Web 服务来访问,而软件和数据都存储在服务器上。

通过使计算分布在大量的分布式计算机上,而在非本地计算机或远程服务器中,企业数据中心的运行将更与互联网相似。这使得企业能够将资源切换到需要的应用上,根据需求访问计算机和存储系统。它意味着计算能力也可以作为一种商品进行流通,就像煤气、水电一样,取用方便,费用低廉。最大的不同在于,它是通过互联网进行传输的。

3) 云服务

云服务是基于"云计算"技术,实现各种终端设备之间的互联互通。用户享受的所有资源、所有应用程序全部都由一个存储和运算能力超强的云端后台来提供。未来不管是手机还是电视机,都只是一个单纯的显示和操作终端,它们不再需要具备强大的处理能力。

常见的云服务包括:

- 云查杀(在线杀毒)。云查杀是指把病毒库放在云端(即服务端),因为服务端的病毒库更新更快、更及时,联网后可以快速地进行查杀的技术。
- 云盘(网络硬盘)。云盘是互联网存储工具,它通过互联网为企业和个人提供信息的存储、读取、下载等服务。具有安全稳定、海量存储的特点。

比较知名而且好用的云盘服务商有百度云盘、360 云盘、金山快盘、微云等,是当前比较热的云端存储服务。

- 在线音乐。

2. 互联网+

通俗来说,"互联网+"就是"互联网+各个传统行业",但这并不是简单的两者相加,而是利用信息通信技术以及互联网平台,让互联网与传统行业进行深度融合,创造新的发展生态。它代表一种新的社会形态,即充分发挥互联网在社会资源配置中的优化和集成作用,将互联网的创新成果深度融合于经济、社会各个领域之中,提升全社会的创新力和生产力,形成更广泛的以互联网为基础设施和实现工具的经济发展新形态。

说起"互联网+",你会想到互联网金融、电子商务、电子支付、在线教育云计算、大数据、网络安全、物联网、车联网、移动医疗、云平台等。常见的案例有:

- "互联网+工业"即传统制造业企业采用移动互联网、云计算、大数据、物联网等信息通信技术,改造原有产品及研发生产方式,与"工业互联网""工业4.0"的内涵一致。借助移动互联网技术,传统制造厂商可以在汽车、家电、配饰等工业产品上增加网络软硬件模块,实现用户远程操控、数据自动采集分析等功能,极大地改善了工业产品的使用体验。
- "互联网+金融":当前互联网金融格局,由传统金融机构和非金融机构组成。传统金融机构主要为传统金融业务的互联网创新以及电商化创新等,非金融机构则主要是指利用互联网技术进行金融运作的电商企业、(P2P)模式的网络借贷平台、众筹模式的网络投资平台、手机理财 App,以及第三方支付平台等。
- "互联网+商贸":在零售、电子商务等领域,过去这几年都可以看到和互联网的结合。2015 年 9 月 9 日中国互联网络信息中心(CNNIC)发布《2014 年中国网络购物市场研究报告》,报告显示,截至 2014 年 12 月,我国网络购物用户规模达到 3.61 亿,较 2013 年年底增加 5953 万人,增长率为 19.7%;我国网民使用网络购物的比例从 48.9%提升至 55.7%。与此同时,2014 年手机购物市场发展迅速。2014 年我国手机网络购物用户规模达到 2.36 亿,增长率为 63.5%,是网络购物市场整体用户规模增长速度的 3.2 倍,手机购物的使用比例提升了 13.5 个百分点,达到 42.4%。
- "互联网+交通"已经在交通运输领域产生了化学效应,例如大家经常使用的打车软件、网上购买火车和飞机票、出行导航系统等。从国外的优步到国内的滴滴打车、快的打车,移动互联网催生了一批打车软件,虽然它们在全世界不同的地方仍存在不同的争议,但它们通过把移动互联网和传统的交通出行相结合,改善了人们出行的方式,增加了车辆的使用率,推动了互联网共享经济的发展,提高了效率、减少了排放,对环境保护也做出了贡献。

• 一所学校、一位老师、一间教室,这是传统教育。一个教育专用网、一部移动终端,几百万学生,学校任你挑、老师由你选,这就是"互联网＋教育"。在教育领域,面向中小学、大学、职业教育、IT 培训等多层次人群提供学籍注册入学开放课程,通过网络学习可以参加我们国家组织的统一考试,可以足不出户在家上课学习,取得相应的文凭和技能证书。互联网＋教育,将会使未来的一切教与学活动都围绕互联网进行,老师在互联网上教,学生在互联网上学,信息在互联网上流动,知识在互联网上成型,线下的活动成为线上活动的补充与拓展。

Internet 应用后测习题

(1) Web 中信息资源的基本构成是_____。

    A. 文本信息   B. Web 页   C. Web 站点   D. 超级链接

(2) 在因特网上,用_____既可看到文字,又可看到图像,还可听到声音。

    A. Telnet   B. E-mail   C. WWW   D. BBS

(3) 在因特网中,URL 代表_____。

    A. 统一资源定位符   B. 电子邮件   C. 网站   D. 聊天工具

(4) 网址 http://www.sdonline.cn.net 中,http 的含义是_____。

    A. 万维网   B. 超文本传输协议

    C. "武汉热线"   D. 文件传输协议

(5) 网页的后缀名可以是_____。

    A. txt   B. doc

    C. htm 或 html   D. gif 或 jpg

(6) 电子邮件的特点之一是_____。

    A. 在通信双方的计算机之间建立直接通信线路后即可快速传递

    B. 采用存储——转发方式传递信息,没电话那样直接及时

    C. 在通信双方的计算机都开机工作时,才能快速传递数据

    D. 比邮政信函、电报、电话、传真都快

(7) E-mail 地址的格式是_____。

    A. 用户名♯域名   B. 域名♯用户名

    C. 用户名@域名   D. 域名@用户名

(8) 如果电子邮件到达时,你的电脑没有开机,那么电子邮件将_____。

    A. 保存在服务商的主机上   B. 过一会儿对方再重新发送

    C. 永远不再发送   D. 退回给发信人

(9) 用户的电子邮件信箱是_____。

    A. 通过邮局申请的个人信箱   B. 邮件服务器内存中的一块区域

    C. 邮件服务器硬盘上的一块区域   D. 用户计算机硬盘上的一块区域

(10) FTP 代表的是_____协议。
　　A. 电子邮件　　　　B. 远程登录　　　　C. 文件传输　　　　D. 网络会议

7.11　计算机安全概述

视频名称	计算机安全概述	二维码
主讲教师	李支成	
视频地址		

　　随着计算机技术及网络技术的不断发展，计算机安全问题越来越引起人们的关注。在互联网深刻影响并改变人们生活和工作方式的同时，如何防范各种可能的侵害，保证计算机系统安全，是计算机用户面临的重要问题。

　　所谓计算机安全，国际标准化委员会的定义是"为数据处理系统建立和采取的技术的及管理的安全保护，保护计算机硬件、软件、数据不因偶然的或恶意的原因而遭到破坏、更改、显露"。中国公安部计算机管理监察司的定义是"计算机安全是指计算机资产安全，即计算机信息系统资源和信息资源不受自然和人为有害因素的威胁和危害"。

7.11.1　计算机安全面临的威胁

　　从宏观上可以把计算机安全所面临的威胁划分为自然威胁和人为威胁。

　　自然威胁主要指自然环境和自然灾害对计算机系统安全造成的危害。一是人无法抗拒的自然灾害，如地震和雷击给整个计算机系统带来的灾害；二是恶劣的自然环境，如电磁辐射和干扰对计算机系统运行或数据安全带来的危害；三是自然规律，如设备的老化对计算机系统带来的损害。

　　人为威胁根据威胁动机可以分为无意威胁和有意威胁。无意威胁指主要来自于人的考虑不周、疏忽大意、误操作以及一些偶然事故对计算机系统造成的损害，是一种没有意识的、没有企图或目的的失误或过失。例如误删除文件、忘记存盘、编制的程序有漏洞、没有按正常程序退出系统使重要数据意外被复制、泄露等。有意威胁是一种有目的、有企图、利用系统的弱点和人们的疏忽对计算机系统进行有意识的攻击，造成计算机系统的伤害、信息数据的损害，或更严重的对经济和社会的危害。这种有意威胁也称为恶意攻击，例如非法入侵盗窃、非法控制和攻击系统、传播计算机病毒等。恶意攻击是计算机用户最为头疼的问题，它严重威胁着计算机信息安全。

　　从威胁来源来看，可以将计算机安全面临的威胁分为内部威胁和外部威胁。内部威胁指内部人员利用对系统的内部结构和运作比较熟悉的优势，对系统核心数据、资源进行窃取、破坏。外部威胁也称远程攻击，指系统外部人员利用系统漏洞攻击系统、冒充内部用户窃取信息等。

7.11.2　影响计算机安全的主要问题

　　目前计算机安全面临的主要问题包括计算机病毒、安全漏洞、黑客攻击、数据泄密、数据完整性破坏、资源的非授权使用等。

1. 计算机病毒

计算机病毒是编制者在计算机程序中插入的破坏计算机功能或者破坏数据,影响计算机使用并且能够自我复制的一组计算机指令或程序代码。在计算机使用过程中,病毒通过U盘、移动硬盘等移动存储设备及网络进行传播。计算机感染病毒后,会占用计算机资源,造成系统运行不稳定甚至瘫痪。病毒爆发时可能破坏计算机存储的数据,盗用用户数据及隐私信息。有些恶性病毒会控制用户进行非法行为,甚至破坏计算机硬件系统。

近年来,随着网络技术的发展,木马病毒也广泛传播。木马病毒通过特定的程序来控制另一台计算机。用户下载执行伪装后的木马程序后,计算机就成为被控制端,向控制者打开门户,控制者可以进入用户计算机,窃取用户信息、对用户计算机进行远程控制,严重危害计算机和网络安全。

2. 安全漏洞

安全漏洞是在计算机硬件、软件、协议的具体实现或系统安全策略上存在的缺陷。攻击者可以利用安全漏洞在未授权的情况下访问或破坏计算机系统。

一个系统从发布开始,就存在大量漏洞。随着用户的使用,这些漏洞会不断暴露。软硬件厂商会针对发现的漏洞打补丁进行修补,但在修补的同时也可能引入新的漏洞。因此漏洞问题会长期存在。

目前,常见的一些系统软件及应用软件都存在安全漏洞,如 Windows 7 漏洞、Linux 漏洞、IE 漏洞、Adobe Flash 漏洞、ActiveX 漏洞、Adobe Acrobat 阅读器漏洞、Apple QuickTime 漏洞、RealPlayer 漏洞等。

3. 黑客攻击

黑客对计算机系统的攻击通常利用系统配置缺陷、操作系统漏洞或安全系统漏洞进行。美国国家安全局将黑客攻击分为被动攻击、主动攻击、物理临近攻击、内部人员攻击和分发攻击五类。

主动攻击指攻击者故意访问或篡改计算机系统中的信息,破坏信息来源的真实性、信息传输的完整性和系统服务的可用性。例如对系统引入恶意代码、使网络超负荷甚至瘫痪、篡改系统数据、替换程序功能、修改网络传输的信息内容等。由于主动攻击无法预防但易于检测,所以抗击主动攻击的主要方法是检测,例如使用防火墙、入侵检测技术以及时发现主动攻击并对其造成的破坏进行恢复。

被动攻击指对系统的保密性进行攻击,例如通过窃听、非法复制等方法非法获取信息。由于被动攻击不改变系统数据,所以检测比较困难,对付被动攻击的主要措施是预防,例如对数据进行加密。

物理临近攻击指未授权者在物理上接近网络、系统或设备,试图修改、收集信息或拒绝他人访问信息。

内部人员攻击指在系统授权范围内的人员或对系统有直接访问权人员对系统实施的攻击。内部人员攻击分为恶意攻击和无恶意攻击两种。

分发攻击指在软件或硬件在生产或分销过程中被恶意修改。例如产品中被引入恶意代码。

4. 数据泄密

数据泄密指非法用户利用各种手段窃取机密数据和信息。例如网络钓鱼攻击者通过发送大量欺骗性电子邮件,伪造网站以骗取用户名、密码、银行卡号等敏感信息。

随着互联网技术及其应用的发展,大数据、云计算等新技术的使用,互联网数据泄密事件也不断发生,大量用户信息被泄露。在大数据时代如何保护信息安全,尊重个人隐私已成为刻不容缓的问题。

5. 数据完整性破坏

数据完整性指存储器中的数据必须和它被输入时或最后一次修改时一模一样,也就是数据不能被非法修改。保证数据完整性的常用方法有数据备份、访问控制、数据加密、使用防火墙等。

6. 资源的非授权使用

非授权访问指没有预先经过同意就使用网络或计算机资源。例如有意避开系统访问控制机制对网络资源进行非正常使用,擅自越权访问信息等。要防止非授权访问,可以加强访问控制,并使用加密、入侵检测、防火墙等技术手段。

7.11.3 黑客与计算机犯罪

黑客一词来源于英文 Hacker,原指精通计算机技术、水平高超的专家、程序设计人员。在信息安全领域,黑客指通过各种技术手段破解计算机安全系统的人员。

黑客分为白帽黑客和黑帽黑客两种。白帽黑客指精通攻击和防御,调试和分析计算机安全系统的人,他们通常和安全公司合作,测试网络和系统的性能来判定它们能承受入侵的强弱程度,以提高系统安全性能,帮助修复安全漏洞。与白帽黑客相反,黑帽黑客利用自身技术,在未经许可的情况下侵入计算机系统,窃取数据和资源,恶意破解商业软件等。

黑客一般通过以下步骤对网络实施攻击。

1. 收集网络系统信息

黑客利用公开的协议或工具软件,收集网络系统中各个主机系统的相关信息,为进一步入侵提供有用信息。

2. 探测系统安全漏洞

根据收集到的攻击目标的信息,黑客利用工具软件探测目标网络上的每台主机,寻求系统内部的安全漏洞。

3. 建立模拟环境,进行模拟攻击

根据已搜集到的系统信息和安全漏洞,黑客建立一个类似攻击对象的模拟环境,并对模拟对象进行一系列的模拟攻击,并在攻击过程中观察模拟对象对攻击的反应,进一步了解在攻击过程中留下的"痕迹"以及被攻击方的状态,以此来制定一个较为周密的攻击策略。

4. 具体实施网络攻击

黑客根据模拟攻击结果,总结相应的攻击方法,等待时机,实施真正的网络攻击。

事实证明,流行软件、知名站点和重要的政府站点无不受到黑客的青睐,因为它们是试金石或潜在的被征服者,一天不能攻克便如鲠在喉。反过来看,正是"黑客"的存在才促使软件的自我完善和网站安全防护系统的不断升级,黑客与软件公司便形成了狼与羊群的关系。

随着计算机技术的飞速发展,利用计算机及网络实施的犯罪行为逐渐滋生。各种形式的计算机犯罪严重危害着社会稳定、公共安全利益以及公民的人身权和财产权。公安部计算机管理监察司对计算机犯罪定义为：在信息活动领域中,利用计算机信息系统或计算机信息知识作为手段,针对计算机信息系统,对国家、团体或个人造成危害,依据法律规定,应当予以刑罚处罚的行为。例如,恶意窃取、更改或删除计算机信息,网络入侵、放置后门程序导致计算机系统瘫痪而造成经济损失,散布破坏性病毒,利用网络进行诈骗、侮辱、诽谤、恐吓、教唆犯罪,传播色情信息等。我国正在加强立法、加快网络警察队伍的配备和建设,从重从严打击计算机犯罪行为。计算机使用者也应该增强法律意识,合理合法的使用计算机和网络,并掌握各种防范计算机犯罪的技术,提高自我保护能力。

 计算机安全后测习题

(1) 计算机病毒是可以造成计算机故障的_____。
  A. 一组计算机指令或程序代码　　　　B. 一种微生物
  C. 一块特殊芯片　　　　　　　　　　D. 一种程序逻辑错误

(2) 计算机病毒不会感染和破坏_____。
  A. 内存中的数据和程序　　　　　　　B. 硬盘中的数据和程序
  C. U盘中的数据和程序　　　　　　　D. CD、DVD光盘中的数据和程序

(3) 以下关于安全漏洞的说法中正确的是_____。
  A. 安全漏洞是计算机软件中存在的缺陷,硬件中没有
  B. 软硬件厂商发布的补丁程序可以消除所有安全漏洞,保证系统安全
  C. 安全漏洞不可避免,也会长期存在
  D. 系统软件不存在安全漏洞

7.12　计算机病毒

视频名称	计算机病毒	二维码
主讲教师	李支成	
视频地址		

《中华人民共和国计算机信息系统安全保护条例》中指出:"计算机病毒,是指编制者在计算机程序中插入的破坏计算机功能或者破坏数据,影响计算机使用并且能够自我复制的一组计算机指令或者程序代码"。

计算机病毒种类繁多,危害性大,传播速度快,传播形式多,特别是通过网络传播的病毒,例如蠕虫、木马等,破坏性更强,清除难度更大,是用户最头痛的计算机安全问题之一。

7.12.1　计算机病毒的发展历史

早在1949年计算机刚刚诞生时,计算机之父冯·诺依曼就在论文《复杂自动装置的理论及组织的进行》中提出了可以自我复制的程序,而自我复制也是计算机病毒的基本特征。

1982年,15岁的中学生斯克兰塔利用当时功能最强的苹果二型电脑,制作出 Elk

Cloner 病毒,通过软盘传播,目的只是要跟朋友恶作剧,在对方玩电脑游戏时冒出一些信息。这个病毒感染了成千上万的计算机,虽然没有危害性,但它是全球第一个计算机病毒。

从最早的单机磁盘病毒到现在的手机病毒,计算机病毒主要经历了六个重要发展阶段。

1. 原始病毒阶段

1986—1989 年之间,由于大多数计算机是单机运行,因此病毒主要通过磁盘传播,种类有限,攻击目标单一,不具备自我保护措施,清除也相对容易。例如小球病毒、石头病毒、耶路撒冷病毒等。

2. 混合型病毒阶段

1989—1991 年之间,计算机病毒由简单发展到复杂的阶段,病毒采取更隐蔽的方法驻留内存和传染目标。混合型病毒既感染磁盘的引导记录又感染可执行文件,传染目标后没有明显的特征,病毒程序往往采取自我保护措施,并出现许多病毒变种。例如 Flip 病毒、新世纪病毒、One-half 病毒等。

3. 多态性病毒阶段

多态性病毒是采用特殊加密技术编写的病毒,这种病毒在每感染一个对象时,采用随机方法对病毒主体进行加密,使放入宿主程序的代码互不相同,不断变化,使查毒软件难以检测到它们。例如 Tequila 病毒、幽灵病毒等。

4. 网络病毒阶段

20 世纪 90 年代中后期开始,随着因特网的迅速发展,通过互联网传播的邮件病毒和宏病毒大量出现,传播速度快、隐蔽性强、破坏性大。

1999 年 3 月,梅利莎病毒爆发,这是第一个宏病毒,通过电子邮件传播。收件人打开邮件时,病毒自动向用户通讯录中的前 50 位好友复制发送同样的邮件。梅丽莎病毒感染了全世界 15%~20% 的商业计算机,使大量电子邮件服务器瘫痪。之后出现的蠕虫病毒、求职信病毒也都是通过互联网传播的病毒,造成了巨大的经济损失。

5. 主动攻击型病毒阶段

主动攻击型病毒利用操作系统的漏洞进行进攻型的扩散,并不需要任何媒介或操作,用户只要接入互联网络就有可能被感染,因此,这类病毒的危害性更大。

2001 年,尼姆达病毒通过互联网迅速传播,主要攻击互联网服务器,在一周时间内造成全球数以十万计的服务器和个人电脑被感染,并造成巨大破坏。

6. 手机病毒阶段

随着智能手机、平板电脑逐渐普及的及移动通信网络的迅速发展,计算机病毒开始感染移动设备。手机病毒可以利用发送短信、彩信、电子邮件、浏览网站、蓝牙通信等方式进行传播,会导致用户手机死机、关机、个人资料被删、发送垃圾邮件、泄露个人信息、自动拨打电话或发送短信彩信进行恶意扣费,甚至会损坏 SIM 卡、芯片等硬件,导致使用者无法正常使用。

7.12.2 计算机病毒的本质与特点

计算机病毒本质上是人利用计算机软件和硬件固有的脆弱性编制的一组指令集或程序代码。计算机病毒是人为造成的,它潜伏在程序中或计算机存储器中,当病毒被触发时,破坏计算机资源,感染其他程序或计算机,产生极大的破坏性。

计算机病毒具有传染性、潜伏性、可触发性、破坏性、衍生性等特点。

1. 传染性

传染性是计算机病毒的基本特征,它是指病毒具有把自身复制到其他程序中的特性,病毒代码进入计算机并执行时,会搜寻其他符合其传染条件的程序或存储介质,将自身代码插入其中,进行自我繁殖。并通过磁盘、光盘、计算机网络等渠道传染其他计算机。

例如蠕虫病毒会自动向用户邮箱通讯录中的所有电子邮件地址发送病毒邮件副本,同时还感染并破坏扩展名为.VBS、.HTA、.JPG、.MP3等12种数据文件。2000年5月,蠕虫病毒爆发,两天内迅速传播到世界的主要计算机网络,并造成欧美国家计算机网络瘫痪。

2. 潜伏性

潜伏性指计算机病毒具有隐蔽的生存传播能力。有些病毒在感染系统之后只是潜伏在计算机中,不会马上爆发。由于病毒暂时不破坏系统,因而不易被用户发现,更容易感染其他计算机。而当特定的触发条件满足时,病毒才启动其破坏模块,使系统出现异常症状。如果能够在病毒的潜伏期发现它并予以清除,便不会对计算机造成实质性的损害。

3. 可触发性

病毒因某个事件或数值的出现,诱使其实施感染或进行攻击的特性称为可触发性。计算机病毒一般都有一个或者多个触发条件,病毒运行时,触发机制检测触发条件是否满足,当触发条件满足时,则启动感染或破坏动作,如果触发条件不满足,则继续潜伏在计算机中。

病毒中预定的触发条件可能是敲入特定字符,使用特定文件,某个特定日期或特定时刻,或者是病毒内置的计数器达到一定次数等。例如,第一个破坏计算机系统硬件系统的CIH病毒,其触发条件是4月26日。1999年4月26日,CIH病毒大范围爆发,大量计算机硬盘数据被破坏,甚至主板的BIOS信息被清除。

4. 破坏性

计算机系统被计算机病毒感染后,一旦病毒触发条件满足时,就会在计算机上表现出明显的症状,造成实质性的损害。病毒破坏的严重程度取决于病毒制造者的目的和技术水平。

破坏性的主要表现症状包括:占用CPU时间,使得计算机运行的速度越来越慢;占用内存空间,严重时会使得计算机因内存空间不足而死机;破坏磁盘上的数据和文件;使得计算机反复重启,干扰系统的正常运行;破坏硬件系统。

5. 衍生性

很多病毒使用高级语言编写,通过分析计算机病毒的结构可以了解设计者的设计思想,从而衍生出各种新的计算机病毒,称为病毒变种,这就是计算机病毒的衍生性。衍生病毒的主要传染和破坏的机理与母体病毒基本一致,只是改变了病毒的外部表象,有的病毒能产生几十种变种病毒。

衍生的病毒往往能更好地在传播过程中隐蔽自己,使之不易被反病毒程序发现及清除,而造成的后果可能比原病毒更加严重。例如尼姆亚病毒只会对exe文件图标进行替换,并不能破坏计算机系统,但它多次变种后形成的熊猫烧香病毒,则会导致网络瘫痪,使计算机蓝屏,甚至破坏硬盘数据。

7.12.3 计算机病毒的分类

1. 按照计算机病毒的危害程度分类

按照计算机病毒的危害程度,可以分成良性病毒和恶性病毒。

良性病毒指不对计算机系统和数据进行直接破坏的病毒。虽然良性病毒不直接破坏计算机系统,但其会不断进行传染扩散,占用系统资源,降低系统运行效率,妨碍正常的系统操作,因此也不能轻视。

恶性病毒指代码中包含损伤和破坏计算机系统或数据的操作,在其传染或发作时对系统产生直接破坏作用的病毒。恶性病毒目的明确,可能对用户计算机造成无法挽回的损失,所以应该特别注意防范。例如米开朗基罗病毒发作时,硬盘的前 17 个扇区将被彻底破坏,使得整个硬盘上的数据无法恢复。

2. 按照传染方式分类

按照传染方式分类,计算机病毒可以分为引导型病毒、文件型病毒、混合型病毒、宏病毒。

引导型病毒指寄生在磁盘引导区或硬盘主引导区的计算机病毒。这类病毒部分或完全取代磁盘中原有的引导记录,在系统引导过程中侵入,驻留内存,监视系统运行,并随时准备传染和破坏。

文件型病毒指寄生在文件中的计算机病毒。这类病毒感染可执行文件或数据文件。文件型病毒感染文件时对源文件进行修改,使之成为带毒文件。带毒程序被运行时,病毒程序随之启动,进行传播与破坏。

混合型病毒是具有引导型病毒和文件型病毒两种寄生方式的计算机病毒。这种病毒既感染磁盘的引导区,又感染可执行文件,破坏性更大,传染的机会更多,杀灭也更困难。

宏病毒是一种寄存在文档或模板的宏中的计算机病毒。一旦打开带有宏病毒的文档,其中的宏就会被激活,转移到计算机上并驻留在 Normal 模板中,使之后所有自动保存的文档都感染这种宏病毒。宏是某些类型的数据文件中附带的一种程序代码,其打破了程序与数据的严格界限,但也给病毒制造者提供了新的途径。宏病毒传播速度极快,制作、变种方便,可以在多平台交叉感染,破坏性极大。

3. 按照计算机病毒的寄生方式分类

按照计算机病毒的寄生方式,计算机病毒可以分为源码型病毒、嵌入型病毒、外壳型病毒和操作系统型病毒。

源码型病毒采用高级语言编写,攻击使用高级语言编写的程序。这种病毒在源程序进行编译前插入其中,经过编译后成为合法程序的一部分。

嵌入型病毒是将自身嵌入到现有程序中,把计算机病毒的主体程序与其攻击的对象以插入的方式链接。技术难度较大,一旦侵入后也较难消除。

外壳型病毒寄生在宿主程序的前面或后面,在宿主程序执行时先执行病毒程序,并不断复制。外壳型病毒易于编写,较为常见,也易于发现,一般可以通过测试文件大小进行判别。

操作系统型病毒将其程序意图加入或取代部分操作系统进行工作,具有很强的感染性和破坏力,可能导致整个系统的瘫痪。

4. 按照传播媒介分类

按照传播媒介,计算机病毒可分为单机病毒和网络病毒。

单机病毒是通过磁盘、U 盘等载体传播的病毒。病毒通过磁盘、U 盘等移动设备感染系统,再传染到其他移动设备,感染其他系统。

网络病毒是利用计算机网络作为传播媒介的病毒。随着计算机网络的迅速发展,网络病毒的传染力越来越强,破坏性也越来越大。常见网络病毒有蠕虫病毒和木马病毒。蠕虫病毒通过网络和电子邮件传播到其他计算机中,轻则降低网络速度,重则造成网络系统瘫痪,甚至破坏服务器数据。木马病毒是一种后门程序,侵入用户计算机后潜伏在操作系统中,使攻击者能够远程访问和控制系统,监视用户的各种操作,窃取用户信息,修改用户数据。

7.12.4 计算机病毒的防治

计算机病毒具有自我复制能力,通过移动设备和计算机网络快速传播,可能对计算机系统产生巨大破坏,因此在使用计算机的过程中需要加强安全意识,防患于未然,最大限度地减少计算机病毒的发生和危害,使病毒的波及范围、破坏作用减到最小。

要做好病毒预防工作,需要做到以下几点。

1. 使用正版软件

在计算机中安装正版软件特别是正版操作系统,并及时进行系统升级,尽量减少系统漏洞以防止病毒入侵。

2. 安装反病毒软件

反病毒软件是一种可以对病毒、木马等一切已知的对计算机有危害的程序代码进行清除的程序工具。现在的反病毒软件通常集成监控识别、病毒扫描和清除、自动升级病毒库、主动防御等功能,选择一个可靠的反病毒软件并及时升级,定期对计算机病毒进行查杀,可以有效保护计算机系统。

3. 使用防火墙

现在的网络安全威胁主要来自蠕虫、木马、黑客攻击以及间谍软件攻击。防火墙对连接网络的数据包来进行监控,每当有不明的程序想要进出系统,防火墙都会在第一时间拦截,并检查身份,使用户允许的程序和数据进入网络,将用户不同意的程序和数据拒之门外,保证系统安全。

4. 不随便浏览陌生网站

目前因特网上存在很多恶意网页,这些网页中包含的恶意代码可以对访问者的计算机进行非法设置和恶意攻击,因此不要随意打开陌生的网页链接。

5. 不要轻易打开陌生的电子邮件附件

由于很多蠕虫和木马病毒以电子邮件的形式传播,所以对于陌生电子邮件,最好直接删除,不要随便打开不明电子邮件里携带的附件,更不要随便回复陌生邮件。

6. 不随意下载安装软件

不要随意在因特网上下载软件。如果必须下载,下载的软件先杀毒再使用。

7. 使用移动存储设备时,先扫描杀毒再使用

如果要使用U盘、移动硬盘等移动存储设备中的程序或数据,先使用杀毒软件扫描杀毒后再使用,防止移动设备中的病毒感染计算机。

8. 使用复杂的密码

很多网络病毒使用猜测简单密码的方式攻击系统,因此使用复杂的密码,可大大提高计算机的安全系数。

9. 定期备份数据

不要在系统盘上存放用户数据和程序,对重要的资料和系统文件定期进行备份,以便万一发生病毒破坏或其他计算机故障时能够恢复数据。

除了采用各种措施防治病毒外,计算机使用者还应该在道德规范上来约束自己的行为,养成良好的操作计算机伦理规范,自觉维护正常的计算机信息和网络秩序。

计算机病毒后测习题

(1) 以下关于计算机病毒的说法中错误的是_____。
  A. 计算机病毒其实是一组计算机指令或程序代码
  B. 计算机安装杀毒软件后就不会被病毒感染
  C. 计算机病毒主要通过网络和移动存储设备传播
  D. 计算机病毒不仅会破坏数据和程序,也可能破坏计算机硬件

(2) 计算机病毒把自身复制到其他程序的特性,称为_____。
  A. 传染性 B. 免疫性 C. 触发性 D. 隐蔽性

(3) 引导型病毒主要感染并隐藏在计算机系统的_____中。
  A. 内存 B. 光盘 C. 引导扇区 D. U盘

(4) 寄生在硬盘引导区,同时又感染可执行文件的病毒是_____。
  A. 文件型病毒 B. 引导型病毒 C. 网络型病毒 D. 混合型病毒

(5) 宏病毒会感染_____文件。
  A. txt B. doc C. bmp D. mp3

7.13 操作系统安全技术

视频名称	操作系统安全技术	二维码
主讲教师	李支成	
视频地址		

操作系统是管理和控制计算机硬件与软件资源的计算机程序,是用户和计算机之间的接口,也是计算机硬件和软件之间的接口。操作系统安全直接影响计算机系统安全,例如蠕虫病毒可能利用操作系统漏洞对计算机进行攻击。因此,操作系统安全是计算机安全的重要基础,怎样利用安全手段防止操作系统被破坏,防止非法用户窃取计算机资源是操作系统设计和使用时必须重视的问题。

7.13.1 操作系统的安全机制

操作系统安全机制大致可以分为硬件安全机制、标识与鉴别机制、访问控制、最小特权管理、可信通路和安全审计几部分。

1. 硬件安全机制

操作系统要管理计算机硬件资源,因此要提供高效、安全、可靠的硬件保护措施,并保证其自身的可靠性。操作系统的硬件安全机制包括存储保护、运行保护和 I/O 保护。

2. 标识与鉴别机制

标识指操作系统要标识用户的身份,确保每个用户使用一个唯一且不能伪造的用户标识符。鉴别是对用户宣称的身份标识的有效性进行校验和测试的过程。通过鉴别可以识别用户的真实身份,与其他用户进行区别,最常用的鉴别方法是用户口令。

3. 访问控制

操作系统最主要的安全机制是访问控制,访问控制的基本任务是保证用户对客体资源进行的访问都是被认可的,防止用户对系统资源的非法使用。访问控制通常采用自主访问控制、强制访问控制、基于角色的访问控制等技术实现。

4. 最小特权管理

最小特权指在完成某种操作时赋予网络中每个主体(用户或进程)必不可少的特权。最小特权原则要求每个用户执行任务时只拥有必须使用的权限,可以减少由于错误或者入侵者伪装身份后进行非法操作而对系统造成破坏。

5. 可信通路

可信通路是用户能直接同可信计算基通信的一种机制。可信计算基是计算机系统内保护装置的总体,包括硬件、固件、软件和负责执行安全策略的组合体,它建立了一个基本的保护环境,并提供一个可信计算系统所要求的附加用户服务。可信通路保证用户和安全内核的可信通信,防止不可信进程通过模拟登录窃取密码。

6. 安全审计

安全审计是对系统中有关安全的活动进行记录、检查和审核。审计是一种事后保护措施,其通过日志记录安全事件或统计数据,并对日志进行分析,发现不安全因素时及时报警。另外,日志还为保留违反安全规则行为的证据,对已遭受攻击的系统提供信息以进行损失评估和恢复。

7.13.2 Windows 10 系统安全设置

Windows 10 系统具有强大而全面的安全功能,并在控制面板中的提供 Windows Defender 防火墙、BitLocker 驱动器加密、用户账户、备份和还原等各项设置,方便用户对系统安全进行管理。

1. Windows 防火墙

Windows 10 系统中自带功能强大的防火墙,通过简单设置就可以对流经它的网络通信进行监控,禁止来自特殊站点的访问,有效地对计算机进行保护。

在控制面板中单击"Windows Defender 防火墙"图标,打开"Windows Defender 防火墙"窗口,如图 7.15 所示,单击左侧菜单中的"允许应用或功能通过 Windows Defender 防火墙",可以设置允许或阻止某个应用程序通过防火墙,如图 7.16 所示。另外,单击窗口左侧菜单中的"高级设置",还可以打开"高级安全 Windows Defender 防火墙"窗口,如图 7.17 所示,对入站规则、出站规则、连接安全规则等进行进一步设置。

图 7.15 "Windows Defender 防火墙"窗口

图 7.16 "允许应用通过 Windows Defender 防火墙进行通信"窗口

2. BitLocker 驱动器加密

控制面板中的 BitLocker 驱动器加密程序可以对 Windows 系统下的磁盘驱动器中存储的数据进行加密,阻止未授权用户访问存储在磁盘驱动器中的所有文件。"BitLocker 驱动器加密"窗口如图 7.18 所示,单击对应驱动器右侧的"启用 BitLocker",按系统提示依次设置解锁驱动器的方式和存储恢复密钥方法并单击"启动加密"按钮即可完成对驱动器的加密。

3. 用户账户

Windows 10 控制面板中的用户账户功能用来对用户账户进行管理。"用户账户"窗口

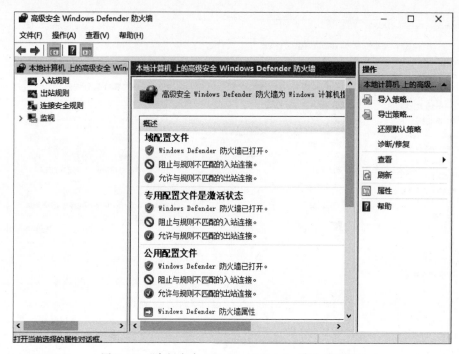

图 7.17 "高级安全 Windows Defender 防火墙"窗口

图 7.18 "BitLocker 驱动器加密"窗口

如图 7.19 所示。在用户账户窗口中可以修改用户账户密码、新建或删除账户、更改用户账户控制设置、管理凭据及文件加密证书、配置高级用户配置文件属性等。

Windows 10 将账户分为标准账户、来宾账户和管理员账户三种类型。标准账户可以使用大多数软件,可以更改不影响其他用户或计算机安全的系统设置。来宾账户针对临时使

图 7.19　用户账户管理窗口

用计算机的用户,没有密码。通过来宾账户,用户可以临时访问计算机,但不能安装软件或硬件,不能更改设置或者创建密码。管理员账户用拥有计算机的完全访问权,可以对计算机做任何修改。一台计算机至少要有一个管理员权限账户,账户名建议不要使用默认的 Administrator,同时也要为管理员账户设置复杂密码,避免黑客通过猜测管理员账户名和密码入侵。

4. 本地安全策略

Windows 10 本地安全策略是计算机安全的各种设置选项,例如账户策略、本地策略、高级安全防火墙策略等。在控制面板中进入管理工具,可以看到本地安全策略快捷方式,双击打开"本地安全策略"窗口如图 7.20 所示。在窗口中,可以对各个安全策略进行详细设置,例如开启密码必须符合复杂性要求选项,设置密码使用期限,设置账户锁定时间等。

5. 文件共享安全

Windows 10 在对文件夹进行共享时提供了丰富的共享机制,针对不同用户或用户组可以设置不同权限,保护文件共享安全。Windows 10 的文件夹及文件的权限有完全控制、修改、读取和执行、列出文件夹内容、读取、写入、特殊权限等。

右击文件夹,在快捷菜单中单击"属性"命令,单击在文件夹"属性"窗口的"共享"按钮,如图 7.21 所示,可以看到共享的用户及权限。另外可以添加共享的用户,设置文件夹权限为读取或读取/写入。

在文件夹"属性"窗口的"安全"选项卡中,显示允许访问文件或文件夹的用户及对应权限,如图 7.22 所示。单击"编辑"按钮,还可以在"权限"对话框中对用户权限进行修改,如图 7.23 所示。

6. 备份和还原

Windows 备份和还原功能可以对 Windows 系统、用户指定驱动器、文件夹进行备份。

图 7.20　本地安全策略窗口

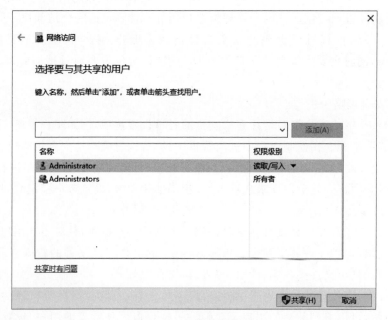

图 7.21　文件共享窗口

当系统故障或文件损坏时,可以通过备份文件将系统恢复到正常状态。"备份和还原"窗口如图 7.24 所示,单击左侧菜单中的"创建系统映像",可以将 Windows 系统所在的驱动器备份。单击备份和还原窗口中的"设置备份",可以根据提示依次设置保存备份的位置、要备份的内容、自动备份时间和频率,对用户选定驱动器或文件夹进行备份。备份完成后,可以通过备份文件将最近一次备份的驱动器或文件夹还原。

图 7.22 "安全"选项卡　　　　　图 7.23 "权限"对话框

图 7.24 "备份和还原"窗口

操作系统安全后测习题

(1) 在计算机中安装防病毒软件并定期升级，可以查杀_____。
   A. 已感染的部分病毒　　　　　　B. 已感染的所有病毒
   C. 全部病毒　　　　　　　　　　D. 已知名称的病毒

(2) 下列操作可能感染病毒的是_____。
   A. 及时查看电子邮件内容及附件　　B. 对 U 盘先杀毒再使用
   C. 及时升级反病毒软件　　　　　　D. 下载的软件先杀毒再使用

(3) 随着网络使用的日益普及，_____成了病毒传播的主要途径之一。
   A. Web 页面　　　B. 电子邮件　　　C. BBS　　　D. FTP

(4) 在操作系统安全机制中，_____原则要求每个用户执行任务时只拥有必须使用的权限，以减少由于错误或者入侵者伪装身份后进行非法操作而对系统造成破坏。
   A. 访问控制　　　B. 可信通路　　　C. 最小特权　　　D. 安全审计

(5) 下列账户类型中不是 Windows 10 账户类型的是_____。
   A. 标准账户　　　　　　　　　　B. 特权账户
   C. 来宾账户　　　　　　　　　　D. 管理员账户

7.14　网络安全技术

视频名称	网络安全技术简介	二维码
主讲教师	李支成	
视频地址		

　　互联网给社会生活带来了巨大变化，也带来了突出的网络安全问题，例如黑客攻击、网络钓鱼、网络欺诈、信息泄密等。为了保证网络的可靠性、可用性、保密性、完整性、不可抵赖性、可控性，需要采取各种网络安全技术，保护网络安全。

7.14.1　数据加密技术

　　数据加密是一种主动安全防范策略，可以从根本上满足信息完整性的要求，被认为是最可靠的安全保障形式。数据加密技术的基本思想是伪装信息，将敏感的明文数据进行可逆的数学变换，转换成难以识别的密文数据，使非法获取者无法理解信息的真正含义。在加密过程中，只被通信双方掌握的加密关键信息称为密钥。当密文接收方收到密文数据后，使用密钥将密文数据还原为明文数据，这一过程称为解密。

　　例如密码学中最简单的循环移位密码——凯撒密码，通过把字母移动一定的位数来实现加密和解密。如果明文为"Hello"，密钥为 5，将明文中的每一个字母使用字母表中后面第 5 个字母替换，形成密文为"Mjqqt"。合法接收者将密文中的每个字母用字母表中前方第 5 个字母替换，解密为明文"Hello"。

计算机中常用的密钥加密技术分为对称密钥加密和非对称密钥加密。

对称密钥加密是信息的发送方和接收方使用同一个密钥加密和解密数据,如图 7.25 所示。常用的对称加密算法有 DES(Data Encryption Standard,数据加密标准)、IDEA (International Data Encryption Algorithm,国际数据加密算法)等。DES 可以对任意长度的数据进行加密,密钥为 56 位并附加 8 位奇偶校验位。加密时 DES 首先将数据分为 64 位的数据块,再将数据块内的数据按位置换,重新组合为密文,最后将所有加密后的数据块合并,完成数据加密。IDEA 使用 128 位密钥,数据块大小为 64 位,并采用 8 个相似圈和一个输出变换组成迭代加密算法。对称密钥加密运算速度快,硬件容易实现,但算法的安全性依赖于密钥的安全性。发送方要将加密数据传送给接收方时,必须先将密钥发送给对方。怎样安全地将密钥送达对方是难以解决的问题。另外,如果两个用户使用对称加密交换数据,最少需要两个密钥,如果 n 个用户交换数据,则需要 n×(n−1)个密钥,存在密钥过多问题。

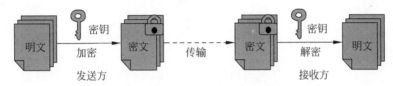

图 7.25 对称密钥加密

非对称密钥加密是加密和解密使用不同密钥的加密算法。非对称加密技术使用一对匹配的密钥:公开密钥和私有密钥,从其中一个密钥难以推出另一个密钥。使用公共密钥加密的数据只能通过对应私有密钥解密,使用私有密钥加密的数据只能通过公共密钥解密。例如用户 B 要传送加密数据给用户 A,可以由用户 A 首先生成一对密钥,公钥 PA 和私钥 SA。A 将公钥 PA 发送给 B,B 使用 PA 对数据加密后发送给 A,最后 A 使用私钥 SA 将加密的数据解密,如图 7.26 所示。

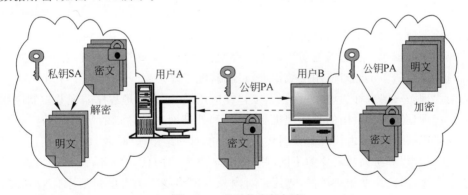

图 7.26 非对称密钥加密

除了数据加密外,非对称密钥技术还可以用于数字签名。用户 A 将信息用私钥 SA 加密后发送给用户 B,用户 B 使用公钥 PA 解密,验证其真实性,因为除了 A 以外,其他人都没有私钥 SA,因此无法冒充 A,确保了用户 A 身份的真实性。

非对称加密技术中通信双方的密钥不同,不需要同步密钥,比对称加密技术更安全,但加密和解密速度较慢。常用的非对称加密算法有 RSA 算法、DSA 算法、Diffie-Hellman 密钥交换算法、ECC 算法等。

7.14.2 防火墙技术

防火墙(Firewall)是一种位于计算机和它连接的网络之间、内部网络与外部网络之间、专用网络与公共网络之间的网络安全系统。防火墙依照特定的规则,允许或是限制传输的数据通过,保护网络安全,如图7.27所示。

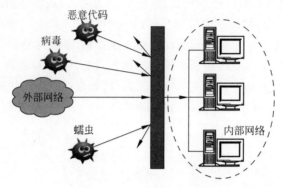

图 7.27 防火墙

防火墙根据采用的技术可以分为包过滤型防火墙、状态检测防火墙和应用代理型防火墙。

包过滤防火墙监视并过滤流经防火墙的数据包,拒绝发送可疑数据包。包过滤防火墙工作在网络层,可以在路由器上实现。最常用的包过滤防火墙针对每个数据包的包头检验包过滤规则,对与过滤规则匹配的数据包根据路由信息继续转发,否则就将数据包丢弃。包过滤防火墙简单实用,处理包的速度较快,实现成本较低,但其工作在网络层,依赖单一部件保护系统,无法对数据包的内容进行过滤审核,无法识别基于应用层的恶意入侵,在复制网络中管理和维护比较困难。

状态检测防火墙根据连接信息动态建立并维护一个连接状态表,并根据连接状态表决定接受或拒绝数据包。状态检测防火墙工作在数据链路层和网络层之间,安全性较高,执行效率高,扩展性好,但不能对应用层数据进行控制,配置复杂。

应用代理防火墙也称为应用层网关,工作在应用层,通过代理程序监视并控制应用层的通信流。代理型防火墙采用的是代理机制,内部和外部网络计算机的所有联系都必须经过代理服务器审核,通过后由代理服务器代为连接,能对网络中任何一次数据通信进行筛选保护,安全性高。代理防火墙需要为不同网络服务建立专门的代理服务,而且要为内部、外部网络建立连接,因此速度相对较慢,当用户对内外部网络网关的吞吐量要求比较高时,代理防火墙就会成为内外部网络之间的瓶颈。

7.14.3 入侵检测技术

入侵检测技术是一种动态的网络检测技术,它通过收集和分析网络行为、安全日志、审计数据、其他网络上可以获得的信息以及计算机系统中若干关键点的信息,检查网络或系统中是否存在违反安全策略的行为和被攻击的迹象。

入侵检测系统首先利用放置在不同网段的传感器或主机的代理收集系统日志、网络流量、非正常操作等信息,然后利用技术手段进行分析,当检测到异常事件时,产生警告信息并发送给控制台。控制台按照预先定义的响应方式对警告采取相应措施,例如简单警告、终止进程、切断连接、重新配置路由器或防火墙等。

根据入侵检测系统采取的技术可以将其分成特征检测和异常检测两种。入侵者的活动通常有一些固定模式,在入侵检测时将符合这些固定模式的活动检查出来,成为特征检测。特征检测能将已有固定模式的入侵方法检测出来,但对于新的入侵方法则无法发现。异常检测是将用户的正常活动建立活动记录,当有活动违反用户的正常活动记录时,则可以认为该活动可能是入侵行为。异常检测时关键的问题是如何建立正常活动记录以及如何区别正常行为和入侵行为。

根据入侵检测系统分析的数据来源,可以将其分成基于主机的入侵检测系统、基于网络的入侵检测系统和混合型入侵检测系统。基于主机的入侵检测系统分析的数据是主机中代理程序收集的操作系统的事件日志、应用程序的事件日志、系统调用、端口调用和安全审计记录,通过这些数据,系统可以检测到主机中的异常事件并进行响应。基于网络的入侵检测系统分析的数据是遍布在网络中的传感器嗅探到的数据包,因此可以检测到整个网段中的异常事件。混合型入侵检测系统综合前面两种检测方法,既可以从网络中发现攻击信息,也可以从主机中发现攻击信息。

入侵检测是一种积极主动的安全防护技术,是防火墙之后的第二道安全闸门,提供了对内部攻击、外部攻击和误操作的实时保护,大大地提高了网络的安全性。

7.14.4 虚拟专用网技术

虚拟专用网(Virtual Private Network,VPN)是在公用网络上建立专用数据通信网络的技术,如图 7.28 所示。在传统网络技术中,要将两个异地局域网互联,需要租用 DDN(数字数据网)专线进行连接,需要高昂的通讯和维护费用。如果直接通过因特网进行互联,又可能出现信息泄露等各种安全隐患。虚拟专用网是在因特网上临时建立的安全专用虚拟网络,既不需要用户长期租用专线,又能保证通信安全,是目前企业进行远程网络连接的常用方式。

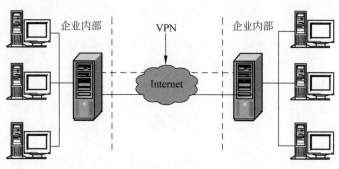

图 7.28 VPN 技术

在"设置"中选择"网络和 Internet",如图 7.29 所示,在打开的窗口中左侧列表中选择"VPN",单击"添加 VPN 连接",设置 VPN 服务器的域名或 IP 地址,输入用户名和密码后,可以在计算机和 VPN 服务器之间建立 VPN 连接。

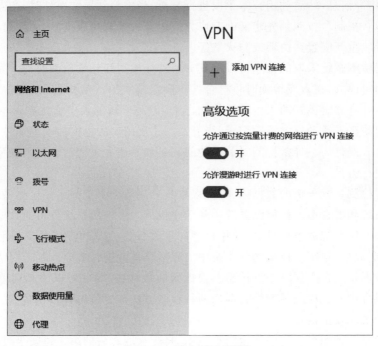

图 7.29　建立 VPN 连接

7.14.5　电子邮件安全

电子邮件是目前网络中常用的应用之一，但随着电子邮件的广泛使用，垃圾邮件、病毒邮件、邮件机密泄露等各种安全问题也给用户带来了各种困扰。在使用电子邮件的过程中需要采用各种防范措施，保证电子邮件安全。

垃圾邮件是目前电子邮件用户面临的最严重的邮件安全问题。中国互联网协会将以下几种邮件定义为垃圾邮件：

(1) 收件人事先没有提出要求或者同意接收的广告、电子刊物、各种形式的宣传品等宣传性的电子邮件。

(2) 收件人无法拒收的电子邮件。

(3) 隐藏发件人身份、地址、标题等信息的电子邮件。

(4) 含有虚假的信息源、发件人、路由等信息的电子邮件。

垃圾邮件通常具有批量发送的特征。大量的垃圾邮件会占用网络带宽、造成网络拥塞，也会占用邮件服务器的空间，使邮箱用户不得不花费时间和精力进行清理。更为严重的是，垃圾邮件中可能含有病毒、木马，窃取用户隐私，被黑客利用进行网络攻击。所以，必须采取应对措施避免垃圾邮件干扰，保证电子邮件安全。

常用的避免垃圾邮件的方法有：

(1) 不要随意打开来源不明的电子邮件及附件。

(2) 申请电子邮箱时使用复杂的用户名，减少被垃圾邮件发送者猜中邮箱地址的机会。

(3) 不要在网上或其他场所随意登记公布自己的邮箱地址。

(4) 申请多个电子邮箱并分工使用，将私人通信邮箱和进行网络注册的邮箱分开，防止垃圾邮件骚扰并保证个人信息安全。

（5）一旦发现同一个邮件地址发送垃圾邮件，将其放入邮件地址黑名单或设置为"拒收该地址"，拒收对方发送垃圾邮件。

（6）设置邮箱的"过滤器"或"收信规则"，利用关键字过滤垃圾邮件。

（7）发现垃圾邮件时及时举报，使邮件服务器以后能对同类垃圾邮件进行拦截。

另外，为了防止邮件内容被非法窃取，可以使用加密工具将邮件加密后再传送，目前网易邮箱、QQ邮箱也提供邮件加密传送功能。

7.14.6 备份与恢复

在计算机使用过程中，可能由于各种难以预料的因素导致数据丢失或系统损坏，例如地震、火灾、黑客攻击、病毒、操作人员误操作等。为了尽可能预防和减少损失，需要对计算机进行备份。恢复是备份的逆操作，当系统被破坏时，恢复过程通过备份数据将系统恢复到破坏之前的状态。

按照备份层次不同，可以将备份分为硬件级备份和软件级备份。硬件级备份是使用多余的硬件来保证系统连续运行，例如双机冗余、磁盘镜像、磁盘阵列等。硬件级备份可以保证在系统设备发生故障时备份设备立即工作，保证系统不间断运行，但无法防止人为误操作、病毒等逻辑错误。软件级备份是通过备份软件将系统数据保存在其他介质上，当系统出现错误时使用软件将系统恢复。软件级备份可以防止逻辑错误，但备份和恢复需要花费时间。

常用的备份策略有完全备份、增量备份、差分备份三种，如图7.30所示。

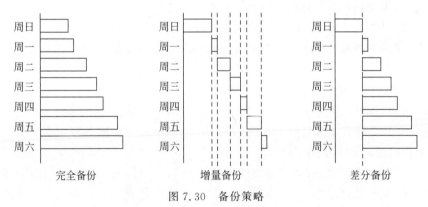

图 7.30 备份策略

完全备份是对整个系统进行备份。这种备份方式最简单也最可靠，恢复时间最短，但备份所需时间长，每次完全备份的数据中有大量内容重复，占用了大量空间。

增量备份是进行一次完全备份后，接下来的备份只备份上次备份以后有变化的数据。这种备份方式重复数据很少，备份时间短，但恢复时需要先恢复完全备份数据，再按增量备份顺序依次恢复各次增量数据，恢复过程比较复杂，恢复时间长，可靠性较差。

差分备份是进行一次完全备份后，接下来的备份只备份与完全备份时不同的数据。当系统需要恢复时，只需要先恢复完全备份数据，再恢复最后一次差分备份数据。差分备份避免了完全备份和增量备份的缺陷，既节省了备份空间，恢复也很方便。

在实际应用中，通常将完全备份与差分备份结合使用，例如每周日进行一次完全备份，周一至周六每天进行一次差分备份。

随着网络技术的不断发展,数据的海量增加,网络云备份也成为一种常用备份方式。云备份将数据通过云存储的方式备份在网络上面。对安全性要求高的企业、部分通常整合内部网络资源,通过备份软件建立私有云,备份内部数据。普通用户通常使用第三方云服务商提供的空间备份数据。使用云备份安全性高,可靠性好,成本低,恢复时间短,是现在备份技术的主要发展方向。

网络安全后测习题

(1) 在加密过程中,只被通信双方掌握的加密关键信息称为_____。

  A. 关键词　　　　　B. 密文　　　　　C. 明文　　　　　D. 密钥

(2) 防火墙一般用在_____。

  A. 工作站和工作站之间　　　　　B. 服务器和服务器之间

  C. 工作站和服务器之间　　　　　D. 网络和网络之间

(3) 下列关于防火墙的叙述不正确的是_____。

  A. 防火墙是硬件设备

  B. 防火墙将企业内部网与其他网络隔开

  C. 防火墙禁止非法数据进入

  D. 防火墙增强了网络系统的安全性

(4) 下列关于虚拟专用网说法正确的是_____。

  A. 虚拟专用网需要租用专线进行连接

  B. 虚拟专用网是直接通过因特网进行互联

  C. 虚拟专用网是在因特网上临时建立的安全专用虚拟网络

  D. 个人计算机不能建立虚拟专用网连接

(5) 下列关于垃圾邮件的处理方法中错误的是_____。

  A. 直接删除　　　　　　　　　　B. 查看附件后删除

  C. 将其地址放入黑名单　　　　　D. 向邮件服务商举报

(6) 下列电子邮件中不属于垃圾邮件的是_____。

  A. 隐藏发件人地址、标题的邮件　　B. 收件人无法拒收的电子邮件

  C. 同事转发的邮件　　　　　　　　D. 收件人事先未同意接收的广告

(7) _____指进行一次完全备份后,接下来的备份只备份与完全备份时不同的数据。

  A. 完全备份　　　　　　　　　　B. 差分备份

  C. 增量备份　　　　　　　　　　D. 定时备份

第 8 章　计算机专业理论简介

教学时间：学习 1 周，督学 1 周
教学目标
　　知识目标：
- 理解多媒体基础知识，声音、图像、视频的数字化方法。
- 理解基本的数据结构和查找排序算法。
- 理解数据库的基本概念，概念模型、关系模型的概念和转换方法。
- 理解软件生存周期的概念。

　　能力目标：
- 掌握常用音频、图像、视频、动画文件格式，了解常用音频处理软件、图像处理软件、动画制作软件、视频编辑软件的基本用法。
- 掌握栈和队列的进出顺序，了解二叉树的三种遍历方法及对应的二叉树图的画法。
- 掌握二分法查找，冒泡排序和简单选择排序算法的原理。
- 掌握数据库概念模型的构建方法，概念模型到关系模型的转换规则。
- 了解软件结构化开发方法和面向对象开发方法。

单元测试题型：

选择题		填空题		判断题	
题量	分值	题量	分值	题量	分值
40	40	20	40	20	20

测试时间：40 分钟
教学内容概要
8.1　多媒体技术（高阶）
　　• 多媒体基本概念和特点
　　• 多媒体计算机系统组成
　　• 音频处理技术（本章重点）
　　• 图形图像处理技术（本章重点、难点）

- 动画处理技术
- 视频处理技术

8.2 数据结构与算法(高阶)
- 数据结构概念
- 算法
- 线性表
- 栈和队列
- 树与二叉树
- 查找技术
- 排序技术

8.3 数据库原理(高阶)
- 数据库的相关概念
- 实体间联系和数据模型
- 关系数据库

8.4 软件工程基础(高阶)
- 软件工程概述
- 软件项目管理
- 软件生命周期及模型
- 软件开发方法

8.1 多媒体技术

8.1.1 多媒体基础知识

视频名称	多媒体基础	二维码
主讲教师	向华	
视频地址		

随着计算机科学技术的迅猛发展,如今的计算机已不仅仅限于处理数值、文本,也能处理图像、声音、动画和视频。多媒体技术的发展改善了信息的表达方式,使得人与计算机之间的信息交流变得生动活泼、丰富多彩。

1. 多媒体和多媒体技术

多媒体(Multimedia)一词源于英文"多样的(Multiple)"和"媒体(Media)"的合成。在计算机领域中媒体指媒质和媒介。媒质是存储信息的实体,例如磁盘、光盘、磁带、半导体存储器等。媒介是传递信息的载体,例如数字、文字、声音、图形和图像等。

媒体客观地表现了自然界和人类活动中的原始信息。国际电信联盟远程通信标准组织ITU-T将媒体分成感觉媒体、表示媒体、显示媒体、传输媒体、存储媒体五种类型。

- **感觉媒体**。感觉媒体指能直接作用于人们的感觉器官,使人产生直接感觉的媒体。

感觉媒体通过听觉、视觉、触觉进行表现，包括文本、图形、图像、动画、语音、音乐等。
- **表示媒体**。表示媒体是为了传送、表达感觉媒体而人为定义的媒体。借助表示媒体，可以有效存储或传送感觉媒体。表示媒体表现为计算机中的数据格式，例如 ASCII 编码、图像编码、声音编码、视频编码等。
- **显示媒体**。显示媒体指用于通信中使电信号和感觉媒体之间产生转换用的媒体。显示媒体用于输入、输出信息，例如键盘、鼠标、麦克风、显示器、打印机等输入输出设备。
- **传输媒体**。传输媒体是用于传输媒体信息的媒体。在计算机系统中传输媒体表现为保证信息传输的网络介质，例如电话线、电缆光纤等。
- **存储媒体**。存储媒体是用于存放媒体信息的媒体。使用存储媒体可以保存、读取媒体信息，常用存储媒体有纸张、磁带、磁盘、光盘等。

通常将感觉媒体中各种成分的综合体，即文字、图像、声音以及多种不同形式的表达方式的综合称为多媒体。多媒体技术指把文本、图形、图像、音频、视频、动画等多种媒体信息通过计算机进行数字化采集、获取、压缩/解压缩、编辑、存储等加工处理，再以单独或合成形式表现出来的一体化技术。

多媒体技术具有多维性、集成性、实时性、交互性等特性。其中交互性是多媒体技术的关键特征，用户通过与计算机的多种信息媒体进行交互操作，能主动地控制信息的获取和处理过程。

2. 多媒体技术的应用

多媒体技术的应用已经遍布人们学习、工作、生活的各个角落。目前，多媒体技术的主要应用领域有教育培训、多媒体通信、过程模拟、商业展示、电子出版、游戏娱乐等。
- **教育培训**。计算机辅助教学（CAI）改变了传统教学方式。多媒体教学软件可以通过文字、图像、动画、声音等各种媒体元素使课程内容变得生动、直观。而多媒体技术的交互性使学生在使用多媒体教学软件学习时处于主动地位，可以根据自己的需要和学习情况调整学习进度和学习内容，取得良好的学习效果。
- **多媒体通信**。多媒体通信是将多媒体技术与网络通信技术融合，集网络的信息传输功能和计算机强大的信息处理功能于一体，使用信息压缩编码技术，确保多媒体信息能高速传输并进行交互处理。例如可视电话、视频会议、信息点播、远程教学、远程医疗等。
- **过程模拟**。使用多媒体技术可以模拟或再现一些难以描述或再现的自然现象、操作环境，例如火山喷发、天体演化、分子运动、战斗机操纵等。在一些交互式过程模拟系统中，系统还可以根据用户的操作做出不同响应，使用户与模拟环境互动，如同身临其境。例如飞行训练系统、汽车驾驶训练系统等。
- **商业展示**。多媒体技术目前广泛应用于商业展示、信息咨询领域。例如一些公共场合的触摸式信息查询系统，商品的三维动画展示，旅游点、楼盘的虚拟漫游等。
- **电子出版**。多媒体电子出版物是一种新型信息媒体，它将文字、声音、图像、动画、视频等多种媒体元素与计算机程序融合，代替各种纸质图书、期刊，具有查找方便迅速、携带方便、可靠性高等特点。
- **游戏娱乐**。为了满足人们日益增长的娱乐需求，软件制造商开发了丰富多彩的多媒体游戏和娱乐软件。电影和电视中也越来越多地使用多媒体技术制作逼真的特效和动画，使观众得到更好的视听感受。

目前,多媒体技术正向网络化、智能化、标准化、多领域融合和虚拟现实等几个方向发展。多媒体技术作为一种综合性的技术,它的研究和发展需要多方面专家的合作,它的完善与成熟将是多学科、多领域、多技术共同发展的结果。

3. 多媒体计算机系统

多媒体计算机系统由多媒体硬件系统和多媒体软件系统组成。其中硬件系统包括计算机主要配置、各种外部设备以及接口;软件系统包括多媒体操作系统、驱动软件、多媒体数据处理软件、多媒体创作工具、多媒体应用软件等。

1) 多媒体硬件系统

多媒体硬件系统由计算机主机、音频输入/输出处理设备、视频输入/输出处理设备、存储设备等部分组成,多媒体硬件系统组成结构如图 8.1 所示。

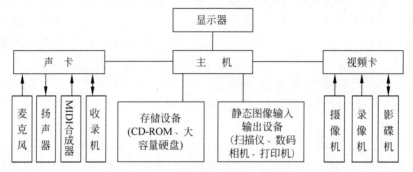

图 8.1 多媒体硬件系统组成框图

主机是多媒体硬件系统的核心。多媒体计算机主机可以是中、大型机,也可以是工作站,目前更普遍的是个人计算机。多媒体计算机中 CPU 的性能和内存容量大小直接影响计算机处理多媒体信息的速度。

声卡的主要功能是将模拟声音信号转换为数字信号,保存到计算机中或将数字声音转换为模拟信号播放。声卡上的输入/输出接口可以与麦克风、扬声器、MIDI 合成器、收录机等外部设备连接。

视频卡采集来自输入设备的视频信号,将模拟信号转换为数字信号,压缩、处理并存储到计算机中。视频卡通过主板扩展槽与主机相连,卡上的输入/输出接口可以与摄像机、影碟机、录像机、电视机等设备相连。

静态图像输入输出设备负责采集、加工、处理各种格式的图像素材,包括数码相机,扫描仪、打印机等。

存储设备用于保存多媒体信息。多媒体信息的信息量大,需要大容量的存储设备保存。常用的大容量存储设备有大容量硬盘、DVD-ROM 等。

目前使用最广泛的是多媒体个人计算机(Multimedia Personal Computer,MPC),即具有多媒体功能的个人计算机。多媒体个人计算机可以根据应用需要有选择地进行配置。通常把配置了声卡和耳麦的个人计算机称为多媒体个人计算机。

2) 多媒体软件系统

多媒体软件系统包括多媒体操作系统、驱动程序、多媒体数据处理软件、多媒体创作软件、多媒体应用软件等。

多媒体操作系统就是具有多媒体功能的操作系统。除了完成操作系统的基本工作以外,多媒体操作系统还必须具备对多媒体数据和多媒体设备的管理和控制功能,负责多媒体环境下多任务的调度,保证音频、视频同步控制以及信息处理的实时性,提供多媒体信息的各种基本操作和管理,使多媒体硬件和软件协调地工作。

多媒体驱动程序是多媒体计算机系统中直接和硬件打交道的软件,它完成设备的初始化,控制各种设备操作等。目前流行的多数通用多媒体操作系统自带了大量常用的硬件驱动程序,使用自带的驱动即可完成多媒体硬件安装。

多媒体数据处理软件是帮助用户编辑和处理各种媒体数据的工具。例如声音录制、编辑软件,图形图像处理软件,动画编辑制作软件等。多媒体数据处理软件发展速度快、应用前景广阔。常用的音频处理软件有 Audition、Audacity、Sonar、Fruity Loops Studio 等,图形图像处理软件有 CorelDraw、Photoshop 等,动画编辑软件有 Flash、3D Studio Max 等。

多媒体创作工具是帮助用户制作多媒体应用软件的工具,它们能够将文本、声音、图像、视频等多种媒体元素集成并加入交互,按要求制作多媒体应用软件。常用多媒体创作工具有 Authorware、Director、Toolbook 等。

多媒体应用软件是由专业人员利用多媒体创作软件或计算机语言,组织编排大量的多媒体数据完成的最终多媒体产品。多媒体应用软件是直接面向用户的,涉及的应用领域包括制造生产、教育培训、医疗卫生、广告影视等社会生活中的各个方面。

 多媒体基础后测习题

(1) 多媒体技术的主要特征是_____。
  A. 多维性、交互性、集成性、实时性   B. 独立性、交互性、集成性、时变性
  C. 不确定性、交互性、集成性、非线性   D. 多维性、交互性、独立性、时变性

(2) 多媒体技术的_____性使用户能主动地控制信息的获取和处理过程,是多媒体技术的关键特征。
  A. 多维   B. 集成   C. 交互   D. 实时

(3) 以下不属于多媒体技术应用范畴的是_____。
  A. 教育培训   B. 虚拟现实   C. 商业服务   D. 科学计算

(4) 多媒体计算机系统由_____。
  A. 计算机系统和各种媒体组成
  B. 多媒体硬件系统和多媒体软件系统组成
  C. 计算机系统和多媒体输入输出设备组成
  D. 计算机和多媒体操作系统组成

(5) 多媒体计算机个人计算机必须配置_____。
  A. 数码相机   B. 视频采集卡   C. 声卡   D. 摄像机

(6) 下列软件中属于多媒体系统软件的是_____。
  A. Photoshop   B. Windows   C. Authorware   D. Media Player

(7) 下面既属于多媒体输入设备,又属于多媒体输出设备的是_____。
  A. 扫描仪   B. 触摸屏   C. 数码相机   D. 打印机

8.1.2 音频处理技术

视频名称	音频处理技术	二维码
主讲教师	向华	
视频地址		

声音是携带信息的重要媒体,人们通过声音可以交流思想、传递信息。现在的计算机都配备了声卡,能够对声音进行采集、播放,并能通过编辑处理使其产生更加丰富、完美的效果。

1. 声音的基本概念

一切能发出声音的物体叫声源。声音就是由于声源的振动而产生的,声源的振动借助它周围的介质,以机械波的形式由近及远地传向远方,这就是声波,声波传入人耳,致使耳膜也产生振动,这种振动被传导到听觉神经,人们就产生了"声音"的感觉。做简谐振动的发声体发出的声音是纯音,也称单音。纯音一般只能由专用设备产生,波形可以近似地看成一种周期性的函数,如图8.2所示。自然界的声音、乐器发出的声音,一般是由若干个频率和振幅都不同的纯音所组成的复音,如图8.3所示。复音中频率最低的纯音称基音,它是决定音调的基本要素。复音中存在的其他频率是次要成分,称为泛音。基音和泛音合成复音,决定了特定的声音音质和音色。

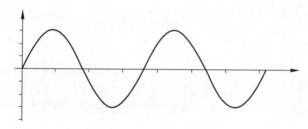

图 8.2 音叉发出的纯音波形

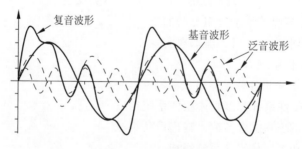

图 8.3 复音波形

声音有三要素,分别是响度、音调、音色。

响度又称音量,表示声音能量的强弱程度,大小主要取决于声音接收处的声波振幅,单位用分贝(db)表示,声波振幅越大,响度越大。

声音的高低叫作音调,表示人耳对声音调子高低的主观感受。音调的高低主要取决于声波频率的高低,单位用赫兹(Hz)表示,一般情况下,频率高则音调高,频率低则音调低。

人的耳朵只能感觉到振动频率在20Hz～20000Hz的声波,超出此范围的声波分别称为次声波和超声波。

音色又称音品,表示声音的品质,音色由声音波形的谐波频谱和包络决定。每个复音都包括具有固有音调的基音以及不同频率和响度的泛音,通过不同的泛音可以区别其他具有相同基音的复音,形成独特的音色。例如合奏的二胡、月琴、琵琶,虽然产生的基音的音调和响度基本相同,但由于泛音的频率和振幅不同,也就是音色不同,给人们的听觉感受就完全不同。

2. 声音的数字化

声音是随时间连续变化的物理量。通过相应的能量转换装置可以将声音用随声波变化而改变的电压或电流信号来模拟。例如传统的录音机能将声音信号转变为模拟电信号并保存到磁性介质上,也能提取磁性介质上记录的信号并还原成声音波形。

计算机中处理的信息必须是二进制数字。所以计算机要处理声音,必须先将声音数字化。声音的数字化过程涉及采样、量化和编码三个过程。

采样指每隔一个时间间隔在声音的波形上截取一个振幅值,把时间上的连续信号变成时间上的离散信号,如图8.4所示。该时间间隔T称为采样周期,单位时间内采集的次数称为采样频率,单位是Hz。采样频率越高,采样的间隔时间越短,在单位时间内计算机得到的声音样本数据就越多,对声音波形的表示也越精确,声音的质量就越好,声音文件占用的存储空间也越大。常用的采样频率有11.025kHz、22.05kHz、44.1kHz等。

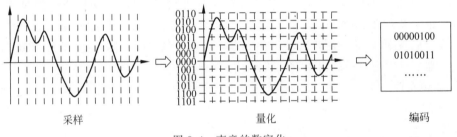

图8.4 声音的数字化

量化即是将采样所得到的信号振幅值用一组二进制数据来表示。就是将采样得到的声波上的幅度值数字化,如图8.4所示。量化的过程是先将采样后的信号按整个声波的幅度划分成有限个区段的集合,把落入某个区段内的采样值归为一类,并赋予相同的量化值。例如,8位量化指用$2^8=256$个量化值中的一个表示声波在某个采样点的取值。在相同的采样频率之下,量化位数越高,测量的采样值就越精确,声音的质量越好,声音文件占用的存储空间也越大。声音信号的量化精度一般为8bit、16bit、24bit。数字化音频中,CD采用16bit/44.1kHz采样量化精度,DVD采用24bit/48kHz采样量化精度。

编码指按照一定的格式把经过采样和量化得到的离散数据记录下来,并在有效数据中加入一些用于纠错、同步和控制的数据。在数据回放时,根据记录的纠错数据判别读出的声音数据是否有错,如果有错,可加以纠正。音频信号编码通常采用的是波形编码方法,它直接对波形采样、量化和编码,算法简单,易于实现,在声音恢复时能保持原有的特点,因此被广泛应用。常用的声音编码格式有PCM编码、DPCM编码、ADPCM压缩编码等。

除了采样、量化、编码外,影响声音数字化效果的另一个重要因素是声道。声道指声音的通道数,是一次采样记录产生的声音波形的个数。记录声音时,如果每次生成一个声道数据,称为单声道;每次生成两个声道数据,称为双声道。立体声音乐能使听众获得身临其境的感觉就是使用双声道的效果。随着声道数的增加,声音文件的存储容量也会成倍增加。

模拟波形声音数字化后音频文件的存储量可以使用以下公式计算:

$$存储量 = 采样频率 \times 量化位数 \div 8 \times 声道数 \times 时间$$

在计算机中存储容量的单位是字节(Byte),声音量化位数是位(bit),一个字节由 8 位构成,所以在计算时需要除以 8。

例如,要将一段 1 分钟的音乐进行数字化,采用 44.1kHz 的采样频率,16 位量化位数,立体声效果,则生成的音频文件的存储量为

$$44100 \times 16 \div 8 \times 2 \times 60 = 10584000 \text{Byte} \approx 10336 \text{KB} \approx 10 \text{MB}$$

由此可见,声音数字化后,需要占用相当大的存储空间。声音的采样频率越高、量化位数越多,声道数越多,声音的质量就越好,但占用的存储空间也越大。因此,在处理音频时不要盲目追求音质效果,同时注意采用压缩格式存储音频文件。

在多媒体计算机中,对声音进行处理的部件是声卡。声卡中的模/数转换器(ADC)把模拟声波转换成数字信号并存储在波形文件中。当声音重放时,声卡中的数/模转换器(DAC)把波形文件里的数字信号转换为模拟波形输出。声卡也是多媒体计算机必须配置的设备。

计算机处理声音的另一种方法是 MIDI 技术。MIDI(Musical Instrument Digital Interface)是乐器数字化接口,是广泛使用的音乐标准格式。MIDI 文件通过记录音符的控制信号来记录音乐,因为 MIDI 文件不记录波形信息,所以文件非常小。现在的声卡基本采用波形表合成技术,将乐器的声音波形预先存储在声卡的 ROM 芯片中,播放 MIDI 文件时将相应乐器的波形记录播放出来,合成音乐。

3. 音频文件格式

音频文件格式有多种,常用的有 WAV、MIDI、CDA、MP3、RM、WMA、AAC、APE、FLAC 等。

- **WAV 格式**。WAV 格式是微软公司开发的一种声音文件格式,它符合 RIFF(Resource Interchange File Format)文件规范,用于保存 Windows 平台的音频信息,是目前计算机上广为流行的声音文件格式,Windows 以及几乎所有的音频编辑软件、多媒体制作软件都支持 WAV 格式。WAV 格式记录实际声音采样数据,可以重现各种声音。标准格式的 WAV 文件采用 44.1K 的采样频率,16 位量化位数,音质接近 CD,但由于存储时不经过压缩,文件占用存储空间很大,不适合长时间记录高质量声音。为了减少 WAV 文件的数据量,通常在进行声音处理时根据不同声音类型选取合适的采样频率和量化级。例如解说语音采用 11.025kHz 采样频率、8 位量化级,CD 音质音乐采用 44.1kHz 采样频率、16 位量化级。
- **MIDI 格式**。现在的计算机声卡都支持 MIDI 合成技术,允许数字合成器与计算机及其他设备交换数据。声卡将来源于 MIDI 音源的声音信息转化为数字信息并以 MID 文件形式存入计算机。MID 文件并不记录录制好的声音,而是记录如何再现声音的一组指令,这些指令包括指定发声乐器、力度、音量、延迟时间和通信编号等信息。MID 格式文件占用存储空间小,1 分钟的 MIDI 音乐只需要大约 5~10KB 存

储空间，可以满足记录长时间音乐的需要。MID 文件重放的效果完全依赖声卡的档次，但通常缺乏重现自然真实声音的能力。MID 音乐主要用于音乐创作、游戏音轨、背景音乐、手机铃声等。

- **CDA 格式**。CDA 格式文件只存放于音乐 CD 光盘中，一张 CD 可以存放 74 分钟左右的声音。大多数音频播放软件都支持 CDA 格式。标准 CD 采用 44.1kHz 的采样频率，16 位量化级，数字化过程近似无损，声音基本忠于原声，具有很好的音质。CDA 文件中只包含索引信息，不包含声音信息，所以不论 CD 音乐的长短，在计算机上看到的 CDA 文件都是 44 字节，也不能直接将 CDA 文件复制到硬盘上播放。如果需要将 CD 中的音乐保存到计算机中，需要使用抓音轨软件将音轨转换成 WAV 或 MP3 格式。

- **MP3 格式**。MP3 是 MPEG 标准中的音频部分，也就是 MPEG 音频层。MPEG 音频层根据压缩质量和编码处理的不同分为 3 层，分别对应 MP1、MP2、MP3 三种声音文件。MP3 音频文件的压缩是一种有损压缩，保留人耳能听到的低频声音，牺牲人耳听不到的 12kHz～16kHz 高频部分的声音质量来减小文件存储空间。MPEG-3 音频编码具有 10∶1～12∶1 的高压缩率，相同长度的音乐文件，MP3 格式的存储容量一般只有 WAV 文件的 1/10，但音质稍次于 CD 格式或 WAV 格式的声音文件。随着因特网的发展和普及，MP3 凭借其良好的音质和高压缩比而成为流行的音乐格式。

- **RM 格式**。RM 是 Real Media 文件的简称，是 Real 公司开发的网络流媒体文件格式。RM 文件使用流媒体技术，将连续不断的音频分割成一个一个带有顺序标记的数据包，这些数据包通过网络进行传递，接收的时候由接收方将这些数据包重新按顺序组织起来播放。如果网络质量太差，有些数据包收不到或者延缓到达，它们就会被跳过不播放，以保证用户聆听的内容是基本连续的。RM 文件可以很小并且质量损失不大，有利于在网络上传输并实时播放。

- **WMA 格式**。WMA 是 Windows Media Audio 的缩写，是微软公司力推的数字音乐格式，其最大的特点是具有版权保护功能并且有比 MP3 更强大的压缩能力。WMA 格式使用较少数据量保持音质，压缩比高，其压缩比可以达到 1∶18，在较低的采样频率下也能产生较好的音质。WMA 格式的可保护性极强，可以通过 DRM(Digital Rights Management，数字版权保护)限定播放机器、播放时间及播放次数，有效防止盗版。

- **AAC 格式**。AAC 是 Advanced Audio Coding 的缩写，即高级音频编码格式。AAC 基于 MPEG-2 音频编码技术，是一种采用有损压缩算法的声音文件压缩格式。AAC 格式采用了全新的算法进行编码，比 MP3 压缩算法更加高效。采用 AAC 格式压缩的声音文件，可以在没有明显降低声音质量的前提下使文件更小，因此 AAC 格式更适合于在网络、手机上传递和播放音乐。

- **APE 格式**。APE 格式是一种数字音乐无损压缩格式。因为使用无损压缩技术，压缩后的 APE 文件可以还原到和源文件一样，保证了音质，而压缩后的 APE 文件大小只有 CD 音频的一半。现在大多数音频播放软件可以直接播放 APE 格式文件。

- **FLAC 格式**。FLAC 是 Free Lossless Audio Codec 的缩写，即自由音频压缩编码。

这种格式采用无损压缩方法，压缩时不丢失任何音频信息，可以保证压缩后的音频文件质量。同样的音频文件采用 FLAC 压缩的文件比 APE 压缩的文件要大，但兼容性更好，编码速度较快。FLAC 的文件格式是完全开放的，任何人都可以使用 FLAC 的文件格式和编码/解码方法及相关的源代码。

4. 音频处理软件

音频处理软件根据其功能大致可以分为音频编辑软件和音乐工作站两大类。

- **音频编辑软件**。音频编辑软件的主要功能有录制声音文件、多音轨编辑、音量调整、音调调整、改变节奏、添加音频特效、混响处理等。音频编辑软件主要是对已有音频文件或录音音轨进行编辑处理，一般不具备 MIDI 输入输出和编辑功能，使用简单，适合非音乐专业人员。常用的音频编辑软件有 Audacity、Audition、GoldWave 等。

Audacity 是一个免费的跨平台音频编辑软件，它可以在 Windows、Linux、Mac OS 等多个操作系统下使用。使用 Audacity 可以录制音频文件；对音频进行剪切、复制、粘贴、混合音轨；对音频进行调整音量、调整音调、降低噪音、更改节拍、静音过滤等操作；为音频添加回声、倒转、镶边、混响等多种特效；在多种音频文件格式之间进行转换等。Audacity 工作界面如图 8.5 所示。

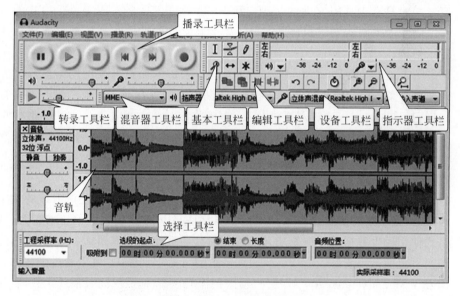

图 8.5　Audacity 工作界面

- **音乐工作站**。音乐工作站比音频编辑软件功能更加强大，除了音频编辑软件的功能外，音乐工作站还提供更丰富的特效，具有 MIDI 音乐的输入、输出和编辑功能以及强大的软件音源或硬件音源的处理等功能。音乐工作站适合专业音乐工作者。常用音乐工作站软件有 Cubase、Sonar、Fruity Loops Studio 等。

Sonar 的前身是著名的音乐制作软件 Cakewalk。Sonar 具有 MIDI 制作和音频录制、混音、编辑、混音等功能，是一个综合性的音乐工作站软件。Sonar 可以设计和制作音乐，可以将 MIDI 信号和数字音频信号同步，既可以用来作曲，也可以用来录音、编辑，是专业音乐工作者常用的音频处理软件。Sonar 工作界面如图 8.6 所示。

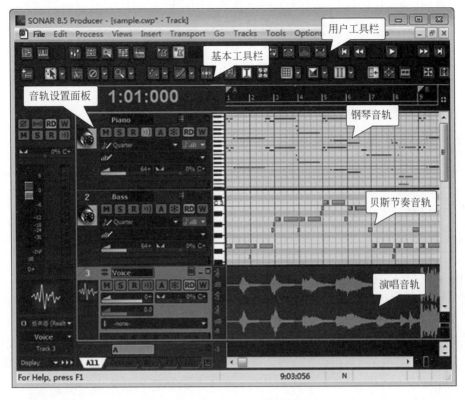

图 8.6　Sonar 工作界面

 音频处理技术后测习题

(1) 下列声音的说法中,错误的是_____。
   A. 声音是模拟信号,需要转变为数字信号才能保存到计算机中
   B. 声音的频率越高,音量就越大
   C. 声卡是将声音进行模/数转换的设备
   D. 声音数字化时,声音质量越好,占用的存储空间也越大

(2) 下列声音文件格式中,_____是波形声音文件格式。
   A. WAV　　　　　B. CMF　　　　　C. VOC　　　　　D. MID

(3) 在数字音频信息获取与处理过程中,下述顺序中正确的是_____.
   A. 量化、采样、压缩、存储、解压缩、D/A 变换
   B. 采样、压缩、量化、存储、解压缩、D/A 变换
   C. 采样、量化、压缩、存储、解压缩、D/A 变换
   D. 采样、D/A 变换、压缩、存储、解压缩、量化

(4) WAV 波形文件与 MIDI 文件相比,下述不正确的是_____。
   A. WAV 波形文件比 MIDI 文件音乐质量高
   B. 存储同样的音乐文件,WAV 波形文件比 MIDI 文件存储量大
   C. 在多媒体作品中,语音解说应该使用 WAV 格式文件

D. 在多媒体作品中,语音解说应该使用 MIDI 格式文件

(5) 采用_____标准采集的声音质量最好。

A. 单声道、8 位量化、22.05kHz 采样频率
B. 双声道、8 位量化、44.1kHz 采样频率
C. 单声道、16 位量化、22.05kHz 采样频率
D. 双声道、16 位量化、44.1kHz 采样频率

8.1.3 图形图像处理技术

视频名称	图形图像处理技术	二维码
主讲教师	向华	
视频地址		

图形和图像是人们非常容易接受的信息载体,是多媒体技术的重要组成部分。一幅图画可以形象生动和直观地表现大量的信息,具有文本所无法比拟的优点。

1. 图像基本概念

图像是自然界中的景物通过视觉感官在大脑中留下的印记。随着计算机技术的发展,图像经过数字化后保存在计算机中并处理。通常也将计算机处理的数字化图像简称为图像。

图像由像素点构成,如图 8.7 所示。每一像素点的颜色信息采用一组二进制数描述。因此,图像又称为位图。图像的数据量较大,适合表现自然景观、人物、动植物等引起人类视觉感受的事物。

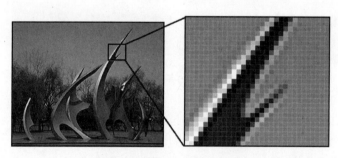

图 8.7 像素点组成的图像

影响图像质量的一个重要因素是分辨率。分辨率表示图像中像素点的密度,单位是dpi(dots per inch),表示每英寸长度上像素点的数量。图像分辨率越高,包含的像素就越多,像素点也越小,表现细节就越清楚,如图 8.8 所示。但分辨率高的图像占用空间大,传送和显示速度慢,所以应该根据实际情况选择合适的图像分辨率。

影响图像质量的另一个重要因素是色彩深度。数字化图像中每个像素点的颜色都要用二进制数据表示,表示颜色的二进制数据的位数是有限的,所以图像中可以使用的颜色数量也是有限的。表示一个像素需要的二进制数的位数称为色彩深度。图像的颜色常用 1 位、4位、16 位、24 位和 32 位二进制数来表示,色彩深度越高,图像中可以描述的颜色数量就越多,图像的质量也越好,如图 8.9 所示。

分辨率：72像素/英寸　　分辨率：36像素/英寸　　分辨率：18像素/英寸

图 8.8　分辨率对图像质量的影响

色彩深度：24位　　色彩深度：8位　　色彩深度：4位　　色彩深度：1位
颜色数量：2^{24}种　颜色数量：256种　颜色数量：16种　颜色数量：2种

图 8.9　图像的色彩深度与图像质量

将图像中每一个像素点的颜色值按照指定顺序记录下来，并加上一些说明信息，就形成了图像文件，如图 8.10 所示。一幅未经压缩的图像占用的存储空间可以使用以下公式计算：

图像占用空间＝水平像素点数×垂直像素点数×色彩深度÷8

图 8.10　24 位色彩深度图像文件编码

其中，

$$水平(垂直)像素点数 = 宽(高) \times 分辨率(长、宽单位为英寸)$$

例如，一幅图像宽 8.5cm，高 8.2cm，分辨率 72dpi，采用 24 位色彩深度，占用的存储空间为 $(8.5 \times 0.3937 \times 72) \times (8.2 \times 0.3937 \times 72) \times 24 \div 8 \approx 168\,015B \approx 164KB$。

由于图像文件要记录每一个像素点的颜色信息，占用的空间较大，所以通常采用各种压缩算法将图像压缩后保存。

2. 图形的基本概念

图形是指在一个二维空间中用轮廓划分出的若干空间形状。计算机中的图形是由计算机绘制的点、直线、曲线、矩形、椭圆等外部轮廓线条构成的矢量图。矢量图形通过绘图指令集合来描述图形内容，例如图 8.11 中的矢量图，计算机中记录的是椭圆、矩形、三角形、直线等轮廓线的颜色、宽度、封闭区域的颜色等信息。图形文件保存的是绘制图形线条、形状的各种参数，信息量较小，占用空间小。图形文件与分辨率无关，对图形进行放大、缩小、旋转、变形等操作时，图形边沿不会出现锯齿现象。图形一般用来表达易于用直线、曲线表现的绘制内容，不适合绘制色彩层次丰富、复杂多变的图像。

图 8.11 矢量图形

3. 图形图像文件格式

图形与图像必须以文件的形式保存在计算机中。常用的图形文件格式有 WMF、EMF、EPS、AI、CDR 等。

- **WMF 格式**。WMF 格式文件是 16 位图元文件，是微软公司定义的一种 Windows 平台下的图形文件格式。WMF 文件可以同时包含矢量信息和位图信息，文件小，但比较粗糙。Office 软件中使用的剪贴画采用的就是 WMF 格式。
- **EMF 格式**。EMF 格式是 32 位增强图元文件，是对 WMF 格式的改进，可以解决 WMF 格式在印刷行业中的不足，在打印时始终保持图形的精度。
- **EPS 格式**。EPS 格式是目前桌面印刷系统中普遍使用的一种跨平台格式，由一个 PostScript 语言文本文件和一个低分辨率的由 PICT 或 TIFF 格式描述的图像组成。EPS 文件采用矢量方法描述图形，也可以容纳点阵图像。EPS 文件使用矢量图形设计软件 FreeHand 编辑，也可以在 Illustrator、CorelDRAW 中打开。
- **AI 格式**。AI 文件格式是矢量图形制作软件 Illustrator 的专用格式，占用空间小，打开速度快，可以使用 Illustrator、CorelDRAW、Photoshop 等软件编辑、修改。
- **CDR 格式**。CDR 文件格式是平面设计软件 CorelDRAW 的专用格式，在商标设计、图标制作、排版插图中经常使用。CDR 文件兼容性较差，只能使用 CorelDRAW 打开。

常用的图像格式有 BMP、GIF、JPEG、TIFF、PSD、PNG 等。

- **BMP 格式**。BMP(Bitmap)格式是 Windows 标准图像格式。BMP 采用位映射存储格式，色彩深度可以选择 1bit、4bit、8bit 及 24bit，不采用任何压缩方法。BMP 格式通用性好，Windows 环境下运行的所有图像处理软件都支持 BMP 图像文件格式，但由于 BMP 格式未经过压缩,图像占用空间较大。
- **GIF 格式**。GIF(Graphics Interchange Format)是图像交换格式。GIF 格式只支持 256 种颜色,采用无损压缩存储,在不影响图像质量的情况下,可以生成很小的文件。GIF 支持透明色,可以使图像浮现在背景之上。GIF 格式的压缩比高,磁盘空间占用较少。在网络传输过程中,GIF 图像格式采用渐显方式显示,用户可以先看到图像的大致轮廓,然后再逐步看清图像中的细节部分。虽然 GIF 图像的色彩深度较低,图像质量不高,但文件占用空间小、下载速度快、可以存储简单动画,在网络上广泛应用。
- **JPEG 格式**。JPEG 图像文件格式是目前应用范围非常广泛的一种图像文件格式。JPEG 是 Joint Photographic Experts Group(联合图像专家组)的缩写,JPEG 格式是按照该专家组制定的 DCT 压缩标准进行压缩的图像文件格式。JPEG 格式采用有损压缩方式去除冗余的图像数据,在获得极高压缩率的同时展现生动的图像。JPEG 格式具有调节图像质量的功能,允许采用不同的压缩比对文件进行压缩,JPEG 的压缩比率通常在 10∶1~40∶1 范围内,压缩比越大,图像质量就越低,压缩比越小,图像质量就越好。JPEG 格式对色彩的信息保留较好,压缩后的文件较小,下载速度快,在网络上广泛应用。
- **TIFF 格式**。TIFF(Tagged Image File Format)是标记图像文件格式。TIFF 格式支持 16 位、24 位、32 位色彩深度,支持具有 Alpha 通道的 CMYK、RGB、Lab、索引颜色和灰度图像以及无 Alpha 通道的位图模式图像。TIFF 格式非常灵活,支持几乎所有的图像编辑和页面版面软件。TIFF 格式可包含压缩和非压缩像素信息,采用无损压缩算法,压缩比在 2∶1 左右。TIFF 格式可以制作质量非常高的图像,经常用于出版印刷。
- **PNG 格式**。PNG(Portable Network Graphic Format)是流式网络图像格式。PNG 格式综合了 GIF 和 JPEG 格式优点,支持多种色彩模式;采用无损压缩算法减小文件占用的空间;采用 GIF 的渐显技术,只需下载 1/64 的图像信息就可以显示出低分辨率的预览图像;支持透明图像的制作,使图像和网页背景能和谐地融合在一起。
- **PSD 格式**。PSD 格式是 Photoshop 图像处理软件的专用文件格式。PSD 格式支持图层、通道、蒙版和不同色彩模式的各种图像特征,能够将不同的图像内容以层的方式分离保存,便于修改和制作各种特殊效果。PSD 格式采用非压缩方式保存,所以 PSD 文件占用存储空间较大,但可以保留所有原始信息,通常用来保存在图像处理中尚未制作完成的图像。

4. 图形与图像处理软件

常见的矢量图形制作软件有 Adobe Illustrator、CorelDRAW、Freehand、Inkscape 等。

Illustrator 是 Adobe 公司开发的矢量图形制作软件,广泛应用于广告设计、包装设计、书籍装帧、多媒体图像处理、网页制作等方面。Illustrator 具有灵活的矢量图形编辑功能,界面如图 8.12 所示,利用工具栏中的各种形状构建工具、画笔、路径等工具可以绘制各种形状,利用渐变工具、混合工具、自由变换工具、形状生成器等工具可以对图形进行修改。Illustrator 还提供丰富的图形样式库、画笔库、符号库、色板库,用户可以直接调用库中的素

图 8.12 Illustrator 工作界面

材进行设计,也可以将绘制的对象保存到库中,在图稿中反复使用。库中的素材也可以导入到其他 AI 文件中,在其他图稿中使用。

图像处理软件是用于处理图像的各种应用软件的总称,例如图像管理软件 ACDSee、PixFiler,专业图像处理软件 Photoshop、Lightroom 等。

ACDSee 是一个专业的图像浏览软件,几乎支持目前所有的图像文件格式,是常用的图像浏览、管理工具。使用 ACDSee 浏览图像方便、操作简单、效率高。ACDSee 包含管理、查看、编辑三种工作模式。管理模式如图 8.13 所示,在管理模式中,可以预览文件夹中所有图像,对图像进行标记、评级、分类,还可以批量修改图像格式、大小、曝光度、时间标签等。在查看模式中,可以查看图像细节,对图像进行旋转、缩放。在编辑模式中,可以使用 ACDSee 自带的图像编辑器对图像进行旋转、翻转、调整大小、裁剪、调整光线和颜色、消除红眼等各种操作。

Photoshop 是 Adobe 公司开发的图像处理软件。Photoshop 具有强大的图像处理功能,能够完成图像合成、图像绘制、图像色彩校正、图像艺术效果制作等工作。Photoshop 具有广泛的兼容性,支持多种图像格式和色彩模式,采用开放式结构,能够外挂其他处理软件和图像输入输出设备。Photoshop 还带有多种内置滤镜,并支持第三方滤镜,利用这些滤镜可以制作出多种特殊效果。Photoshop 具有专业的图像处理功能,也提供简单易用的工作

图 8.13　ACDSee 管理模式界面

界面，使不同水平用户都能快速掌握。

Photoshop 工作界面如图 8.14 所示，工具栏中提供图像处理、图形绘制、颜色选择、屏

图 8.14　Photoshop 工作界面

幕模式选择等工具组,使用工具组中的各种工具可以对图像进行选择、移动、裁剪,在图像中进行各种绘制、填充,在图像中添加矢量对象及文字等。选项栏用于设置正在使用的工具属性。浮动面板包括导航器、颜色、历史记录、图层等十多个面板,在这些面板中可以调整不同设置选项或显示图像各种信息。

图形图像处理技术后测习题

(1) _____ 用于压缩静止图像。
  A. JPEG   B. MPEG   C. H.261   D. BMP

(2) 以下不属于多媒体静态图像文件格式的是_____。
  A. JPG   B. MPG   C. BMP   D. PNG

(3) 不使用压缩算法的保存图像的文件格式是_____。
  A. MPG   B. JPG   C. BMP   D. PNG

(4) 一幅图像大小为 640×480 像素,颜色深度为 256 色,其占用的存储空间约为_____。
  A. 200KB   B. 300KB   C. 400KB   D. 600KB

8.1.4   动画制作技术

视频名称	动画制作技术	二维码
主讲教师	向华	
视频地址		

动画具有表现力丰富、直观、易于理解、容易吸引注意力等特点。随着多媒体技术的发展,计算机动画已经逐步取代传统动画,在影视、广告、教育、建筑等各行业广泛使用。

1. 动画的基本概念

人类眼睛具有视觉残留效应,当被观察的物体消失后,物体仍在大脑视觉神经中停留短暂的时间。人类的视觉停留时间约为 1/24s,如果每秒快速更换 24 幅或 24 幅以上的画面,当前一个画面在大脑中消失以前,下一个画面进入眼帘,大脑感觉的影像就是连续的。动画就是利用这一视觉原理,将多幅画面快速、连续播放,产生动画效果。例如人跑步动画是由如图 8.15 所示一系列静止画面构成的。动画制作就是采用各种技术为静止的图形或图像添加运动特征的过程。传统动画制作是在纸上一页一页地绘制静态图像,再将纸上的画面拍摄制作成胶片。计算机动画则是根据传统的动画设计原理,采用图形与图像的处理技术,借助于计算机编程或动画制作软件生成一系列的景物画面,完成动画制作过程。计算机动画可以大大减少人员的投入,提高动画制作速度。

图 8.15   人跑步动画组成

计算机动画可以分为二维动画和三维动画。二维动画沿用传统动画的原理,将一系列画面连续显示,使物体产生在平面上运动的效果。二维动画包括传统手绘动画、二维软件绘制的动画和平面材料动画。现在很多二维动画中采用光照、阴影等方法使画面具有立体感,但无论画面的立体感有多强,也只是在二维空间上模拟三维空间效果。三维动画主要表现三维物体和空间运动,包括立体材料动画和三维动画软件制作的动画。三维画面中的景物有正面、侧面和反面,调整三维空间的视点,能够看到不同的内容。

2. 动画文件格式

目前常用的动画格式有 GIF、FLIC(FLI/FLC)、SWF 等。不同格式的文件具有不同的特征和用途。

- **GIF 格式**。GIF(Graphics Interchange Format)其实是一种图像文件格式,但在 GIF 文件中可以存储多幅图像数据,将这些图像数据逐幅读出并显示到屏幕上,就产生了简单的动画效果。GIF 文件支持 256 种颜色,采用基于 LZW 的连续色调无损压缩算法,压缩比高,文件比较小,所以网页中很多动画采用 GIF 格式。

- **FLIC(FLI/FLC)格式**。FLIC 格式是一种彩色动画文件格式,FLIC 是 FLC 和 FLI 的统称。FLI 是最初的基于 320×200 分辨率的动画文件格式,而 FLC 进一步扩展,它采用了更高效的数据压缩技术,所以具有比 FLI 更高的压缩比,分辨率也有所提高。目前用得比较多的是 FLC 格式,它每帧采用 256 色,画面分辨率从 320×200 到 1600×1280 不等。FLIC 格式代码效率高、通用性好,被大量地运用到多媒体产品中。

- **SWF 格式**。SWF(Shock Wave Flash)是动画设计软件 Flash 的专用格式。SWF 格式基于矢量技术,采用曲线方程而描述内容,不管画面放大多少倍,画面仍然清晰流畅,适合描述由几何图形组成的动画。SWF 动画能用比较小的体积来表现丰富的动画效果,并能方便地嵌入 HTML 网页。SWF 格式动画体积小、功能强、交互能力好、支持多个层和时间线等特点,越来越多地应用到多媒体产品和网络动画中。

3. 动画制作软件

动画制作软件分为二维动画制作软件和三维动画制作软件两大类。常用二维动画制作软件有 Flash、GIF Animator、ANIMO、Retas 等。

Flash 是二维矢量动画设计制作软件,工作界面如图 8.16 所示。使用 Flash 可以制作精美的动画、网页、游戏、应用程序。Flash 动画采用矢量图形、关键帧技术制作动画,生成的动画占用空间小,有利于存储和传输,并可以任意缩放尺寸而不影响质量。Flash 动画使用流媒体技术,可以一边播放一边下载,更适合通过网络传递和播放。另外,Flash 动画可以在动画内部进行控制和操作,具有良好的交互性。

三维动画制作软件有 3ds Max、Maya、LightWave 等。

3ds Max 是 Autodesk 公司开发的三维动画渲染和制作软件,工作界面如图 8.17 所示。3ds Max 具有强大的角色动画制作能力,并能通过安装插件增加原本没有的功能,广泛应用于广告、影视、建筑设计、工业设计、多媒体制作、游戏等领域。

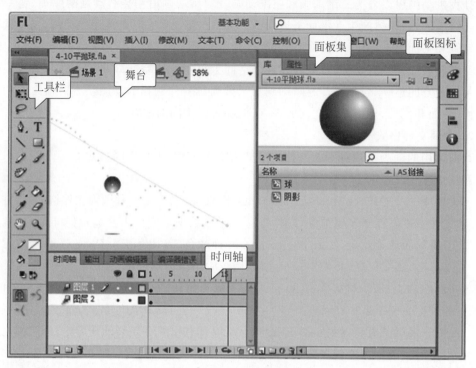

图 8.16　Flash 工作界面

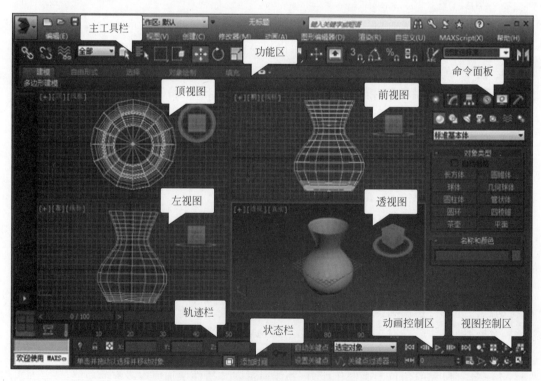

图 8.17　3D Studio Max 工作界面

动画制作技术后测习题

(1) 下列关于动画的说法中正确的是_____。
　　A. 动画就是利用视觉残留原理,将多幅画面快速、连续播放,产生动画效果
　　B. 利用计算机编程技术可以制作动画
　　C. Flash 采用矢量图形、关键帧技术制作动画
　　D. 二维动画和三维动画的区别是二维动画画面没有立体感
(2) 下列软件中,_____是三维动画制作软件。
　　A. Photoshop　　　B. Flash　　　C. 3D Studio Max　　　D. Premiere

8.1.5 视频处理技术

视频名称	视频处理技术	二维码
主讲教师	向华	
视频地址		

视频信息通常指实际场景的动态演示,例如电影、电视、摄像资料等。实际上,视频和动画在原理上是相同的。视频以 25 帧/秒或 30 帧/秒速度播放,画面信息量大,表现的场景复杂,需要采用专门的软件对其进行加工和处理。

1. 模拟视频与数字视频

模拟视频是由连续的模拟信号组成的视频图像。模拟视频图像具有成本低和还原度好等优点。但其缺点是经长期存放后,视频质量会下降,经多次复制后,图像会有明显失真。国际流行的模拟视频标准有 NTSC 制式、PAL 制式和 SECAM 制式。

- **NTSC 制式**。NTSC(National Television Standards Committee)是美国国家电视系统委员会于 1952 年制定的彩色电视广播标准。NTSC 电视标准规定:每秒显示 30 帧画面,电视扫描线为 525 线,偶场在前,奇场在后,隔行扫描,场频 60Hz,行频 15.75kHz,信号类型为 YIQ(亮度、色度分量、色度分量)。NTSC 电视标准分辨率为 720×480 像素,画面宽高比为 4∶3 或 16∶9。美国、加拿大等大部分美洲国家以及中国台湾、日本、韩国、菲律宾等国家采用 NTSC 制式。
- **PAL 制式**。PAL(Phase Alteration Line)制式是西德于 1962 年制定的彩色电视广播标准。PAL 制式规定:每秒显示 25 帧,电视扫描线为 625 线,奇场在前,偶场在后,隔行扫描,场频 50Hz,行频 15.625kHz,信号类型为 YUV(亮度、色度分量、色度分量)。PAL 电视标准分辨率为 720×576 像素,24bit 的色彩位深,画面宽高比为 4∶3。PAL 电视标准用于中国、欧洲等国家和地区。
- **SECAM 制式**。SECAM(Sequentiel Couleur A Memoire,法语顺序传送彩色与存储)制式是法国于 1966 年制定的彩色电视标准。SECAM 制式规定每秒显示 25 帧画面,每帧 625 行,隔行扫描,分辨率为 720×576 像素,画面宽高比为 4∶3。法国、东欧和中东国家使用 SECAM 制式。

数字视频是以数字形式记录的视频,可以不失真地进行无限次复制,可以直接在计算机中存储和编辑。例如数字摄像机拍摄的视频从信号源开始就是无失真的数字视频,可以直接输入计算机。

模拟视频信号必须经过数字化后才能在计算机中播放、编辑、存储。视频的数字化就是指在一段时间内以一定的速度对模拟视频信号进行采样、量化(A/D 转换)、解码和彩色空间变换,最终存储到计算机中的过程。模拟视频数字化一般采用复合数字化或分量数字化方式进行。复合数字化先用高速模数转换器将模拟视频信号数字化,再从数字信号中分离亮度和色度信号,得到 YUV 或 YIQ 分量,并将它们转换为计算机使用的 RGB 色彩分量。分量数字化是先将模拟视频信号中的亮度和色度分离,得到 YUV 或 YIQ 分量,再使用三个模数转换器分别将三个分量数字化,最后转换为 RGB 色彩分量。模拟视频信号到数字视频信号的转换由视频采集卡完成。随着视频采集卡设计、制造技术的进步,其提供的采集分辨率越来越高,压缩处理性能也越来越好。但视频采集卡主要功能只是对视频信号的转换和压缩,对视频的制作和编辑还需要使用各种视频处理软件。

2. 视频文件格式

目前常用的视频格式有 AVI、MPEG、MOV、ASF、WMV、DivX、FLV、F4V、MKV 等。

- **AVI 格式**。AVI(Audio Video Interleaved)是一种支持音频/视频交叉存取机制的文件格式,它是微软公司开发的一种符合 RIFF 文件规范的数字音频与视频文件格式。"音频/视频交叉存取"是指视频和音频交错存储于数据文件中,播放时视频和音频交错在一起同步播放。AVI 格式视频文件装入内存的速度快,播放效率高,文件播放时可以使用纯软件进行实时解压缩,不需要专门的解压硬件支持。AVI 格式兼容性好、调用方便、图像质量好,但占用空间比较大,不利于网络传输和在线播放。另外,AVI 文件格式压缩标准不统一,某些版本播放器不能播放采用某些编码方式压缩的 AVI 文件,必须进行转换。

- **MPEG 格式**。MPEG 是运动图像专家组(Moving Picture Experts Group)的缩写,该组织是国际标准化组织(ISO)成立的专责制定有关运动图像压缩编码标准的工作组。该组织制定的运动图像压缩编码的国际通用标准称为 MPEG 标准。MPEG 标准由视频、音频和系统三部分组成。MPEG 采用有损压缩方法减少运动图像中的冗余信息,其基本方法是:在单位时间内采集并保存第一帧信息,然后只存储其余帧相对第一帧发生变化的部分,从而达到压缩的目的。MPEG 标准包括 MPEG-1、MPEG-2 和 MPEG-4。MPEG-1 是 VCD 的视频图像压缩标准,广泛应用于 VCD 的制作和视频片段网络应用上。MPEG-2 是 DVD 视频图像压缩标准,应用在 DVD 的制作、高清电视和高性能视频编辑处理上。MPEG-4 是为了播放流式媒体的高质量视频而专门设计的,它可利用很窄的带宽,通过帧重建技术压缩和传输数据,以求使用最少的数据获得最佳的图像质量。MPEG 的压缩效率非常高,图像和声音质量好,在计算机上有统一的标准格式,兼容性好。

- **MOV 格式**。MOV 格式是苹果公司开发的一种音频、视频文件格式,使用 QuickTime Player 播放器播放。MOV 格式采用有损压缩方式,具有较高的压缩比率和较好的视频清晰度。MOV 格式文件占用存储空间小,可以跨平台使用,是多数多媒体编辑软件及视频处理软件支持的格式。

- **ASF 格式**。ASF 是 Advanced Streaming Format(高级流格式)的缩写,是微软公司推出的一种包含音频、视频、图像及控制命令脚本的数据格式。ASF 格式通用性较好,音频、视频、图像以及控制命令脚本等多媒体信息都通过这种格式以网络数据包的形式传输,实现流式多媒体内容发布。另外,ASF 格式的视频中可以带有命令代码,用户可以通过代码指定在到达视频或音频的某个时间后触发某个事件或操作。

- **WMV 格式**。WMV 格式全称为 Windows Media Video,是微软公司推出的一种采用独立编码方式的流媒体视频格式。WMV 格式可以一边下载一边播放,适合网络播放和传输。WMV 也是一种可扩充的媒体类型,支持多种语言,具有良好的扩展性。

- **DivX 格式**。DivX 格式是一种由 MPEG-4 压缩技术衍生而来。DivX 格式压缩包括音频和视频两部分。视频部分采用 MPEG-4 的压缩算法对视频图像进行高质量压缩,音频部分使用 MP3 或 AC3 技术压缩,然后再将视频与音频合成为 AVI 视频文件,最后加上相应的外挂字幕文件。DivX 格式画质接近 DVD 而体积比 DVD 小得多。DivX 压缩后的文件是 AVI 文件,但计算机需要安装 DivX 解码器才能播放 DivX 压缩的文件。

- **FLV 格式和 F4V 格式**。FLV 是 Flash Video 的简称,是一种支持 H.263 编码的流媒体视频格式。FLV 文件利用嵌入在网页内的 Flash Player 播放,不需要安装其他视频插件,使用户能够方便的查看。FLV 文件体积小,传输速度快,播放时 CPU 占有率低,视频质量良好。

  F4V 格式是 Adobe 公司继 FLV 格式之后推出的支持 H.264 编码的高清晰流媒体视频格式。F4V 视频文件比同等大小的 FLV 视频文件具有更高的分辨率,支持更高比特率,播放更加清晰流畅。FLV 和 F4V 格式是目前很多视频分享网站采用的文件格式。

- **MKV 格式**。MKV 是多媒体封装格式 Matroska 媒体系列中的一种文件格式。MKV 是一种容器格式,为不同类型编码的音频、视频和字幕流提供外壳,将它们封装成一个文件。目前 Matroska 能封装的文件类型包括视频格式 AVI、RMVB、MOV、MP4、ASF、WMV、MPEG、FLAC,音频格式 WAV、AC3、MP3,字幕 USF、SSA/ASS 等。

3. 视频制作软件

视频制作软件是将图片、背景音乐、视频等素材经过非线性编辑后,通过二次编码,生成视频的软件。常用视频制作软件有 Movie Maker、Premiere、会声会影等。

Premiere 是 Adobe 公司开发的一种功能强大的视频编辑软件,工作界面如图 8.18 所示。Premiere 可以对视频、音频素材进行采集、格式转换、压缩,对视频片段进行裁减、连接、添加转场效果,为视频添加字幕、声音、进行色彩修正、添加各种特效。Premiere 有较好的兼容性,可以与 Adobe 公司的其他软件相互协作,是目前进行视频后期制作的主要工具。

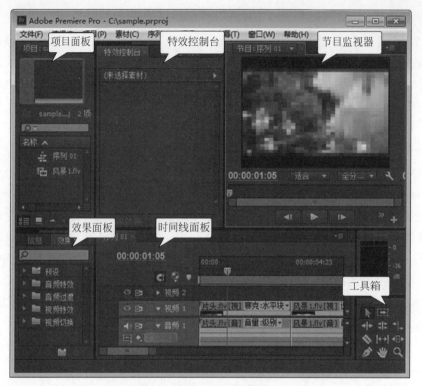

图 8.18 Premiere 工作界面

视频处理技术后测习题

（1）以下文件格式中，不属于视频文件的是_____。
    A. JPG   B. MPG   C. MOV   D. AVI

（2）目前运动图像压缩编码的国际通用标准是_____。
    A. JPEG   B. MPEG   C. AVI   D. WMV

8.2 数据结构和算法

视频名称	数据结构的基本概念	二维码
主讲教师	李支成	
视频地址		

    在科学计算、数据处理、过程控制、数据库技术以及对文件的存储和检索等各个计算机应用领域，都需要了解计算机处理对象的特性，将实际问题中所涉及的数据在计算机中表示出来并对它们进行处理。数据结构就是研究这方面问题的。计算机科学家 N. Wirth 教授提出了关于程序的著名公式：程序＝数据结构＋算法。这个公式也说明数据结构与算法是程序设计过程中密切相关的两个重要方面。

了解数据结构和算法的基本概念、一些最常用的数据结构、数据在计算机中的存储表示以及对它们进行各种运算的算法,这些内容既是学习其他软件知识的基础,又能对提高软件开发和程序设计水平提供极大的帮助。

8.2.1 数据结构的基本概念

计算机在进行数据处理时,关键在于如何组织需要处理的大量数据,以便提高数据处理的效率,并且节省计算机的存储空间。

1. 数据与数据结构

数据(Data)是对客观事物的符号表示,以及能够被计算机识别、存储和加工处理的符号的集合。如整数、实数、字符、文字、图形、图像、语音等都是数据。

数据元素(Data Element)是数据的基本单位,即数据集合中的个体。在不同的条件下,数据元素又可称为元素、节点、顶点、记录等。有时,一个数据元素可由若干个数据项组成,称数据元素为记录。

数据项(Data Item)是数据不可再分割的最小单位。例如,学籍管理系统中某个班的学生信息表如表8.1所示。表中每个学生的情况就是一个数据元素(记录),它包括学生的学号、姓名、性别、籍贯、出生年月、入学成绩等数据项。

表 8.1 学生信息表

学 号	姓 名	性 别	籍 贯	出生年月	入学成绩
202000121001	夏天	男	湖北	2000-7-9	652.0
202000121002	欧阳申强	男	湖南	2001-11-8	622.5
202000121003	和音	女	四川	2001-7-12	522.5
202000121004	克敏敏	女	广西	2000-6-8	580.0
202000121005	李例	男	西藏	1999-4-2	587.5
…	…	…	…	…	…

数据对象(Data Object)是具有相同性质的数据元素的集合,是数据的子集。在某个具体问题中,数据元素都具有相同的性质(元素值不一定相等),属于同一数据对象,数据元素是数据对象的一个实例。例如,整数数据对象是集合$\{0, \pm 1, \pm 2, \cdots\}$,字母字符的数据对象是集合$\{'A', 'B', \cdots, 'Z'\}$。

数据结构(Data Structure)是指互相之间存在着一种或多种关系的数据元素的集合。在任何问题中,数据元素之间都不会是孤立的,在它们之间都存在着这样或那样的关系,这种数据元素之间的关系称为结构。数据结构包括3个方面的内容:数据的逻辑结构、数据的存储结构以及对数据的操作(运算)。

2. 数据的逻辑结构

数据的逻辑结构指的是数据元素之间的逻辑关系,与数据的存储无关。根据数据元素间关系的不同特性,通常有下列4类基本结构(见图8.19):

- **集合**。数据元素间的关系是"属于同一个集合"。这是元素关系极为松散的一种结构。
- **线性结构**。该结构的数据元素之间存在着一对一的关系。

- **树形结构**。该结构的数据元素之间存在着一对多的关系。
- **图状结构**。该结构的数据元素之间存在着多对多的关系。图状结构也称作网状结构。

一般地,把树形结构和图状结构称为非线性结构。

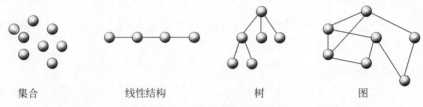

图 8.19 4 种基本数据结构图

3. 数据的存储结构

数据结构在计算机中的表示(又称映像)称为数据的物理结构,又称存储结构。它包括数据元素的表示及元素间关系的表示。一种数据结构的逻辑结构根据需要可以表示成多种存储结构,数据元素之间的关系在计算机中有两种不同的表示方法:顺序映像和非顺序映像。并由此得到常用的两种不同的存储结构:顺序存储结构和链式存储结构。顺序映像的特点是借助元素在存储器中的相对位置来表示数据元素之间的逻辑关系;非顺序映像的特点是借助指示元素存储地址的指针(Pointer)表示数据元素之间的逻辑关系。采用不同的存储结构,其数据处理的效率是不同的,因此,在进行数据处理时,选择合适的存储结构是很重要的。

1) 顺序存储结构

这种存储方式主要用于线性的数据结构,它把逻辑上相邻的数据元素存储在物理上相邻的存储单元里,顺序存储结构只存储元素的值,不存储元素之间的关系,元素之间的关系由存储单元的邻接关系来体现。

例如,表 8.1 给出了学生信息表的逻辑结构,逻辑上每个学生的记录信息后面紧跟着另一个学生的信息。用顺序存储方式可以这样实现该逻辑结构,分配一片地址连续的存储空间给这个结构,例如从地址编号为 1000 开始的一片空间,将第 1 个学生的记录放在从地址 1000 开始的存储单元里,将第 2 个学生的记录放在紧跟其后的存储单元里……假设每个记录占用 50 个存储单元,则学生信息表的顺序存储如表 8.2 所示。

表 8.2 学生信息表的顺序存储表示

起始地址	学号	姓名	性别	籍贯	出生年月	入学成绩
1000	202000121001	夏天	男	湖北	2000-7-9	652.0
1050	202000121002	欧阳申强	男	湖南	2001-11-8	622.5
1100	202000121003	和音	女	四川	2001-7-12	522.5
1150	202000121004	克敏敏	女	广西	2000-6-8	580.0
1200	202000121005	李例	男	西藏	1999-4-2	587.5
…	…	…	…	…	…	…

顺序存储结构的主要特点是:
- 所有元素所占的存储空间是连续的;

- 各个元素在存储空间中是按逻辑顺序依次存放的;
- 元素可随机存取,但插入、删除运算不便,会引起大量节点的移动。这一点在下一节具体讨论。

2) 链式存储结构

链式存储结构对逻辑上相邻的元素不要求其物理位置相邻,元素间的逻辑关系是通过附加的指针字段(指针域)来表示的。通常借助于程序语言中的指针类型来描述。这种结构既可用于表示线性结构,也可用于表示非线性结构。如果表示的是较复杂的非线性结构,其指针域的个数要多一些。

例如,一年四个季节的线性结构中,其节点集合 Y={"春","夏","秋","冬"},用链式存储结构来表示四季的关系如图 8.20 所示。图中节点由两部分组成,一部分存储节点本身的值,称为数据域(data),另一部分存储该节点的后继节点的存储单元地址,称为指针域(next)。有时为了运算方便,指针域也可用于指向前驱节点的存储单元地址。

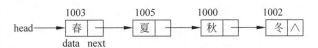

图 8.20　线性结构的链式存储结构

链式存储结构的主要特点是:
- 存储数据结构的存储空间可以不连续。
- 各节点的存储顺序与元素之间的逻辑关系可以不一致,元素之间的逻辑关系由指针域来确定。
- 插入、删除操作灵活方便,不必移动节点,只要改变节点中的指针值即可。这一点在下一节具体讨论。

除了通常采用的顺序存储方法和链式存储方法外,有时为了查找的方便还采用索引存储方法和散列存储方法。

4. 数据的运算

处理数据就是对数据进行各种运算。数据的各种逻辑结构有对应的运算,但运算的实现要在具体的存储结构上进行。常用的运算有:
- 检索(查找):在数据结构中查找满足一定条件的元素(节点)。
- 插入:向数据结构中增加新的元素。
- 删除:将指定的元素从数据结构中去掉。
- 更新:在数据结构中修改指定元素的值。
- 排序:在线性结构中将元素按某种指定顺序重新排列。

有关数据结构的基本运算将在后面讲到的具体数据结构时介绍。

8.2.2　算法

1. 算法的基本概念

计算机对数据的操作可以分为数值性和非数值性两种类型。在数值性操作中主要进行的是算术运算;而非数值性操作中主要进行的是查找、排序、插入、删除等运算,这都是算法的表现形式。

算法(Algorithm)是对特定问题求解步骤的一种描述。或者说,算法是解决某问题的方法和步骤。它是数据结构中需要讨论的重要内容之一。

对于一个问题,如果可以通过一个计算机程序,在有限的存储空间内运行有限长的时间而得到正确的结果,则称这个问题是算法可解的。求解同样的问题,不同的人写出的算法可能是不同的(一题多解)。算法与数据结构的关系紧密,执行效率也与所采用数据结构的优劣有很大的关系。

2. 算法的基本特性

一个算法应该具有以下几个基本特性。

- 有穷性。一个算法必须在执行有限个操作步骤后终止,即必须在有限时间内完成。
- 确定性。算法的每一步操作必须有确切的含义,在理解时不会产生二义性。
- 可行性。算法中的每一步操作都应该能够有效执行,即可以通过已经实现的基本运算执行有限次实现。
- 输入。一个算法具有零个或多个输入,这些输入取自某些特定的数据对象集合。
- 输出。一个算法具有一个或多个输出,这些输出同输入之间存在某种特定的关系。

算法的含义与程序十分相似,但又有区别。一个程序不一定满足有穷性。例如,操作系统,只要整个系统不遭破坏,它将永远不会停止,即使没有作业需要处理,它仍处于动态等待中。因此,操作系统不是一个算法。另一方面,程序中的指令必须是机器可执行的,而算法中的指令则无此限制。算法代表了对问题的解,而程序则是算法在计算机上的特定实现。

算法可以使用自然语言、程序流程图或专门为描述算法而设计的语言来描述。这些描述算法的方法特点是简单且便于人们对算法的阅读,但这些算法不能直接在计算机上执行,若要将它转换成计算机上运行的算法,需要用计算机语言来描述它,那么这样的算法就是一个程序。

【例 8.1】 计算分段函数 $F(x)$ 的值。函数 $F(x)$ 为

$$F(x) = \begin{cases} ax + b^2, & x \leqslant 0 \\ a(b-x) + c^3, & x > 0 \end{cases}$$

其中,a、b、c 为常数。

算法分析:这是一个数值运算问题。其中 F 代表要计算的函数值,有两个不同的表达式,根据 x 的取值决定采用哪一个算式。计算机具有逻辑判断的基本功能,其算法步骤如下:

① 将 a、b、c 和 x 的值输入计算机中;
② 判断"$x \leqslant 0$?"如果条件成立,执行第③步,否则执行第④步;
③ 按表达式 $ax + b^2$ 计算出结果,将结果存放到 F 中,然后执行第⑤步;
④ 按表达式 $a(b-x) + c^3$ 计算出结果,将结果存放到 F 中,然后执行第⑤步;
⑤ 输出 F 的值,算法结束。

【例 8.2】 设计一个算法,按从小到大的顺序重新排列 x、y、z 三个数的内容。

算法分析:这是一个非数值运算问题。其算法步骤如下:

① 将 x、y 和 z 的值输入到计算机中;
② 从三个数值中挑选出最小者并交换到 x 中;
③ 从 y、z 中挑选出较小者并交换到 y 中;

④ 依次输出 x、y、z 的值,算法结束。

上述两个例子的算法都是用自然语言来描述的。可以看出,一个算法由若干操作步骤构成,并且,任何简单或复杂的算法都是由对数据对象的运算操作和控制结构这两个要素组成。对数据对象的运算和操作就是计算机的一组指令序列,而算法的控制结构则决定了各操作之间的执行顺序。算法的基本控制结构包括顺序结构、选择结构和循环结构。一个算法通常都是由这三种基本控制结构组合而成。

3. 算法复杂度

评价一个算法优劣的主要标准是算法复杂度,主要包括时间复杂度和空间复杂度两个方面。一个算法的时间复杂度(Time Complexity),是指执行该算法所需要的计算工作量;算法的空间复杂度(Space Complexity)是指执行这个算法所需要的内存空间。

一般情况下,算法的工作量可以用算法所执行的基本运算次数来度量,而算法所执行的基本运算次数是所求解问题的规模 n 的某个函数 $f(n)$。算法的时间复杂度记作

$$T(n) = O(n)$$

它表示随问题规模 n 的增大,算法执行时间的增长率和 $f(n)$ 的增长率相同,称作算法的渐进时间复杂度,简称时间复杂度。

显然,一条语句重复执行的次数和它的执行时间成正比,通常包含在最深层循环内的语句中的原操作,它的执行次数和包含它的语句的频度相同。语句的频度指的是该语句重复执行的次数。这样一来,一个算法所耗费的时间就是算法中所有语句的执行次数之和,即频度之和。

例如,对于下列 3 个简单的程序段:

(1) x=x+1;

(2) for (i=1; i<=n; i++)
    　　x=x+1;

(3) for (i=1; i<=n; i++)
    　　for (j=1; j<=n; j++)
    　　　　x=x+1;

含基本操作"x=x+1"的语句频度分别为 1、n、n^2 次,则这 3 个程序段的时间复杂度分别为 $O(1)$、$O(n)$ 和 $O(n^2)$,分别称作常数阶、线性阶和平方阶。

常见的时间复杂度按数量级由小到大的次序排列,依次为

$$O(1) < O(\log_2 n) < O(n) < O(n\log_2 n) < O(n^2) < O(n^3) < O(2^n)$$

类似于时间复杂度的讨论,一个算法的空间复杂度作为算法所需存储空间的量度,记作

$$S(n) = O(f(n))$$

其中 n 为问题的规模(或大小),空间复杂度也是问题规模 n 的函数。

例如,求解排序问题的排序算法的每次执行是对一组特定个数的元素进行排序。

程序运行所需的存储空间包括以下两部分:

- 固定部分。这部分空间与所处理数据的大小和个数无关。主要包括程序代码、常量、简单变量、定长成分的结构变量所占的空间。
- 可变部分。这部分空间大小与算法在某次执行中处理的特定数据的大小和规模有关。例如,100 个数据元素的排序算法与 1000 个数据元素的排序算法所需的存储

空间显然是不同的。

 数据结构基本概念和算法后测习题

(1) 数据的存储结构是指_____。
    A. 存储在外存中的数据
    B. 数据所占的存储空间量
    C. 数据在计算机中的顺序存储方式
    D. 数据的逻辑结构在计算机中的表示

(2) 下列叙述中正确的是_____。
    A. 程序执行的效率只取决于所处理的数据量
    B. 程序执行的效率只取决于程序的控制结构
    C. 程序执行的效率与数据的存储结构密切相关
    D. 以上叙述都不对

(3) 下列叙述中正确的是_____。
    A. 一个逻辑数据结构可以有多种存储结构,且各种存储结构影响数据处理的效率
    B. 数据的逻辑结构属于线性结构,存储结构属于非线性结构
    C. 一个逻辑数据结构可以有多种存储结构,且各种存储结构不影响数据处理的效率
    D. 一个逻辑数据结构只能有一种存储结构

(4) 以下叙述中错误的是_____。
    A. 算法正确的程序最终一定会结束
    B. 算法正确的程序可以有零个输入
    C. 算法正确的程序对于相同的输入一定有相同的结果
    D. 算法正确的程序对于相同的输入可能会有不同的结果

(5) 算法的时间复杂度是指_____。
    A. 算法程序的长度
    B. 执行算法程序所需要的时间
    C. 算法执行过程中所需要的基本运算次数
    D. 算法程序中的指令条数

8.2.3 基本的数据结构——线性表

视频名称	基本的数据结构	二维码
主讲教师	李支成	
视频地址		

线性表是最简单、最常用的一种数据结构。

线性表是由 $n(n \geqslant 0)$ 个数据元素组成的有序序列 $(a_1, a_2, \cdots, a_i, \cdots, a_n)$。例如,英文小

写字母表$(a,b,c,\cdots,z)$是一个长度为 26 的线性表。

线性表有两种存储方法:顺序存储和链式存储,它主要有检索、插入和删除等运算。

1. 线性表的顺序存储结构

顺序表及其基本运算

用顺序存储结构存储的线性表称作顺序表。如表 8.1 所示学生信息表就是一个顺序表。在程序设计语言中,通常用与计算机中实际的存储空间结构类似的一维数组来表示线性表,这便于用程序语言对线性表进行各种运算处理,例如顺序表的检索、插入和删除运算。

前面已经介绍了顺序表的存储方式,如果线性表中每个数据元素所占的存储空间 d(字节数)相等,则要在该线性表中查找某个元素是很方便的。确定第 i 个元素存储地址 L_i 的计算公式为:$L_i = L_1 + (i-1)d$,其中 L_1 为第一个元素的存储地址。

在顺序表中插入一个新元素时,由于要保持运算结果仍然是顺序存储,因此可能要移动一系列节点。在一般情况下,要在第 $i(1 \leqslant i \leqslant n)$ 个元素之前插入一个元素时,首先要从最后一个(即第 n 个)元素开始,直到第 i 个元素之间共 $n-i+1$ 个元素依次向后移动一个位置,空出第 i 个位置,然后将新元素插入到第 i 号位置,插入结束后,线性表的长度增加了 1。

例如,在表 8.2 的顺序表中学生"欧阳申强"之后插入一个新的学生"费林"的信息,插入后见表 8.3。若顺序表中节点个数为 n,在往每个位置插入的概率相等的情况下,插入一个节点平均需要移动的节点个数为 $n/2$,算法的时间复杂度为 $O(n)$。

表 8.3 插入后的顺序表

起始地址	学 号	姓名	性别	籍贯	出生年月	入学成绩
1000	202000121001	夏天	男	湖北	2000-7-9	652.0
1050	202000121002	欧阳申强	男	湖南	2001-11-8	622.5
1100	202000131040	费林	女	山东	2001-1-19	545.0
1150	202000121003	和音	女	四川	2001-7-12	522.5
1200	202000121004	克敏敏	女	广西	2000-6-8	580.0
1250	202000121005	李例	男	西藏	1999-4-2	587.5
...	...	...	...	...	...	...

类似地,从顺序表中删除一个元素也可能需要移动一系列节点。一般情况下,删除第 $i(1 \leqslant i \leqslant n)$ 个元素时,需从第 $i+1$ 个元素开始,直到第 n 个元素(共 $n-1$ 个)之间依次向前移动一个位置,删除结束后,线性表长减 1。在等概率的情况下,删除一个节点平均需移动节点个数为 $(n-1)/2$,算法的时间复杂度也是 $O(n)$。

由此看出,在顺序表中频繁地做插入或删除操作,运行效率会随着问题规模的增大而降低。

2. 线性表的链式存储结构

1) 线性链表及其基本运算

用链式存储结构存储的线性表称作链表。如图 8.20 所示就是一个线性链表。它是通过"链"建立起数据元素之间的逻辑关系,因此对线性表的插入、删除不需要移动数据元素。在程序设计语言中,通常用指针类型来表示"链"。

这里主要讨论链表的检索、插入和删除运算。

在线性链表中,有一个专门的指针 head(头指针)指向链表的第一个节点,最后一个节点没有后继,指针域可用 NIL 或 ∧ 表示,见图 8.20。要查找某一个元素,可以从头指针开始,沿各节点的指针域向链尾扫描,算法时间复杂度为 $O(n)$。

在线性链表中插入一个新元素时,首先要给该元素分配一个新节点,以便用于存储该元素的值。然后扫描链表,找到待插入的位置,将新节点链接到链表中。算法时间主要耗在扫描待插入位置,故算法时间复杂度为 $O(n)$。

例如,有线性表(2,4,6,8,10),在元素 8 之前插入一个新元素 7。插入示意图如图 8.21 所示。

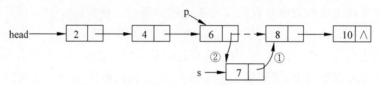

图 8.21　线性链表的插入示意图

为了删除线性链表中的指定节点,首先要在链表中找到这个节点,然后修改有关节点的指针即可。算法时间复杂度为 $O(n)$,主要是查找待删除节点的时间开销。

例如,删除线性表(2,4,6,8,10)中元素 6,删除示意图如图 8.22 所示。

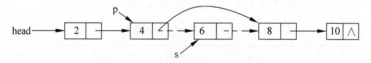

图 8.22　线性链表的删除示意图

2) 其他链表

有时对表的链接方式稍作改变,即可使得对链表的处理变得更加灵活,如双向链表、循环链表等。

循环链表是一种首尾相接的链表。将线性链表中最后一个节点的空指针域改为指向表头节点,构成一个环状链。在循环链表中,只有指出表中任何一个节点的位置,就可以从它出发访问到表中其他所有的节点。循环链表结构如图 8.23 所示。

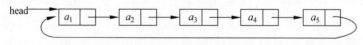

图 8.23　循环链表

双向链表中,每个节点都有两个指针域,一个指向后继节点,一个指向前驱节点。在双向链表中,由任一节点出发都可以向前或向后扫描其他所有节点。双向链表结构如图 8.24 所示。

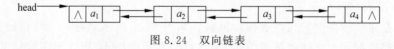

图 8.24　双向链表

3. 特殊的线性表——栈与队列

如果对线性表的插入、删除运算可以操作的位置加以限制,则是两种特殊的线性表——

栈和队列。

1) 栈及其基本运算

栈(Stack)是一种限定只在表的一端进行插入和删除运算的特殊线性表。允许插入和删除的这一端称为栈顶(top),另一个固定端称为栈底(bottom)。当表中没有元素时称为空栈。例如,图 8.25 的栈中有元素(a_1,a_2,a_3,a_4),进栈的顺序是 a_1、a_2、a_3、a_4,当需要出栈时其顺序为 a_4、a_3、a_2、a_1。所以栈是按照"后进先出"(LIFO)或"先进后出"(FILO)的原则组织数据的。

栈的基本运算主要有进栈、出栈与读栈顶元素等,下面分别介绍栈在顺序存储结构下的这三种运算。

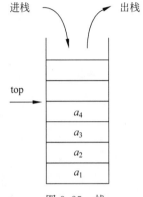

图 8.25 栈

(1) 进栈。进栈运算就是在栈顶位置插入一个新元素。算法步骤如下:

① 判断栈空间是否满,如果是,则"上溢"错误,无法进栈;否则转②;

② 栈顶指针 top 加 1;

③ 将新元素插入到栈顶指针 top 指向的位置。

(2) 出栈。出栈运算是指取出栈顶元素并赋值给一个指定的变量。算法步骤如下:

① 判断栈是否空,如果是(top=0),则"下溢"错误,无元素出栈;否则转②;

② 将栈顶指针指向的元素赋值给一个指定的变量;

③ 栈顶指针 top 减 1。

图 8.26 描述了在顺序栈中做进栈和出栈运算时,栈中元素和栈顶指针的关系。

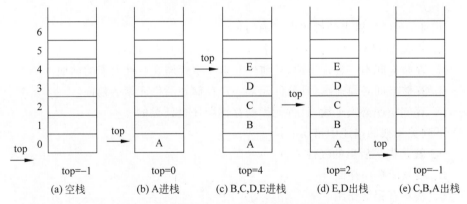

图 8.26 栈顶指针 top 与栈中数据元素的关系

(3) 读栈顶元素。读栈顶元素是指将栈顶元素的值赋值给一个指定的变量。此操作不删除栈顶元素,因此栈顶指针不会改变。

2) 队列及其基本运算

队列是一种限定在表一端进行插入,而在表的另一端进行删除的特殊线性表。允许插入的一端叫队尾(rear),允许删除的一端叫队头(front)。如图 8.27 所示是一个有 5 个元素的队列。入队的顺序依次为 a_1、a_2、a_3、a_4、a_5,出队时的顺序将依然是 a_1、a_2、a_3、a_4、a_5。所以在队列中新元素总是插入队尾,而每次删除的总是队列前头"最老的"元素。这就是"先进先出"(FIFO)或"后进后出"(LILO)的数据组织原则。

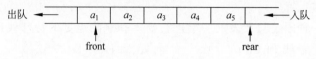

图 8.27 队列

队列主要有入队、出队和读队首元素等运算。图 8.28 描述了顺序存储结构的队列做入队和出队运算的过程。

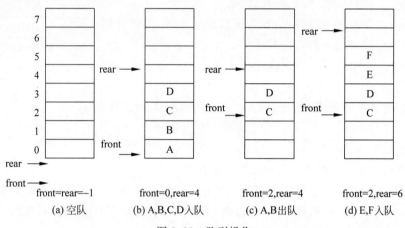

图 8.28 队列操作

基本的数据结构后测习题

（1）下列对于线性链表的描述中正确的是_____。

    A. 存储空间不一定是连续，且各元素的存储顺序是任意的

    B. 存储空间不一定是连续，且前件元素一定存储在后件元素的前面

    C. 存储空间必须连续，且前件元素一定存储在后件元素的前面

    D. 存储空间必须连续，且各元素的存储顺序是任意的

（2）下列关于栈的描述中错误的是_____。

    A. 栈是先进后出的线性表

    B. 栈只能顺序存储

    C. 栈具有记忆作用

    D. 对栈的插入与删除操作中，不需要改变栈底指针

（3）若进栈序列为 1、2、3、4，则不可能的出栈序列是_____。

    A. 1、2、3、4   B. 4、3、2、1

    C. 3、4、2、1   D. 2、4、1、3

（4）下列关于队列的描述正确的是_____。

    A. 在队列中只能插入数据   B. 在队列中只能删除数据

    C. 队列是先进先出的线性表   D. 队列是先进后出的线性表

8.2.4 非线性的数据结构——树与二叉树

视频名称	树和二叉树	二维码
主讲教师	李支成	
视频地址		

树形结构是一类非常重要的非线性结构,树和二叉树是最常见的树形结构。

1. 树的基本概念

树(tree)是 $n(n \geqslant 0)$ 个节点的有限集合。若 $n=0$,则称为空树;否则,有且仅有一个特定的节点被称为根,当 $n>1$ 时,其余节点被分成 $m(m>0)$ 个互不相交的子集 $T_1, T_2, \cdots, T_m$,每个子集又是一棵树,称作这个根的子树(subtree)。

例如,图 8.29 中用树结构来表示一本书的章节关系。

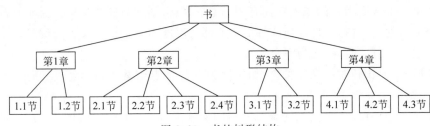

图 8.29 书的树形结构

树形结构常用的术语如下。
- 节点的度(degree):树中一个节点的分支数(即节点拥有的子树数)。
- 树叶(leaf):度为 0 的节点。
- 分支节点:度不为 0 的节点。
- 树的度:树中所有节点的度的最大值。图 8.29 中树的度为 4。
- 孩子(child)、双亲(parent):节点的子树的根称为该节点的孩子,而这个节点称为孩子的双亲。
- 兄弟(sibling):具有相同双亲的节点之间互称为兄弟。
- 节点的层次(level):从根算起,树中根节点的层次为 1,根节点子树的根为第 2 层,以此类推。
- 树的深度(或高度 depth):树中所有节点层次的最大值。图 8.29 中树的深度为 3。
- 森林是 $m(m \geqslant 0)$ 棵互不相交的树的集合。任何一棵树,删去根节点就变成了森林。

2. 二叉树及其基本性质

二叉树(binary tree)是树形结构的另一种重要类型,它不同于前面介绍的树结构,但又与之很相似,并且树结构的所有术语都可用到二叉树这种数据结构上。

二叉树是 $n(n \geqslant 0)$ 个节点的有限集合。当 $n=0$ 时,称为空二叉树;当 $n>0$ 时,有且仅有一个节点称为二叉树的根,每个节点最多有两棵子树,且分别称为该节点的左子树与右子树。所有子树也均为二叉树。二叉树是有序树,这也是树与二叉树最主要的区别。

图 8.30(a)是一棵只有根节点的二叉树,图 8.30(b)是一棵深度为 4 的二叉树。

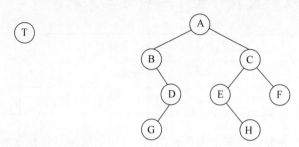

(a)只有根节点的二叉树　　　　(b)深度为4的二叉树

图 8.30　二叉树

二叉树具有如下基本性质:
- 性质 1:二叉树的第 i 层上最多有 2^{i-1} 个节点($i \geqslant 1$)。
- 性质 2:深度为 k 的二叉树最多有 $2^k - 1$ 个节点($k \geqslant 1$)。
- 如果一个深度为 k 的二叉树拥有 $2^k - 1$ 个节点,则称为满二叉树。深度为 k、且有 n 个节点的二叉树,当且仅当其每个节点都与深度为 k 的满二叉树中编号从 1 到 n 的节点一一对应时,称之为完全二叉树。
- 性质 3:对于任意一棵二叉树,如果度为 0 的节点个数为 n_0,度为 2 的节点个数为 n_2,则 $n_0 = n_2 + 1$。
- 性质 4:具有 n 个节点的完全二叉树的深度为 $[\log_2 n] + 1$。其中,$[\log_2 n]$ 是不大于 $\log_2 n$ 的最大整数。

3. 二叉树的存储结构

二叉树通常采用链式存储结构来存储。每个节点除了存储节点本身的信息(data)外,再设置两个指针域 lchild 和 rchild,分别指向该节点的左孩子和右孩子,当节点的某个指针为空时,相应的指针值为 NIL 或 ∧。节点的形式为:

lchild	data	rchild

例如,图 8.30(b)中的二叉树,它的链式存储方式如图 8.31 所示。这种存储方法称为二叉链表表示法,其中 t 是指向树根的指针。

4. 二叉树的遍历

遍历是树形结构的一个重要的基本运算。树形结构的其他大多数运算都与之有联系。

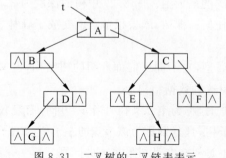

图 8.31　二叉树的二叉链表表示

二叉树的遍历是指不重复地访问二叉树中的所有节点。考虑到二叉树的基本组成部分是:根(D)、左子树(L)、右子树(R),并规定先左后右的原则,因此二叉树的遍历可分为三种:前序遍历、中序遍历和后序遍历。以下是这三种遍历方式的递归定义。

(1) 前序遍历(DLR):

① 访问根节点;

② 前序遍历左子树；

③ 前序遍历右子树。

在此特别要注意的是，在遍历左右子树时仍然采用前序遍历的方法。

(2) 中序遍历(LDR)。

① 中序遍历左子树；

② 访问根节点；

③ 中序遍历右子树。

遍历左右子树时仍然采用中序遍历的方法。

(3) 后序遍历(LRD)。

① 后序遍历左子树；

② 后序遍历右子树；

③ 访问根节点。

遍历左右子树时仍然采用后序遍历的方法。

例如，对于图 8.30(b)中的二叉树，它的节点的前序遍历序列是

ABDGCEHF

它的节点的中序遍历序列是

BGDAEHCF

它的节点的后序遍历序列是

GDBHEFCA

树与二叉树后测习题

(1) 设有二叉树：

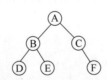

对此二叉树的中序遍历结果为_____。

A. ABCDEF　　　B. DBEACF　　　C. DBEAFC　　　D. DEBFCA

(2) 在深度为 5 的满二叉树中，叶子节点的个数为_____。

A. 32　　　　　B. 31　　　　　C. 16　　　　　D. 15

(3) 某二叉树中有 n 个叶子节点，则该二叉树度为 2 的节点数为_____。

A. $2n$　　　　B. $n/2$　　　　C. $n-1$　　　　D. $n+1$

(4) 一棵二叉树中共有 80 个叶子节点与 70 个度为 1 的节点，则该二叉树中的总节点数为_____。

A. 219　　　　B. 229　　　　C. 230　　　　D. 231

(5) 某二叉树的中序序列为 DCBAEFG，后序序列为 DCBGFEA，则该二叉树的前序序列为_____。

A. ABCDEFG　　B. ABCDFEG　　C. ABEDFCG　　D. ABDCEFG

8.2.5 数据处理——查找技术

视频名称	数据查找	二维码
主讲教师	李支成	
视频地址		

查找是数据处理中的一个重要的基本运算,查找的效率将直接影响到数据处理的效率。

所谓查找,是指在一个给定的数据结构中找出满足条件的元素。通常,根据不同的数据结构,应采用不同的查找方法。以下介绍各种查找技术中较为简单的两种查找方法。

1. 顺序查找

顺序查找是线性表的最简单的查找方法。

其方法是:从线性表的第一个元素开始,将被查元素依次与线性表中的元素进行比较,若相等则查找成功;若找遍线性表中所有元素都不相等,则查找失败。

在进行顺序查找的过程中,如果线性表中的第一个元素就是被查元素,则只需做一次比较就查找成功,此时查找效率最高;但如果被查元素是线性表中最后一个元素,或者被查元素根本就不在表中,则为了查找这个元素需要与表中所有的元素进行比较,这是顺序查找的最坏情况。在平均情况下,利用顺序查找法在线性表中查找一个元素,大约要与表中一半的元素进行比较。

由此看出,线性表越大,顺序查找的效率越低。但以下两种情况也只能采用顺序查找:

(1) 线性表为无序表(即表中元素的排列是无序的),则不管是顺序存储结构还是链式存储结构,都只能采用顺序查找。

(2) 线性表即使是有序表,如果采用链式存储结构,也只能用顺序查找。

2. 二分法查找

二分法查找是一种效率较高的线性表查找方法,但它只是适用于顺序存储的有序表。

设有序线性表的长度为n,被查元素为x,则二分法查找的方法如下:

① 将 x 与线性表的中间项进行比较,若中间项的值等于 x,查找成功,算法结束;

② 若 x 小于中间项的值,则在线性表的前半部分(即中间项以前的部分)以二分法进行查找;

③ 若 x 大于中间项的值,则在线性表的后半部分(即中间项以后的部分)以二分法进行查找;

④ 这个过程一直进行到查找成功或子表长度为 0(说明表中没有这个元素)为止。

【例 8.3】 在有序表(8,18,27,42,47,50,56,68,95,100)中分别采用二分法查找元素 100 和元素 20。图 8.32 显示了二分法查找过程,"[ ]"括住本次查找的子表,用"↑"指向该子表中参加比较的中间节点。

查找元素 100 时,需要分别和元素 47、68、95、100 比较,查找成功,如图 8.32(a)所示。查找元素 20 时,需要分别和元素 47、18、27 比较,子表为空时查找不成功,如图 8.32(b)所示。

显然,当有序线性表为顺序存储时才能采用二分法查找,并且二分法查找的效率要比顺序查找高得多。可以证明,对于长度为 n 的有序表,在最坏情况下,二分法查找只需要比较

$\log_2 n$ 次,而顺序查找需要比较 n 次。

第1次比较	[8	18	27	42	47 ↑	50	56	68	95	100]
第2次比较	8	18	27	42	47	[50	56	68 ↑	95	100]
第3次比较	8	18	27	42	47	50	56	68	[95 ↑	100]
第4次比较	8	18	27	42	47	50	56	68	95	[100] ↑

(a) 查找元素100,查找成功

第1次比较	[8	18	27	42	47 ↑	50	56	68	95	100]
第2次比较	[8	18 ↑	27	42]	47	50	56	68	95	100
第3次比较	8	18	[27 ↑	42]	47	50	56	68	95	100
	8	18]	[27 失败	42	47	50	56	68	95	100

(b) 查找元素20,查找失败

图 8.32 二分法查找

数据查找后测习题

(1) 对长度为 n 的线性表进行顺序查找,在最坏情况下所需要的比较次数为_____。
  A. $\log_2 n$　　　　　B. $n/2$　　　　　C. n　　　　　D. $n+1$
(2) 下列数据结构中,能用二分法进行查找的是_____。
  A. 有序线性链表　　　　　　　　　B. 线性链表
  C. 二叉链表　　　　　　　　　　　D. 顺序存储的有序线性表
(3) 对于有序表(12,18,24,35,47,50,62,83,90,115,134),当用二分法查找 83 时,需要进行_____次查找可确定成功。
  A. 2　　　　　B. 3　　　　　C. 4　　　　　D. 5

8.2.6　数据处理——排序技术

视频名称	数据排序	二维码
主讲教师	李支成	
视频地址		

排序也是数据处理中的一种重要运算。所谓排序,是指将一个无序序列整理成按值递增(或递减)顺序排列的有序序列。

排序的方法有很多,根据待排序序列的规模以及对数据处理的要求,可以采用不同的排序方法。排序可以在各种不同的存储结构上实现,在以下介绍的常用排序方法中,以顺序存储的线性表为排序对象,做递增排序,了解排序的基本思想。

1. 冒泡排序

冒泡排序是基于交换思想的一种简单的排序方法。

其基本思想是:从表头开始扫描,逐次比较相邻的两个元素,若为逆序,则进行交换。将待排序序列照此方法从头至尾处理一遍称作一趟冒泡,一趟冒泡结束一定能将最大值交换到最后的位置,即该元素的排序最终位置。若某一趟冒泡过程中没有任何交换发生,则排序结束。对 n 个元素的序列进行排序最多进行 $n-1$ 趟冒泡。

【例8.4】 设待排序序列(42,20,17,13,28,14,23,15),执行冒泡排序的过程如图8.33所示。

冒泡排序的平均时间复杂度是 $O(n^2)$。

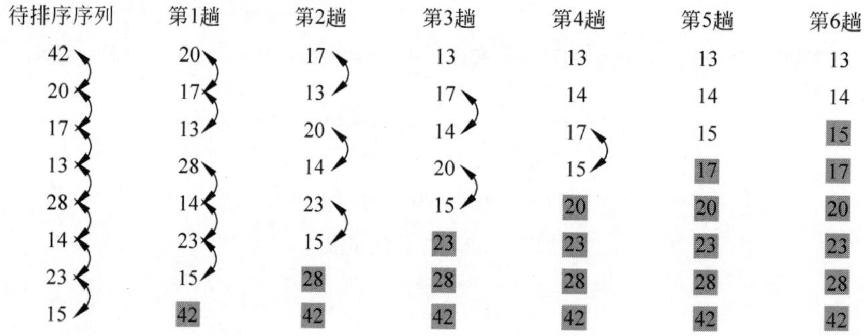

```
待排序序列  第1趟  第2趟  第3趟  第4趟  第5趟  第6趟
    42       20     17     13     13     13     13
    20       17     13     17     14     14     14
    17       13     20     14     17     15     15
    13       28     14     20     15     17     17
    28       14     23     15     20     20     20
    14       23     15     23     23     23     23
    23       15     28     28     28     28     28
    15       42     42     42     42     42     42
```

图8.33 冒泡排序

2. 快速排序

快速排序是对冒泡排序的一种改进。

其基本思想是:从线性表中选取一个元素,设为 T,将线性表后面小于 T 的元素移到 T 的前面,而前面大于 T 的元素移到 T 之后,结果就将线性表分割成了两部分(称为两个子表),T 插入其分界线的位置处;通过这次分割,就以 T 为分界线将线性表分成了前后两个子表,且前面子表中的所有元素均不大于 T,而后面子表中的所有元素均不小于 T。然后分别对这两个子表再按上述原则进行分割,直到分割的所有子表都为空为止,则此时的线性表就变成了有序表。

【例8.5】 设待排序序列(42,20,17,50,28,14,23,45),执行快速排序的过程如图8.34所示。

快速排序在最坏情况下的时间复杂度为 $O(n^2)$,与冒泡排序相当。但其平均时间复杂度为 $O(n\log_2 n)$,优于冒泡排序。

3. 直接插入排序

直接插入排序是最简单、直观的排序方法。

其基本思想是:每一步将一个待排序元素按其大小插入到前面已有序线性表的适当位置上,直到全部插入为止。

【例8.6】 设待排序序列(42,20,17,13,28,14,23,15),直接插入排序的过程如图8.35

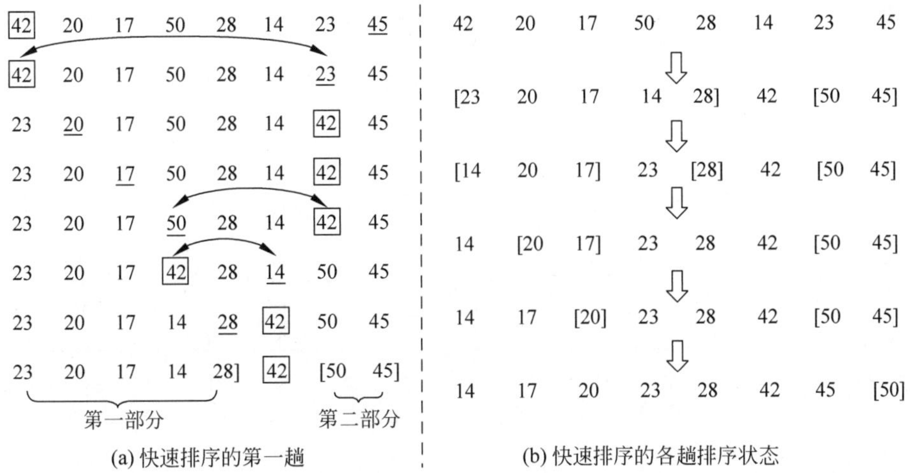

```
 42  20  17  50  28  14  23  45       42  20  17  50  28  14  23  45
                                                    ⇓
 42  20  17  50  28  14  23  45      [23  20  17  14  28] 42 [50  45]
                                                    ⇓
 23  20  17  50  28  14  42  45      [14  20  17] 23 [28] 42 [50  45]
                                                    ⇓
 23  20  17  50  28  14  42  45       14 [20  17] 23 [28] 42 [50  45]
                                                    ⇓
 23  20  17  50  28  14  42  45       14  17 [20] 23  28  42 [50  45]
                                                    ⇓
 23  20  17  42  14  50      45       14  17  20  23  28  42  45 [50]
 23  20  17  14  28  42      50  45
 23  20  17  14  28] 42     [50  45]
```

(a) 快速排序的第一趟　　　　　　　　(b) 快速排序的各趟排序状态

图 8.34　快速排序

所示。显然,开始时可以认为只包含第 1 个元素的子表就是一个有序表。接下来,就从第 2 个元素开始直到最后一个元素,逐次将每一个元素插入到前面的有序表中。

```
待排序序列: [42]  20   17   13   28   14   23   15
第1趟:     [20   42]  17   13   28   14   23   15
第2趟:     [17   20   42]  13   28   14   23   15
第3趟:     [13   17   20   42]  28   14   23   15
第4趟:     [13   17   20   28   42]  14   23   15
第5趟:     [13   14   17   20   28   42]  23   15
第6趟:     [13   14   17   20   23   28   42]  15
第7趟:     [13   14   15   17   20   23   28   42]
```

图 8.35　直接插入排序

直接插入排序的平均时间复杂度是 $O(n^2)$。

4. 希尔排序

希尔排序是对直接插入排序的一种改进。

其基本思想是:先将整个待排序的记录分割成若干子序列分别进行"直接插入排序",待整个序列中的记录"基本有序"时,再对全体记录进行一次直接插入排序。

分割子序列的方法如下:将相隔某个增量 h 的元素构成一个子序列。在排序过程中,逐次减小这个增量,最后当 h 减到 1 时,进行一次直接插入排序即可。

增量序列一般取 $h=n/2^k (k=1,2,\cdots,[\log_2 n])$,其中 n 为待排序序列的长度。

【例 8.7】 将线性表(07,19,24,13,31,08,82,18,44,63,05,29)用希尔排序的过程如图 8.36 所示。

希尔排序的性能分析很复杂,它的时间复杂度取决于增量序列,一般认为其平均时间复杂度为 $O(n^{1.3})$。希尔排序的速度通常要比直接插入排序快。

5. 简单选择排序

简单选择排序的基本思想是:扫描整个线性表,从中选出最小的元素,将它交换到表的最前面(这是它排序后应在的位置);然后对剩下的子表采用同样的方法,直到子表为空为止。

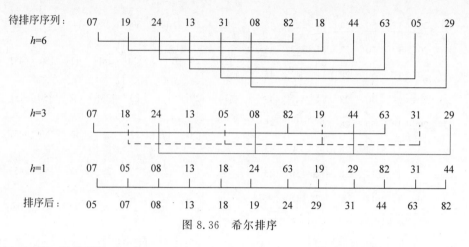

图 8.36 希尔排序

【例 8.8】 设待排序序列(42,20,17,13,28,14,23,15),简单选择排序的过程如图 8.37 所示。有方框的元素是这一趟刚被选出来的最小元素。

```
待排序序列：   42   20   17   13   28   14   23   15
第1趟选择：   13   20   17   42   28   14   23   15
第2趟选择：   13   14   17   42   28   20   23   15
第3趟选择：   13   14   15   42   28   20   23   17
第4趟选择：   13   14   15   17   28   20   23   42
第5趟选择：   13   14   15   17   20   28   23   42
第6趟选择：   13   14   15   17   20   23   28   42
第7趟选择：   13   14   15   17   20   23   28   42
```

图 8.37 简单选择排序

对于长度为 n 的序列,简单选择排序需要扫描 $n-1$ 趟,每一趟扫描均从剩下的子表中选出最小的元素,然后将该最小元素与子表中的第一个元素进行交换。简单选择排序在最坏情况下需要比较 $n(n-1)/2$ 次,平均时间复杂度为 $O(n^2)$。

6. 堆排序

堆排序是一种树形选择排序方法,它的特点是:将待排序序列看成是一棵完全二叉树的顺序存储结构,利用完全二叉树中双亲节点和孩子节点之间的内在关系,在当前无序序列中选出最大(或最小)的元素。

堆排序的关键是构造堆树。堆树就是:完全二叉树中的每个节点(除叶子节点外)都必须小于它的左右孩子,或者都必须大于它的左右孩子。前者称为小根堆,如图 8.38(a)所示,后者称为大根堆,如图 8.38(b)所示。

这里以大根堆为例,堆排序的过程是:在初始堆树构造好后,将根节点与当前树中最后一个叶子节点交换。此时最大元素已归位,剩余元素组成的树不再是堆树,然后必须重新调整成堆树,再重复上述交换节点的过程,直到所有元素都排好序。

【例 8.9】 设待排序序列(42,20,17,13,28,14,23,15),用堆排序方法进行递增排序。

该线性表的完全二叉树初始状态如图 8.39(a)所示,首先要构造初始堆,如图 8.39(b)所示。

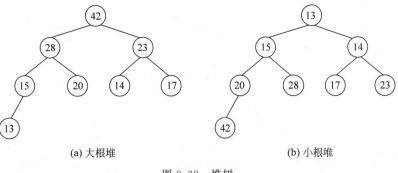

(a) 大根堆　　　　　　　　　　(b) 小根堆

图 8.38　堆树

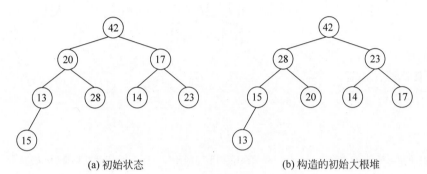

(a) 初始状态　　　　　　　(b) 构造的初始大根堆

图 8.39　构造的初始堆树

堆排序的过程如图 8.40 所示，虚线连接的节点为已归位节点。

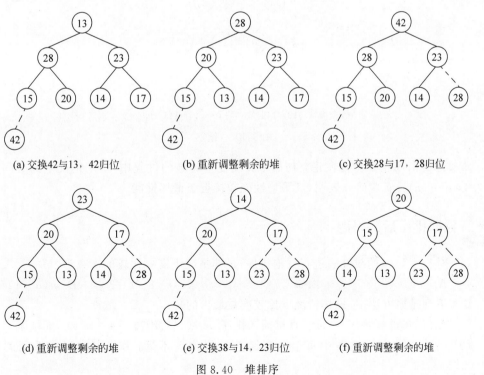

(a) 交换42与13，42归位　　(b) 重新调整剩余的堆　　(c) 交换28与17，28归位

(d) 重新调整剩余的堆　　(e) 交换38与14，23归位　　(f) 重新调整剩余的堆

图 8.40　堆排序

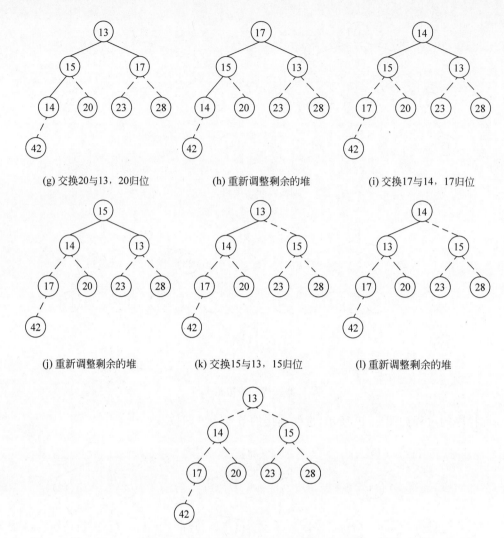

图 8.40 （续）

堆排序的时间主要花费在建立初始堆和反复重建堆的过程中，最坏情况下的时间复杂度为 $O(n\log_2 n)$。实验研究表明，其平均性能较接近于最坏性能。

数据排序后测习题

(1) 对长度为 n 的线性表进行冒泡排序，最坏情况下需要比较的次数为_____。
  A. $\log_2 n$ B. n^2 C. $n(n-1)/2$ D. $n(n-1)/2-1$

(2) 下列排序方法中，最坏情况下比较次数最少的是_____。
  A. 简单选择排序   B. 直接插入排序   C. 冒泡排序   D. 堆排序

(3) 已知待排序线性表中每个元素距其最终位置不远，为节省时间应采用的算法是_____。
  A. 直接插入排序   B. 冒泡排序   C. 快速排序   D. 堆排序

8.3 数据库原理

8.3.1 数据库概述

视频名称	数据库概述	二维码
主讲教师	程欣宇	
视频地址		

数据库技术是 20 世纪 60 年代末开始逐步发展起来的数据管理技术,是计算机软件学科的一个重要分支,经过 40 多年的发展,现已形成相当规模的理论体系和应用技术,其应用领域已从数据处理、信息管理、事务处理扩大到计算机辅助设计、人工智能、办公信息系统等各个领域。

数据库可以形象地理解为存放数据的仓库,这个仓库就是计算机的大容量存储器,数据是按一定的格式存放的。数据库技术研究的是如何利用计算机组织、存储、维护和处理数据,从而高效地获取有价值的数据,以便作为各种决策活动的依据。

1. 数据与数据处理

1) 数据和信息

数据(Data)是人们用于记录事物情况的物理符号。为了描述客观事物而用到的数字、字符以及所有能输入到计算机中并能被计算机处理的符号都可以看作数据。有两种基本形式的数据:数值型数据、字符型数据。此外,还有图形、图像、声音等多媒体数据。

信息(Information)是数据中所包含的意义。通俗地讲,信息是经过加工处理并对人类社会实践和生产活动产生决策影响的数据。不经过加工处理的数据只是一种原始材料,对人类活动产生不了决策作用,它的价值只是在于记录了客观世界的事实。只有经过提炼和加工,原始数据才会发生质的变化,给人们以新的知识和智慧。

数据与信息既有区别,又有联系。数据是表示信息的,但并非任何数据都能表示信息,信息只是加工处理后的数据,是数据所表达的内容。另一方面信息不随表示它的数据形式而改变,它是反映客观现实世界的知识,而数据则具有任意性,用不同的数据形式可以表示同样的信息。例如一个城市的天气预报情况是一条信息,而描述该信息的数据形式可以是文字、声音或图像等。

2) 数据处理

数据处理是指将数据转换成信息的过程。它包括对数据的收集、存储、分类、计算、加工、检索和传输等一系列活动。其基本目的是从大量的、杂乱无章的、难以理解的数据中整理出对人们有价值、有意义的数据(即信息),作为决策的依据。

例如,全体大一学生"大学计算机基础"课程的考试成绩记录了考生的考试情况(属于原始数据),对考试成绩分班统计(属于数据处理)的结果,可以作为任课教师教学评价的依据之一(属于信息),或者对考试成绩按不同的题型得分情况进行分类统计(属于数据处理),可得出试题分布和难易程度的分析报告(属于信息)。

2. 数据管理技术

计算机为数据管理提供了操作手段。随着计算机硬件和软件技术的发展以及社会对数据处理需求的不断增长，计算机管理数据的方式也在不断地改进，先后经历了人工管理、文件系统和数据库系统3个发展阶段。

20世纪60年代后期，为解决多用户、多个应用程序共享数据的要求，使数据能为尽可能多的应用程序服务，数据库技术便应运而生，出现了专门统一管理数据的系统软件——数据库管理系统。图8.41为数据库系统阶段示意图。

数据库技术的发展先后经历了层次数据库、网状数据库和关系数据库。层次数据库和网状数据库可以看作第一代数据库系统，关系数据库可以看作第二代数据库系统。自20世纪70年代提出关系数据模型和关系数据库后，数据库技术得到了蓬勃发展，涌现出许多不同类型的新型数据库系统，例如分布式数据库系统、面向对象数据库系统、多媒体数据库系统、知识库系统、数据仓库等。

3. 数据库系统

1) 数据库系统的组成

数据库系统(DataBase System, DBS)是引入数据库技术的计算机系统，它由计算机系统、数据库、数据库管理系统、应用系统、数据库管理员和用户组成，如图8.42所示。

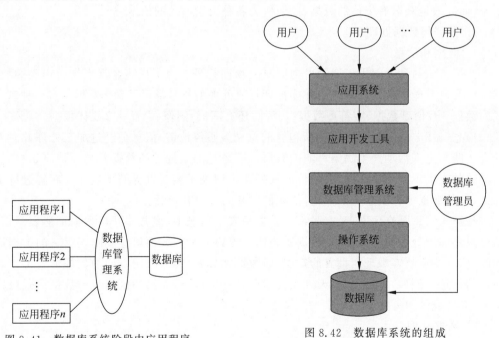

图8.41 数据库系统阶段中应用程序与数据之间的对应关系

图8.42 数据库系统的组成

- 数据库(DataBase, DB)。数据库是数据库系统中按一定的数据模型组织、存储在计算机外存储器中的、可共享的数据集合。它不仅包括描述事物的数据本身，而且还包括相关事物之间的联系。
- 数据库管理系统(DataBase Management System, DBMS)。数据库管理系统是位于用户与操作系统之间的一层数据管理软件。它是一种系统软件，负责数据库中的数据定义、操纵、维护、控制、保护和数据服务等,是数据库系统的核心部分。
- 数据库管理员(DataBase Administrator,DBA)。数据库管理员是专门从事数据库建立、使用和维护的工作人员。

2) 数据库管理系统的主要功能
- 数据定义功能。DBMS 提供了数据定义语言(Data Definition Language,DDL),用户通过它可以方便地对数据库中的相关内容进行定义。例如,对数据库、表、索引进行定义。
- 数据操纵功能。DBMS 还提供数据操纵语言(Data Manipulation Language,DML),用户可以使用 DML 操纵数据实现对数据库的基本操作。例如,对表中的数据进行查询、插入、删除和修改等。
- 数据库的运行管理功能。数据库在建立、运用和维护时由 DBMS 统一管理、统一控制,以保证数据的安全性、完整性、多用户对数据的并发使用及发生故障后的系统恢复。
- 数据库的建立和维护功能。它包括数据库初始数据的输入、转换功能,数据库的转储、恢复功能,数据库的重新组织功能和性能监视、分析功能等。这些功能通常是由一些实用程序完成的。

3) 数据库系统的特点

数据库系统是文件系统的发展,两者都是以数据文件的形式组织数据,但数据库系统引入了 DBMS 管理机制,与文件系统相比具有以下特点。

(1) 数据的结构化。数据库系统在描述数据时不仅可以描述数据本身,还可以描述数据之间的联系,实现数据的结构化。

(2) 数据的高共享性和低冗余度。数据库系统从整体角度看待和描述数据,数据不再面向某个应用而是面向整个系统,因此数据可以被多个用户、多个应用程序共享使用。数据共享可以大大减少数据冗余,节约存储空间,还能够避免数据之间的不一致性和不相容性。

(3) 具有较高的数据独立性。所谓数据独立是指数据与应用程序之间的彼此独立,它们之间不存在相互依赖的关系。

在数据库系统中,数据库管理系统通过映像实现了应用程序对数据的逻辑结构与物理存储结构之间较高的独立性。数据库的数据独立包括两方面。
- 物理数据独立:数据的存储格式和组织方法改变时,不影响数据库的逻辑结构,从而不影响应用程序。
- 逻辑数据独立:数据库逻辑结构的变化(如数据定义的修改,数据间联系的变更等)不影响用户的应用程序。

(4) 增强了数据安全性和完整性保护。数据库加入了安全保密机制,可以防止对数据的非法存取。由于实行集中控制,有利于控制数据的完整性。数据库系统采取了并发访问控制,保证了数据的正确性。另外,数据库系统还采取了一系列措施,实现了对数据库破坏的恢复。

 数据库概述后测习题

(1) 在数据管理技术的发展过程中,经历了人工管理阶段、文件系统阶段和数据库系统阶段。其中数据独立性最高的阶段是_____。
    A. 数据库系统　　　B. 文件系统　　　C. 人工管理　　　D. 数据项管理

(2) 下列选项中说法不正确的是_____。
    A. 数据库系统减少了数据冗余　　　　　B. 数据库中的数据可以共享
    C. 数据库避免了一切数据的重复　　　　D. 数据库具有较高的数据独立性

(3) 下面描述中不属于数据库系统特点的是_____。
    A. 数据冗余度高　　B. 数据共享　　　C. 数据独立性高　　D. 数据完整性

(4) 数据库、数据库系统和数据库管理系统之间的关系是_____。
    A. 数据库包括数据库系统和数据库管理系统
    B. 数据库系统包括数据库和数据库管理系统
    C. 数据库管理系统包括数据库和数据库系统
    D. 三者没有明显的包含关系

(5) 数据库管理系统的英文缩写是_____。
    A. DB　　　　　　B. DBS　　　　　C. DBMS　　　　　D. DBA

(6) 数据库系统的核心是_____。
    A. 数据库模型　　　　　　　　　　　　B. 数据库
    C. 数据库管理系统　　　　　　　　　　D. 数据库管理员

8.3.2 数据模型

视频名称	数据模型	二维码
主讲教师	程欣宇	
视频地址		

    模型是现实世界特征的模拟和抽象。把客观存在的事物以数据的形式存储到计算机中,并把对现实生活中事物特征的认识、概念化到计算机数据库里的具体表示,这是一个逐级抽象的过程。

1. 实体及实体间的联系

1) 实体

    现实世界中客观存在并可相互区别的事物称为实体(Entity)。实体可以是人,如一名教师、一名学生等,也可以指物,如一本书、一张桌子等。它还可以指抽象的事件,如一次借书、一次奖励等,还可以指事物与事物之间的联系,如学生选课、客户订货等。

    一个实体可有不同的属性,属性(Attribute)描述了实体某一方面的特性。例如,学生实体可以用学号、姓名、性别、出生日期、入学成绩、所在院系等属性来描述。每个属性可以取不同的值(202010172201,张力,男,2000/01/01,555.0,人工智能学院),这些属性值组合起来表示一个具体的学生。由此可见,属性是个变量,属性值是变量所取的值,属性值的变化范围称作属性值的域(Domain)。如性别这个属性的域为(男、女)。

    由上可见,属性值所组成的集合表征一个实体,相应的这些属性的集合表征了一种实体的类型,称为实体型(Entity Type)。例如上面的学号、姓名、性别、出生日期、入学成绩、所在院系等表征"学生"这样一种实体的实体型。同类型的实体的集合称为实体集(Entity Set)。

在关系数据库中,用"表"来表示同一类实体,即实体集,用"记录"来表示一个具体的实体,用"字段"来表示实体的属性。显然,字段的集合组成一个记录,记录的集合组成一个表。相应于实体型,则代表了表的结构。

2) 实体间的联系

实体之间的对应关系称为联系,它反映了现实世界事物之间的相互关联。归纳起来有 3 种类型:

- 一对一联系(1:1)。例如,学校里一个班级只有一个正班长,而一个班长只在一个班中任职,班级与班长之间的联系是一对一的联系。
- 一对多联系(1:n)。例如,一所学校有许多学生,但一个学生只能就读于一所学校,所以学校与学生之间的联系是一对多的联系。
- 多对多联系(m:n)。例如,一门课程同时有若干学生选修,而一个学生可以同时选修多门课程,则课程与学生之间的联系是多对多的联系。

3) E-R 模型

E-R 概念模型经常用于对现实世界的描述,按现实要求转化成实体、属性、联系等几个基本概念以及它们之间的基本连接关系,并可以用 E-R 图直观地表示出来。

上述 3 类实体型之间的联系用 E-R 图来表示,如图 8.43 所示。

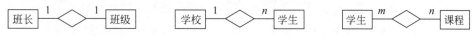

图 8.43 两个实体型之间的 3 类联系

【例 8.10】 学生和课程之间的选修关系的概念模型,可用图 8.44 的 E-R 图来表示。

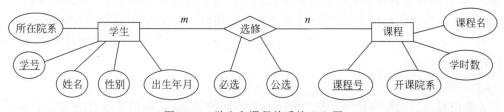

图 8.44 学生和课程关系的 E-R 图

在 E-R 图中,用矩形框来表示实体集,用椭圆形表示实体或联系的属性,属性与实体之间用实线相连,用菱形框表示实体间的联系,用箭头标出并注上联系的种类,多值属性用虚椭圆框标出。

E-R 模型是一个很好的、描述现实事物的方法,一般遇到实际问题时,总是先设计出它的 E-R 模型,然后再把 E-R 模型转换成与 DBMS 关联的数据模型,如层次、网状或关系模型。

2. 数据模型

数据库中存放了大量数据,要很好的管理这些数据,必须把这众多的数据采用某种方式来存储,即数据的结构化,数据模型的主要任务之一是指出数据的构造,即如何表示数据,指出要研究的是什么实体,包含哪些属性;二是确定数据间的关系,主要是实体间的关系。

数据库系统中,常用的数据模型有层次模型、网状模型和关系模型 3 种。

1) 层次模型

层次模型用树形结构来表示实体及其之间的联系。例如一个学校的行政机构、一个家族的世代关系等,这些实体间的联系本身就是自然的层次关系,图8.45所示为一个学校实体的层次模型。

层次模型具有层次清晰、构造简单、易于实现等优点,它可以比较方便地表示出一对一和一对多的实体联系,而不能直接表示出多对多的实体,对于多对多的联系,必须先将其分解为几个一对多的联系,才能表示出来。

采用层次模型来设计的数据库称为层次数据库。

2) 网状模型

网状数据模型用以实体型为节点的有向图来表示各实体及其之间的联系。

例如,教学实体的网状模型可以用图8.46来表示。

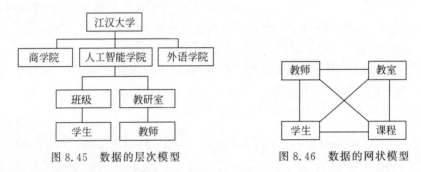

图8.45 数据的层次模型　　　图8.46 数据的网状模型

网络模型要比层次模型复杂,它可以直接用来表示多对多的联系。然而由于技术上的困难,一些已实现的网状数据库管理系统(如DBTG)中仍然只允许处理一对多的联系。

在以上两种数据模型中,各实体之间的联系是用指针实现的,其优点是查询速度高。但是当实体集和实体集中实体的数目都较多时,众多的指针使得管理工作相当复杂,对用户来说使用也比较麻烦。

3) 关系模型

关系模型与层次模型和网状模型相比有着本质的差别,它是用二维表格来表示实体及其相互间的联系,这也是现实生活中最常用、最直观的方法。表8.4就是一个描述学生基本信情况的二维表格。

表8.4 学生基本情况表

学　号	姓名	性别	党员	出生年月	院系	入学成绩
202000121001	夏天	男	是	2001-7-9	商学院	652.0
202000131002	欧阳申强	男	是	2000-11-8	人工智能学院	622.5
202000141003	和音	女	是	2002-7-12	化环学院	522.5
202000151004	克敏敏	女	否	2000-6-8	物信学院	580.0
202000161005	李例	男	否	2001-4-2	人文学院	587.5

关系模型是将数据组织成二维表的形式,通过一张二维表来描述实体的属性,描述实体间联系的数据模型。每一个二维表称为一个关系。

在数据库中,满足下列条件的二维表称为关系模型:
- 表中每一分量不可再分,是最基本的数据单位,即表中不允许有子表。
- 每一列的分量类型相同,列数根据需要而设,且各列的顺序是任意的。
- 每一行(称为元组)由一个个体事物的诸多属性构成,且各行的顺序可以是任意的。
- 表中不允许有相同的属性名,任意两行也不能完全相同。

表8.4给出的学生基本情况表就是一个关系模型。

数据模型后测习题

(1) 用二维表结构表示实体和实体间关系的数据模型为_____。
　　A. 关系模型　　B. 层次模型　　C. 网状模型　　D. 面向对象模型

(2) 关系表中的每一横行称为一个_____。
　　A. 元组　　B. 字段　　C. 属性　　D. 码

(3) 最常用的一种基本数据模型是关系数据模型,它的表示应采用_____。
　　A. 树　　B. 网络　　C. 图　　D. 二维表

(4) 一个项目具有一个项目主管,一个项目主管可以管理多个项目,则实体"项目主管"和实体"项目"之间属于_____联系。
　　A. 一对一　　B. 一对多　　C. 多对一　　D. 多对多

(5) 一个学生可以选修多门课程,每门课程可以被多个学生选修,学生和课程之间属于_____联系。
　　A. 一对一　　B. 一对多　　C. 多对一　　D. 多对多

(6) 在E-R图中,用来表示实体联系的图形是_____。
　　A. 椭圆形　　B. 矩形　　C. 菱形　　D. 三角形

8.3.3 关系数据库

视频名称	关系数据库	二维码
主讲教师	程欣宇	
视频地址		

关系数据库系统是支持关系数据模型的数据库系统。关系模型建立在严格的数学理论基础上,目前流行的数据库管理系统几乎都支持关系模型。Microsoft Access、Oracle、MySQL、MS SQL Server等都是关系数据库管理系统。

1. 关系模型及关系数据库

以关系模型建立的数据库就是关系数据库(Relational DataBase,RDB)。关系数据库中包含若干个关系,每个关系都由关系模式确定,每个关系模式包含若干个属性和属性对应的域,所以,定义关系数据库就是逐一定义关系模式,对每一关系模式逐一定义属性及其对应的域。

一个关系就是一张二维表格,表格由表格结构与数据构成,表格的结构对应关系模式,表格每一列对应关系模式的一个属性,该列的数据类型和取值范围就是该属性的域。因此,定义了表格就定义了对应的关系。

在 Microsoft Access 中,与关系数据库对应的是数据库文件(.accdb 文件),一个数据库文件包含若干个表,表由表结构与若干个数据记录组成,表结构对应关系模式。每个记录由若干个字段构成,字段对应关系模式的属性,字段的数据类型和取值范围对应属性的域。

下面看一个关系模型的实际例子:"学生 - 选课 - 课程"关系模型。

设有"学生选课"数据库,其中有"学生""课程""选课"3 个表,如图 8.47 所示。约定一个学生可以选修多门课,一门课也可以被多个学生选修,所以学生和课程之间的联系是多对多的联系。通过"选课"表把多对多的关系分解为两个一对多的关系,"选课"表在这里起一种纽带作用,有时也称作"纽带表"。在 Access 中,3 个表之间的关系如图 8.48 所示。

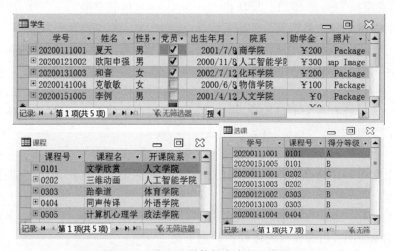

图 8.47　学生选课数据库中的 3 个表

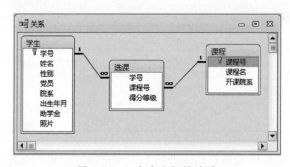

图 8.48　3 个表之间的关系

"学生"表和"选课"表是通过同名字段"学号"建立联系的,"选课"表和"学生"表则是通过同名字段"课程号"建立关联。在"学生"表中,"学号"字段是主关键字(主键),唯一标识该表中的每条记录;在"选课"表中,"学号"字段虽不是该表的主键,却是其关联表——"学生"表的主键,因此称"学号"字段是"选课"表的外部关键字(外键)。图中的"∞"表示"多"。

2. 关系运算

在关系数据库中查询用户所需数据时,需要对关系进行一定的运算。关系运算主要有选择、投影和连接 3 种。

这里还是以学生选课数据库为例，它包括 3 个关系（表），如图 8.48 所示。学生关系 S（学号、姓名、性别、出生年月……），课程关系 C（课程号、课程名、开课院系），学生选课关系 SC（学号、课程号、得分等级）。下面的例子将在这些关系上进行。

1) 选择（Selection）

选择运算是从关系中查找符合指定条件元组的操作。以逻辑表达式指定选择条件，选择运算将选取使逻辑表达式为真的所有元组。选择运算的结果构成关系的一个子集，是关系中的部分元组，其关系模式不变。

选择运算是从二维表格中选取若干行的操作，在表中则是选取若干个记录的操作。

【例 8.11】 从学生关系 S 中查询所有女生信息。运算结果如图 8.49 所示。

图 8.49　选择运算结果

2) 投影（Projection）

投影运算是从关系中选取若干属性形成一个新关系的操作，即从二维表格中选取若干列（字段）。

【例 8.12】 选取学生关系 S 中的姓名和性别。运算结果如图 8.50 所示。

3) 连接（Join）

连接运算是将两个关系模式的若干属性拼接成一个新的关系模式的操作，对应的新关系中，包含满足连接条件的所有元组。连接在表中则是将两个表的若干字段，按指定条件（通常是同名等值）拼接生成一个新的表。

【例 8.13】 查询所有男生选修的课程名和成绩。运算结果如图 8.51 所示。

图 8.50　投影运算结果

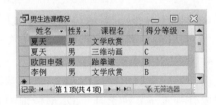

图 8.51　连接运算结果

以上介绍的关系运算可以使用关系数据库的标准数据语言——SQL 结构化查询语言来实现具体的操作，现在流行的关系数据库管理系统都支持 SQL。

3. 关系的完整性约束

关系完整性是为保证数据库中数据的正确性和相容性，对关系模型提出的某种约束条件或规则。完整性通常包括实体完整性、参照完整性和用户定义完整性（又称域完整性），其中实体完整性和参照完整性是关系模型必须满足的完整性约束条件。

1) 实体完整性

实体完整性是指关系的主关键字不能取"空值",不同记录的主关键字值也不能相同。

一个关系对应现实世界中一个实体集。现实世界中的实体是可相互区分、识别的,即它们应具有某种唯一性标识。在关系模式中,以主关键字作唯一性标识,而主关键字中的属性(称为主属性)不能取空值。按实体完整性规则要求,主属性也不能取相同值,否则,主关键字就失去了唯一标识记录的作用。

例如"学生"表中将"学号"字段作为主关键字,那么,该列不得有"空值",否则无法对应某个具体的学生,这样的表格不完整,对应关系不符合实体完整性规则的约束条件。

2) 参照完整性

参照完整性是定义建立关系之间联系的主关键字与外部关键字引用的约束条件。简单地说,就是要求关系中"不引用不存在的实体"。

例如在"学生选课"数据库中,"学号"是"学生"表的主关键字(即主键),如果将"选课"表作为参照关系,"学生"表作为被参照关系,以"学号"作为两个表进行关联的属性,则"学号"是"选课"表的外部关键字(即外键)。"选课"表通过外键"学号"参照"学生"表,如图 8.52 所示。在参照关系"选课"中所出现的"学号"值(外键),必须是被参照关系"学生"中已存在的"学号"(主键)。

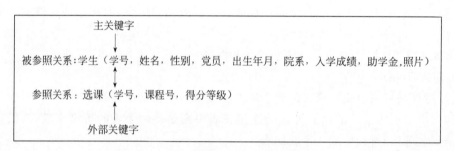

图 8.52 参照关系与被参照关系

3) 用户定义完整性

用户定义完整性则是根据应用环境的要求和实际的需要,对某一具体应用所涉及的数据提出约束性条件,主要包括字段有效性约束和记录有效性约束。例如对"学生"表中的"性别"字段的取值范围规定,只能取值"男"或"女"。

4. 常见的关系数据库管理系统

要开发一个数据库应用系统,需要掌握一种数据库管理系统及开发工具。目前常用的数据库管理系统有许多种,如小型数据库管理系统 Microsoft Access,大型数据库管理系统 SQL Server、Oracle、My SQL、DB2 等。

 关系数据库后测习题

(1) 关系数据库管理系统能实现的专门的关系运算包括_____。

  A. 排序、索引、统计　　　　　　　B. 选择、投影、连接

  C. 关联、更新、排序　　　　　　　D. 显示、打印、制表

(2) SQL 语言又称为_____。
   A. 结构化定义语言　　　　　　　B. 结构化控制语言
   C. 结构化查询语言　　　　　　　D. 结构化操纵语言
(3) 将 E-R 图转换到关系模式时，实体与联系都可以表示成_____。
   A. 属性　　　　B. 关系　　　　C. 键　　　　D. 域
(4) 将 E-R 图转换为关系模式时，E-R 图中的属性可以表示为_____。
   A. 关系　　　　B. 域　　　　　C. 键　　　　D. 实体
(5) 数据库中有 A、B 两表，均有相同字段 C，在两表中 C 字段都设为主键，当通过 C 字段建立两表关系时，则该关系为_____。
   A. 一对一　　　　　　　　　　　B. 一对多
   C. 多对多　　　　　　　　　　　D. 不能建立关系
(6) 有三个关系 R、S 和 T 如下：

R		
A	B	C
a	1	2
b	2	1
c	3	1

S		
A	B	C
d	3	2
c	3	1

T		
A	B	C
a	1	2
b	2	1
c	3	1
d	3	2

则由关系 R 和 S 得到关系 T 的操作是_____。
   A. 选择　　　　B. 投影　　　　C. 并　　　　D. 交
(7) 在"学生"表中要查询所有小于 18 岁且"李"姓的男生，应采用的关系运算是_____。
   A. 选择　　　　B. 投影　　　　C. 连接　　　　D. 比较
(8) 关系模型的完整性规则是对关系的某种约束条件，包括实体完整性、_____和自定义完整性。
   A. 参照完整性　　B. 约束完整性　　C. 规则完整性　　D. 用户完整性

8.4 软件工程基础

8.4.1 概述

视频名称	软件工程概述	二维码
主讲教师	朱家成	
视频地址		

开发一个大型软件系统是一个非常烦琐的工程。而软件的规模大小、复杂程度决定了软件开发的难度。因此，必须采用科学的软件开发方法降低复杂度，以工程的方法管理和控

制软件开发的各个阶段,以保证大型软件系统的开发具有正确性、易维护性、可读性和可重用性。

1. 软件及其特性

在20世纪计算机系统发展的初期,硬件通常用来执行一个单一的程序,而这个程序又是为一个特定的目的而编制的,此时软件的通用性很有限,除了源代码往往没有软件说明书等文档。从60年代中期到70年代中期是计算机系统发展的第二个时期,"软件作坊"的开发方式根本无法适应日趋复杂的软件需求,开发成本和维护难度也越来越高,而失败的软件开发项目却屡见不鲜。"软件危机"就这样开始了!

"软件危机"使得人们开始对软件及其特性进行更深一步的研究,现在人们普遍认为优秀的程序除了功能正确,性能优良之外,还应该容易看懂、容易使用、容易修改和扩充。

现在,被普遍接受的软件的定义是:

软件(software)是计算机系统中与硬件(hardware)相互依存的另一部分,它包括程序(program)、相关数据(data)及其说明文档(document)。

其中程序是按照事先设计的功能和性能要求执行的指令序列;数据是程序能正常操纵信息的数据结构;文档是与程序开发维护和使用有关的各种图文资料。

2. 软件危机与软件工程

概括来说,软件危机包含两方面问题:一是如何开发软件,以满足不断增长,日趋复杂的需求;二是如何维护数量不断膨胀的软件产品。

软件危机的原因,一方面是与软件本身的特点有关;另一方面是由软件开发和维护的方法不正确有关。

1968年秋季,NATO(北约)的科技委员会讨论和制定摆脱"软件危机"的对策,首次提出软件工程(Software Engineering)这个概念。其后的几十年,各种有关软件工程的技术、思想、方法和概念不断地被提出,软件工程逐步发展成为一门独立的科学。而软件工程几十年的发展表明:按照工程化的原则和方法组织软件开发工作,是摆脱软件危机的一个主要出路。

软件工程是一门研究如何用系统化、规范化、数量化等工程原则和方法去进行软件的开发和维护的学科。

软件工程包括两方面内容:

- 软件项目管理。软件项目管理是为了使软件项目能够按照预定的成本、进度、质量顺利完成,而对人员(People)、产品(Product)、过程(Process)和项目(Project)进行分析和管理的活动。
- 软件开发技术。软件开发技术包括软件开发方法学、软件开发工具和软件工程环境。

软件工程包括3个要素:

- 方法(Methodologies)。方法是完成软件工程项目的技术手段;
- 工具(Tools)。工具支持软件的开发、管理、文档生成。如计算机辅助软件工程(Computer-Aided Software Engineering,CASE)系统;
- 过程(Procedures)。过程支持软件开发的各个环节的控制和管理。

8.4.2 软件项目管理

一个软件项目的成败不是由其使用的开发语言、软件工具决定的,在很大程度上与该项目是否有良好的管理密切相关。

项目管理的内容包括人员组织管理、项目计划管理、文档管理、质量管理、软件配置管理和成本控制。

1. 人员组织管理

软件产业是知识、技术密集型产业,而且自动化程度低。因此保证软件开发进度与质量的关键是人,人员组织管理是软件管理的最重要的问题。

软件开发组织中的技术人员主要有系统分析员、系统(高级)程序员和程序员,以及辅助人员,如文档录入员、技术秘书。系统分析员通常也是项目经理。初、中、高级人员比例通常为 10∶3∶1 或者 10∶4∶1。

在大型软件开发组织中,管理结构可以如图 8.53 所示。项目经理负责管理一个具体项目(计划、进度、审查、复审、用户培训等)通常领导 1~6 个程序设计小组。每个小组负责项目开发的一部分或者某一阶段。审查小组从事质量保证活动,在项目开发的里程碑进行技术审查和管理审查。

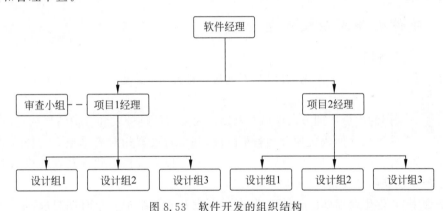

图 8.53 软件开发的组织结构

2. 项目计划管理

项目计划内容包括:

① 软件项目计划。

② 项目进度报告。

3. 文档管理

文档是表达用户需求、描述设计方案、说明使用维护规范、管理开发过程所必需的。文档质量是软件质量的重要组成部分。大型软件规模可能形成数十万或者数百万条程序代码,要求若干人员工作若干年。其间可能出现人员的分工、参与人员的变动,项目目标与进度的调整。如果没有良好的文档管理,开发活动无从控制,将会造成严重低效与失败。

4. 软件质量管理

软件工程的目标之一是生产优质软件。软件产品的质量既有一般有形产品的共性标准,又有其特殊性。由于软件是无形产品,因此保证软件质量基本问题是如何度量软件质量。

软件质量控制的主要措施有计划、评审、测试、复审。

5. 软件配置管理

软件开发和维护阶段都涉及变更问题,包括开发过程中的需求变更、设计变更、模块实现变更和软件维护发生的变更。变更加剧了项目中程序员之间通信与协调的难度。Babich 指出"协调软件开发,使得混乱减少到最小的技术称为配置管理。配置管理是一种标识、组织和控制修改的技术,目的是使错误达到最小并有效地提高生产率。"

6. 成本控制

成本控制包括两个方面的内容:成本估计和成本管理。它们是软件管理的核心任务之一。软件是高度知识密集型的产品,其生产成本主要是劳动力成本。因此软件生产率是软件成本估计的基础。

进行成本估计的主要方法有:

① 基于代码行的成本估算。

② 任务分解成本估算。

③ 其他方法,如经验统计估算模型。

8.4.3 软件生命周期及模型

1. 软件生命周期

一个软件从定义、开发、使用和维护,直到最终被废弃,要经历一个漫长的时期,称为软件生命周期。

软件工程采用的生命周期方法学就是从时间角度对软件开发和维护的复杂问题进行分解,把软件生存的漫长周期依次划分为若干阶段,每个阶段有相对简单独立的任务,然后逐步完成每个阶段的任务。这种采用软件工程方法论可以大大提高软件开发的成功率,软件开发的生产率也能明显提高。

一般说来,软件生命周期由软件定义、软件开发和软件维护三个时期组成,每个时期又进一步划分成若干阶段。

软件定义时期的任务是确定软件开发工程必须完成的总目标;确定工程的可行性,导出实现工程目标应该采用的策略及系统必须完成的功能;估计完成该项工程需要的资源和成本,并且制定工程进度表。这个时期的工作通常又称为系统分析,由系统分析员负责完成。软件定义时期通常进一步划分成三个阶段,即问题定义、可行性研究和需求分析。

软件开发时期具体设计和实现在前一个时期定义的软件,它通常由下述四个阶段组成:总体设计、详细设计、编码和单元测试、综合测试。

软件维护时期的主要任务是使软件持久地满足用户的需要。具体地说,当软件在使用过程中发现错误时应该加以改正;当环境改变时应该修改软件以适应新的环境;当用户有新要求时应该及时改进软件满足用户的新需要。通常对维护时期不再进一步划分阶段,但是每一次维护活动本质上都是一次压缩和简化了的定义和开发过程。

表 8.5 给出了软件生命周期每个阶段的基本任务和结束标准。以下分别做简单介绍。

表 8.5　软件生命周期各阶段

时期	阶段	关键问题	结束标准
软件定义	问题定义	问题是什么？	关于规模和目标的报告书
	可行性研究	有可行的解吗？	系统的高层逻辑模型：数据流图、成本/效益分析
	需求分析	系统必须做什么？	系统的逻辑模型：数据流图、数据字典、算法描述
软件开发	总体设计	如何解决已提出的问题？	可能的解法：系统流程图、成本/效益分析；推荐的系统结构：层次图或结构图
	详细设计	怎样具体地实现这个系统？	编码规格说明：HIPO图或PDL
	编码和单元测试	正确的程序模块	原程序清单：单元测试方案和结果
	综合测试	符合要求的软件	综合测试方案和结果；完整一致的软件配置
软件维护	维护	持久地满足需要的软件	完整准确的维护记录

1) 问题定义

问题定义阶段必须回答的关键问题："要解决的问题是什么？"通过问题定义阶段的工作，系统分析员应该提出关于问题性质、工程目标和规模的书面报告。通过对系统的实际用户和使用部门负责人的访问调查，分析员简明扼要地写出他对问题的理解，并在用户和使用部门负责人的会议上认真讨论这份书面报告，澄清含糊不清的地方，改正理解不正确的地方，最后得出一份双方都满意的文档。问题定义阶段是软件生存周期中最简短的阶段，一般只需要一天甚至更少的时间。

2) 可行性研究

这个阶段要回答的关键问题："对于上一个阶段所确定的问题有行得通的解决办法吗？"系统分析员需要进行一次大大压缩和简化了的系统分析和设计的过程，这个阶段的任务是研究问题的范围，探索这个问题是否值得去解，是否有可行的解决办法。在问题定义阶段提出的对工程目标和规模的报告通常比较含糊。可行性研究阶段应该导出系统的高层逻辑模型（通常用数据流图表示），并且在此基础上更准确、更具体地确定工程规模和目标，然后分析员更准确地估计系统的成本和效益。可行性研究的结果是使用部门负责人做出是否继续进行这项工程的决定的重要依据，可行性研究以后的哪些阶段将需要投入要多的人力物力，或及时中止不值得投资的工程项目，可避免更大的浪费。

3) 需求分析

这个阶段的任务仍然不是具体地解决问题，而是准确地确定**"为了解决这个问题，目标系统必须做什么"**，主要是确定目标系统必须具备哪些功能。系统分析员在需求分析阶段必须和用户密切配合，充分交流信息，以得出经过用户确认的系统逻辑模型。这个系统逻辑模型是以后设计和实现目标系统的基础，因此必须准确完整地体现用户的要求。通常用数据流图、数据字典和简要的算法描述表示系统的逻辑模型。

需求分析阶段的一项重要任务，是用正式文档准确地记录对目标系统的需求，这份文档通常称为规格说明书(Specification)。

4）总体设计（概要设计）

这个阶段必须回答的关键问题是："概括地说，应该如何解决这个问题？"首先，应该考虑几种可能的解决方案。例如，目标系统的一些主要功能是用计算机自动完成还是用人工完成；如果使用计算机，那么是使用批处理方式还是人机交互方式；信息存储使用传统的文件系统还是数据库……。

系统分析员使用系统流程图或其他工具描述每种可能的系统，估计每种方案的成本和效益，还应该在充分权衡各种方案的利弊的基础上推荐最佳方案，并且制定实现所推荐的系统的详细计划。如果用户接受，则可以着手完成本阶段的另一项主要任务——设计软件的结构，也就是确定程序由哪些模块组成以及模块间的关系。通常用层次图或结构描绘软件的结构。

5）详细设计

总体设计阶段以比较抽象概括的方式提出了解决问题的办法。详细设计阶段的任务就是把解法具体化，也就是回答下面这个关键问题："**应该怎样具体地实现这个系统呢？**"

这个阶段的任务还不是编写程序，而是设计出程序的详细规格说明。这种规格说明的作用类似于其他工程领域中工程师经常使用的工程蓝图，它们应该包含必要的细节，程序员可以根据它们写出实际的程序代码。通常用 HIPO 图（层次图加输入/处理/输出图）或 PDL 语言（过程设计语言）描述详细设计的结果。

6）编码和单元测试

这个阶段的关键任务是写出正确的容易理解、容易维护的程序模块。程序员应该根据目标系统的性质和实际环境，选取一种适当的高级程序设计语言（必要时用汇编语言），把详细设计的结果翻译成用选定的语言书写的程序，并且仔细测试编写出的每一个模块。

7）综合测试

这个阶段的关键任务是通过各种类型的测试及相应的调试，使软件达到预定的要求。最基本的测试是集成测试和验收测试。所谓集成测试是根据设计的软件结构，把经过单元测试检验的模块按某种选定的策略装配起来，在装配过程中对程序进行必要的测试。所谓验收测试则是按照规格说明书的规定，由用户对目标系统进行验收。必要时还可以再通过现场测试或平行运行等方法对目标系统进一步测试检验。通过对软件测试结果的分析可以预测软件的可靠性；反之，根据对软件可靠性的要求也可以决定测试和调试过程什么时候可以结束。应该用正式的文档资料把测试计划、详细测试方案以及实际测试结果保存下来，作为软件配置的一个组成成分。

8）软件维护

维护阶段的关键任务是，通过各种必要的维护活动使系统持久地满足用户的需要。

通常有四类维护活动：
- 改正性维护，即诊断和改正在使用过程中发现的软件错误。
- 适应性维护，即修改软件以适应环境的变化。
- 完善性维护，即根据用户的要求改进或扩充软件使它更完善。
- 预防性维护，即修改软件为将来的维护活动预先做准备。

2. 软件生命周期模型

为了反映软件生命周期内各种工作应如何组织及软件生命周期各个阶段应如何衔接，

需要用软件开发模型给出直观的图示来表达。软件开发模型是跨越整个软件生命周期的系统开发、运行、维护所实施的全部工作和任务的结构框架。

常用的模型如下。

1）瀑布模型（Waterfall Model）

瀑布模型是传统的软件生命周期模型，如图 8.54 所示。

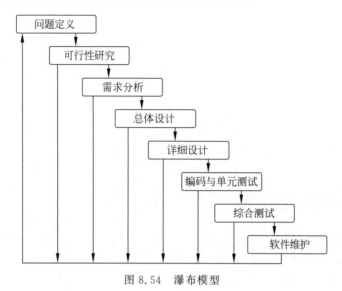

图 8.54　瀑布模型

该模型将软件开发过程划分为 6 个阶段，这 6 个阶段按顺序执行，前一阶段的工作完成之后，才能开始下一阶段的工作；前一阶段产生的文档就是后一阶段工作的依据，因此，只有前一阶段的输出文档正确，后一阶段的工作才能获得正确的结果。当在后面阶段发现前面阶段的错误时，需要沿图中左侧的反馈线返回前面的阶段，修正前面阶段的产品之后再回来继续完成后面阶段的任务。

2）快速原型模型（Rapid Prototyping Model）

所谓快速原型是快速建立起来的可以在计算机上运行的程序，它所能完成的功能往往是最终产品能完成的功能的一个子集。如图 8.55 所示（图中实线箭头表示开发过程，虚线箭头表示维护过程），快速原型模型的第一步是快速建立一个能反映用户主要需求的原型系统，让用户在计算机上试用它，通过实践来了解目标系统的概貌。

快速原型的本质是"快速"。开发人员应该尽可能快地建造出原型系统，以加速软件开发过程，节约软件开发成本。原型的用途是获知用户的真正需求，一旦需求确定了，原型将被抛弃。因此，原型系统的内部结构并不重要，重要的是，必须迅速地构建原型然后根据用户意见迅速地修改原型。当快速原型的某个部分是利用软件工具由计算机自动生成的时候，可以把这部分用到最终的软件产品中。

软件生命周期模型还包括**螺旋模型**（Spiral Model）、第四代技术模型（4GT）、构件组装模型、增量模型等。

当软件规模庞大或对软件的需求模糊易变时，采用生命周期方法学开发往往不成功，近年来在许多应用领域面向对象方法学已经迅速取代了生命周期方法学。面向对象方法遵循人类习惯的思维方式，简化了软件的开发和维护，提高了软件的稳定性和可重用性。

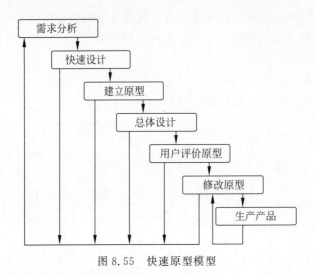

图 8.55 快速原型模型

软件工程概述后测习题

(1) 一个完整的软件生命周期包括_____。
    A. 问题定义、可行性分析、需求分析
    B. 软件定义、软件开发、软件维护
    C. 概要设计、详细设计
    D. 软件编码、软件测试

(2) 软件工程的三要素是_____。
    A. 建模、方法和工具   B. 方法、工具和过程
    C. 建模、方法和过程   D. 定义、方法和过程

(3) 在软件生命周期中,能准确地确定软件系统必须做什么和必须具备哪些功能的阶段是_____。
    A. 概要设计   B. 详细设计   C. 可行性分析   D. 需求分析

(4) 详细设计属于软件生命周期的_____阶段。
    A. 软件定义   B. 软件开发   C. 软件维护   D. 以上3个

8.4.4 结构化的开发方法

视频名称	结构化开发方法	二维码
主讲教师	朱家成	
视频地址		

20世纪70年代初,由 Edward Yourdon 等人提出的结构化方法是一种系统的软件开发方法,包括结构化分析(Structured Analysis,SA)、结构化设计(Structured Design,SD)和结构化编程(Structured Programming,SP)3部分。

使用结构化的开发方法进行软件开发的一般过程：以问题定义及可行性研究为前提，从系统需求分析开始，运用结构化的分析方法建立环境模型，然后运用结构化的分析方法进行系统设计，确定系统的功能模型；最后，使用结构化的程序设计方法实现，完成软件系统的编码和调试工作。

1. 结构化分析（SA）

基于问题分解与抽象的观点，SA 采用"自顶向下、由外及里、逐步求精"的策略对问题进行分析。描述 SA 结果的主要手段是数据流图和数据词典。SA 方法是面向数据流的典型方法。由于其出现较早，简单易懂，既可以手工实现，也适用于自动化、半自动支持环境，广泛用于中、小型系统开发。

1）问题定义和可行性研究

问题定义和可行性研究是软件生命周期中的第一个阶段，可行性研究的结果是《可行性研究报告》。

2）需求分析及相关方法

完成了问题定义和可行性研究后，就进入软件需求分析阶段。需求分析的出发点是可行性报告，通过需求分析使用户要求的功能具体化。需求分析的结果是《软件需求规格说明书》(Software Requirement Specification, SRS)。SRS 的主要部分是详细的数据流图、数据词典和主要（关键）功能的逻辑处理描述。通过复审的 SRS 即是软件设计的基础，也是软件项目最后鉴定验收的依据。

常见的需求分析方法有：

- 结构化分析方法。主要包括面向数据流的结构化分析方法（Structured Analysis, SA）、面向数据结构的 Jackson 系统开发方法（Jackson system development method, JSD）、面向数据结构的结构化数据系统开发方法（Data Structured system development method, DSSD）。
- 面向对象的分析方法（Object-Oriented Analysis method, OOA）。

3）结构化分析方法

结构化的分析方法是需求分析常用的方法之一，它主要利用图形工具来表达需求。主要工具包括数据流图、数据词典判定树和判定表。以下简单介绍数据流图和数据字典。

- 数据流图（Data Flow Diagram, DFD）。数据流图中的基本图元有 4 种，如图 8.56(a) 所示。

方框表示数据源点和数据终点，圆框（或者圆角矩形框）表示加工（数据处理/变换），是对数据进行处理的逻辑单元。用箭头表示数据流。

在 DFD 中，当进入或者流出某个加工的数据流之间存在重要的逻辑联系时，可以附加符号说明，如图 8.56(b) 所示。其中"＊"表示相邻之间的数据流必须同时出现，"＋"表示相邻之间的数据流至少出现其中一个，"⊕"表示相邻之间的数据流只取其一。

例如，图 8.57 是银行办理取款业务的数据流图。

- 数据词典（Data Dictionary, DD）。数据流图对信息处理逻辑模型的描述具有直观、全面、容易理解的优点，但没有准确、完整定义各图元。SA 方法要求对于数据流图中的所有数据流，文件和底层加工进行准确、完整定义。这些图元定义条款汇集在一起组成数据词典。数据流图和数据词典构成系统需求分析描述规格说明的主要

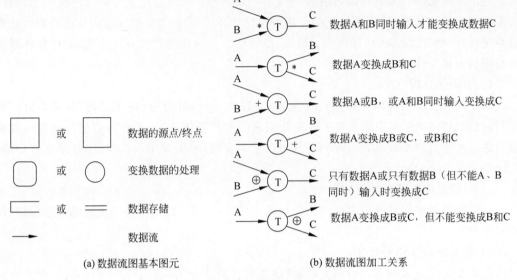

图 8.56 数据流图

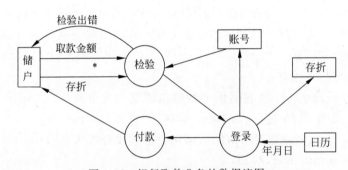

图 8.57 银行取款业务的数据流图

部分。数据词典中的条目有四类：数据流、数据项、文件、底层加工。

例如，数据流"银行取款业务"中的数据项"存折"可以定义为：

数据项　存折

存折＝户名＋账号＋存折类型＋开户日期＋开户行＋印密

数据项　户名

户名＝2{字母}30

说明：户名中字母至少出现 2 次，至多出现 30 次

数据项　账号

账号＝"00000001".."99999999"

说明：账号规定为 8 位数字

……

2. 结构化设计

需求分析阶段得到了软件的需求规格说明书后，软件开发就应进入软件设计阶段。

1) 软件设计的概念

软件设计的总体目标是根据需求分析阶段得到的 SRS，确定最恰当实现软件功能、性

能要求集合的软件系统结构,实现算法和数据结构。软件设计的过程,就是从抽象的需求规格向具体的程序与数据集合进行变换的过程。软件设计的结果是各种软件设计说明书。软件设计可以采用多种方法,如结构化设计(SD)方法、面向数据结构的设计方法和面向对象的设计方法等。

结构化设计(SD)方法的基本思想是模块化。模块化就是把一个大型系统按规定划分成若干个独立的模块,每个模块完成一个子功能,这些模块组成一个整体,实现问题的要求。例如,过程、函数、子程序、宏等都可以作为模块,采用模块化方法可以使软件结构清晰,便于设计、阅读、理解和维护。一个好的模块应符合模块独立性原则,即软件系统中的每个模块只完成一个相对独立的子功能,且与其他模块间的接口简单。模块独立性可以用两个标准度量:内聚和耦合。内聚用于衡量一个模块内各组成部分之间彼此联系的紧密程度,联系越紧密内聚性越好;耦合是衡量不同模块间相互联系的紧密程度,联系越松散耦合性越好。结构化设计追求的目标是模块的高内聚和模块间的低耦合。

按照结构化设计方法,通常将软件设计分为总体设计(即概要设计)和详细设计两个阶段。

2) 总体设计

总体设计即根据软件需求,确定软件系统的运行特征、用户界面,导出软件系统模块结构,将系统的功能需求分配给各软件模块,并且定义各模块之间的接口联系。其具体任务包括:

① 确定系统实现方案;
② 软件模块结构设计;
③ 确定测试方案,制定软件测试计划;
④ 编制总体设计文档;
⑤ 总体设计复审。

总体设计的图形工具主要有层次图、IPO 图和 HIPO 图。

- 层次图(H 图)。在软件总体设计中,还常常使用层次图描述系统的模块功能分解。层次图中每个矩形框可以看作一个功能模块,矩形框间的连线可以看作调用关系。例如,一个正文加工系统的层次结构图如图 8.58 所示。

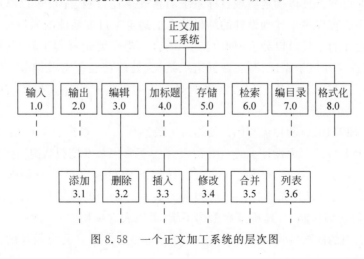

图 8.58 一个正文加工系统的层次图

层次图只表示了模块之间的调用关系。利用层次图作为描述软件结构的文档比较通俗易懂。

- IPO 图。IPO(Input-Process-Output)图是由 IBM 发展的一种描述输入/输出数据对应关系的图形工具。它由输入框(列出输入数据)、处理框(列出主要处理)和输出框(列出输出数据)组成。处理框中的序号表示各处理执行的顺序。各框之间的数据通信关系由箭头表示,如图 8.59 所示。

工程实践中将层次图与 IPO 图的思想相结合,对层次图中每个方框,采用如图 8.60 所示的 IPO 表进行说明。这种文档格式既可以用于软件总体设计,也可用于系统局部的详细设计。

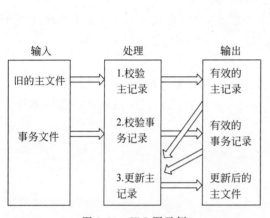

图 8.59 IPO 图示例

图 8.60 改进的 IPO 表

- HIPO 图。HIPO 图也是由 IBM 发明的一种描述输入/输出数据对应关系的图形工具,它由 H 图和 IPO 图两部分组成,是"层次图+输入/处理/输出图"的缩写。

3) 详细设计

详细设计的目的是具体确定实现目标系统的精确描述,使程序员可以将这种描述直接翻译为某种程序语言程序。详细设计的结果基本上确定了目标系统的质量。

描述详细设计的工具可以分为图形、表格、语言三类。无论哪类工具,其基本要求是能够准确、无二义性描述对于系统控制、数据组织结构、处理功能等有关细节。使得程序员能够将这种描述直接翻译为程序代码。常用的图形描述工具有程序流程图、盒图(N-S 图)、PAD 图、伪码(结构化语言)。

- 流程图(PFD 图)。程序流程图是使用历史最悠久,具有最广泛的可接受性的,初学者比较容易掌握的程序设计工具。图 8.61 给出了常用基本控制结构的流程图表示。
- 盒图(N-S 图)。Nassi 和 Shneiderman 按照结构化程序设计的要求,提出了盒图。图 8.62 给出了常用基本控制结构的盒图表示。盒图的主要特点是控制结构明确,禁止任何转移控制,容易确定数据作用域,可以表现模块嵌套结构。
- PAD 图。PAD 图(Problem Analysis Diagram)是由日立公司倡导的一种支持结构

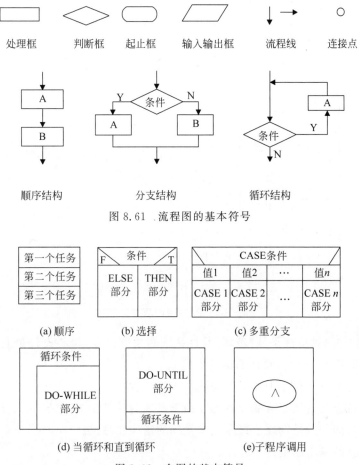

图 8.61 流程图的基本符号

图 8.62 盒图的基本符号

化程序设计的图形符号系统。PAD 图采用二维树型结构表示程序的控制流,其基本图形符号如图 8.63 所示。

- 伪码。伪码又称过程设计语言(Process Design Language),泛指一类采用类高级语言控制结构,以正文形式对数据结构和算法进行描述的设计语言。伪码采用的类高级语言通常是类 Pascal,类 PL/1,或者类 C 风格的,其中的操作处理描述采用结构化短语(可以是英语或者汉语)。

3. 软件测试

在软件定义、分析、设计过程中采用了各种措施保证软件质量,但是实际开发过程中还是难免犯错误,软件产品中通常可能隐藏着错误和缺陷。实际情况是软件规模越大越复杂,隐藏的错误可能越多。因此软件测试是软件开发过程中为保证软件质量必须进行的工作。

1) 软件测试的目的

软件测试是在软件投入运行之前对软件需求分析、设计规格和编码的最终复审,是保证软件质量和可靠性的关键步骤。软件测试的主要过程是根据软件开发各阶段的规格说明和程序内部结构,精心设计若干测试用例(包括程序系统的输入数据和预期输出结果),使用这些测试用例运行程序,从而找出程序中隐藏的错误。

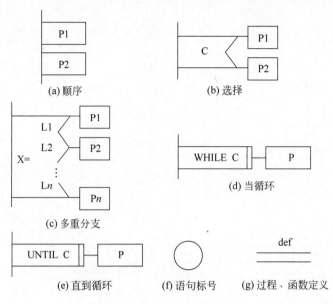

图 8.63　PAD 图的基本符号

有意义的软件测试应该是从"破坏"软件系统的角度出发,精心设计最有可能暴露程序系统缺陷的测试用例。因此,软件测试的目的如下。

- 测试是为了发现程序中的错误而执行程序的过程。
- 好的测试方案是极有可能发现迄今尚未发现的尽可能多的错误的测试方案。
- 一个成功的测试是发现了迄今尚未发现的错误的测试。

2) 软件测试的基本原则

根据以上对软件测试目的,软件测试的原则应该是:

- 尽早测试。
- 程序测试不要由程序设计者本人进行。
- 测试用例设计要点。
- 要特别注意测试发现错误较多的程序模块。
- 保存所有测试用例。

3) 软件测试的基本方法

软件测试的方法和技术是多种多样的。如果从被测软件是否需要执行的角度,可分为静态测试和动态测试两大类。

(1) 静态测试。静态测试不实际运行软件,主要以人工方式分析程序,发现错误。静态测试包括代码检查、静态结构分析、代码质量度量等。经验表明,使用人工测试能够有效地发现 30%～70% 的逻辑设计和编码错误。

(2) 动态测试。动态测试是通过执行程序来发现错误的测试。在这种测试方式下,需要根据软件开发各阶段的规格说明和程序的内部结构而精心设计一批测试用例(即输入的数据和预期的结果),利用这些测试用例去运行程序,以发现程序中的错误。

利用动态测试来测试任何产品都有两种方法:如果已经知道了产品应该具有的功能,

可以通过测试来检验是否每个功能都能正常使用；如果知道产品的内部工作过程,可以通过测试来检验产品内部动作是否按照规格说明书的规定正常进行。前一种方法称为黑盒测试,后一种方法称为白盒测试。

- 白盒测试。对于软件测试而言,白盒测试的前提是可以把程序看成装在一个透明的白盒子里,测试者完全知道程序的结构和处理算法。这种方法按照程序内部的逻辑测试程序,用尽可能少的测试用例子集检测程序中的主要执行通路是否都能按预定要求正确工作。白盒测试又称为结构测试。

白盒测试的主要方法有逻辑覆盖、基本路径测试等。

- 黑盒测试。黑盒测试法与白盒测试法相反,黑盒测试是把程序看作一个黑盒子,完全不考虑程序的内部结构和处理过程。也就是说,黑盒测试是在程序接口进行的测试,它只检查程序功能是否能按照规格说明书的规定正常使用,程序是否能适当地接收输入数据并产生正确的输出信息,程序运行过程中能否保持外部信息的完整性。黑盒测试又称为功能测试。

黑盒法测试主要有等价划分类法、边界值分析法、错误推测法和因果图等。

4) 软件测试的一般过程

除非被测试对象是一个小程序,否则将对象系统整体测试,一步到位是不可能的。大型软件系统测试与其开发过程类似,必须分步骤进行。软件测试的过程一般按 4 步进行：模块测试、集成测试、确认测试和系统测试。

(1) 模块测试。结构化软件系统中,每个模块完成一个相对独立的子功能。因此测试阶段的第一个任务是将每个模块作为独立实体测试,目的是确认模块作为单元能够正常运行。由于单个模块比较简单,故比较容易设计模块测试方案。模块测试又称单元测试。在该步骤上发现的错误通常是编码与详细设计的错误。在软件开发过程中,多数模块的测试是在模块编码阶段完成的。即每个模块编码完成后做必要的测试,以确保其能够满足模块设计说明规范。模块编码阶段进行单元测试的过程同时也是模块调试的过程。为确保系统可靠性,在软件测试阶段通常要求对实现系统主要功能(性能)的关键模块进行独立的单元测试。

(2) 集成测试。将经过测试的单元按照一定顺序组装成为系统,同时进行测试。集成测试的重点是模块间相互通信与协调,故也称为接口测试。

当系统规模比较庞大时,集成测试通常分为子系统集成测试和全部系统集成两个子阶段。在系统集成过程中不仅应该发现设计与编码错误,还应该验证系统是否确实能够实现 SRS 规定的功能与性能。因此这一阶段发现的错误即可能是设计错误,也可能是需求分析中的错误。

(3) 确认测试。将软件系统作为单一实体,在用户积极参与下进行测试。测试数据集常常是实际数据。确认测试的目的是验证系统是否能够达到项目计划规定的要求。由于确认是用户接受软件系统的最后步骤,同时也是软件系统交付的必须环节,因此也称为验收测试。

为了发现可能只有最终用户才能发现的问题,许多软件产品在正式投入运行或者发布之前有一个试运行,通常分为 α 测试和 β 测试两个过程。

α测试由一个用户在开发环境下模拟实际操作环境运行程序系统,开发者在用户旁边随时记录系统出错情况和使用中存在的问题。α测试的目的是评价软件产品的功能、可用性、可靠性、性能和支持,尤其是系统的界面和特色。α测试是在系统受控方式下进行的,可以在进行集成完成后进行,也可以在模块或者子系统测试完成后马上开始。

β测试是由系统一个或者多个用户在实际操作环境中运行系统。这些用户是在与开发公司签订了支持产品预发行合同的外部用户或者志愿者。要求他们使用该产品,并积极返回运行过程中发现的错误信息给开发者。与α测试不同的是:开发者通常不在用户测试现场。测试过程中用户记录的问题可能是系统存在的错误,也可能是用户的主观认定。β测试着重在于系统的可支持性,包括系统文档的完整性、用户培训和支持、使用系统的能力和满意程度。

(4)系统测试。系统测试是对已通过确认测试且已集成好的软件系统进行彻底的测试,以验证软件系统的正确性和性能等满足其规约所指定的要求。因此,必须将系统中的软件与各种依赖的资源结合起来,在系统实际运行环境下进行测试。

系统测试过程包含了测试计划、测试设计、测试实施、测试执行、测试评估几个阶段,整个测试过程中的测试依据主要是产品系统的需求规格说明书、各种规范、标准和协议等。

整个测试过程如图 8.64 所示。

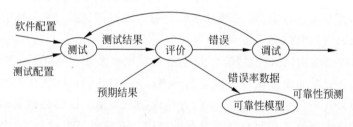

图 8.64 软件测试过程

4. 软件调试(DEBUG)

在成功的测试之后,对于发现的软件错误必须进行诊断,找到其发生的原因和位置,然后即可改正,这就是调试的任务。通常诊断约占调试工作量的 90% 以上。调试工作包括:

- 对错误进行定位并分析原因,即诊断。
- 对于错误部分重新编码以改正错误。
- 重新测试。

软件测试应该由他人进行,而调试工作最好由程序设计者本人进行。主要的调试方法如下。

(1)卸出(DUMP)。采用十六进制/八进制码形式显示或者打印程序运行现场(内存与 CPU 寄存器组)的内容。目的是直接观察、分析系统执行内码在出错时刻的运行状态。DUMP 是程序调试中最常用的技术,它要求程序员非常熟悉系统的硬件和软件资源,能够干预系统环境。一般情况下,DUMP 是效率较低的调试办法。

(2)设置程序运行断点,插入打印语句。在程序中插入若干标准打印语句以输出某些变量的值,设置程序暂停控制。这种方法可以动态地显示关键数据对象的行为;给出的信息容易与源程序对应;为程序员分析错误原因提供线索。这种方法较 DUMP 有效。

(3) 使用自动调试工具。目前许多程序设计语言的集成开发环境都提供程序调试功能，能够实现语句运行跟踪，程序断点设置，设置变量状态观察窗口，子程序调用序列跟踪等。

使用以上任何技术之前，都应该对于错误的征兆进行分析，通过分析得出故障的推测，否则将出现大量无关信息。

结构化开发方法后测习题

(1) 在软件开发中，需求分析阶段产生的主要文档是_____。
　　A. 用户手册　　　　　　　　　　B. 软件详细设计说明书
　　C. 软件需求规格说明书　　　　　D. 软件集成测试计划
(2) 软件设计中模块划分应遵循的准则是_____。
　　A. 低内聚低耦合　　　　　　　　B. 高内聚低耦合
　　C. 高内聚高耦合　　　　　　　　D. 低内聚高耦合
(3) 不属于软件设计阶段任务的是_____。
　　A. 软件总体设计　　　　　　　　B. 算法设计
　　C. 制定软件确定测试计划　　　　D. 数据库设计
(4) 从工程管理角度，软件设计一般分为两步完成，它们是_____。
　　A. 总体设计与详细设计　　　　　B. 数据设计与接口设计
　　C. 软件结构设计与数据设计　　　D. 过程设计与数据设计
(5) 结构化开发方法中，结构化设计的英文缩写是_____。
　　A. SD　　　　B. SA　　　　C. SP　　　　D. SE
(6) 软件测试的目的是_____。
　　A. 证明程序是否正确　　　　　　B. 使程序运行结果正确
　　C. 尽可能多地发现程序中的错误　D. 使程序符合结构化原则
(7) PFD 是_____。
　　A. 程序流程图　B. 数据流图　C. 层次图　　D. 盒图
(8) 下列工具中为需求分析常用的工具是_____。
　　A. PAD　　　　B. PFD　　　　C. N-S　　　　D. DFD
(9) 在软件设计中不使用的工具是_____。
　　A. 软件结构图　B. PAD 图　　C. 数据流图　D. 方框图
(10) 检查软件产品是否能够达到项目计划规定的要求的过程是_____。
　　A. 模块测试　　　　　　　　　　B. 集成测试
　　C. 确认测试　　　　　　　　　　D. 白盒测试
(11) 数据流图由一些特定的图符构成。以下不属于数据流图合法的图符名称是_____。
　　A. 控制流　　B. 加工　　　C. 数据存储　D. 数据流
(12) 下面属于黑盒测试的方法是_____。
　　A. 语句覆盖　B. 逻辑覆盖　C. 边界值分析　D. 路径覆盖

(13) 下面属于白盒测试方法的是_____。
　　A. 逻辑覆盖　　　　　　　　　B. 错误推测法
　　C. 边界值分析法　　　　　　　D. 等价类划分法
(14) 软件(程序)调试的任务是_____。
　　A. 诊断和改正程序中的错误　　B. 尽可能多地发现程序中的错误
　　C. 发现并改正程序中的所有错误　D. 确定程序中错误的性质

8.4.5　面向对象开发方法

视频名称	面向对象开发方法	二维码
主讲教师	朱家成	
视频地址		

　　传统的瀑布模型和原型化模型中,关于问题求解的基本策略是以"自上而下、逐步求精、单入单出"为核心的结构化方法。结构化方法在控制问题求解的规模和复杂度,提高软件系统的易理解性方面起到了重要作用。但是结构化方法必须将现实世界问题进行"结构化",不能解决软件重用问题。不同人员开发的各种软件产品,即使运行环境相同,功能彼此类似,除少数标准数学函数和输入输出过程外,其大部分代码必须编写,导致软件生产效率低下,质量难以保证。

　　面向对象(Object-Oriented,OO)方法学的基本思想是：在问题求解过程中,应该尽可能人类习惯的思维方式。软件开发的方法与过程应该与人类认识世界解决问题习惯的方法与过程接近,也就是使描述问题的问题空间与问题求解的解空间在结构上尽可能一致。

　　客观世界的问题都是由客观世界中的实体和实体之间的相互联系构成的。对象(Object)是客观世界中的实体在问题域中的抽象。因此对象可以是一个公司,一个职员,或者银行柜台的一次交易,图书馆中的一本书籍。应该将什么抽象为问题域中的对象,由要解决的问题决定。

　　对象的概念是抽象数据类型概念的发展。传统的结构化设计中,客观世界中的实体在计算机世界中的抽象是各种基类型变量(如整型、实型、布尔型等)、数组、记录、文件等。在程序中,通过对于这些数据对象施加外部操作来模拟实体行为以及实体之间的相互作用,即数据与对数据的操作是相对独立的。面向对象的方法的基本出发点是,将描述实体对象静态属性的数据与描述实体动态行为的操作统一为一个不可分割的整体。具体地说,对象与传统数据类型的区别在于:

- 对象不是被动地等待外部对其施加操作。对象是进行操作的主体,通过消息发送请求对象主动地执行它地某些操作,处理其私有数据。
- 传统程序系统是工作在数据集上的一组函数、过程集合。面向对象方法提出的"对象"概念,要求将软件系统看作一组离散的对象集合,对象之间通过消息发送相互作用来实现问题求解。对象的任何私有成分,外部不得访问。

　　面向对象的方法学可以概括为：面向对象的方法＝对象＋类＋继承＋消息通信,其含义是：

- 客观世界是由各种对象组成的。对象是可以分解的：复杂对象可以比较简单的对象组合构成。因此面向对象的软件系统是若干对象的有机集合。
- 所有对象按其构成成分,可以划分为各种对象类。如图 8.65 所示。一个基本对象类由一组数据类型分量和一组方法组成。对象的数据分量描述了对象的静态属性（状态信息）,方法则描述对象的动态行为。程序中的每个对象都是已定义对象类的一个对象实例(Instance)。例如一个圆对象由圆心坐标、圆半径作为其数据分量,而画圆可以作为其方法。

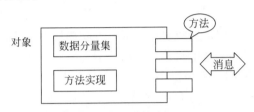

图 8.65　对象的基本概念

- 一个对象类(Class)可以从已定义的其他对象类中继承(Inheritance)某些成分或者整个对象类。这种继承了其他对象类的类称为派生类,而被继承的类称为该类的基类。由此,一个程序系统的对象类集合构成一个对象层次结构。
- 局部于一个对象私有成分都被"封装"在对象内部,外部不能访问。对象之间仅能通过消息传递互相作用。

为快速建立原型,需要适当的软件工具。目前支持快速原型生成的流行工具是第四代语言。实际上许多第四代语言都是基于面向对象的方法学的。

面向对象的方法学的工作重点放在生命周期的分析阶段。在分析阶段定义一系列面向问题的对象,并且在整个开发中以这些对象为中心,其他概念（如功能、关系、事件等）都围绕"对象"组织。分析阶段得到的对象模型也适用于设计和实现阶段。由于各阶段使用统一的概念、符号,从而实现了软件开发各阶段的"无缝"连接,保证了目标系统的一致性。因此"面向对象"是一种对问题分析定义和软件系统构造的方法学,它可以用于瀑布型模型,但更适用于原型开发模型。

面向对象方法的主要优点是：
- 使用现实世界的概念抽象地思考问题从而自然地解决问题。

人们认识客观世界求解问题的过程是在继承以前有关知识基础上,经过从一般到特殊和从特殊到一般的多次反复,逐步深化。面向对象方法中的利用对象类定义对象实例的过程反映了一般到特殊的演绎过程；从抽象的基类到逐步具体的派生类的层次等级框架,则反映了从特殊到一般的类型抽象的实现。

- 保证软件系统的稳定性。

传统软件开发以算法为核心,开发过程基于功能分析。因此所建立的软件系统的结构紧密依赖于系统的功能需求,当功能需求发生变化时可能要求软件结构的整体变动。因此这样的软件系统缺乏稳定性。

面向对象方法基于构造问题的对象模型,以对象为中心构造软件系统。当系统功能需求发生变化时往往仅需要修改与之相关的对象类。这通常只需要从已有的对象类派生出新的子类或者修改、删除某些对象,等等。由于现实世界的实体是相对稳定的,因此以对象为中心构造的软件系统也比较稳定。

- 软件系统具有可重用性。

机械工程中采用已有的预制部件装配新的产品是典型的重用技术。传统软件重用技术主要是利用标准函数库。实践说明标准函数库缺乏灵活性,往往难以适应不同应用场合的不同要求。对象具有的"封装性"较好地实现了模块独立和信息隐蔽要求,是比较理想的可重用软件预制件。面向对象的软件重用途径包括:不断创建对象类的对象实例,从已有对象类派生新的对象类。派生类可以继承其父类的代码、方法,也可以添加新的数据对象和方法。对象继承与封装使得在构造新的软件系统时可以重复使用已有的对象资源。面向对象实现的软件可重用性极大地提高了软件开发地效率。

- 软件系统具有良好的可维护性。

软件系统的维护困难是软件危机的突出表现之一。面向对象方法开发的软件稳定性好,使得软件需求发生变化时,软件要求修改的工作量较小;由于对象具有的良好模块独立机制和继承机制,使得软件的扩充与修改相对容易;由于面向对象方法使现实世界的问题结构与计算机内的问题求解结构保持一致,使得软件较容易理解、测试。

无论使用什么方法学开发软件,必须完成的工作要素是:"做什么""怎么做""实现""确认"。不同开发模式安排这些工作要素的顺序和相对重要性可能不同,但不能忽略其中的任何一个要素。

 面向对象开发方法后测习题

(1) 属于面向对象设计方法主要特征的是_____。
  A. 继承   B. 自顶向下   C. 模块化   D. 逐步细化

(2) 以下对"对象"概念描述正确的是_____。
  A. 属性就是对象   B. 操作是对象的动态属性
  C. 任何对象都必须有继承性   D. 对象是对象名和方法的封装体

图书资源支持

感谢您一直以来对清华版图书的支持和爱护。为了配合本书的使用,本书提供配套的资源,有需求的读者请扫描下方的"书圈"微信公众号二维码,在图书专区下载,也可以拨打电话或发送电子邮件咨询。

如果您在使用本书的过程中遇到了什么问题,或者有相关图书出版计划,也请您发邮件告诉我们,以便我们更好地为您服务。

我们的联系方式:

地　　址:北京市海淀区双清路学研大厦 A 座 714

邮　　编:100084

电　　话:010-83470236　010-83470237

客服邮箱:2301891038@qq.com

QQ:2301891038(请写明您的单位和姓名)

资源下载: 关注公众号"书圈"下载配套资源。

资源下载、样书申请
书圈

获取最新书目

观看课程直播